U0414698

第1章　STM32F4开发平台和工具

本书基于 STM32 微控制器，选用医疗电子单片机高级开发系统作为实验平台。本章首先简要介绍 STM32 微控制器及其开发工具的安装和配置，然后，介绍医疗电子单片机高级开发系统，以及本书配套的资料包。

1.1　STM32 微控制器简介

在微控制器的选型过程中，以往工程师常常会陷入这样一个困局：一方面 8 位/16 位微控制器有限的指令和性能，另一方面 32 位处理器的高成本和高功耗。能否有效地解决这个问题，让工程师不必在性能、成本、功耗等因素中做出取舍和折中？

基于 ARM 公司 2006 年推出的 Cortex-M3 内核，ST 公司于 2007 年推出的 STM32F1 系列微控制器就很好地解决了上述问题。因为 Cortex-M3 内核的计算能力是 1.25DMIPS/MHz，而 ARM7TDMI 只有 0.95DMIPS/MHz，而且 STM32F1 系列微控制器拥有 1μs 的双 12 位 ADC、4Mbit/s 的 UART、18Mbit/s 的 SPI、18MHz 的 I/O 翻转速度。更重要的是，STM32F1 系列微控制器在 72MHz 工作时功耗只有 36mA①（所有外设处于工作状态），而待机时功耗只有 2μA。2009 年至今，ST 公司每年都会推出若干款基于 ARM Cortex-M 内核的微控制器。本书配套的医疗电子单片机高级开发系统中的微控制器基于 ST 公司 2011 年推出的 STM32F4 系列产品（型号为 STM32F429IGT6），该芯片基于 Cortex-M4 内核。

由于 STM32 微控制器拥有丰富的外设、强大的开发工具、易于上手的固件库，在 32 位微控制器选型中，STM32 已经成为许多工程师的首选。据统计，从 2007 年到 2016 年，STM32 系列微控制器出货量累计 20 亿颗，十年间 ST 公司在中国的市场份额从 2%增长到 14%。iSuppli 的 2016 下半年市场报告显示，STM32 微控制器在中国 Cortex-M 市场的份额占约 45.8%。

尽管 STM32 微控制器已经推出十余年，但它依然是市场上 32 位微控制器的首选，而且经过十余年的积累，各种开发资料都非常完善，这也降低了初学者的学习难度。因此，本书选用 STM32 微控制器作为载体，主控芯片是封装为 LQFP176 的 STM32F429IGT6 芯片，最高主频可达 180MHz。

STM32F429IGT6 芯片拥有的资源包括 256KB SRAM、1MB Flash、1 个 FSMC 接口、1 个 NVIC、1 个 EXTI（支持 23 个外部中断/事件请求）、2 个 DMA（支持 16 个数据流）、1 个 RTC、2 个 16 位基本定时器、8 个 16 位通用定时器、2 个 32 位通用定时器、2 个 16 位高级定时器、8～14 位并行摄像头接口（DCMI）、1 个独立看门狗（IWDG）、1 个窗口看门狗（WWDG）、1 个 24 位 SysTick、3 个 I^{2}C、8 个串口（包括 4 个同步串口和 4 个异步串口）、6 个 SPI、2 个 I^{2}S（与 SPI 复用）、1 个 SAI、2 个 CAN、1 个 SDIO 接口、1 个全速 USB（OTG_FS）、1 个高速 USB（OTG_HS）、168 个通用 I/O、3 个 12 位 ADC、2 个 12 位 DAC、1 个内置温度传感器、1 个 SWD/JTAG 调试接口、1 个加密处理器（CRYP）、1 个随机数发生器（RNG）、1 个散列处理器（HASH）。

---

① 通常 STM32 单片机工作在一定电压（5V）下，可用电流的大小表示其功耗。

STM32 微控制器可用于开发各种产品，如智能小车、无人机、电子体温枪、电子血压计、血糖仪、胎心多普勒仪、监护仪、呼吸机、智能楼宇控制系统、汽车控制系统等。

1.2　STM32 开发工具的安装与配置

自从 ST 公司于 2007 年推出 STM32 系列微控制器至今，国内基于 STM32 的开发板可谓丰富多彩，配套的资料也非常齐全。STM32 配套的开发工具也很多，如 Keil 公司的 Keil、ARM 公司的 DS-5、Embest 公司的 EmbestIDE、IAR 公司的 EWARM、ST 公司的 STVD 等。目前国内使用较多的是 IAR 公司推出的 EWARM，以及 Keil 公司推出的 Keil。

EWARM（Embedded Workbench for ARM）是 IAR 公司为 ARM 微处理器开发的一个集成开发环境。与其他 ARM 开发环境相比，EWARM 具有入门容易、使用方便和代码紧凑等特点。Keil 是 Keil 公司开发的基于 ARM 内核的系列微控制器的集成开发环境，它适合不同层次的开发者，包括专业的应用程序开发工程师和嵌入式软件开发入门者等。Keil 包含工业标准的 Keil C 编译器、宏汇编器、调试器、实时内核等组件，支持所有基于 ARM 内核的芯片，能帮助工程师按照计划完成项目。

本书的所有例程均基于 Keil μVision5.20（简称 Keil 5.20），如果读者通过本书学习 STM32 微控制器程序设计，也强烈建议选择相同版本的开发环境。

1.2.1　安装 Keil 5.20

双击运行本书配套资料包（详见 1.5 节）中“02.相关软件\MDK5.20”文件夹中的 MDK5.20.exe，弹出如图 1-1 所示的对话框，单击 Next 按钮。系统弹出如图 1-2 所示的对话框，勾选 I agree to all the terms of the preceding License Agreement 项，然后单击 Next 按钮。

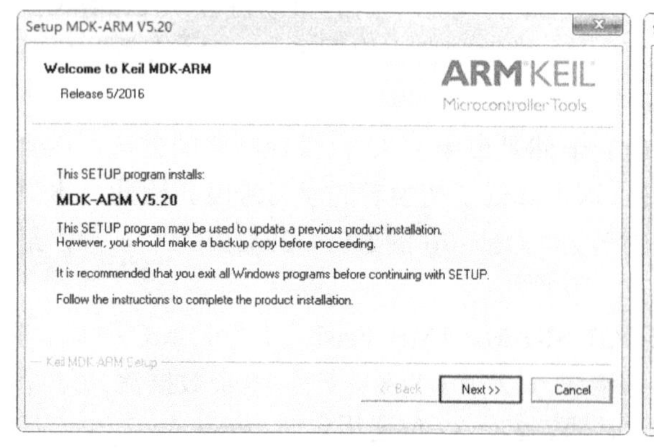

图 1-1　Keil 5.20 安装步骤 1

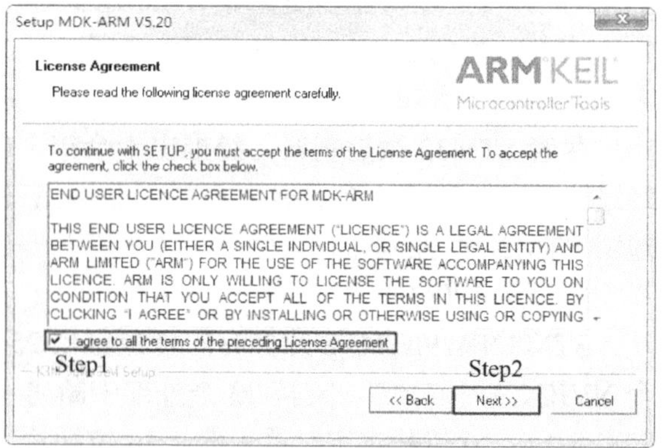

图 1-2　Keil 5.20 安装步骤 2

如图 1-3 所示，选择安装路径和包存放路径，这里建议均选择 C 盘，然后单击 Next 按钮。系统弹出如图 1-4 所示的对话框，在各栏中输入相应的信息，然后单击 Next 按钮。软件开始安装，如图 1-5 所示。在软件安装过程中，系统会弹出如图 1-6 所示的对话框，勾选“始终信任来自‘ARM Ltd’的软件（A）”项，然后单击“安装（I）”按钮。

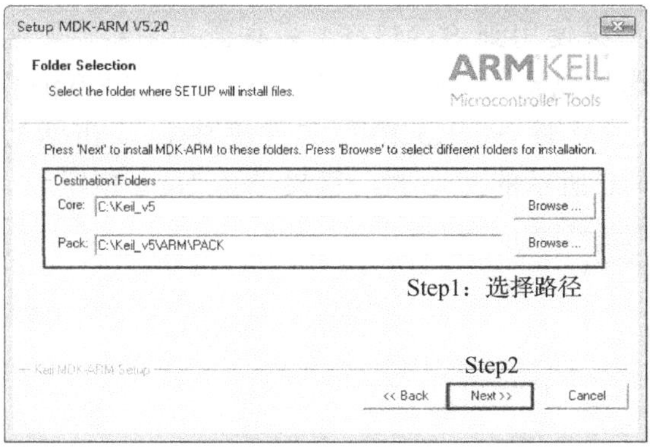

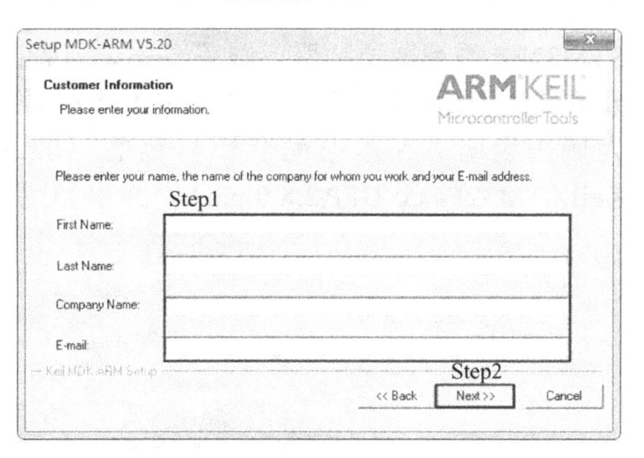

图 1-3　Keil 5.20 安装步骤 3

图 1-4　Keil 5.20 安装步骤 4

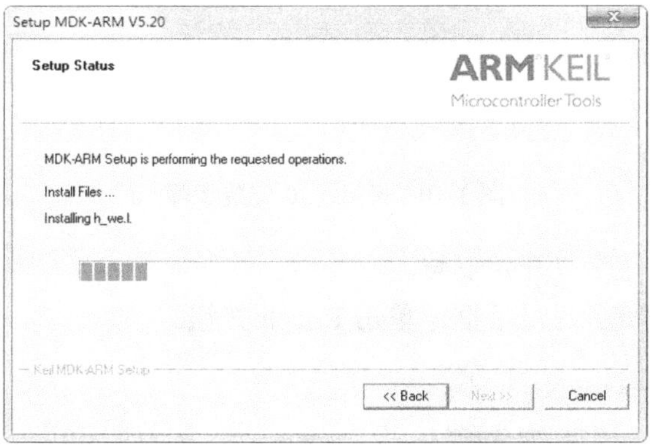

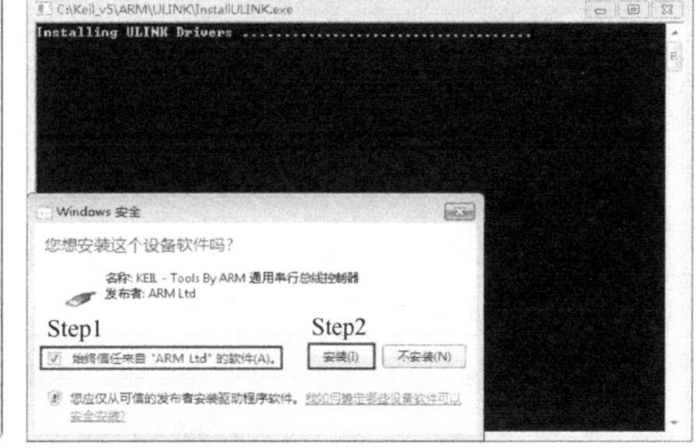

图 1-5　Keil 5.20 安装步骤 5

图 1-6　Keil 5.20 安装步骤 6

软件安装完成后，系统弹出如图 1-7 所示的对话框，取消勾选 Show Release Notes 项，然后单击 Finish 按钮。系统弹出如图 1-8 所示的 Pack Installer 对话框，取消勾选 Show this dialog at startup 项，然后单击 OK 按钮。

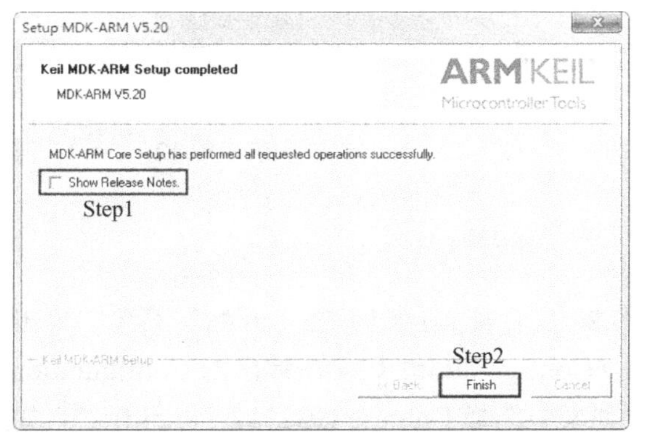

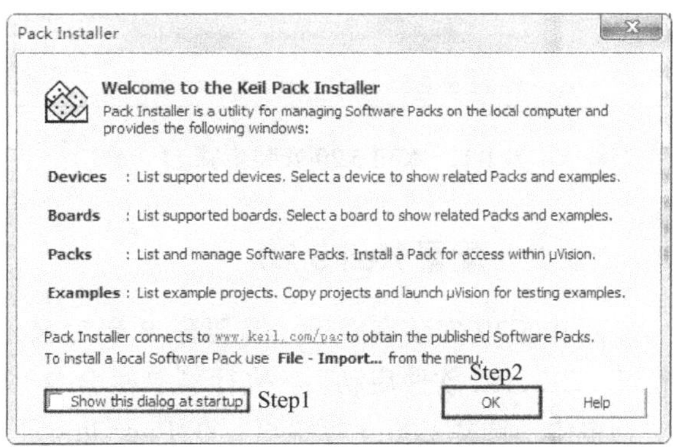

图 1-7　Keil 5.20 安装步骤 7

图 1-8　Keil 5.20 安装步骤 8

系统弹出如图 1-9 所示的对话框，单击关闭该对话框。

在安装包中还有两个文件：Keil.STM32F1xx_DFP.2.1.0.pack 和 Keil.STM32F4xx_DFP.2.8.0.pack，分别是 STM32F1 系列和 STM32F4 系列微控制器的固件库包。如果使用到

STM32F1 系列微控制器，则需要安装前者；如果使用到 STM32F4 系列微控制器，则需要安装后者。两个固件库包的安装方式相同，这里以安装 Keil.STM32F4xx_DFP.2.8.0.pack 为例来说明。在本书配套资料包的“02.相关软件\MDK5.20”文件夹中，双击运行 Keil.STM32F4xx_DFP.2.8.0.pack，弹出如图 1-10 所示的对话框，直接单击 Next 按钮。

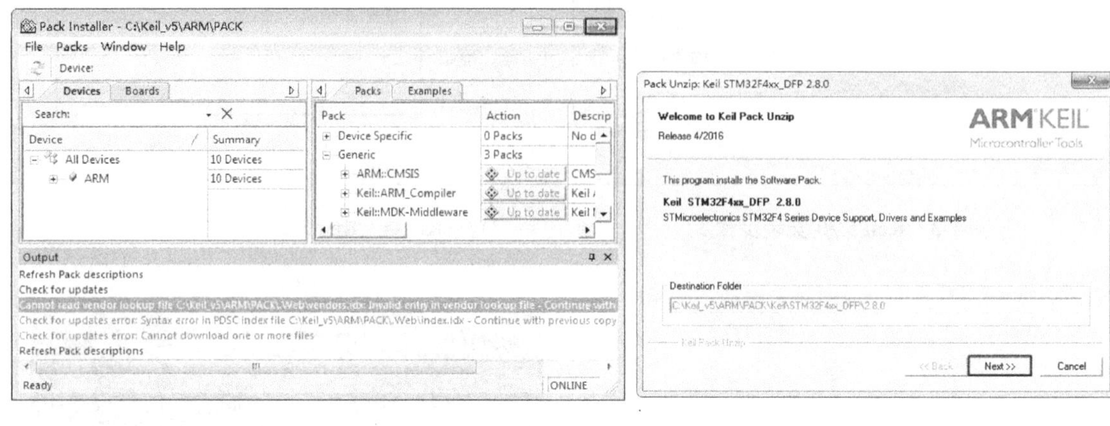

图 1-9　Keil 5.20 安装步骤 9　　　　图 1-10　Keil 5.20 安装步骤 10

系统弹出如图 1-11 所示的对话框，表示固件库包开始安装。

固件库包安装完成后，系统弹出如图 1-12 所示的对话框，单击 Finish 按钮。

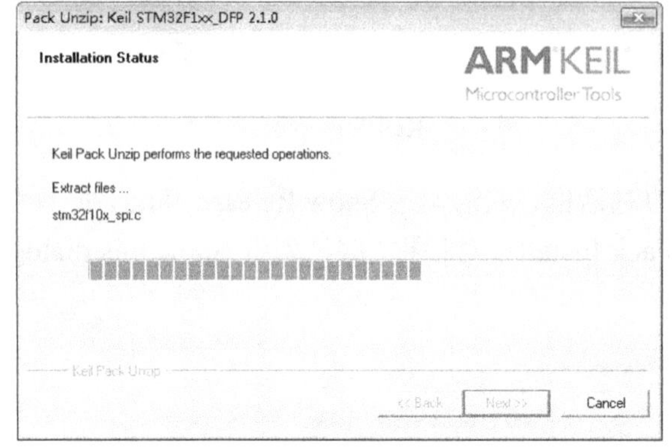

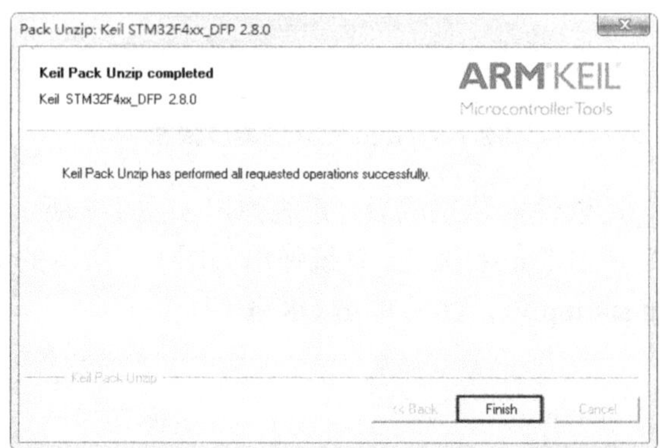

图 1-11　Keil 5.20 安装步骤 11　　　　图 1-12　Keil 5.20 安装步骤 12

1.2.2　配置 Keil 5.20

Keil 5.20 安装完成后，需要分 5 步对 Keil 5.20 进行配置：（1）在“开始”菜单中单击 Keil μVision5，软件启动后，执行菜单栏命令 Edit→Configuration；（2）在弹出的 Configuration 对话框中，选择 Editor 标签页，在 Encoding 下拉列表中选择 Chinese GB2312(Simplified)，如图 1-13 所示；（3）在 C/C++ Files 栏中勾选所有选项，将 Tab size 设置为 2；（4）在 ASM Files 栏中勾选所有选项，将 Tab size 设置为 2；（5）在 Other Files 栏中勾选所有选项，将 Tab size 设置为 2。最后，单击 OK 按钮，配置完成。

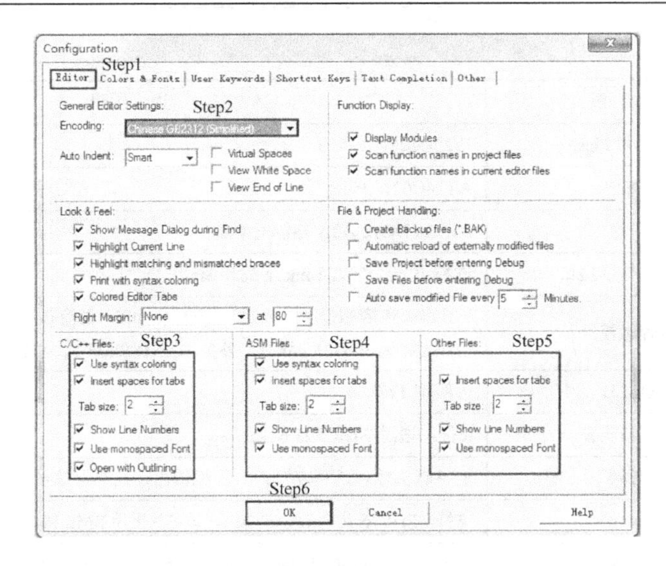

图 1-13　配置 Keil 5.20

1.3　医疗电子单片机高级开发系统简介

本书将以医疗电子单片机高级开发系统（型号：LY-ST429M）和人体生理参数监测系统（型号：LY-M501）为载体，对 STM32 微控制器程序设计进行讲解。医疗电子单片机高级开发系统实物图如图 1-14 所示。

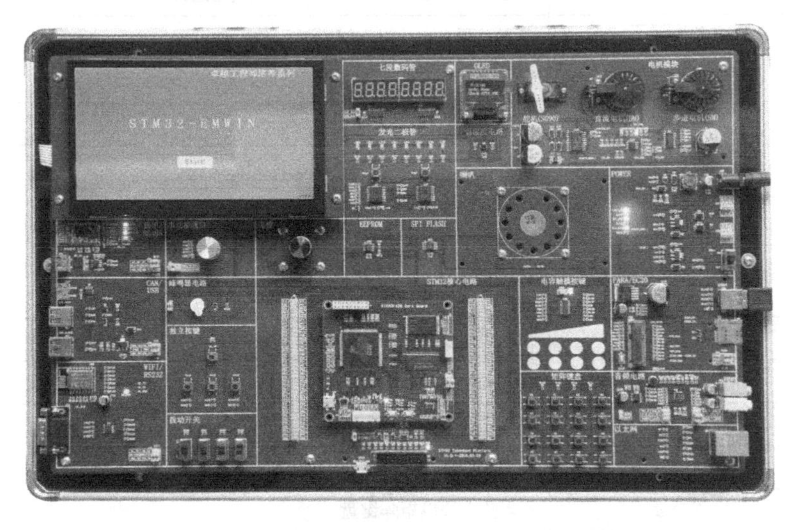

图 1-14　医疗电子单片机高级开发系统实物图

医疗电子单片机高级开发系统支持的资源及其说明如表 1-1 所示。

表 1-1　医疗电子单片机高级开发系统支持的资源及其说明

序　号	资　源	说　明
1	CPU	STM32F429IGT6（LQFP176）；Flash：1024KB；SRAM：256KB
2	外扩 SDRAM	W9825G6KH，32MB
3	外扩 NAND Flash	MT29F4G08，512MB

续表

序　　号	资　　源	说　　明
4	外扩 SPI Flash	W25Q128，16MB
5	外扩 EEPROM	AT24C02，256B
6	电源	AC220 DC12V/2A 电源适配器
7	JTAG/SWD 接口	支持 JLink 和 ST-Link 下载和调试
8	电容触摸屏	7 寸串口电容触摸屏，分辨率 800×480ppi，主控芯片为 STM32F429IGT6，外扩 SDRAM 为 W9825G6KH，外扩 NAND Flash 为 MT29F4G08，带蜂鸣器
9	OLED	分辨率 128×64
10	七段数码管	8 位，通过 74HC595 驱动
11	音频	支持咪头输入、耳麦输入、耳机输出、扬声器输出
12	以太网	支持，PHY 芯片为 LAN8720A，该芯片采用 RMII 接口与 STM32F429IGT6 通信
13	SD 卡	支持，采用 4 位 SDIO 方式驱动，理论上最大速度可以达到 24Mb/s
14	USB HOST 接口	1 路，与 CAN 接口共用，通过跳线帽选择
15	USB SLAVE 接口	1 路，与 CAN 接口共用，通过跳线帽选择
16	USB 转 UART	1 路，通过 Micro-USB 连接线连接到计算机
17	RS-232 串口	1 路，与串口蓝牙模块共用，通过跳线帽选择
18	RS-485 串口	1 路，与串口蓝牙模块共用，通过跳线帽选择
19	CAN 接口	1 路，与 USB 接口共用，通过跳线帽选择
20	蓝牙	串口蓝牙，采用 HC-05 模块
21	Wi-Fi	串口 Wi-Fi，采用 ESP8266 模块
22	温/湿度传感器	采用 SHT20 芯片
23	直流电机	支持
24	交流电机	支持
25	舵机	支持
26	RTC	内部实时时钟（带后背锂电池）
27	摄像头接口	支持（位于 STM32F429IGT6 核心板左上方）
28	GPIO 端口	预留 GPIO 扩展端口（绝大多数 GPIO 端口均通过 J8 和 J9 引出）
29	飞梭	支持左旋编码、右旋编码和按下编码
30	电位器	支持模拟编码
31	矩阵键盘	4×4 独立按键矩阵键盘
32	拨动开关	4 位
33	独立 LED	1 位
34	独立按键	4 位
35	串行 LED	8 位，通过 PCF8574 驱动
36	串行独立按键	2 位，通过 PCF8574 驱动
37	蜂鸣器	1 位
38	电容触摸按键	8 位独立电容触摸按键
39	电容触摸滑条	8 位电容触摸滑条

续表

序 号	资 源	说 明
40	EC20 通信模块（可选）	支持 2G、3G、4G、GPS 定位，支持语音通话
41	人体生理参数监测系统接口	通过 USB 线与人体生理参数监测系统进行通信（串口通信方式）

人体生理参数监测系统正面视图如图 1-15 所示，关于该系统的具体介绍可参见附录 A。

图 1-15 人体生理参数监测系统正面视图

1.4 基于医疗电子单片机高级开发系统可开展的部分实验

基于本书配套的医疗电子单片机高级开发系统，可以开展的实验非常丰富，这里仅列出具有代表性的 18 个实验，如表 1-2 所示。

表 1-2 医疗电子单片机高级开发系统可开展的部分实验清单

序 号	实验名称	序 号	实验名称
1	F429 基准工程	10	OLED 显示
2	GPIO 与 LED 闪烁	11	读写内部 Flash
3	GPIO 与独立按键输入	12	DAC
4	串口通信	13	ADC
5	定时器	14	体温测量与显示
6	系统节拍时钟	15	呼吸监测与显示
7	RCC	16	心电监测与显示
8	外部中断	17	血氧监测与显示
9	七段数码管显示	18	血压测量与显示

1.5 本书配套的资料包

本书配套的资料包名称为“医用单片机开发实用教程——基于 STM32F4”（可通过微信公众号“卓越工程师培养系列”提供的链接获取），为了保持与本书实验步骤的一致性，建议将资料包复制到计算机的 D 盘。资料包由若干文件夹组成，如表 1-3 所示。

表 1-3　本书配套资料包清单

序　号	文 件 夹 名	文 件 夹 介 绍
1	入门资料	存放学习 STM32 微控制器系统设计相关的入门资料，建议读者在开始实验前，先阅读入门资料
2	相关软件	存放本书使用到的软件，如 MDK5.20、STM ISP 下载器 mcuisp、SSCOM 串口助手、ST-Link 驱动、CH340 驱动等
3	原理图	存放医疗电子单片机高级开发系统的 PDF 版本原理图
4	例程资料	存放 STM32 微控制器系统设计所有实验的相关素材，读者根据这些素材开展各个实验
5	PPT 讲义	存放配套 PPT 讲义
6	视频资料	存放配套视频资料
7	数据手册	存放医疗电子单片机高级开发系统所使用到的元器件的数据手册，便于读者进行查阅
8	软件资料	存放本书使用到的小工具，如 PCT 协议打包解包工具、信号采集工具等，以及《C 语言软件设计规范（LY-STD001-2019）》
9	硬件资料	存放医疗电子单片机高级开发系统所使用到的硬件相关资料
10	参考资料	存放 STM32 微控制器相关的资料，如《STM32 中文参考手册（中文版）》、《STM32 中文参考手册（英文版）》、《Cortex-M3 与 Cortex-M4 权威指南（英文版）》、《STM32F4xx 固件库使用手册（英文版）》和《STM32F429IGT6 芯片手册（英文版）》、《SSD1306 数据手册（英文版）》

本 章 任 务

学习完本章后，下载本书配套的资料包，准备好配套的开发系统，熟悉医疗电子单片机高级开发系统。

本 章 习 题

1．简述 STM32 与 ST 公司和 ARM 公司的关系。

2．除了 ST 公司，还有哪些公司推出的微控制器基于 Cortex-M 内核？

3．STM32 的开发工具除了 Keil 公司的 Keil、ARM 公司的 DS-5、Embest 公司的 EmbestIDE、IAR 公司的 EWARM、ST 公司的 STVD，还有哪些？

第 2 章　实验 1——F429 基准工程

本书所涉及的软件部分均基于 Keil μVision5.20，在开始 STM32 微控制器程序设计之前，本章先以创建一个基准工程为主线，详细介绍 Keil 软件的配置和使用，以及工程的编译和程序下载。读者通过学习本章，主要掌握软件的使用和操作方法，不需要深入理解代码。

2.1　实验内容

根据实验原理，按照实验步骤，完成 Keil 软件的标准化设置，并创建和编译工程，然后，将编译生成的.hex 和.axf 文件下载到医疗电子单片机高级开发系统，验证以下基本功能：医疗电子单片机高级开发系统上编号为 LD0 的绿色 LED 每 500ms 闪烁一次；计算机上的串口助手每秒输出一次字符串。

2.2　实验原理

2.2.1　寄存器与固件库

STM32 刚刚面世时已有配套的固件库，但当时的嵌入式开发人员习惯使用寄存器，很少使用固件库。到底是基于寄存器开发更快捷还是基于固件库开发更快捷，曾引起了非常激烈的讨论。然而，随着 STM32 固件库的不断完善和普及，越来越多的嵌入式开发人员开始接受并适应这种高效率的开发模式。

什么是寄存器开发模式？什么是固件库开发模式？为了便于理解这两种开发模式，下面以日常所熟悉的开汽车为例，从芯片设计者的角度来解释。

1．如何开汽车

开汽车实际上并不复杂，只要能够协调好变速箱（Gear）、油门（Speed）、刹车（Brake）和方向盘（Wheel），基本上就掌握了开汽车的要领。启动车辆时，首先将变速箱从驻车挡切换到前进挡，然后松开刹车，紧接着踩油门。需要加速时，将油门踩得深一些，需要减速时，将油门适当松开一些。需要停车时，先松开油门，然后踩刹车，在车停稳之后，将变速箱从前进挡切换到驻车挡。当然，实际开汽车还需要考虑更多的因素，本例仅为了形象地解释寄存器和固件库开发模式而将其简化了。

2．汽车芯片

要设计一款汽车芯片，除了 CPU、ROM、RAM 和其他常用外设（如 CMU、PMU、Timer、UART 等），还需要一个汽车控制单元（CCU），如图 2-1 所示。

为了实现对汽车的控制，即控制变速箱、油门、刹车和方向盘，还需要进一步设计与汽车控制单元相关的 4 个寄存器，分别是变速箱控制寄存器（CCU_GEAR）、油门控制寄存器（CCU_SPEED）、刹车控制寄存器（CCU_BRAKE）和方向盘控制寄存器（CCU_WHEEL），如图 2-2 所示。

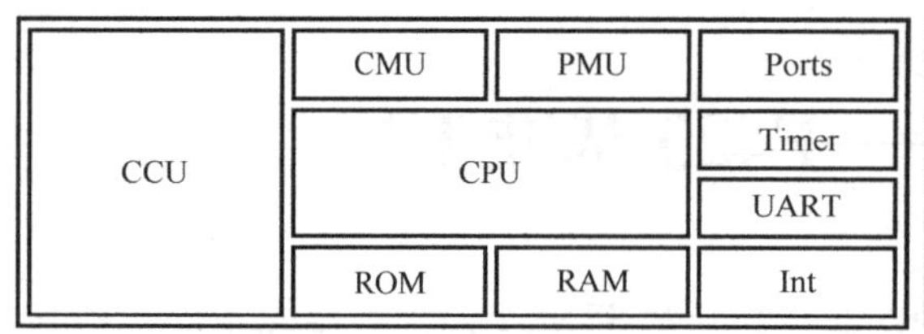

图 2-1　汽车芯片结构图 1

图 2-2　汽车芯片结构图 2

3. 汽车控制单元寄存器（寄存器开发模式）

通过向汽车控制单元的寄存器写入不同的值，即可实现对汽车的操控，因此首先需要了解寄存器的每一位是如何定义的。下面依次说明变速箱控制寄存器（CCU_GEAR）、油门控制寄存器（CCU_SPEED）、刹车控制寄存器（CCU_BRAKE）和方向盘控制寄存器（CCU_WHEEL）的结构和功能。

（1）变速箱控制寄存器（CCU_GEAR）

CCU_GEAR 的结构如图 2-3 所示，部分位的解释说明如表 2-1 所示。

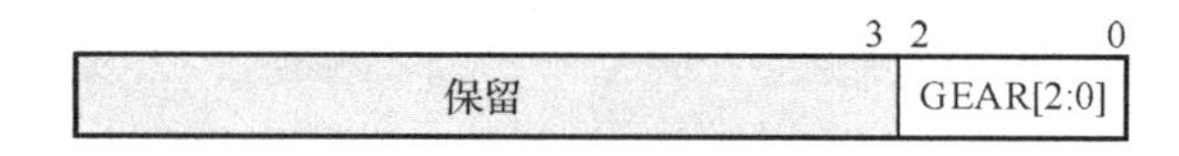

图 2-3　CCU_GEAR 的结构

表 2-1　CCU_GEAR 部分位的解释说明

位	说明
位 2:0	GEAR[2:0]：挡位选择 000-PARK（驻车挡）；001-REVERSE（倒车挡）；010-NEUTRAL（空挡）；011-DRIVE（前进挡）；100-LOW（低速挡）

（2）油门控制寄存器（CCU_SPEED）

CCU_SPEED 的结构如图 2-4 所示，部分位的解释说明如表 2-2 所示。

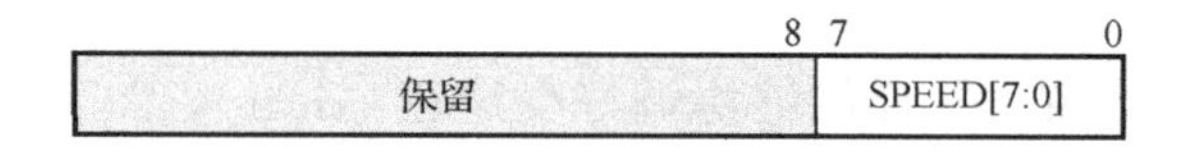

图 2-4　CCU_SPEED 的结构

表 2-2　CCU_SPEED 部分位的解释说明

位	说明
位 7:0	SPEED[7:0]：油门选择 0 表示未踩油门，255 表示将油门踩到底

（3）刹车控制寄存器（CCU_BRAKE）

CCU_BRAKE 的结构如图 2-5 所示，部分位的解释说明如表 2-3 所示。

图 2-5　CCU_BRAKE 的结构

表 2-3　CCU_BRAKE 部分位的解释说明

位	说明
位 7:0	BRAKE[7:0]：刹车选择 0 表示未踩刹车，255 表示将刹车踩到底

（4）方向盘控制寄存器（CCU_WHEEL）

CCU_WHEEL 的结构如图 2-6 所示，部分位的解释说明如表 2-4 所示。

图 2-6　CCU_WHEEL 的结构

表 2-4　CCU_WHEEL 部分位的解释说明

位 7:0	WHEEL[7:0]：方向盘方向选择 0 表示方向盘向左转到底，255 表示方向盘向右转到底

完成汽车芯片的设计之后，就可以借助一款合适的集成开发环境（如 Keil 或 IAR）编写程序，通过向汽车芯片中的寄存器写入不同的值来实现对汽车的操控，这种开发模式称为寄存器开发模式。

4．汽车芯片固件库（固件库开发模式）

寄存器开发模式对于一款功能简单的芯片（如 51 单片机，只有二、三十个寄存器），开发起来比较容易。但是，当今市面上主流的微控制器芯片的功能都非常强大，如 STM32 系列微控制器，其寄存器个数为几百甚至更多，而且每个寄存器又有很多功能位，寄存器开发模式就较为复杂。为了方便工程师更好地读写这些寄存器，提高开发效率，芯片制造商通常会设计一套完整的固件库，通过固件库来读写芯片中的寄存器，这种开发模式称为固件库开发模式。

例如，汽车控制单元的 4 个固件库函数分别是变速箱控制函数 SetCarGear、油门控制函数 SetCarSpeed、刹车控制函数 SetCarBrake 和方向盘控制函数 SetCarWheel，定义如下：

```
int SetCarGear(Car_TypeDef* CAR, int gear);
int SetCarSpeed(Car_TypeDef* CAR, int speed);
int SetCarBrake(Car_TypeDef* CAR, int brake);
int SetCarWheel(Car_TypeDef* CAR, int wheel);
```

由于以上 4 个函数的功能类似，下面重点介绍 SetCarGear 函数的功能及实现。

（1）SetCarGear 函数的描述

SetCarGear 函数的功能是根据 Car_TypeDef 中指定的参数设置挡位，通过向 CAR->GEAR 写入参数来实现的，具体描述如表 2-5 所示。

表 2-5　SetCarGear 函数的描述

函　数　名	SetCarGear
函数原形	int SetCarGear(Car_TypeDef* CAR, CarGear_TypeDef gear)
功能描述	根据 Car_TypeDef 中指定的参数设置挡位
输入参数 1	CAR：指向 CAR 寄存器组的首地址
输入参数 2	gear：具体的挡位
输出参数	无
返回值	设定的挡位是否有效（FALSE 为无效，TRUE 为有效）

Car_TypeDef 定义如下：

```
typedef struct
{
  __IO uint32_t GEAR;
  __IO uint32_t SPEED;
  __IO uint32_t BRAKE;
  __IO uint32_t WHEEL;
}Car_TypeDef;
```

CarGear_TypeDef 定义如下：

```
typedef enum
{
  Car_Gear_Park = 0,
  Car_Gear_Reverse,
  Car_Gear_Neutral,
  Car_Gear_Drive,
  Car_Gear_Low
}CarGear_TypeDef;
```

（2）SetCarGear 函数的实现

SetCarGear 函数的实现如程序清单 2-1 所示，通过将参数 gear 写入 CAR->GEAR 来实现。返回值用于判断设定的挡位是否有效，当设定的挡位为 0～4 时，即有效挡位，返回值为 TRUE；当设定的挡位不为 0～4 时，即无效挡位，返回值为 FALSE。

程序清单 2-1

```
int SetCarGear(Car_TypeDef* CAR, int gear)
{
  int valid = FALSE;
if(0 <= gear && 4 >= gear)
{
  CAR->GEAR = gear;
  valid = TRUE;
}
return valid;
}
```

至止，已解释了寄存器开发模式和固件库开发模式，以及这两种开发模式之间的关系。无论是寄存器开发模式，还是固件库开发模式，实际上最终都要配置寄存器，只不过寄存器开发模式是直接读写寄存器，而固件库开发模式是通过固件库函数间接读写寄存器。固件库的本质是建立了一个新的软件抽象层，因此，固件库开发的优点是基于分层开发带来的高效性，缺点也是由于分层开发导致的资源浪费。

嵌入式开发从最早的基于汇编语言，到基于 C 语言，再到基于操作系统，实际上是一种基于分层的进化；另一方面，STM32 作为高性能的微控制器，其固件库导致的资源浪费远不及它所带来的高效性。因此，有必要适应基于固件库的先进的开发模式。那么，基于固件库的开发是否还需要深入学习寄存器？这个疑惑实际上很早就有答案了，比如使用 C 语言开发某一款微控制器，为了设计出更加稳定的系统，还是非常有必要了解汇编指令，同样，基于操作系统开发，也有必要熟悉操作系统的底层运行机制。ST 公司提供的固件库编写的代码非常规范，注释清晰，可以通过追踪底层代码来研究固件库如何读写寄存器。

2.2.2　Keil 编辑和编译以及 STM32 下载过程

STM32 的集成开发环境有很多种，本书使用的是 Keil。首先，用 Keil 建立工程、编写程序；然后，编译工程并生成二进制或十六进制文件；最后，将二进制或十六进制文件下载到 STM32 芯片上运行。

1. Keil 编辑和编译过程

Keil 的编辑和编译过程与其他集成开发环境的类似，如图 2-7 所示，可分为以下 4 个步骤：（1）创建工程，并编辑程序，程序包括 C/C++代码（存放于.c 文件）和汇编代码（存放于.s 文件）；（2）通过编译器 armcc 对.c 文件进行编译，通过编译器 armasm 对.s 文件进行编译，这两种文件编译之后，都会生成一个对应的目标程序（.o 文件），.o 文件的内容主要是从源文件编译得到的机器码，包含代码、数据及调试使用的信息；（3）通过链接器 armlink 将各个.o 文件及库文件链接生成一个映像文件（.axf 或.elf 文件）；（4）通过格式转换器 fromelf，将.axf 或.elf 文件转换成二进制文件（.bin 文件）或十六进制文件（.hex 文件）。编译过程中使用到的编译器 armcc、armasm，以及链接器 armlink 和格式转换器 fromelf 均位于 Keil 的安装目录下，如果 Keil 默认安装在 C 盘，这些工具就存放在 C:\Keil_v5\ARM\ARMCC\bin 目录下。

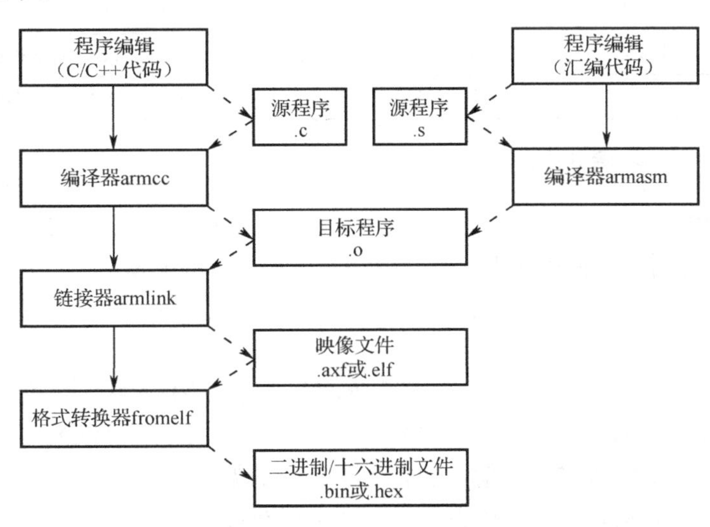

图 2-7　Keil 编辑和编译过程

2. STM32 下载过程

通过 Keil 生成的映像文件（.axf 或.elf 文件）或二进制/十六进制文件（.bin 或.hex）可以使用不同的工具下载到 STM32 芯片上的 Flash，上电后，系统将 Flash 中的文件加载到片上 SRAM，运行整个代码。本书使用 Keil 将.axf 文件通过 ST-Link 下载到 STM32 芯片上的 Flash，具体步骤参见 2.3 节。

2.2.3　STM32 工程模块名称及说明

工程建立完成后，按照模块被分为 App、Alg、HW、OS、TPSW、FW 和 ARM，如图 2-8 所示。各模块名称及说明如表 2-6 所示。

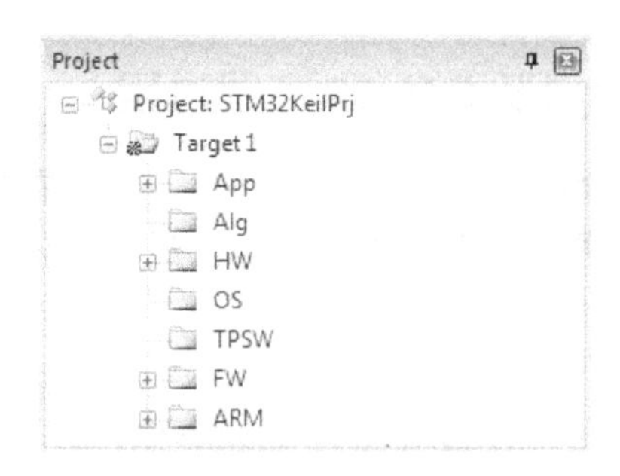

图 2-8　Keil 工程模块分组

表 2-6　STM32 工程模块名称及说明

模　块	名　称	说　明
App	应用层	应用层包括 Main、硬件应用和软件应用文件
Alg	算法层	算法层包括项目算法相关文件，如心电算法文件等
HW	硬件驱动层	硬件驱动层包括 STM32 片上外设驱动文件，如 UART1、Timer 等
OS	操作系统层	操作系统层包括第三方操作系统，如 μC/OS III、FreeRTOS 等
TPSW	第三方软件层	第三方软件层包括第三方软件，如 STemWin、FatFs 等
FW	固件库层	固件库层包括 STM32 相关的固件库，如 stm32f4xx_gpio.c 和 stm32f4xx_gpio.h 文件
ARM	ARM 内核层	ARM 内核层包括启动文件、NVIC、SysTick 等与 ARM 内核相关的文件

2.2.4　STM32 参考资料

在 STM32 微控制器系统设计过程中，有许多资料可供参考，如《STM32 参考手册》《STM32 芯片手册》《STM32 固件库使用手册》和《Cortex-M3 与 Cortex-M4 权威指南》等，这些资料存放在本书配套资料包的“10.参考资料”文件下，下面对这些参考资料进行简要介绍。

1.《STM32 参考手册》

该手册是 STM32 系列微控制器的参考手册，主要对 STM32 系列微控制器的外设，如存储器、RCC、GPIO、UART、Timer、DMA、ADC、DAC、RTC、IWDG、WWDG、FSMC、SDIO、USB、CAN、I^2C 等进行讲解，包括各个外设的架构、工作原理、特性及寄存器等。读者在开发过程中，会频繁使用到该手册，尤其是查阅某个外设的工作原理和相关寄存器。

2.《STM32 芯片手册》

选定好某一款具体芯片之后，需要清楚地了解该芯片的主功能引脚定义、默认复用引脚定义、重映射引脚定义、电气特性和封装信息等，可以通过《STM32 芯片手册》查询这些信息。

3.《STM32 固件库使用手册》

固件库实际上就是读写寄存器的一系列函数集合，该手册是这些固件库函数的使用说明文档，包括封装寄存器的结构体说明、固件库函数说明、固件库函数参数说明，以及固件库函数使用实例等。不需要记住这些固件库函数，在开发过程中遇到不清楚的固件库函数时，能够翻阅之后解决问题即可。

4.《Cortex-M3 与 Cortex-M4 权威指南》

该手册由 ARM 公司提供，主要介绍 Cortex-M3 和 Cortex-M4 处理器的架构、功能和用法，它补充了《STM32 参考手册》没有涉及或讲解不充分的内容，如指令集、NVIC 与中断控制、SysTick 定时器、调试系统架构、调试组件等。

本书中各实验所涉及的上述参考资料均已在“实验原理”一节中说明。当开展本书以外的实验时，若遇到书中未涉及的知识点，可查阅以上手册，或翻阅其他书籍，或借助于网络资源。

2.3　实验步骤

步骤 1：Keil 软件标准化设置

在进行程序设计前，建议对 Keil 软件进行标准化设置，比如，将编码格式改为 Chinese GB2312(Simplified)，这样可以防止代码文件中输入的中文出现乱码现象；将缩进的空格数设置为 2 个空格，同时将 Tab 键设置为 2 个空格，这样可以防止使用不同的编辑器阅读代码时出现代码布局不整齐的现象。Keil 软件设置编码格式、制表符长度和缩进长度的具体方法如图 2-9 所示。首先，打开 Keil μVision5.20 软件，执行菜单命令 Edit→Configuration，在 Encoding 下拉列表中选择 Chinese GB2312(Simplified)；然后，在 C/C++ Files、ASM Files 和 Other Files 栏中，均勾选 Insert spaces for tabs 项、Show Line Numbers 项，并将 Tab size 改为 2；最后，单击 OK 按钮。

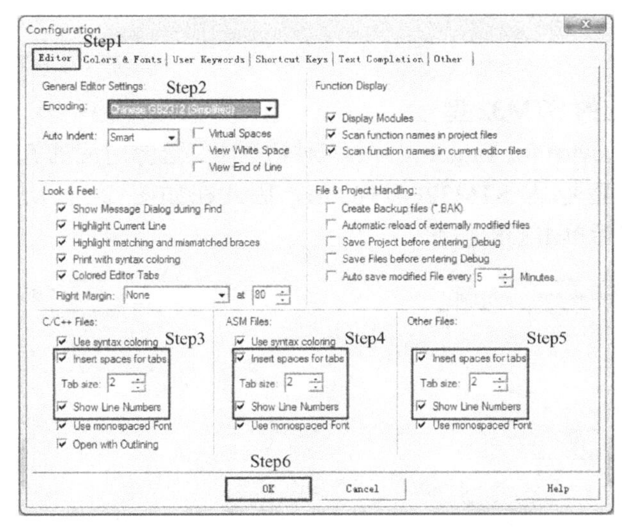

图 2-9　Keil 软件标准化设置

步骤 2：新建存放工程的文件夹

在计算机的 D 盘中建立一个 STM32KeilTest 文件夹，将本书配套资料包的“04.例程资料\Material”文件夹复制到 STM32KeilTest 文件夹中，然后在 STM32KeilTest 文件夹中新建一个 Product 文件夹。工程保存的文件夹路径也可以自行选择。注意，保存工程的文件夹一定要严格按照要求进行命名，从细微之处养成良好的规范习惯。

步骤 3：复制和新建文件夹

首先，在 D:\STM32KeilTest\Product 文件夹中新建一个名为“01.F429 基准工程实验”的文件夹；然后，将“D:\STM32KeilTest\Material\01.F429 基准工程实验”文件夹中的所有文件夹和文件（包括 Alg、App、ARM、FW、HW、OS、TPSW、clear.bat、readme.txt）复制到“D:\STM32KeilTest\Product\01.F429 基准工程实验”文件夹中；最后，在“D:\STM32KeilTest\

Product\01.F429 基准工程实验”文件夹中新建一个 Project 文件夹。

步骤 4：新建一个工程

打开 Keil μVision5.20 软件，执行菜单命令 Project→New μVision Project，在弹出的 Create New Project 对话框中，工程路径选择“D:\STM32KeilTest\Product\01.F429 基准工程实验\Project”，将工程名命名为 STM32KeilPrj，单击“保存”按钮，如图 2-10 所示。

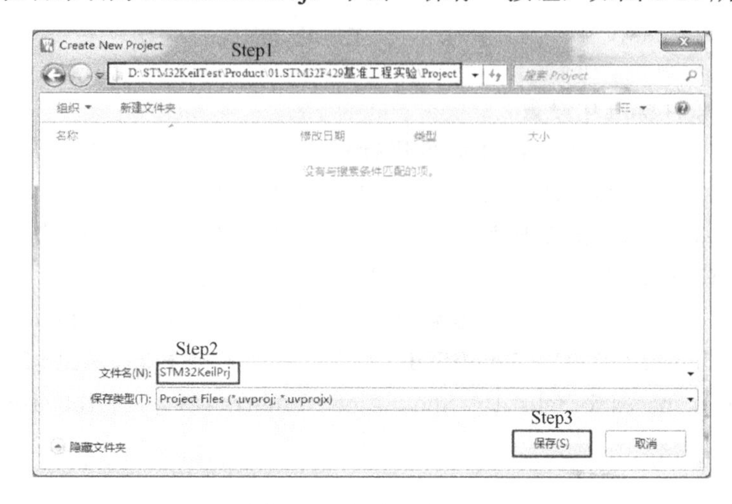

图 2-10　新建一个工程

步骤 5：选择对应的 STM32 型号

在弹出的 Select Device for Target 'Target 1'对话框中，选择对应的 STM32 型号。由于核心板上 STM32 芯片的型号是 STM32F429IGT6，因此在如图 2-11 所示的对话框中，选择 STM32F429IGTx，然后单击 OK 按钮。

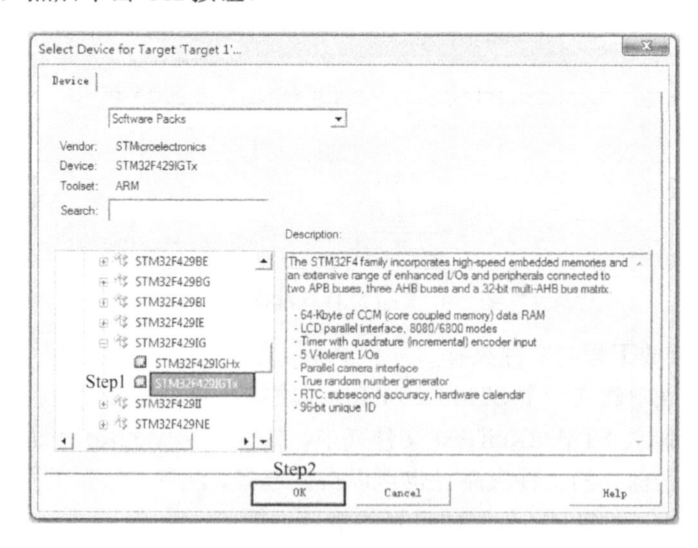

图 2-11　选择对应的 STM32 型号

步骤 6：关闭 Manage Run-Time Environment 对话框

由于本书中的实验没有使用到实时环境，因此，在图 2-12 所示的 Manage Run-Time Environment 对话框中，单击 Cancel 按钮，直接关闭即可。

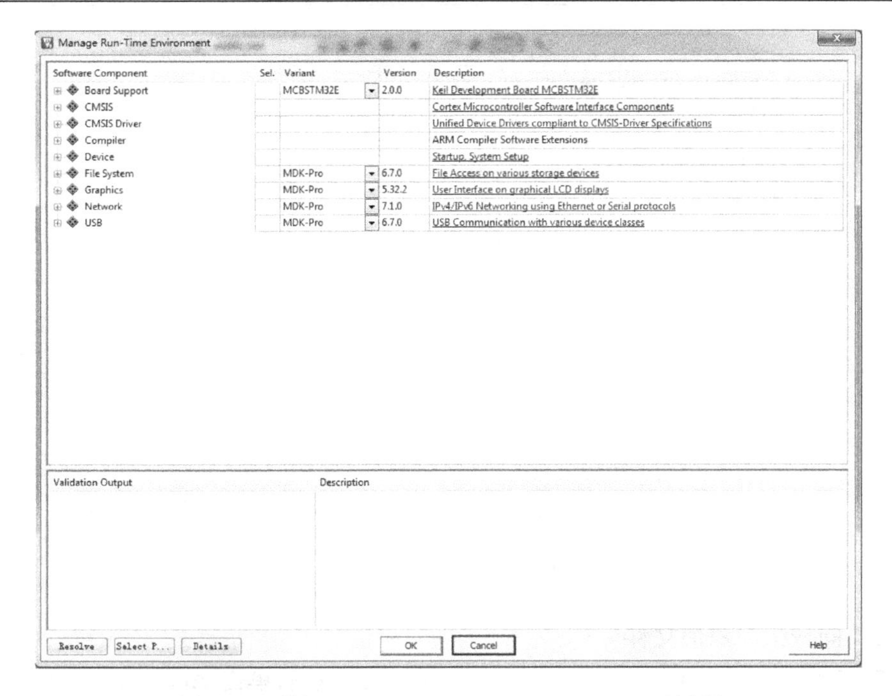

图 2-12　关闭 Manage Run-Time Environment 对话框

步骤 7：删除原有分组并新建分组

关闭 Manage Run-Time Environment 对话框之后，一个简单的工程创建完成，工程名为 STM32KeilPrj。在 Keil 软件界面的左侧可以看到，Target1 下有一个 Source Group1 分组，这里需要将已有的分组删除，并添加新的分组。首先，单击工具栏中的按钮，如图 2-13 所示，在 Project Items 标签页中，单击 Groups 栏中的 ✕ 按钮，删除 Source Group 1 分组。

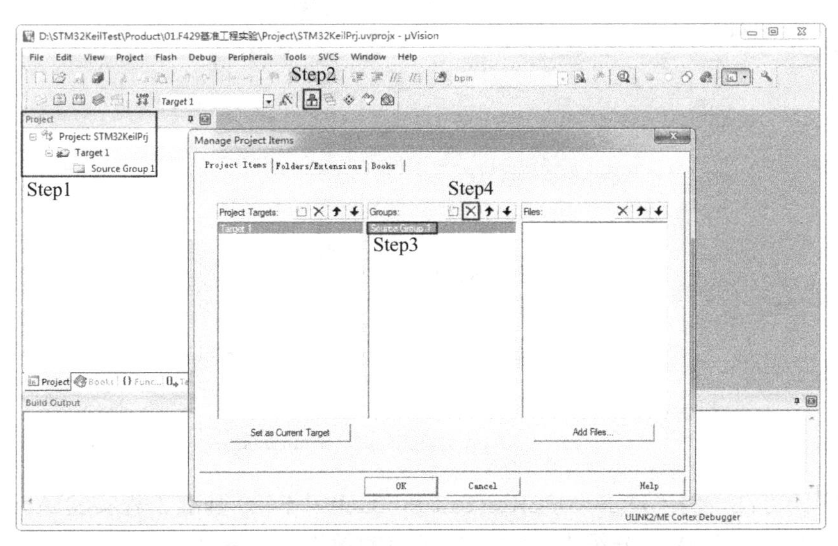

图 2-13　删除原有的 Source Group1 分组

接着，单击 Groups 栏中的按钮，依次添加 App、Alg、HW、OS、TPSW、FW、ARM 分组，如图 2-14 所示。注意，可以通过单击箭头按钮调整分组的顺序。

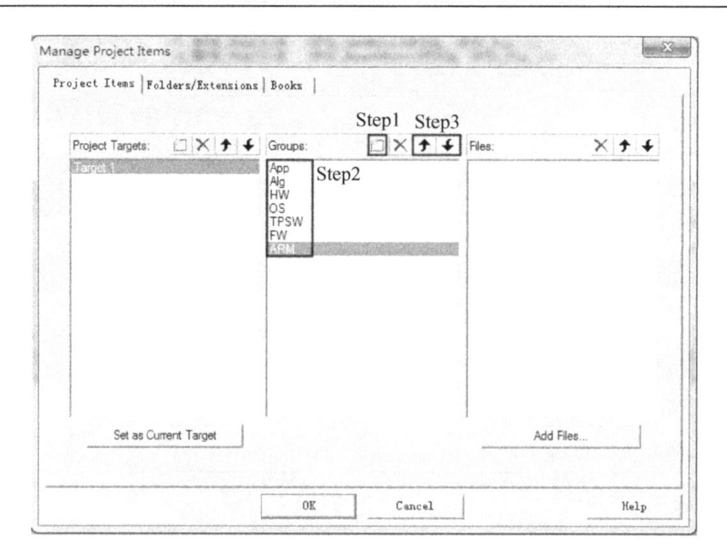

图 2-14　添加新分组

步骤 8：向分组中添加文件

如图 2-15 所示，在 Groups 栏中，单击选择 App，然后单击 Add Files 按钮。在弹出的 Add Files to Groups 'App'对话框中，查找范围选择“D:\STM32KeilTest\Product\01.F429 基准工程实验\App\Main”。最后，单击选择 Main.c 文件，再单击 Add 按钮，将 Main.c 文件添加到 App 分组中。注意，也可以在 Add Files to Groups 'App'对话框中，通过双击 Main.c 文件向 App 分组中添加该文件。

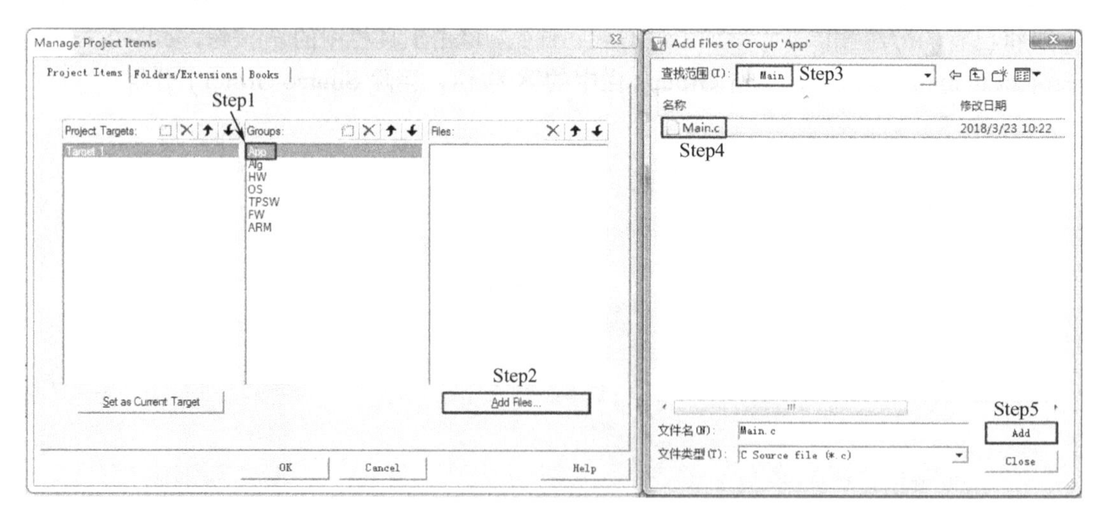

图 2-15　向 App 分组中添加 Main.c 文件

采用同样的方法，将“D:\STM32KeilTest\Product\01.F429 基准工程实验\App\LED”路径下的 LED.c 文件添加到 App 分组中。添加完成后的效果图如图 2-16 所示。

将“D:\STM32KeilTest\Product\01.F429 基准工程实验\HW\RCC”路径下的 RCC.c 文件、“D:\STM32KeilTest\Product\01.F429 基准工程实验\HW\Timer”路径下的 Timer.c 文件、“D:\STM32KeilTest\Product\01.F429 基准工程实验\HW\UART1”路径下的 Queue.c 和 UART1.c 文件分别添加到 HW 分组中。添加完成后的效果图如图 2-17 所示。

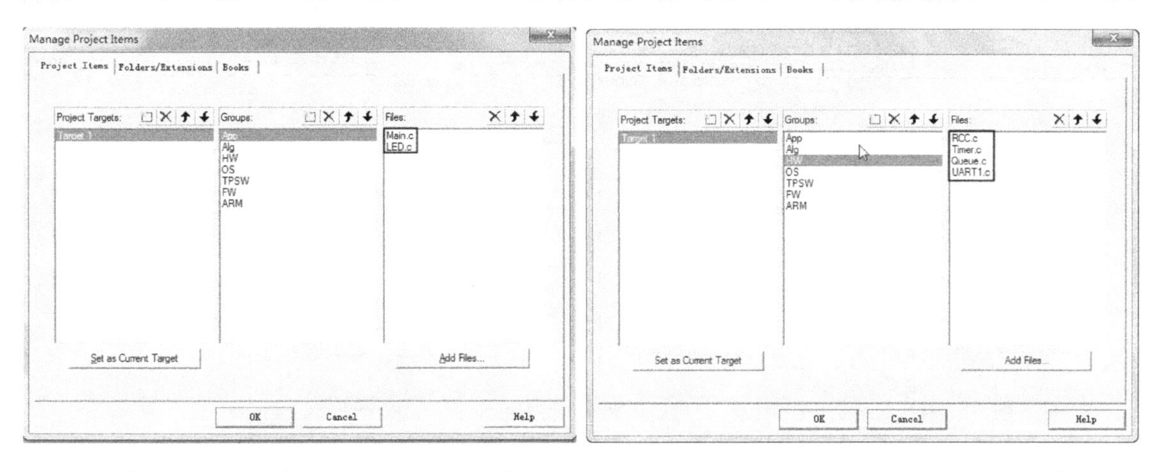

图 2-16　将 LED.c 文件添加到 App 分组中的效果图　　图 2-17　向 HW 分组中添加文件后的效果图

将“D:\STM32KeilTest\Product\01.F429 基准工程实验\FW\src”路径下的 misc.c、stm32f4xx_flash.c、stm32f4xx_gpio.c、stm32f4xx_pwr.c、stm32f4xx_rcc.c、stm32f4xx_tim.c、stm32f4xx_usart.c 文件添加到 FW 分组中。添加后的效果图如图 2-18 所示。

将“D:\STM32KeilTest\Product\01.F429 基准工程实验\ARM\System”路径下的 stm32f4xx_it.c、system_stm32f4xx.c、startup_stm32f429_439xx.s 文件添加到 ARM 分组中，再将“D:\STM32KeilTest\Product\01.F429 基准工程实验\ARM\NVIC”路径下的 NVIC.c 文件和“D:\STM32KeilTest\Product\01.F429 基准工程实验\ARM\SysTick”路径下的 SysTick.c 文件添加到 ARM 分组中，添加完成后的效果图如图 2-19 所示。注意，向 ARM 分组中添加 startup_stm32f429_439xx.s 时，需要在“文件类型(T)”的下拉菜单中选择 Asm Source file (*.s*; *.src; *.a*)或 All files (*.*)。

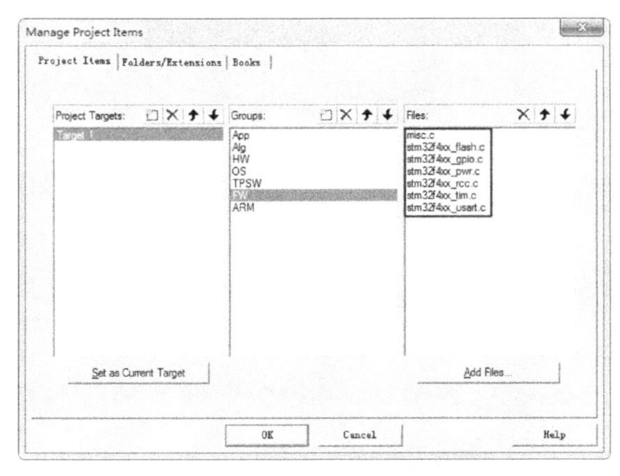

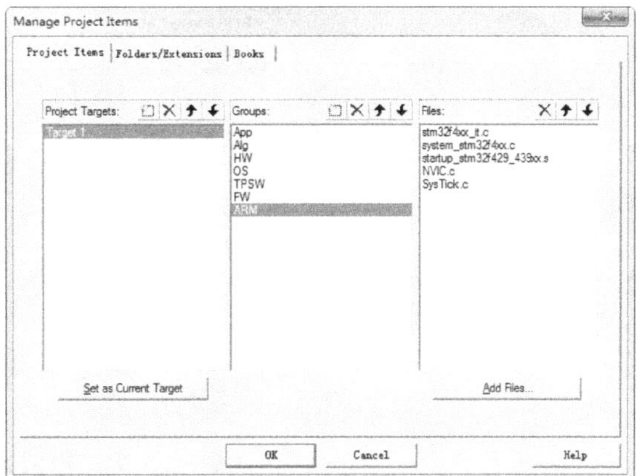

图 2-18　向 FW 分组中添加文件后的效果图　　图 2-19　向 ARM 分组中添加文件后的效果图

步骤 9：勾选 Use MicroLIB 项

为了方便调试，本书在很多地方都使用了 printf 语句。在 Keil 中使用 printf 语句，需要勾选 Use MicroLIB 项，如图 2-20 所示。首先，单击工具栏中的 按钮，在弹出的 Options for Target 'Target1'对话框中，单击 Target 标签页，勾选 Use MicroLIB 项。

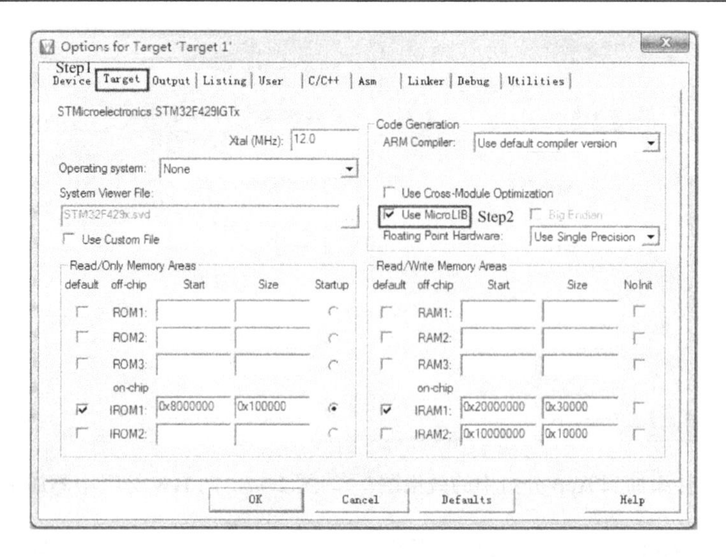

图 2-20　勾选 Use MicroLIB 项

步骤 10：勾选 Create HEX File 项

通过 ST-Link 既可以下载.hex 文件，也可以将.axf 文件下载到 STM32 的内部 Flash 中。Keil 默认编译时不生成.hex 文件，如果需要生成.hex 文件，则需要勾选 Create HEX File 项。首先，单击工具栏中的 按钮，在弹出的 Options for Target 'Target1'对话框中，单击 Output 标签页，勾选 Create HEX File 项，如图 2-21 所示。注意，通过 ST-Link 下载.hex 文件一般要使用 STM32 ST-LINK Utility 软件，限于篇幅，这里不讲解如何下载，读者可以自行尝试。

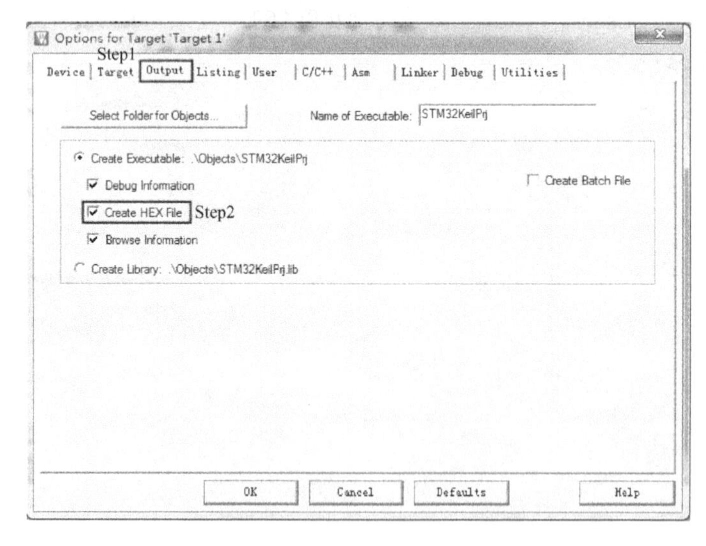

图 2-21　勾选 Create HEX File 项

步骤 11：添加宏定义和头文件路径

由于 STM32 的固件库具有非常强的兼容性，只需要通过宏定义就可以区分使用在不同型号的 STM32 芯片上，而且，还可以通过宏定义选择是否使用标注库，具体做法如下。首先，单击工具栏中的 按钮，在弹出的 Options for Target 'Target1'对话框中，单击 C/C++标签页，如图 2-22 所示，在 Define 栏中输入 USE_STDPERIPH_DRIVER,STM32F429_439xx。注意，

USE_STDPERIPH_DRIVER 和 STM32F429_439xx 用逗号隔开，第一个宏定义表示使用标准库，第二个宏定义表示使用在 STM32F429 或 STM32F439 系列芯片上。

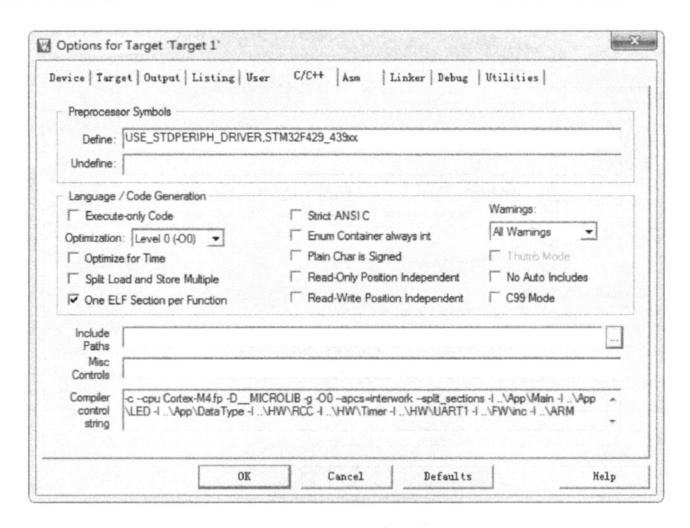

图 2-22　添加宏定义

添加完分组中的.c 文件和.s 文件后，还需要添加头文件路径，这里以添加 Main.h 头文件路径为例进行讲解。首先，单击工具栏中的 按钮，在弹出的 Options for Target 'Target1' 对话框中：（1）单击 C/C++标签页；（2）单击“文件夹设定”按钮；（3）单击“新建路径”按钮；（4）将路径选择到“D:\STM32KeilTest\Product\01.F429 基准工程实验\App\Main”；（5）单击 OK 按钮，如图 2-23 所示。这样就可以完成 Main.h 头文件路径的添加。

采用添加 Main.h 头文件路径的方法，依次添加其他头文件路径。所有头文件路径添加完成后的效果图如图 2-24 所示。

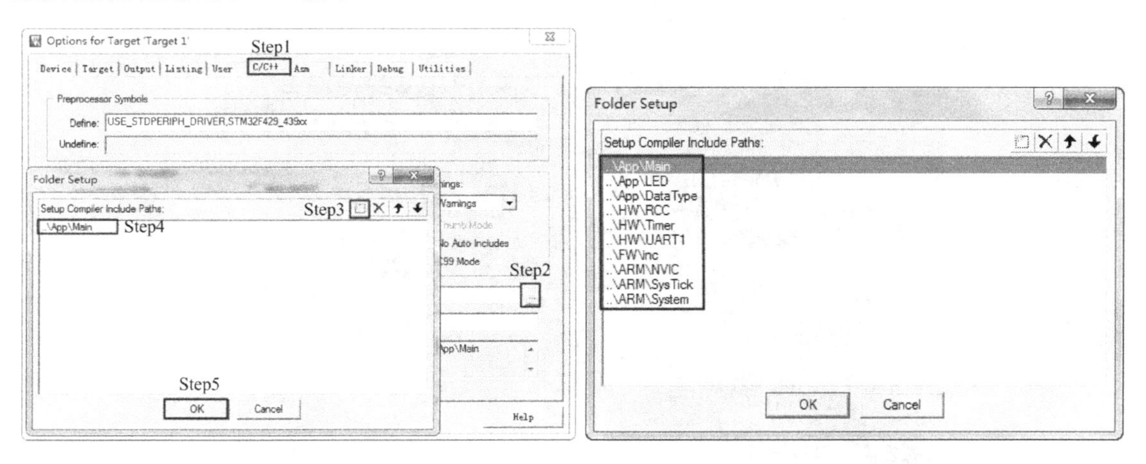

图 2-23　添加 Main.h 头文件路径　　　　图 2-24　添加完所有头文件路径的效果图

步骤 12：程序编译

完成以上步骤后，可以开始程序编译。单击工具栏中的 （Rebuild）按钮，对整个工程进行编译。当 Build Output 栏中出现 FromELF:creating hex file...时，表示已经成功生成.hex 文件；出现 0 Error(s), 0 Warning(s)时，表示编译成功，如图 2-25 所示。

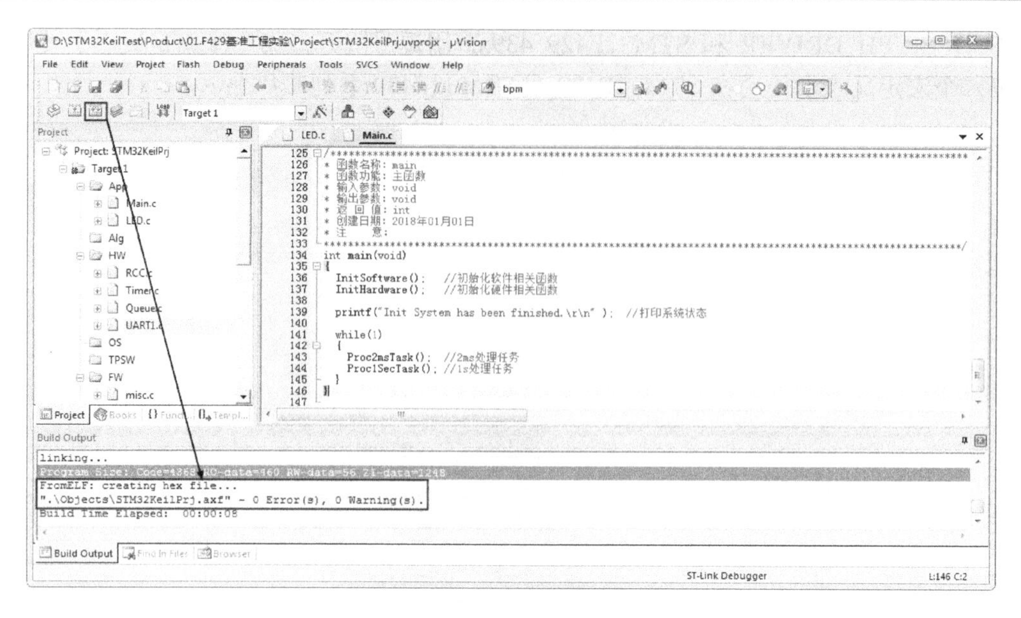

图 2-25　工程编译

步骤 13：通过 ST-Link 下载程序

准备好医疗电子单片机高级开发系统、ST-Link 调试器、Mini-USB 线、20P 灰排线、Micro-USB 线、12V 电源适配器。按照以下步骤连接：（1）将 Mini-USB 线的 Mini 型公口连接到 ST-Link 调试器；（2）将 20P 灰排线的一端连接到 ST-Link 调试器；（3）将 20P 灰排线的另一端连接到医疗电子单片机高级开发系统的 JTAG/SWD 调试接口（编号为 J14）；（4）将 Micro-USB 线的 Micro 型公口连接到 Micro-USB 母口（编号为 USB3）；（5）将 Mini-USB 线和 Micro-USB 线的 A 型 USB 公口均插入计算机的 USB 母口；（6）将 12V 电源适配器连接到电源插座（编号为 J19），如图 2-26 所示。

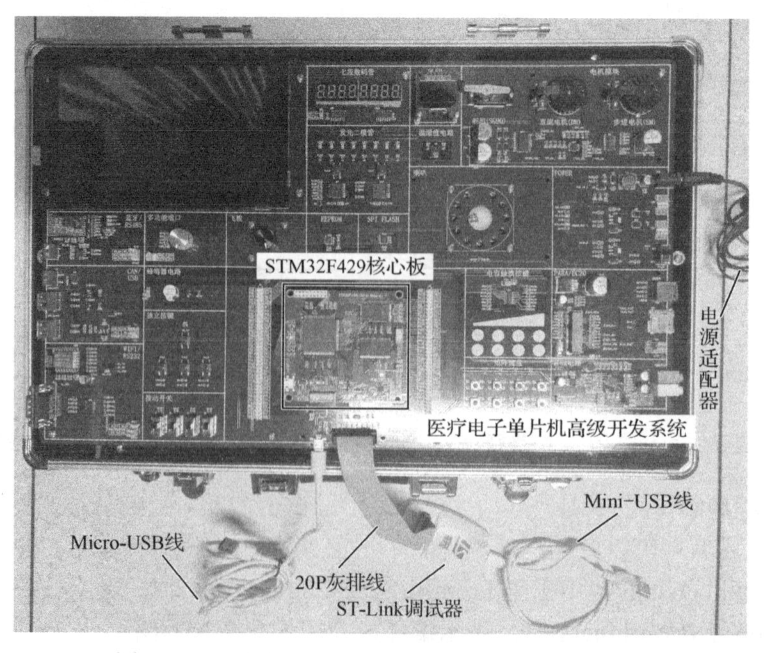

图 2-26　医疗电子单片机高级开发系统连接实物图

在本书配套资料包的“02.相关软件\ST-LINK 官方驱动”文件夹中找到 dpinst_amd64 和 dpinst_x86，如果计算机安装的是 64 位操作系统，则双击运行 dpinst_amd64.exe；如果安装的是 32 位操作系统，则双击运行 dpinst_x86.exe。ST-Link 驱动安装成功后，可以在设备管理器中看到 STMicroelectronics STLink dongle，如图 2-27 所示。

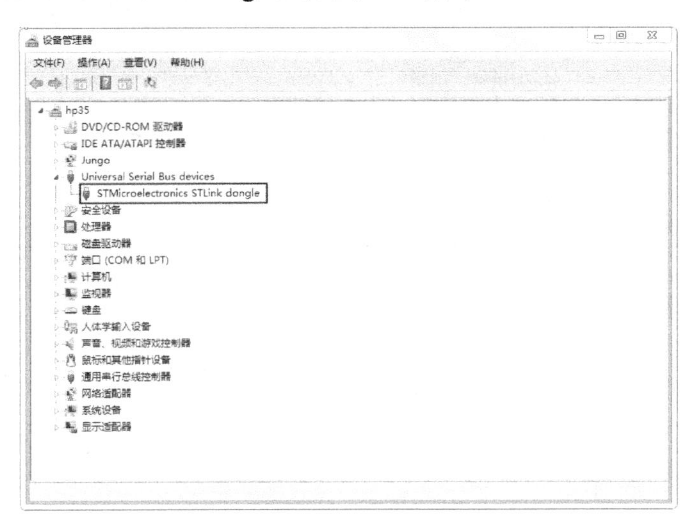

图 2-27　ST-Link 驱动安装成功示意图

打开 Keil μVision5.20 软件，如图 2-28 所示，单击工具栏中的 按钮，进入设置界面。

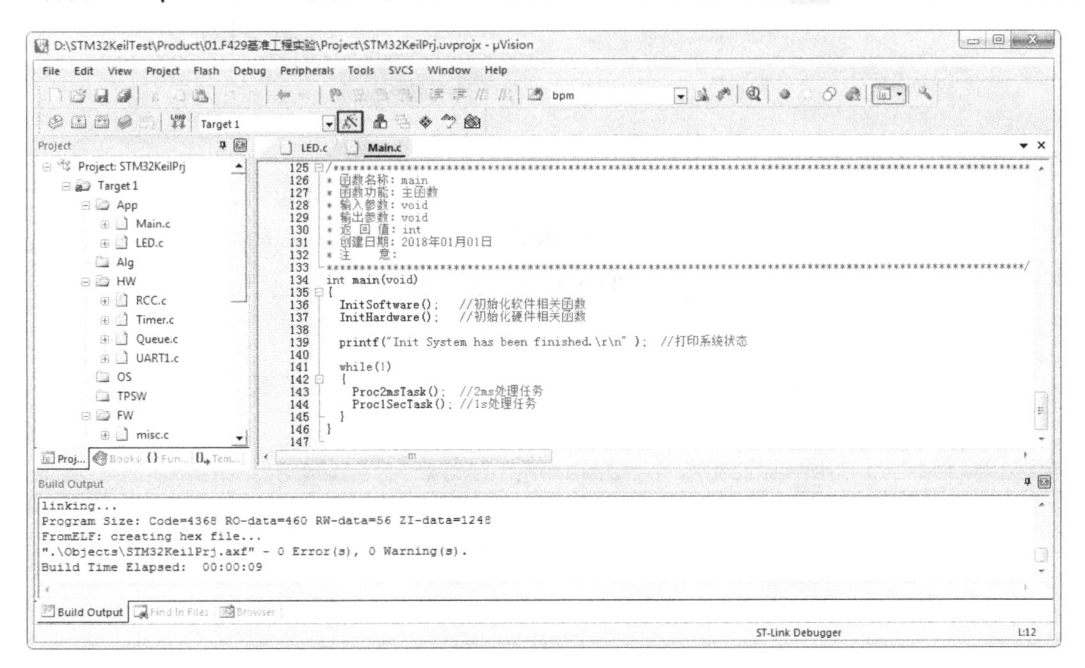

图 2-28　ST-Link 调试模式设置步骤 1

在弹出的 Options for Target 'Target1' 对话框中，选择 Debug 标签页，如图 2-29 所示，在 Use 下拉列表中，选择 ST-Link Debugger，然后单击 Settings 按钮。

在弹出的 Cortex-M Target Driver Setup 对话框中，选择 Debug 标签页，如图 2-30 所示，在 ort 下拉列表中，选择 SW；在 Max 下拉列表中，选择 1.8MHz，然后单击“确定”按钮。

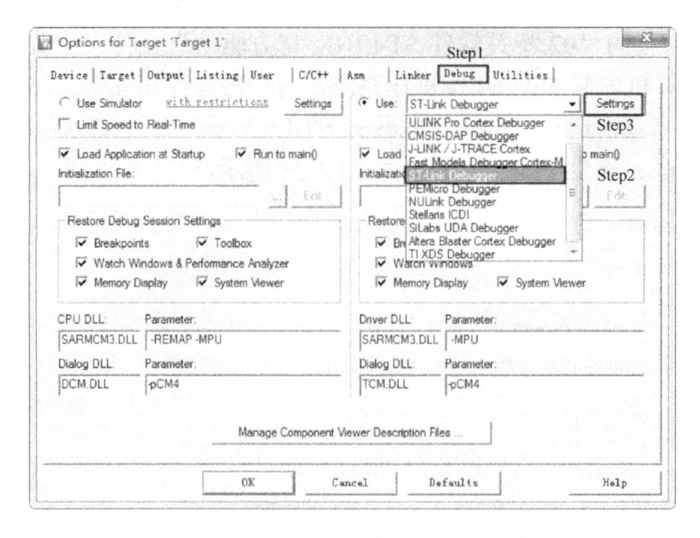

图 2-29　ST-Link 调试模式设置步骤 2

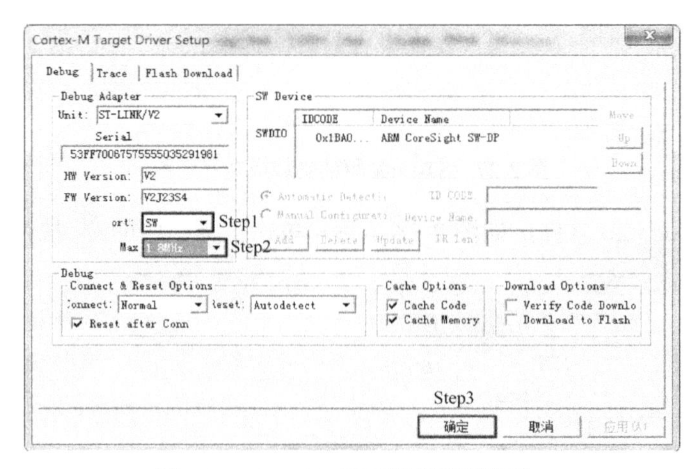

图 2-30　ST-Link 调试模式设置步骤 3

再选择 Flash Download 标签页，如图 2-31 所示，勾选 Reset and Run 项，然后单击“确定”按钮。

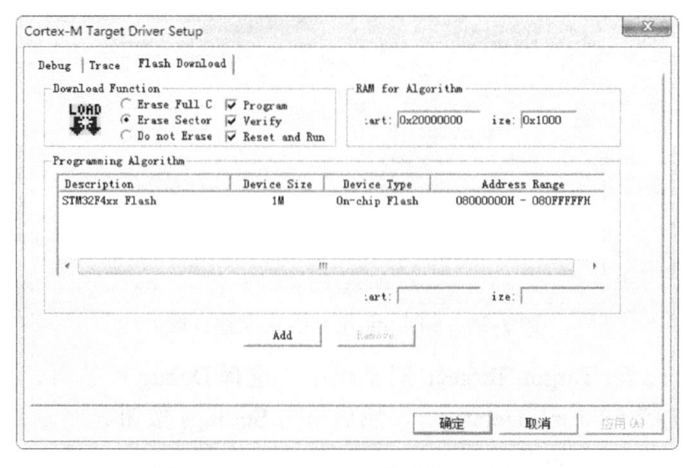

图 2-31　ST-Link 调试模式设置步骤 4

打开 Options for Target 'Target 1'对话框中的 Utilities 标签页，如图 2-32 所示，勾选 Use Debug Driver 和 Update Target before Debugging 项，最后单击 OK 按钮。

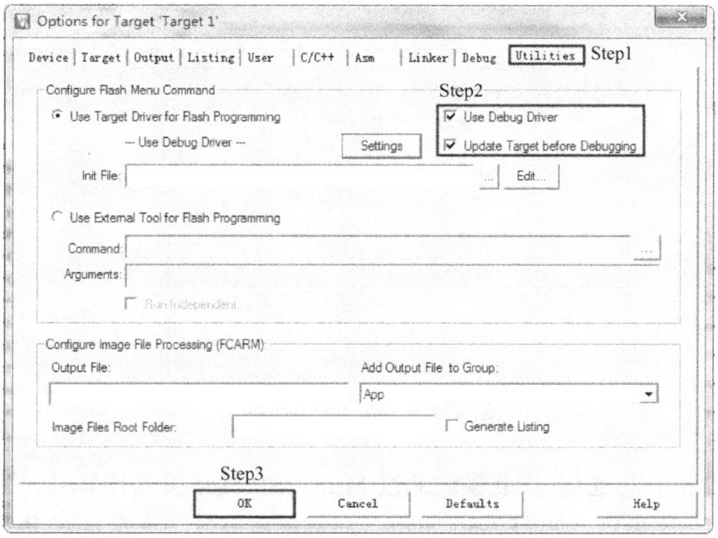

图 2-32　ST-Link 调试模式设置步骤 5

ST-Link 调试模式设置完成，确保 ST-Link 通过 Mini-USB 线连接到计算机之后，就可以在如图 2-33 所示的界面中，单击工具栏中的按钮，将程序下载到 STM32 的内部 Flash 中。下载成功后，在 Bulid Output 栏中将显示方框中所示的内容。

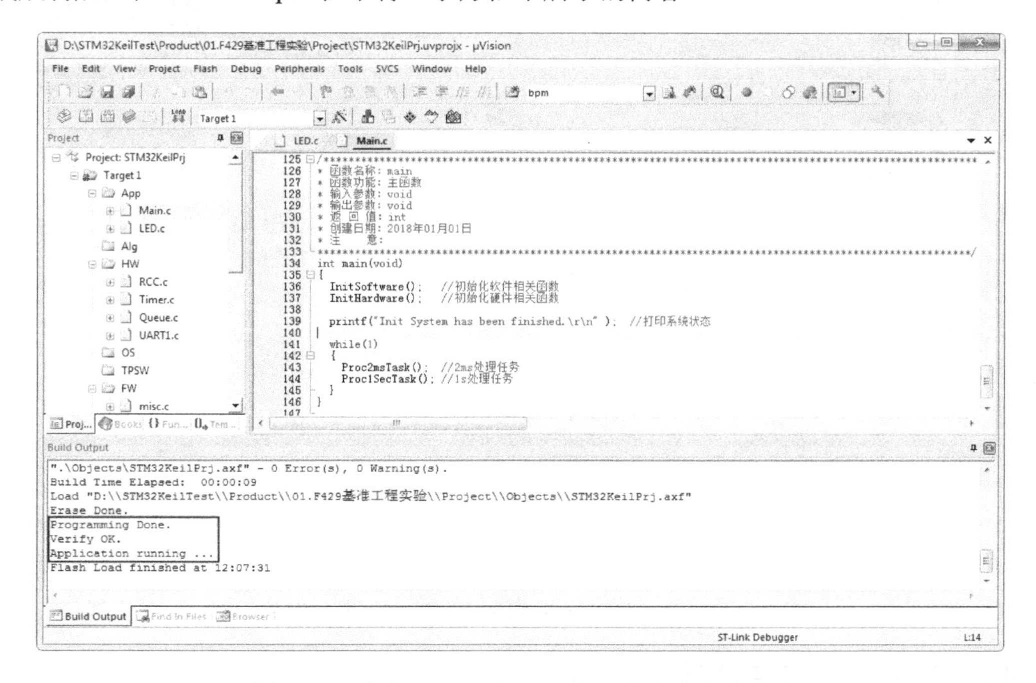

图 2-33　通过 ST-Link 向 STM32 下载程序成功界面

步骤 14：安装 CH340 驱动

步骤 13 已经讲解了如何通过 ST-Link 下载程序，接下来讲解如何通过 mcuisp 下载程序。通过 mcuisp 下载程序，还需要借助通信-下载模块，因此，要先安装通信-下载模块驱动。

在本书配套资料包的“02.相关软件\CH340 驱动(USB 串口驱动)_XP_WIN7 共用”文件夹中，双击运行 SETUP.EXE，单击“安装”按钮，在弹出的 DriverSetup 对话框中单击“确定”按钮，如图 2-34 所示。

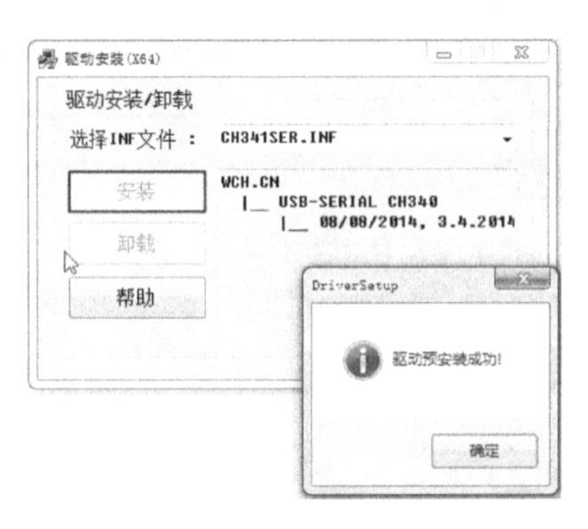

图 2-34　安装 CH340 驱动

驱动安装成功后，将通信-下载模块通过 Mini-USB 线连接到计算机，然后在计算机的设备管理器中找到 USB 串口，如图 2-35 所示。注意，串口号不一定是 COM4，每台计算机有可能会不同。

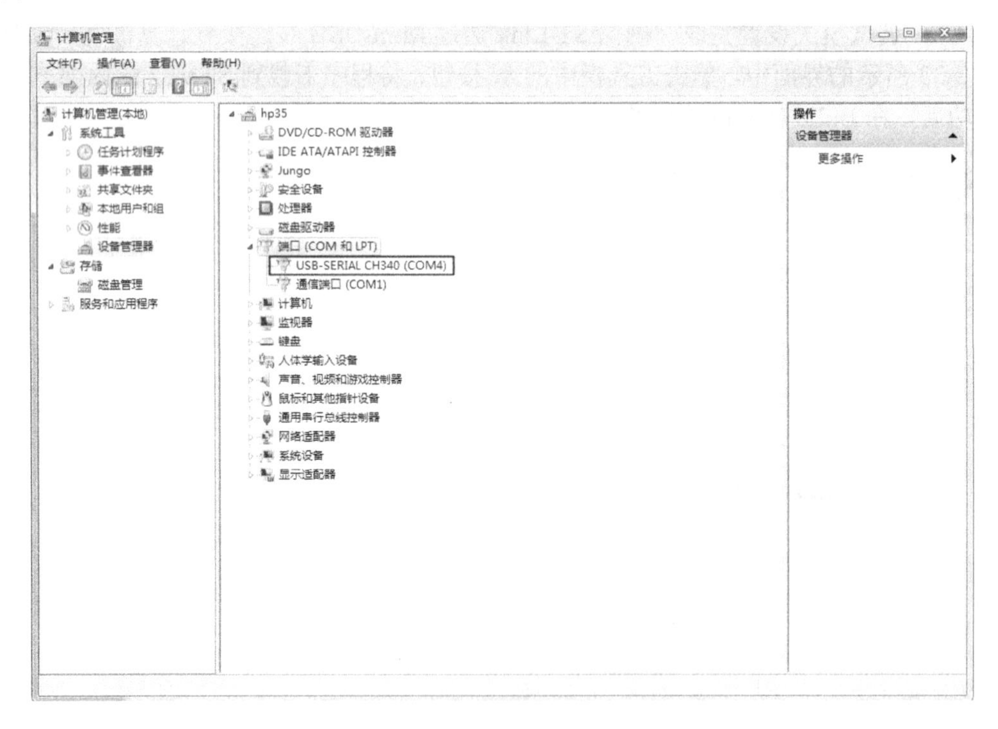

图 2-35　计算机设备管理器中显示 USB 串口信息

步骤 15：通过串口助手查看接收数据

在“02.相关软件\串口助手”文件夹中找到并双击 sscom42.exe（串口助手软件），如图 2-36 所示。选择正确的串口号，波特率选择 115200，然后单击“打开串口”按钮，取消勾选“HEX 显示”和“HEX 发送”项，当窗口中每秒输出一次“This is the first STM32F429 Project, by Zhangsan”时，表示实验成功。注意，实验完成后，在串口助手软件中先单击“关闭串口”

按钮关闭串口，然后再断开医疗电子单片机高级开发系统的电源。

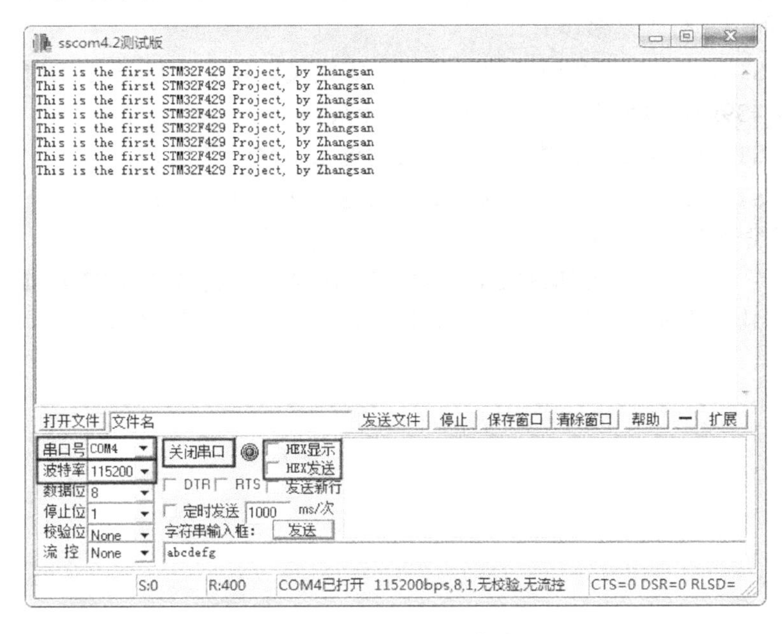

图 2-36　串口助手操作步骤

步骤 16：查看医疗电子单片机高级开发系统工作状态

此时，可以观察到 F429 核心板上电源指示灯（编号为 PWR）正常显示，蓝色 LED（编号为 LD0）每 500ms 闪烁一次，如图 2-37 所示。

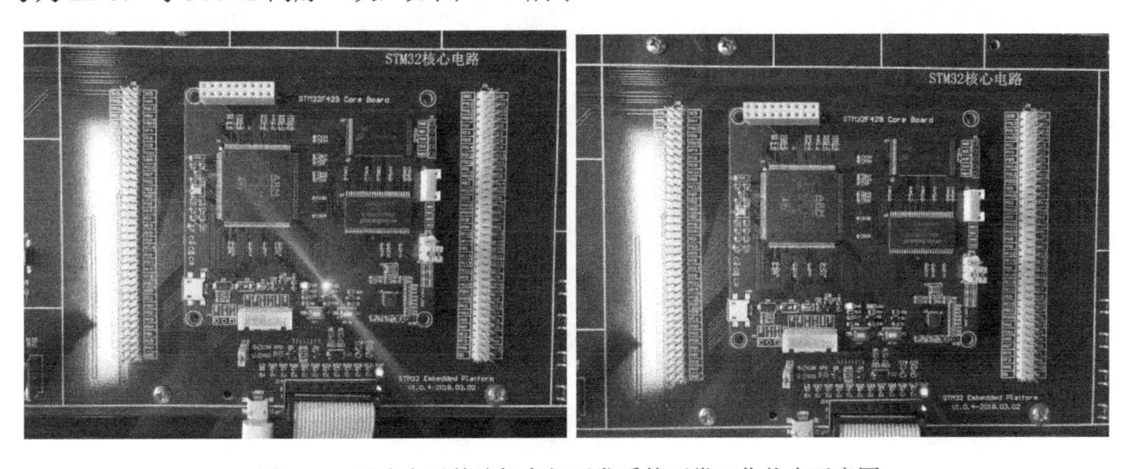

图 2-37　医疗电子单片机高级开发系统正常工作状态示意图

本 章 任 务

学习完本章后，严格按照程序设计的步骤，进行软件标准化设置、创建 STM32 工程、编译并生成.hex 和.axf 文件、将程序下载到医疗电子单片机高级开发系统，查看运行结果。

本 章 习 题

1．为什么要对 Keil 进行软件标准化设置？

2．医疗电子单片机高级开发系统上的 STM32 芯片的型号是什么？该芯片的内部 Flash 和内部 SRAM 的大小分别是多少？

3．在创建 STM32 基准工程时，使用了两个宏定义，分别是 USE_STDPERIPH_DRIVER 和 STM32F429_439xx，这两个宏定义的作用是什么？

4．在创建 STM32 基准工程时，为什么要勾选 Use MicroLIB？

5．在创建 STM32 基准工程时，为什么要勾选 Create Hex File？

6．通过查找资料，总结.hex、.bin 和.axf 文件的区别。

7．通过网络下载并安装 STM32 ST-LINK Utility 软件，尝试通过 ST-Link 工具和 STM32 ST-LINK Utility 软件将.hex 文件下载到医疗电子单片机高级开发系统。

第3章　实验2——GPIO与LED闪烁

从本章开始，将详细介绍在医疗电子单片机高级开发系统上可以完成的有代表性的17个实验。GPIO与LED闪烁实验旨在通过编写一个简单的LED闪烁程序，来了解STM32的部分GPIO功能，并掌握基于寄存器和固件库的GPIO配置及使用方法。

3.1　实验内容

本实验的主要内容包括：（1）学习LED电路原理图，了解STM32系统架构与存储器组织，以及GPIO功能框图、寄存器和固件库函数；（2）基于医疗电子单片机高级开发系统设计一个简单的LED闪烁程序，实现编号为LD0的绿色LED每500ms闪烁一次。

3.2　实验原理

3.2.1　LED电路原理图

GPIO与LED闪烁实验涉及的硬件包括1个位于F429核心板上的绿色LED（编号为LD0），与LD0串联的限流电阻R11。LD0的正极通过1kΩ电阻连接到3V3电源网络，LD0的负极直接连接到STM32F429IGT6芯片的PC13引脚，如图3-1所示。PC13为低电平时，LD0点亮；PC13为高电平时，LD0熄灭。

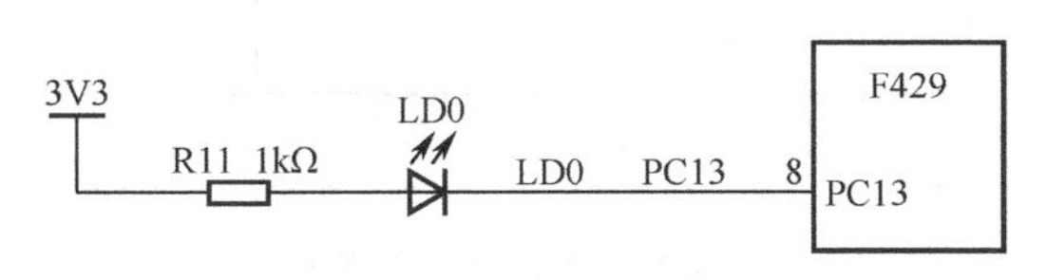

图3-1　LED硬件电路

3.2.2　STM32系统架构与存储器组织

从本实验开始，将逐步熟悉STM32的各种片上外设，在学习外设之前，先来了解STM32的系统架构、存储器映射，以及部分片上外设寄存器组的起始地址。

1．STM32系统架构

STM32的主系统由32位多层AHB总线矩阵构成，如图3-2所示，可实现8条主控总线（S0～S7）和8条被控总线（M0～M7）的互连。其中，8条主控总线分别是Cortex-M4内核I总线、D总线、S总线、DMA1存储器总线、DMA2存储器总线、DMA2外设总线、以太网DMA总线、USB OTG HS DMA总线；8条被控总线分别是内部Flash ICode总线、内部Flash DCode总线、主要内部SRAM1（112KB）总线、辅助内部SRAM2（16KB）总线、辅助内部SRAM3（64KB）总线、AHB1外设总线、AHB2外设总线和FSMC总线。

2．STM32存储器映射

Cortex-M4只有一个单一固定的存储器映射，这极大地方便了软件在以Cortex-M4为内核的不同微控制器之间的移植。举一个简单的例子，所有基于Cortex-M4内核的微控制器，其NVIC和MPU都在相同的位置布设寄存器。尽管如此，Cortex-M4的存储器设定依然是“粗线条的”，它允许芯片制造商灵活地分配存储器空间，以制造出各具特色的微控制器产品。Cortex-M4 的地址空间为 4GB，由代码区、SRAM 区、外设区、外部 RAM 区、外部设备区、系统区（含 Cortex-M4 内部外设）组成，STM32 存储器的映射表如图 3-3 所示。

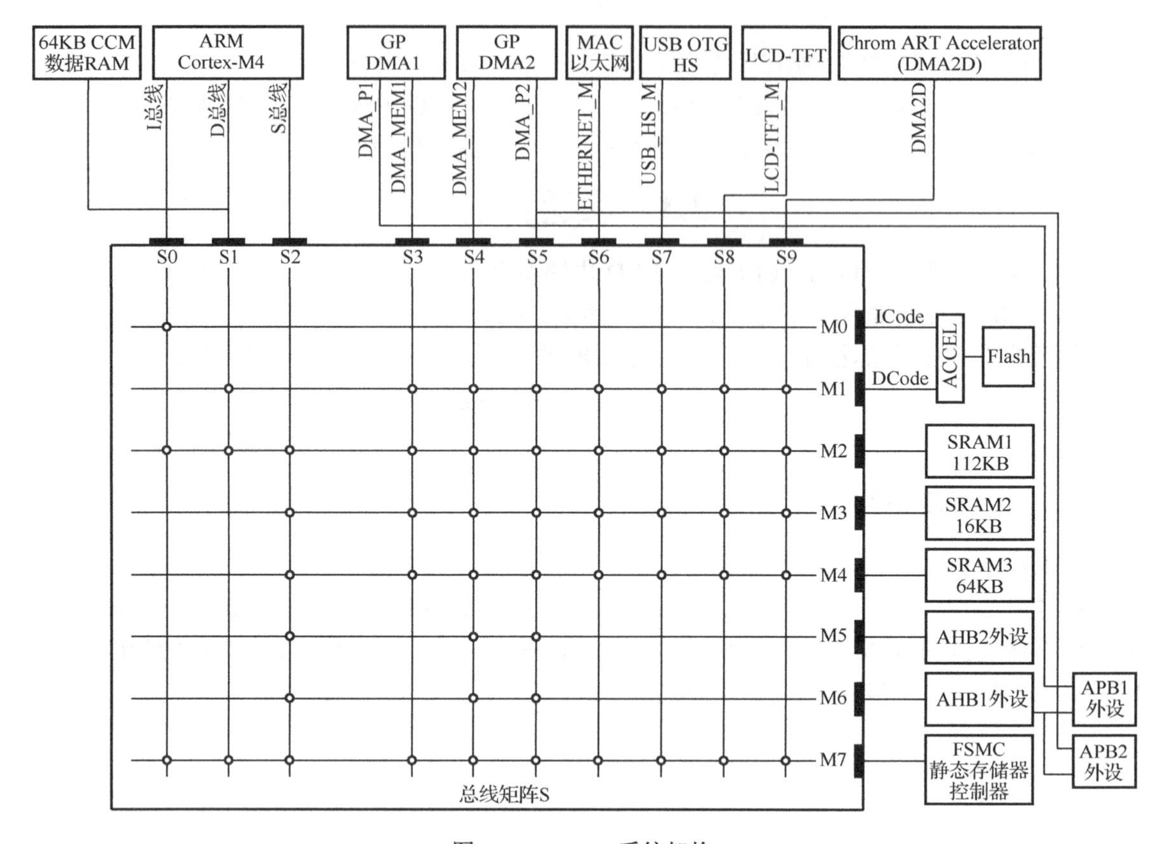

图 3-2　STM32 系统架构

代码区的大小为 512MB，主要用于存放程序，通过指令总线来访问。STM32 片上代码区的起始地址为 0x0800 0000，该地址实际上就是内部 Flash 主存储块的起始地址，医疗电子单片机高级开发系统上的 STM32F429IGT6 芯片的内部 Flash 容量为 1MB。

SRAM 区的大小为 512MB，用于使芯片制造商映射到片上的 SRAM，通过系统总线来访问。STM32 片上 SRAM 区的起始地址也为 0x2000 0000，医疗电子单片机高级开发系统上的 STM32F429IGT6 芯片的内部 SRAM 容量为 256KB。

外设区的大小为 512MB，STM32 片上外设的地址范围为 0x4000 0000～0x5FFF FFFF，外设区包含 STM32 片上外设寄存器。

外部 RAM 区和外部设备区的大小都为 1GB，如果片内 SRAM 不够用，就需要在片外增加 RAM，新增的 RAM 地址必须在 0x6000 0000～0x9FFF FFFF 区间。同样，外部设备的地址也必须在 0xA000 0000～0xDFFF FFFF 区间。

系统区包含内部外设区，内部外设区又包含 NVIC 的寄存器、Cortex-M4 处理器配置寄存器和调试部件的寄存器等。所有基于 Cortex-M4 的芯片都是这样设计的，这样可以提高不同 Cortex-M4 设备之间的软件可移植性和代码可重用性。

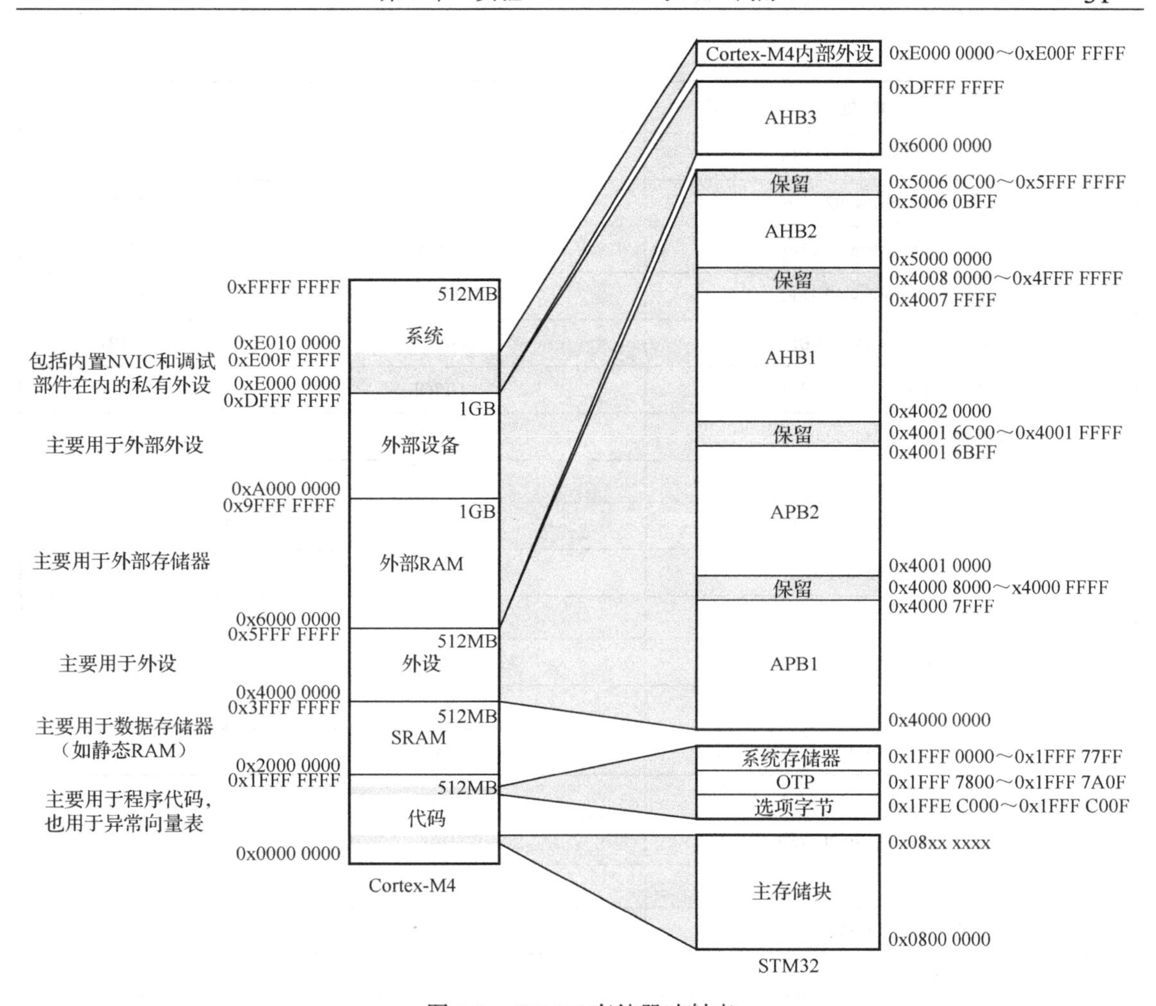

图 3-3　STM32 存储器映射表

3．STM32 部分片内外设寄存器组的起始地址

STM32 片内外设非常丰富，本书仅涉及 ADC1/ADC2/ADC3、DMA1、DMA2、RCC、USART1、USART2、GPIOA～GPIOI、TIM2、TIM3、TIM4、TIM5、EXTI、SYSCFG 和 DAC，这些片内外设寄存器组的起始地址如表 3-1 所示。

表 3-1　STM32 部分片内外设寄存器组的起始地址

边界地址	外　设	总　线
⋮	⋮	⋮
0x4002 6400～0x4002 67FF	DMA2	AHB1
0x4002 6000～0x4002 63FF	DMA1	AHB1
⋮	⋮	⋮
0x4002 3800～0x4002 3BFF	RCC	AHB1
⋮	⋮	⋮
0x4002 2000～0x4002 23FF	GPIOI	AHB1
0x4002 1C00～0x4002 1FFF	GPIOH	AHB1

续表

边界地址	外设	总线
0x4002 1800～0x4002 1BFF	GPIOG	AHB1
0x4002 1400～0x4002 17FF	GPIOF	AHB1
0x4002 1000～0x4002 13FF	GPIOE	AHB1
0x4002 0C00～0x4002 1FFF	GPIOD	AHB1
0x4002 0800～0x4002 0BFF	GPIOC	AHB1
0x4002 0400～0x4002 07FF	GPIOB	AHB1
0x4002 0000～0x4002 03FF	GPIOA	AHB1
⋮	⋮	⋮
0x4001 3C00～0x4001 3FFF	EXTI	APB2
0x4001 3800～0x4001 3BFF	SYSCFG	APB2
⋮	⋮	⋮
0x4001 2000～0x4001 23FF	ADC1/ADC2/ADC3	APB2
⋮	⋮	⋮
0x4001 1000～0x4001 13FF	USART1	APB2
⋮	⋮	⋮
0x4000 7400～0x4000 77FF	DAC	APB1
⋮	⋮	⋮
0x4001 0000～0x4001 03FF	USART2	APB1
⋮	⋮	⋮
0x4000 0C00～0x4000 0FFF	TIM5	APB1
0x4000 0800～0x4000 0BFF	TIM4	APB1
0x4000 0400～0x4000 07FF	TIM3	APB1
0x4000 0000～0x4000 03FF	TIM2	APB1

3.2.3 GPIO 功能框图

STM32 的 I/O 端口可以通过寄存器配置成各种不同的功能，如输入或输出，因此被称为 GPIO（General Purpose Input Output，通用输入/输出）。GPIO 可分为 GPIOA、GPIOB、…、GPIOI（简记为 PA、PB、…、PI）共 9 组端口，每组端口又包含 0～15 共 16 个不同的引脚。对于不同型号的 STM32 芯片，端口的组数和引脚数不尽相同，具体可参阅相应芯片的数据手册。

可以通过 GPIO 寄存器将 STM32 的 GPIO 配置成 8 种模式，包括 4 种输入模式和 4 种输出模式。4 种输入模式分别为输入浮空、输入上拉、输入下拉和模拟输入；4 种输出模式分别为具有上拉或下拉功能的开漏输出，具有上拉或下拉功能的推挽输出，具有上拉或下拉功能的推挽式复用功能，以及具有上拉或下拉功能的开漏复用功能。

图 3-4 所示的 GPIO 功能框图可方便分析本实验的原理，其中 LD0 引脚对应的 GPIO 配

置为推挽输出模式。下面依次介绍输出相关寄存器、输出驱动器，以及I/O引脚、上拉/下拉电阻、钳位二极管。

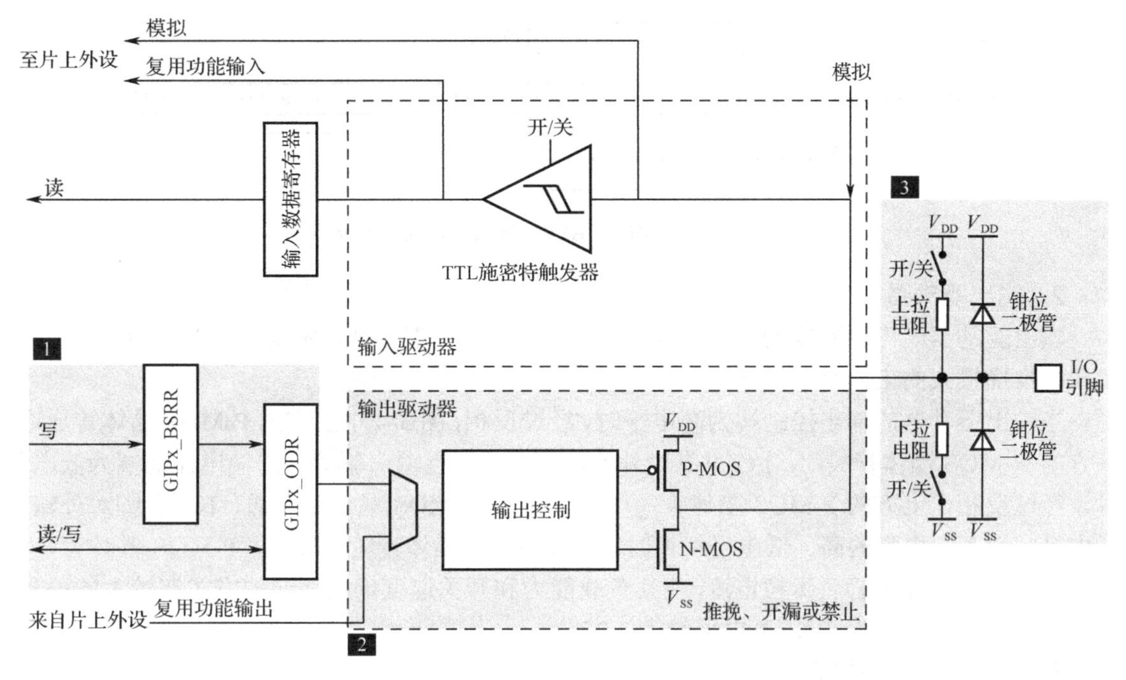

图3-4　GPIO功能框图

1．输出相关寄存器

输出相关的寄存器包括端口位设置/清除寄存器（置位/复位寄存器）和端口输出数据寄存器（输出数据寄存器）。可以通过更改GPIOx_ODR中的值，达到更改GPIO引脚电平的目的。然而，写GPIOx_ODR的过程将一次性更改16个引脚的电平，这样就很容易把一些不需要更改的引脚电平更改为非预期值。为了准确地修改某一个或某几个引脚的电平，例如，将GPIOx_ODR[0]更改为1，将GPIOx_ODR[14]更改为0，可以先读取GPIOx_ODR的值到一个临时变量（temp），然后再将temp[0]更改为1，将temp[14]更改为0，最后将temp写入GPIOx_ODR，如图3-5所示。

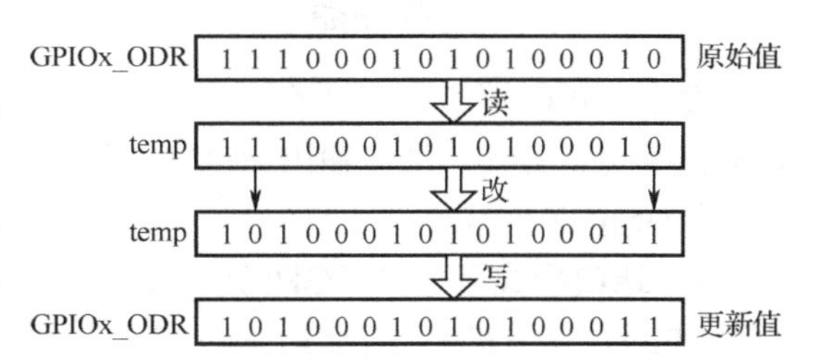

图3-5　“读-改-写”方式修改GPIOx_ODR

这种“读-改-写”方式效率低，为了简化操作，STM32新增了端口位设置/清除寄存器（GPIOx_BSRR）。该寄存器由16位端口清除位（对应16个引脚，向某一位写入1，即可设置GPIOx_ODR的对应位为0，向某一位写入0，GPIOx_ODR的对应位不受影响）和16位端口设置位（对应16个引脚，向某一位写入1，即可设置GPIOx_ODR的对应位为1，向某一个位写入0，GPIOx_ODR的对应位不受影响）。同样是将GPIOx_ODR的值由1110001010100010更改为1010001010100011，实际上是将GPIOx_ODR[0]从0改为1，将GPIOx_ODR[14]从1改为0，有了GPIOx_BSRR，就只需要向GPIOx_BSRR写入01000000000000000000000000000001即可。GPIOx_BSRR[30]为1，表示将GPIOx_ODR[14]

从 1 改为 0；GPIOx_BSRR[0]为 1，表示将 GPIOx_ODR[0]从 0 改为 1；GPIOx_BSRR 的其他位为 0，表示不需要更改其他 GPIOx_ODR 对应位的值。上述过程如图 3-6 所示。

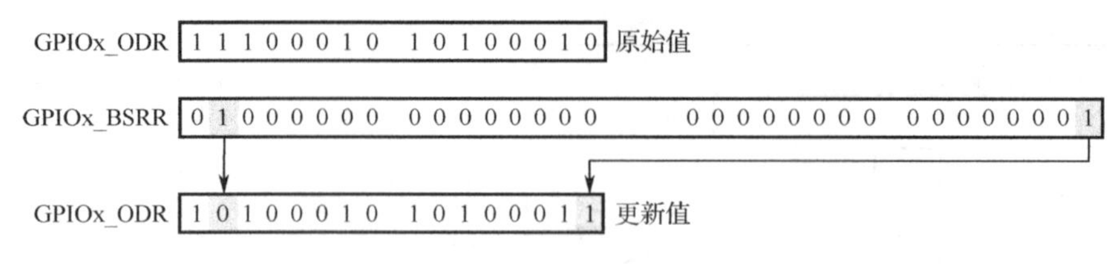

图 3-6　通过 GPIOx_BSRR 修改 GPIOx_ODR

2. 输出驱动器

输出驱动器既可以配置为推挽模式，也可以配置为开漏模式，本实验的 LD0 配置为推挽模式，推挽模式的工作原理如下。

当输出驱动器的输出控制端为高电平时，经过反相，图 3-4 中上方的 P-MOS 晶体管导通，下方的 N-MOS 晶体管关闭，I/O 引脚对外输出高电平；当输出驱动器的输出控制端为低电平时，经过反相，上方的 P-MOS 晶体管关闭，下方的 N-MOS 晶体管导通，I/O 引脚对外输出低电平。当 I/O 引脚的高、低电平切换时，两个 MOS 晶体管轮流导通，P-MOS 晶体管负责灌电流，N-MOS 晶体管负责拉电流，使其负载能力和开关速度均比普通的方式有较大的提升。推挽输出的低电平约为 0V，高电平约为 3.3V。

3. I/O 引脚、上拉/下拉电阻、钳位二极管

与 I/O 引脚相连接的两个二极管称为钳位二极管，当引脚的外部电压高于 V_{DD} 时，图 3-4 中上方的二极管导通，当引脚电压低于 V_{SS} 时，下方的二极管导通，从而可以防止不正常的电压输入将芯片烧毁。上拉电阻开关闭合时引脚电压为高电平，下拉电阻开关闭合时引脚电平为低电平，上、下拉电阻开关均未闭合时引脚处于浮空状态。

3.2.4　GPIO 寄存器

每个 GPIO 端口都有 8 个寄存器，本实验涉及的 GPIO 寄存器包括端口模式寄存器、端口输出类型寄存器、端口输出速度寄存器、端口上拉/下拉寄存器、端口输出数据寄存器、端口置位/复位寄存器。

1. 端口模式寄存器（GPIOx_MODER）

GPIOx_MODER（简称为 MODER）用于设置 GPIO 端口的方向模式，GPIOx_MODER 的结构、偏移地址和复位值，以及部分位的解释说明如图 3-7 和表 3-2 所示。

偏移地址：0x00
复位值：0xA800 0000（端口PA）
复位值：0x0000 0280（端口PB）
复位值：0x0000 0000（其他端口）

31	30	29	28	27	26	25	24	23	22	21	20	19	18	17	16
MODER15[1:0]		MODER14[1:0]		MODER13[1:0]		MODER12[1:0]		MODER11[1:0]		MODER10[1:0]		MODER9[1:0]		MODER8[1:0]	
rw	rw	rw	rw	rw	rw	rw	rw	rw	rw	rw	rw	rw	rw	rw	rw

15	14	13	12	11	10	9	8	7	6	5	4	3	2	1	0
MODER7[1:0]		MODER6[1:0]		MODER5[1:0]		MODER4[1:0]		MODER3[1:0]		MODER2[1:0]		MODER1[1:0]		MODER0[1:0]	
rw	rw	rw	rw	rw	rw	rw	rw	rw	rw	rw	rw	rw	rw	rw	rw

注：rw 表示可读写。

图 3-7　GPIOx_MODER 的结构、偏移地址和复位值

表 3-2　GPIOx_MODER 部分位的解释说明

位 2y:2y+1	MODERy[1:0]：端口 x 配置位（Port x configuration bits）（y=0,…, 15）。 这些位通过软件写入，用于配置 I/O 方向模式。 00：输入（复位状态）；01：通用输出模式；10：复用功能模式；11：模拟模式

例如，通过 MODER 将 PC13 设置为模拟模式，且 PC 端口的其他引脚模式保持不变，代码如下：

```
u32 temp;
temp = GPIOC->MODER;
temp = (temp & 0xF3FFFFFF) | 0x0C000000;
GPIOC->MODER = temp;
```

图 3-7 中只标注了偏移地址，而没有标注绝对地址。因为前面提到过，STM32 有 9 组 GPIO 端口，如果标注绝对地址，就需要将每组端口的 MODER 全部罗列出来，既没有意义，也没有必要。通过偏移地址计算绝对地址很简单，比如要计算 GPIOC 端口的 MODER 的绝对地址，可以先查看 GPIOC 端口的起始地址，由图 3-8 可以确定 GPIOC 端口的起始地址为 0x40020800，MODER 的偏移地址为 0x00，因此，GPIOC 端口的 MODER 的绝对地址可以计算得 0x40020800（即 0x40020800+0x00）。又如要计算 GPIOD 端口 ODR 的绝对地址，可以先查看 GPIOD 端口的起始地址，由图 3-8 可知 GPIOD 端口的起始地址为 0x40020C00，ODR 的偏移地址为 0x14，因此，GPIOD 的 ODR 的绝对地址可计算得 0x40020C14。

起始地址	外设
0x4002 2000-0x4002 23FF	GPIOI 端口
0x4002 1C00-0x4002 1FFF	GPIOH端口
0x4002 1800-0x4002 1BFF	GPIOG端口
0x4002 1400-0x4002 17FF	GPIOF 端口
0x4002 1000-0x4002 13FF	GPIOE 端口
0x4002 0C00-0x4002 0FFF	GPIOD端口
0x4002 0800-0x4002 0BFF	GPIOC 端口
0x4002 0400-0x4002 07FF	GPIOB端口
0x4002 0000-0x4002 03FF	GPIOA端口

偏移	寄存器
0x00	GPIOC_MODER
0x04	GPIOC_OTYPER
0x08	GPIOC_OSPEEDR
0x0C	GPIOx_PUPDR
0x10	GPIOx_IDR
0x14	GPIOx_ODR
0x18	GPIOx_BSRR

	GPIOC端口起始地址	0x4002 0800
+	MODER偏移地址	0x00
	GPIOC→MODER绝对地址	0x4002 0800

	GPIOD端口起始地址	0x4002 0C00
+	ODR偏移地址	0x14
	GPIOD→ODR绝对地址	0x4002 0C14

图 3-8　绝对地址计算示例

2．端口输出类型寄存器（GPIOx_OTYPER）

GPIOx_OTYPER（简称为 OTYPER）用于设置 GPIO 端口的输出类型，GPIOx_OTYPER 的结构、偏移地址和复位值，以及部分位的解释说明如图 3-9 和表 3-3 所示。

偏移地址：0x04
复位值：0x0000 0000

31	30	29	28	27	26	25	24	23	22	21	20	19	18	17	16
保留															
15	14	13	12	11	10	9	8	7	6	5	4	3	2	1	0
OT15	OT14	OT13	OT12	OT11	OT10	OT9	OT8	OT7	OT6	OT5	OT4	OT3	OT2	OT1	OT0
rw	rw	rw	rw	rw	rw	rw	rw	rw	rw	rw	rw	rw	rw	rw	rw

图 3-9　GPIOx_OTYPER 的结构、偏移地址和复位值

表 3-3　GPIOx_OTYPER 部分位的解释说明

位 31:16	保留，必须保持复位值
位 15:0	OTy[1:0]：端口 x 配置位（Port x configuration bits）（y=0,…, 15）。 这些位通过软件写入，用于配置 GPIO 端口的输出类型。 0：输出推挽（复位状态）；1：输出开漏

例如，通过 OTYPER 将 PC13 设置为输出开漏，且 PC 端口的其他引脚输出类型保持不变，代码如下：

```
u32 temp;
temp = GPIOC->OTYPER;
temp = (temp & 0xFFFFDFFF) | 0x00002000;
GPIOC->OTYPER = temp;
```

3．端口输出速度寄存器（GPIOx_OSPEEDR）

GPIOx_OSPEEDR（简称为 OSPEEDR）用于设置 GPIO 端口的输出速度，GPIOx_OSPEEDR 的结构、偏移地址和复位值，以及部分位的解释说明如图 3-10 和表 3-4 所示。

偏移地址：0x08
复位值：0x0000 00C0（端口PB）
0x0000 0000（其他端口）

31	30	29	28	27	26	25	24	23	22	21	20	19	18	17	16
OSPEEDR15[1:0]		OSPEEDR14[1:0]		OSPEEDR13[1:0]		OSPEEDR12[1:0]		OSPEEDR11[1:0]		OSPEEDR10[1:0]		OSPEEDR9[1:0]		OSPEEDR8[1:0]	
rw	rw	rw	rw	rw	rw	rw	rw	rw	rw	rw	rw	rw	rw	rw	rw
15	**14**	**13**	**12**	**11**	**10**	**9**	**8**	**7**	**6**	**5**	**4**	**3**	**2**	**1**	**0**
OSPEEDR7[1:0]		OSPEEDR6[1:0]		OSPEEDR5[1:0]		OSPEEDR4[1:0]		OSPEEDR3[1:0]		OSPEEDR2[1:0]		OSPEEDR1[1:0]		OSPEEDR0[1:0]	
rw	rw	rw	rw	rw	rw	rw	rw	rw	rw	rw	rw	rw	rw	rw	rw

图 3-10　GPIOx_OSPEEDR 的结构、偏移地址和复位值

表 3-4　GPIOx_OSPEEDR 部分位的解释说明

位 2y:2y+1	OSPEEDRy[1:0]：端口 x 配置位（Port x configuration bits）（y=0,…, 15）。 这些位通过软件写入，用于配置 I/O 输出速度。 00：2MHz（低速）；01：25MHz（中速）；10：50MHz（快速）； 11：30pF 时为 100MHz（高速）[15pF 时为 80MHz 输出（最大速度）]

例如，通过 OSPEEDR 将 PC13 的 I/O 输出速度设置为 25MHz，且 PC 端口其他引脚的 I/O 输出速度保持不变，代码如下：

```
u32 temp;
temp = GPIOC->OSPEEDR;
temp = (temp & 0xF3FFFFFF) | 0x04000000;
GPIOC->OSPEEDR = temp;
```

4．端口上拉/下拉寄存器（GPIOx_PUPDR）

GPIOx_PUPDR（简称为 PUPDR）用于设置 GPIO 端口的上拉/下拉电阻，GPIOx_PUPDR 的结构、偏移地址和复位值，以及部分位的解释说明如图 3-11 和表 3-5 所示。

偏移地址：0x0C
复位值：0x6400 0000（端口PA）
0x0000 0100（端口PB）
0x0000 0000（其他端口）

31	30	29	28	27	26	25	24	23	22	21	20	19	18	17	16
PUPDR15[1:0]		PUPDR14[1:0]		PUPDR13[1:0]		PUPDR12[1:0]		PUPDR11[1:0]		PUPDR10[1:0]		PUPDR9[1:0]		PUPDR8[1:0]	
rw	rw	rw	rw	rw	rw	rw	rw	rw	rw	rw	rw	rw	rw	rw	rw
15	14	13	12	11	10	9	8	7	6	5	4	3	2	1	0
PUPDR7[1:0]		PUPDR6[1:0]		PUPDR5[1:0]		PUPDR4[1:0]		PUPDR3[1:0]		PUPDR2[1:0]		PUPDR1[1:0]		PUPDR0[1:0]	
rw	rw	rw	rw	rw	rw	rw	rw	rw	rw	rw	rw	rw	rw	rw	rw

图 3-11　GPIOx_PUPDR 的结构、偏移地址和复位值

表 3-5　GPIOx_PUPDR 部分位的解释说明

位 2y:2y+1	PUPDRy[1:0]：端口 x 配置位（Port x configuration bits）（y=0,···, 15）。 这些位通过软件写入，用于配置 I/O 上拉模式或下拉模式。 00：无上拉或下拉；01：上拉；10：下拉；11：保留

例如，通过 PUPDR 将 PC13 设置为上拉模式，且 PC 端口的其他引脚的上拉或下拉模式保持不变，代码如下：

```
u32 temp;
temp = GPIOC->PUPDR;
temp = (temp & F3FFFFFFF) | 0x04000000;
GPIOC->PUPDR = temp;
```

5. 端口输出数据寄存器（GPIOx_ODR）

GPIOx_ODR（简称为 ODR）是一组 16 引脚的输出数据寄存器，只占用低 16 位。该寄存器为可读写，从该寄存器读出的数据可以用于判断某组 GPIO 端口的输出状态，向该寄存器写数据可以控制某组 GPIO 端口的输出电平。GPIOx_ODR 的结构、偏移地址和复位值，以及各个位的解释说明如图 3-12 和表 3-6 所示。

偏移地址：0x14
复位值：0x0000 0000

31	30	29	28	27	26	25	24	23	22	21	20	19	18	17	16
保留															
15	14	13	12	11	10	9	8	7	6	5	4	3	2	1	0
ODR15	ODR14	ODR13	ODR12	ODR11	ODR10	ODR9	ODR8	ODR7	ODR6	ODR5	ODR4	ODR3	ODR2	ODR1	ODR0
rw	rw	rw	rw	rw	rw	rw	rw	rw	rw	rw	rw	rw	rw	rw	rw

图 3-12　GPIOx_ODR 的结构、偏移地址和复位值

表 3-6　GPIOx_ODR 各个位的解释说明

位 31:16	保留，必须保持复位值
位 15:0	ODRy[15:0]：端口输出数据（Port output data）（y=0, ···, 15）。 这些位可通过软件读取和写入。 注意，对于置位/复位，通过写入 GPIOx_BSRR，可分别对 ODR 位进行置位和复位（x=A, ···, I）

例如，通过寄存器操作的方式，将 PC13 输出设置为高电平，且 PC 端口的其他引脚电平不变，代码如下：

```
U32 temp;
```

```
temp = GPIOC->ODR;
temp = (temp & 0xFFFFDFFF) | 0x00002000;
GPIOC->ODR = temp;
```

6. 端口置位/复位寄存器（GPIOx_BSRR）

GPIOx_BSRR（简称为 BSRR）用于设置 GPIO 端口的输出位为 0 或 1。该寄存器与 ODR 有类似的功能，都可以用来设置 GPIO 端口的输出位为 0 或 1。GPIOx_BSRR 的结构、偏移地址和复位值，以及各个位的解释说明如图 3-13 和表 3-7 所示。

偏移地址：0x18
复位值：0x0000 0000

31	3.	29	28	27	26	25	24	23	22	21	20	19	18	17	16
BR15	BR14	BR13	BR12	BR11	BR10	BR9	BR8	BR7	BR6	BR5	BR4	BR3	BR2	BR1	BR0
w	w	w	w	w	w	w	w	w	w	w	w	w	w	w	w
15	14	13	12	11	10	9	8	7	6	5	4	3	2	1	0
BS15	BS14	BS13	BS12	BS11	BS10	BS9	BS8	BS7	BS6	BS5	BS4	BS3	BS2	BS1	BS0
w	w	w	w	w	w	w	w	w	w	w	w	w	w	w	w

图 3-13　GPIOx_BSRR 的结构、偏移地址和复位值

表 3-7　GPIOx_BSRR 各个位的解释说明

位 31:16	BRy：端口 x 复位位 y（Port x reset bit y）（y=0,…, 15）。 这些位为只写形式，只能在字、半字或字节模式下访问。读取这些位返回值为 0x0000。 0：不会对相应的 ODRx 位执行任何操作；1：对相应的 ODRx 位进行复位。 注意，如果同时对 BSx 和 BRx 置位，则 BSx 的优先级更高
位 15:0	BSy：端口 x 置位位 y（y=0,…, 15）（Port x set bit y）。 这些位为只写形式，只能在字、半字或字节模式下访问。读取这些位返回值为 0x0000。 0：不会对相应的 ODRx 位执行任何操作；1：对相应的 ODRx 位进行置位

既然可以通过 BSRR 将 GPIO 端口的输出位设置为 0 或 1，也可以通过 ODR 将 GPIO 端口的输出位设置为 0 或 1。那么，这两个寄存器有什么区别？下面以 4 个示例进行说明。

例如，通过 ODR 将 PC13 的输出设置为 1，且 PC 端口的其他引脚状态保持不变，代码如下：

```
u32 temp;
temp = GPIOC->ODR;
temp = (temp & 0xFFFFDFFF) | 0x00002000;
GPIOC->ODR = temp;
```

通过 BSRR 将 PC13 的输出设置为 1，且 PC 端口的其他引脚状态保持不变，代码如下：

```
GPIOC->BSRR = 1 << 13;
```

通过 ODR 将 PC13 的输出设置为 0，且 PC 端口的其他引脚状态保持不变，代码如下：

```
u32 temp;
temp = GPIOC->ODR;
temp = temp & 0xFFFFDFFF;
GPIOC->ODR = temp;
```

通过 BSRR 将 PC13 的输出设置为 0，且 PC 端口的其他引脚状态保持不变，代码如下：

```
GPIOC->BSRR = 1 << (16+13);
```

从以上 4 个示例可以得出结论：（1）如果不更改某一组 GPIO 端口的所有引脚的输出状态，而是仅更改其中一个或若干引脚的输出状态，通过 ODR 需要经过“读→改→写”三个步骤，通过 BSRR 只需要一步；（2）向 BSRR 的某一位写 0，对相应的引脚输出不产生影响，如果要将某一组 GPIO 端口的一个引脚设置为 1，只需要向对应的 BSy 位写 1，其余写 0 即可；（3）如果要将某一组 GPIO 端口的一个引脚设置为 0，只需要向对应的 BRy 位写 1，其余写 0 即可。

3.2.5　GPIO 固件库函数

本实验所涉及的 GPIO 固件库函数包括 GPIO_Init、GPIO_WriteBit 和 GPIO_ReadOutputDataBit，这 3 个函数在 stm32f4xx_gpio.h 文件中声明，在 stm32f4xx_gpio.c 文件中实现。本书所涉及的固件库版本均为 V1.5.1。

1．GPIO_Init

GPIO_Init 函数的功能是设定 PA、PB～PI 端口的任意一个引脚的输入/输出的配置信息，通过向 GPIOx->MODER、GPIOx->OSPEEDR、GPIOx->OTYPER、GPIOx->PUPDR 写入参数来实现。具体描述如表 3-8 所示。

表 3-8　GPIO_Init 函数的描述

函数名	GPIO_Init
函数原型	void GPIO_Init(GPIO_TypeDef* GPIOx, GPIO_InitTypeDef* GPIO_InitStruct)
功能描述	根据 GPIO_InitStruct 中指定的参数初始化外设 GPIOx 寄存器
输入参数 1	GPIOx：x 可以是 A、B、C、D、E、F、G、H、I，用于选择 GPIO 外设
输入参数 2	GPIO_InitStruct：指向结构体 GPIO_InitTypeDef 的指针，包含了外设 GPIO 的配置信息
输出参数	无
返回值	void

GPIO_InitTypeDef 结构体定义在 stm32f4xx_gpio.h 文件中，内容如下：

```
typedef struct
{
  uint32_t GPIO_Pin;
  GPIOMode_TypeDef GPIO_Mode;
  GPIOSpeed_TypeDef GPIO_Speed;
  GPIOOType_TypeDef GPIO_Otype;
  GPIOPuPd_TypeDef GPIO_PuPd;
}GPIO_InitTypeDef;
```

（1）参数 GPIO_Pin 用于选择待设置的 GPIO 引脚号，可取值如表 3-9 所示。还可以使用“|”操作符选择多个引脚，如 GPIO_Pin_0 | GPIO_Pin_1。

表 3-9　参数 GPIO_Pin 的可取值

可　取　值	实　际　值	描　　述
GPIO_Pin_0	0x0001	选中引脚 0
GPIO_Pin_1	0x0002	选中引脚 1
GPIO_Pin_2	0x0004	选中引脚 2

续表

可　取　值	实　际　值	描　　述
GPIO_Pin_3	0x0008	选中引脚 3
GPIO_Pin_4	0x0010	选中引脚 4
GPIO_Pin_5	0x0020	选中引脚 5
GPIO_Pin_6	0x0040	选中引脚 6
GPIO_Pin_7	0x0080	选中引脚 7
GPIO_Pin_8	0x0100	选中引脚 8
GPIO_Pin_9	0x0200	选中引脚 9
GPIO_Pin_10	0x0400	选中引脚 10
GPIO_Pin_11	0x0800	选中引脚 11
GPIO_Pin_12	0x1000	选中引脚 12
GPIO_Pin_13	0x2000	选中引脚 13
GPIO_Pin_14	0x4000	选中引脚 14
GPIO_Pin_15	0x8000	选中引脚 15
GPIO_Pin_All	0xFFFF	选中全部引脚

（2）参数 GPIO_Mode 用于配置 I/O 方向模式，可取值如表 3-10 所示。

表 3-10　参数 GPIO_Mode 的可取值

可　取　值	实　际　值	描　　述
GPIO_Mode_IN	0x00	输入（复位状态）
GPIO_Mode_OUT	0x01	通用输出模式
GPIO_Mode_AF	0x02	复用功能模式
GPIO_Mode_AN	0x03	模拟模式

（3）参数 GPIO_Speed 用于配置 I/O 输出速度，可取值如表 3-11 所示。

表 3-11　参数 GPIO_Speed 的可取的值

可　取　值	实　际　值	描　　述
GPIO_Low_Speed	0x00	I/O 输出速度 2MHz（低速）
GPIO_Medium_Speed	0x01	I/O 输出速度 25MHz（中速）
GPIO_Fast_Speed	0x02	I/O 输出速度 50MHz（快速）
GPIO_High_Speed	0x03	I/O 输出速度 100MHz（高速）

（4）参数 GPIO_OType 用于配置 I/O 输出类型，可取值如表 3-12 所示。

表 3-12　参数 GPIO_Mode 的可取值

可　取　值	实　际　值	描　　述
GPIO_OType_PP	0x00	输出推挽（复位状态）
GPIO_OType_OD	0x01	输出开漏

（5）参数 GPIO_PuPd 用于配置 I/O 上拉或下拉模式，可取值如表 3-13 所示。

表 3-13　参数 GPIO_PuPd 的可取的值

可 取 值	实 际 值	描　　述
GPIO_PuPd_NOPULL	0x00	无上拉或下拉
GPIO_PuPd_UP	0x01	上拉
GPIO_PuPd_DOWN	0x02	下拉

例如，设置 PC13 为推挽输出，I/O 输出速度为 2MHz，且为上拉模式，代码如下：

```
GPIO_InitTypeDef GPIO_InitStructure;        //GPIO_InitStructure 用于存放 GPIO 的参数
//配置 LED 的 GPIO
    GPIO_InitStructure.GPIO_Pin   = GPIO_Pin_13;       //设置引脚
    GPIO_InitStructure.GPIO_Mode  = GPIO_Mode_OUT;     //设置模式
    GPIO_InitStructure.GPIO_Speed = GPIO_Speed_2MHz;   //设置 I/O 输出速度
    GPIO_InitStructure.GPIO_OType = GPIO_OType_PP;     //设置输出类型
    GPIO_InitStructure.GPIO_PuPd  = GPIO_PuPd_UP;      //设置上拉/下拉模式

    GPIO_Init(GPIOC, &GPIO_InitStructure);             //根据参数初始化 LED 的 GPIO
```

2. GPIO_WriteBit

GPIO_WriteBit 函数的功能是设置或清除所选定端口的特定位，通过向 GPIOx->BSRR 写入参数来实现。具体描述如表 3-14 所示。

表 3-14　GPIO_WriteBit 函数的描述

函数名	GPIO_WriteBit
函数原型	void GPIO_WriteBit(GPIO_TypeDef* GPIOx, uint16_t GPIO_Pin, BitAction BitVal)
功能描述	设置或清除指定数据端口位
输入参数 1	GPIOx：x 可以是 A、B、C、D、E、F、G、H、I，用于选择 GPIO 外设
输入参数 2	GPIO_Pin：待设置或清除的端口位
输出参数 3	BitVal：该参数指定了待写入的值，可以有以下两个取值 Bit_RESET：清除数据端口位 Bit_SET：设置数据端口位
输出参数	无
返回值	void

例如，将 PC13 设置为低电平，代码如下：

```
GPIO_WriteBit(GPIOC, GPIO_Pin_13, Bit_RESET);
```

3. GPIO_ReadOutputDataBit

GPIO_ReadOutputDataBit 函数的功能是读取指定外设端口的指定引脚的输出值，通过读 GPIOx->ODR 来实现。具体描述如表 3-15 所示。

表 3-15　GPIO_ReadOutputDataBit 函数的描述

函数名	GPIO_ReadOutputDataBit
函数原型	uint8_t GPIO_ReadOutputDataBit(GPIO_TypeDef* GPIOx, uint16_t GPIO_Pin)
功能描述	读取指定端口引脚的输出
输入参数 1	GPIOx：x 可以是 A、B、C、D、E、F、G、H、I，用于选择 GPIO 外设
输入参数 2	GPIO_Pin：待读取的端口位
输出参数	无
返回值	输出端口引脚值

例如，读取 PC13 的电平，代码如下：

```
GPIO_ReadOutputDataBit(GPIOC, GPIO_Pin_13);
```

3.3　实验步骤

步骤 1：复制并编译原始工程

首先，将本书配套资料包中的“D:\STM32KeilTest\Material\03.GPIO 与 LED 闪烁实验”文件夹复制到“D:\STM32KeilTest\Product”文件夹中。然后，双击运行“D:\STM32KeilTest\Product\03.GPIO 与 LED 闪烁实验\Project”文件夹中的 STM32KeilPrj.uvprojx，单击工具栏中的按钮。当 Build Output 栏中出现“FromELF：creating hex file...”时，表示已经成功生成.hex 文件，出现“0 Error(s), 0 Warnning(s)”时，表示编译成功。最后，将.axf 文件下载到 STM32 的内部 Flash 中，打开串口助手，观察是否每秒输出一次“This is the first STM32F429 Project, by Zhangsan”。如果串口正常输出字符串，表示原始工程是正确的，可以进入下一步操作。

步骤 2：添加 LED 文件对

首先，将“D:\STM32KeilTest\Product\03.GPIO 与 LED 闪烁实验\App\LED”文件夹中的 LED.c 添加到 App 分组中，可参见 2.3 节步骤 8。然后，将“D:\STM32KeilTest\Product\03.GPIO 与 LED 闪烁实验\App\LED”路径添加到 Include Paths 栏中，具体操作可参见 2.3 节步骤 11。

步骤 3：完善 LED.h 文件

完成 LED 文件对的添加后，就可以在 LED.c 文件中添加包含 LED.h 头文件的代码，如图 3-14 所示。具体做法是：（1）在 Project 面板中，双击打开 LED.c 文件；（2）根据实际情况完善模块信息；（3）在 LED.c 文件的“包含头文件”区，添加代码#include "LED.h"；（4）单击按钮，进行编译；（5）编译结束后，Build Output 栏中出现“0 Error(s)，0 Warning (s)”，表示编译成功；（6）LED.c 目录下出现 LED.h，表示成功包含 LED.h 头文件。建议每次代码更新后，都重新编译，这样可以及时定位问题。

在 LED.c 文件中添加代码#include "LED.h"之后，可以添加防止重编译处理代码，如图 3-15 所示。具体做法是：（1）在 Project 面板中，打开 LED.c 文件；（2）双击 LED.h 文件；（3）根据实际情况完善模块信息；（4）在打开的 LED.h 文件中，添加防止重编译处理代码；（5）单击工具栏中的按钮，进行编译；（6）编译结束后，Build Output 栏中出现“0 Error(s)，0 Warning (s)”，表示编译成功。注意，防止重编译预处理宏的命名格式是将头文件名改为大写，单词之间用下画线隔开，且首尾添加下画线，如 LED.h 的防止重编译处理宏命名为_LED_H_，KeyOne.h 的防止重编译处理宏命名为_KEY_ONE_H_。

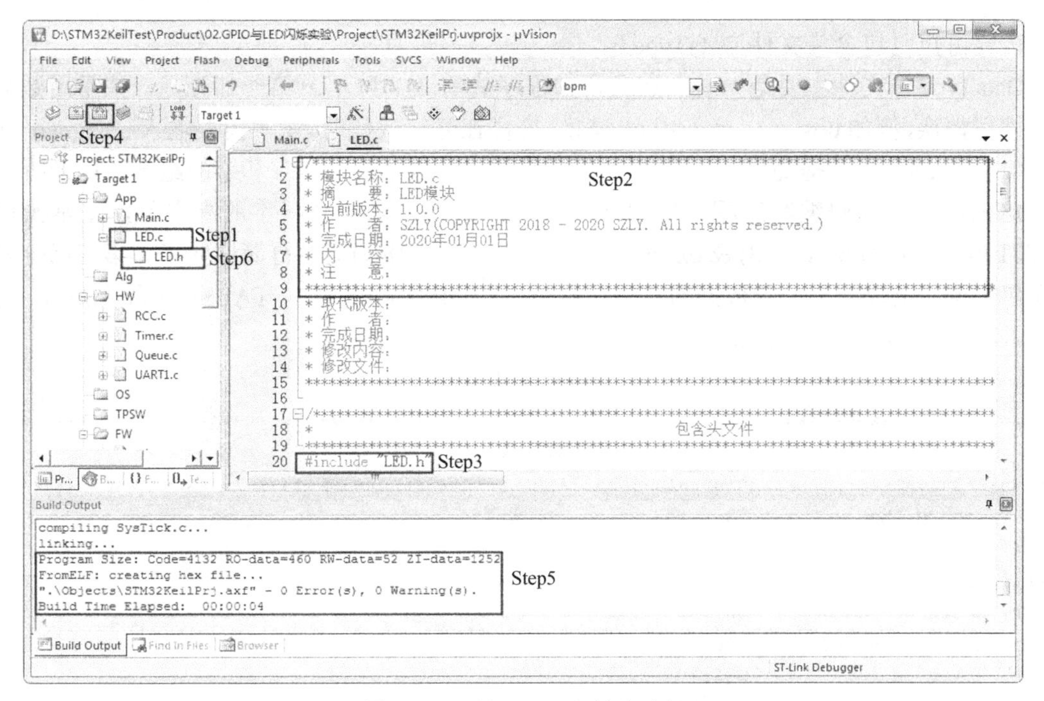

图 3-14　添加 LED 文件夹路径

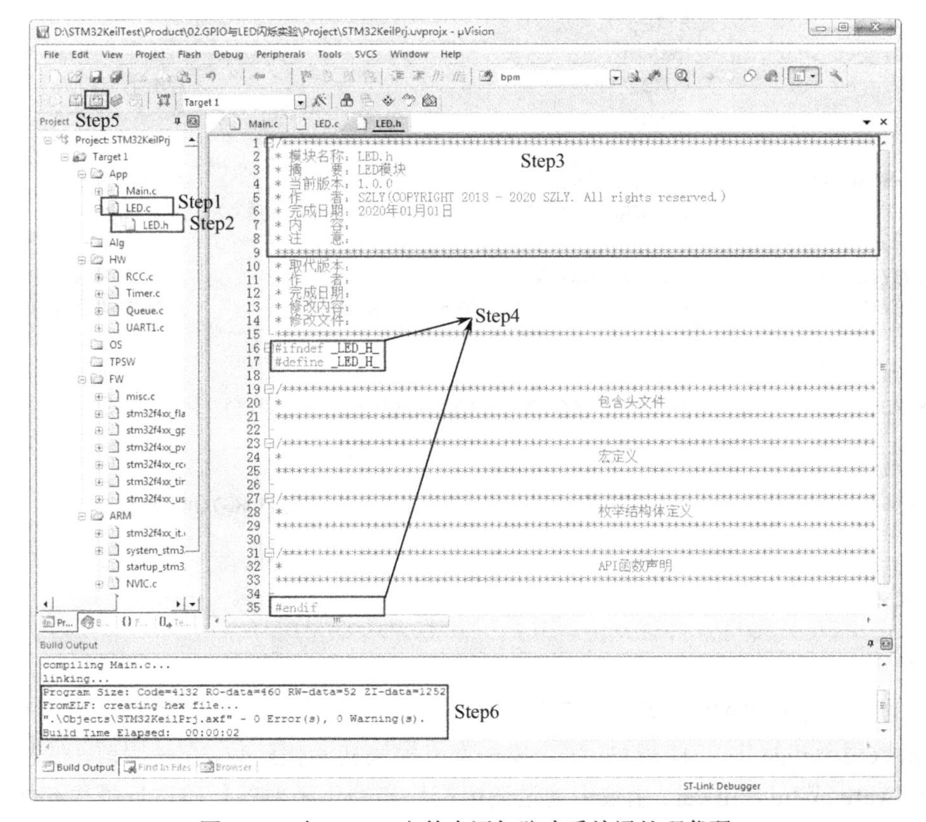

图 3-15　在 LED.h 文件中添加防止重编译处理代码

在 LED.h 文件的“包含头文件”区，添加代码`#include "DataType.h"`。LED.c 包含了 LED.h，而 LED.h 又包含了 DataType.h，因此，在 LED.c 中使用 DataType.h 中的宏定义等，

就不需要再重复包含头文件 DataType.h。

DataType.h 文件主要是一些宏定义，如程序清单 3-1 所示。第一部分是一些常用数据类型的缩写替换，例如 unsigned char 用 u8 替换，这样在编写代码时，就不需要输入 unsigned char，可直接使用 u8，从而提高代码的输入效率。第二部分是字节、半字和字的组合，以及拆分操作，这些操作在代码编写过程中使用非常频繁，例如，求一个半字的高字节，正常操作是((BYTE)(((WORD)(hw) >> 8) & 0xFF))，而使用 HIBYTE(hw)就显得简洁明了。第三部分是一些布尔数据、空数据和无效数据的定义，例如，TRUE 实际上是 1，FALSE 实际上是 0，无效数据 INVALID_DATA 实际上是-100。

程序清单 3-1

```
/*********************************************************************************************
*                                           宏定义
*********************************************************************************************/
typedef signed char           i8;
typedef signed short          i16;
typedef signed int            i32;
typedef unsigned char         u8;
typedef unsigned short        u16;
typedef unsigned int          u32;

typedef int                   BOOL;
typedef unsigned char         BYTE;
typedef unsigned short        HWORD;                                      //2 字节组成一个半字
typedef unsigned int          WORD;                                       //4 字节组成一个字
typedef long                  LONG;

#define LOHWORD(w)            ((HWORD)(w))                                //字的低半字
#define HIHWORD(w)            ((HWORD)(((WORD)(w) >> 16) & 0xFFFF))       //字的高半字

#define LOBYTE(hw)            ((BYTE)(hw) )                               //半字的低字节
#define HIBYTE(hw)            ((BYTE)(((WORD)(hw) >> 8) & 0xFF))          //半字的高字节

//两字节组成一个半字
#define MAKEHWORD(bH, bL)     ((HWORD)(((BYTE)(bL)) | ((HWORD)((BYTE)(bH))) << 8))

//两个半字组成一个字
#define MAKEWORD(hwH, hwL)    ((WORD)(((HWORD)(hwL)) | ((WORD)((HWORD)(hwH))) << 16))

#define TRUE          1
#define FALSE         0
#define NULL          0
#define INVALID_DATA  -100
```

在 LED.h 文件的“API 函数声明”区，添加如程序清单 3-2 所示的 API 函数声明代码。InitLED 函数用于初始化 LED 模块，每个模块都有模块初始化函数，在使用前，要先在 Main.c 的 InitHardware 或 InitSoftware 函数中通过调用模块初始化函数的代码进行模块初始化，硬件相关的模块初始化在 InitHardware 函数中实现，软件相关的模块初始化在 InitSoftware 函数中实现。ControlLED 函数实现的是控制 F429 核心板上的 LD0 点亮和熄灭，LEDFlicker 函数实现的是控制 LD0 闪烁。

程序清单 3-2

```
/*********************************************************************************************
*                                          API 函数声明
*********************************************************************************************/
void  InitLED(void);                //初始化 LED 模块
void  ControlLED(u8 mode);          //控制 LED 亮灭
void  LEDFlicker(u16 cnt);          //控制 LED 闪烁
```

步骤 4：完善 LED.c 文件

在 LED.c 文件“包含头文件”区的最后，添加代码#include "stm32f4xx_gpio.h"。stm32f4xx_gpio.h 为 STM32 的 GPIO 的固件库头文件，LED 模块主要对 GPIO 相关的寄存器进行操作，因此，包含了 stm32f4xx_gpio.h，就可以使用 GPIO 的固件库函数，对 GPIO 相关的寄存器进行间接操作。

stm32f4xx_conf.h 包含了各种固件库头文件，包括 stm32f4xx_gpio.h，因此，也可以在 LED.c 文件的“包含头文件”区的最后，直接添加代码#include "stm32f4xx_conf.h"。

在 LED.c 文件的“内部函数声明”区，添加内部函数的声明代码，如程序清单 3-3 所示。本书规定，所有的内部函数都必须在“内部函数声明”区声明，且无论是内部函数的声明还是实现，都必须加 static 关键字，表示该函数只能在其所在文件的内部调用。

程序清单 3-3

```
/*********************************************************************************************
*                                          内部函数声明
*********************************************************************************************/
static  void  ConfigLEDGPIO(void);    //配置 LED 的 GPIO
```

在 LED.c 文件的“内部函数实现”区，添加 ConfigLEDGPIO 函数的实现代码，如程序清单 3-4 所示。下面按照顺序解释 ConfigLEDGPIO 函数中的语句。

（1）F429 核心板的 LD0 与 STM32F429IGT6 芯片的 PC13 相连接，因此需要通过 RCC_AHB1PeriphClockCmd 函数使能 GPIOC 时钟。该函数涉及 AHB1ENR 的 IOPCEN，IOPCEN 用于使能 GPIOC 的时钟。

（2）通过 GPIO_Init 函数将 PC13 设置为具有上拉功能的推挽输出，I/O 输出速度设置为 2MHz。该函数涉及的寄存器有 GPIOx_MODER、GPIOx_OTYPER、GPIOx_OSPEEDR、GPIOx_PUPDR 和 GPIOx_BSRR，详见 3.2.4 节。

（3）最后，通过 GPIO_WriteBit 函数将 PC13 的默认电平设置为高电平。该函数涉及 GPIOx_BSRR 寄存器。

程序清单 3-4

```
/*********************************************************************************************
*                                          内部函数实现
*********************************************************************************************/
/*********************************************************************************************
* 函数名称：ConfigLEDGPIO
* 函数功能：配置 LED 的 GPIO
* 输入参数：void
* 输出参数：void
* 返 回 值：void
* 创建日期：2018 年 01 月 01 日
* 注    意：
```

```
*********************************************************************************************/
static  void  ConfigLEDGPIO(void)
{
  GPIO_InitTypeDef GPIO_InitStructure;  //GPIO_InitStructure 用于存放 GPIO 的参数

  //使能 RCC 相关时钟
  RCC_AHB1PeriphClockCmd (RCC_AHB1Periph_GPIOC, ENABLE);        //使能 GPIOC 的时钟

  //配置 LED 的 GPIO
  GPIO_InitStructure.GPIO_Pin   = GPIO_Pin_13;                  //设置引脚
  GPIO_InitStructure.GPIO_Mode  = GPIO_Mode_OUT;                //设置模式
  GPIO_InitStructure.GPIO_Speed = GPIO_Speed_2MHz;              //设置 I/O 输出速度
  GPIO_InitStructure.GPIO_OType = GPIO_OType_PP;                //设置输出类型
  GPIO_InitStructure.GPIO_PuPd  = GPIO_PuPd_UP;                 //设置上拉/下拉模式

  GPIO_Init(GPIOC, &GPIO_InitStructure);                        //根据参数初始化 LED 的 GPIO

  GPIO_WriteBit(GPIOC, GPIO_Pin_13, Bit_SET);                   //将 LED 默认状态设置为熄灭
}
```

在 LED.c 文件的“API 函数实现”区，添加 API 函数的实现代码，如程序清单 3-5 所示。LED.c 文件的 API 函数只有 3 个，分别是 InitLED、ControlLED 和 LEDFlicker 函数。InitLED 函数作为 LED 模块的初始化函数，调用 ConfigLEDGPIO 函数实现对 LED 模块的初始化。ControlLED 函数用于控制 LD0 的点亮和熄灭，当参数 mode 为 1 时，LD0 点亮；当参数 mode 为 0 时，LD0 熄灭。LEDFlicker 作为 LED 的闪烁函数，通过改变 GPIO 引脚电平实现 LD0 的闪烁，参数 cnt 用于控制闪烁的周期，例如，当 cnt 为 250 时，由于 LEDFlicker 函数每隔 2ms 被调用一次，因此 LD0 每 500ms 闪烁一次。

程序清单 3-5

```
/*********************************************************************************************
*                                        API 函数实现
*********************************************************************************************/
/*********************************************************************************************
* 函数名称：InitLED
* 函数功能：初始化 LED 模块
* 输入参数：void
* 输出参数：void
* 返 回 值：void
* 创建日期：2018 年 01 月 01 日
* 注    意：
*********************************************************************************************/
void InitLED(void)
{
  ConfigLEDGPIO();                                      //配置 LED 的 GPIO
}

/*********************************************************************************************
* 函数名称：ControlLED
* 函数功能：控制 LED 亮灭
* 输入参数：mode，1-点亮，0-熄灭
* 输出参数：void
```

```
* 返 回 值：void
* 创建日期：2018 年 01 月 01 日
* 注    意：
*********************************************************************************************/
void ControlLED(u8 mode)
{
  if(mode)
  {
    GPIO_WriteBit(GPIOC, GPIO_Pin_13, Bit_RESET);  //点亮 LED
  }
  else
  {
    GPIO_WriteBit(GPIOC, GPIO_Pin_13, Bit_SET);    //熄灭 LED
  }
}

/*********************************************************************************************
* 函数名称：LEDFlicker
* 函数功能：LED 闪烁函数
* 输入参数：cnt
* 输出参数：void
* 返 回 值：void
* 创建日期：2018 年 01 月 01 日
* 注    意：LEDFlicker 在 Proc2msTask 中调用，cnt 为 250 时表示每 500ms 更改一次 LED 状态
*********************************************************************************************/
void LEDFlicker(u16 cnt)
{
  static u16 s_iCnt;                                      //定义静态变量 s_iCnt 作为计数器

  s_iCnt++;                                               //计数器的计数值加 1

  if(s_iCnt >= cnt)                                       //计数器的计数值大于 cnt
  {
    s_iCnt = 0;                                           //重置计数器的计数值为 0

    //LED 状态取反，实现 LED 闪烁
    GPIO_WriteBit(GPIOC, GPIO_Pin_13, (BitAction)(1 - GPIO_ReadOutputDataBit(GPIOC, GPIO_Pin_13)));
  }
}
```

步骤 5：完善 GPIO 与 LED 闪烁实验应用层

在 Project 面板中，双击打开 Main.c 文件，在其“包含头文件”区的最后，添加代码#include "LED.h"。这样就可以在 Main.c 文件中调用 LED 模块的宏定义和 API 函数等，实现对 LED 模块的操作。

在 Main.c 文件的 InitHardware 函数中，添加调用 InitLED 函数的代码，如程序清单 3-6 所示，这样就实现了对 LED 模块的初始化。

程序清单 3-6

```
/*********************************************************************************************
* 函数名称：InitHardware
* 函数功能：所有的硬件相关的模块初始化函数都放在此函数中
```

```
* 输入参数：void
* 输出参数：void
* 返 回 值：void
* 创建日期：2018 年 01 月 01 日
* 注    意：
*********************************************************************************************/
static  void  InitHardware(void)
{
  SystemInit();                       //系统初始化
  InitRCC();                          //初始化 RCC 模块
  InitNVIC();                         //初始化 NVIC 模块
  InitUART1(115200);                  //初始化 UART 模块
  InitTimer();                        //初始化 Timer 模块
  InitSysTick();                      //初始化 SysTick 模块
  InitLED();                          //初始化 LED 模块
}
```

在 Main.c 文件的 Proc2msTask 函数中，添加调用 LEDFlicker 函数的代码，如程序清单 3-7 所示，这样就可以实现 LD0 每 500ms 闪烁一次的功能。注意，LEDFlicker 函数必须置于 if 语句内，才能保证该函数每 2ms 被调用一次。

程序清单 3-7

```
/*********************************************************************************************
* 函数名称：Proc2msTask
* 函数功能：2ms 处理任务
* 输入参数：void
* 输出参数：void
* 返 回 值：void
* 创建日期：2018 年 01 月 01 日
* 注    意：
*********************************************************************************************/
static  void  Proc2msTask(void)
{
  if(Get2msFlag())                                      //判断 2ms 标志状态
  {
    LEDFlicker(250);                                    //调用闪烁函数
    Clr2msFlag();                                       //清除 2ms 标志
  }
}
```

步骤 6：编译及下载验证

代码编写完成后，单击按钮，进行编译。编译结束后，Build Output 栏中出现“0 Error(s), 0 Warning(s)”，表示编译成功。然后，参见图 2-33，通过 Keil μVision5.20 软件将.axf 文件下载到医疗电子单片机高级开发系统。下载完成后，可以观察到 F429 核心板上编号为 LD0 的绿色 LED 每 500ms 闪烁一次，表示实验成功。

本 章 任 务

基于医疗电子单片机高级开发系统，编写程序，实现每 5s 切换一次 LD0 的闪烁频率，初始状态为 400ms 点亮/400ms 熄灭，第二状态为 200ms 点亮/200ms 熄灭，第三状态为 100ms 点亮/100ms 熄灭，第四状态为 50ms 点亮/50ms 熄灭，按照“初始状态→第二状态→第三状态→第四状态→初始状态”循环执行，两个相邻状态之间的间隔为 1s。

本 章 习 题

1．简述 GPIO 都有哪些工作模式。
2．GPIO 都有哪些寄存器？MODER、OTYPER、OSPEEDR、PUPDR 的功能分别是什么？
3．计算 GPIOE->BSRR 的绝对地址。
4．GPIO_Init 函数的作用是什么？该函数可操作哪些寄存器？
5．如何通过 RCC->AHB1ENR 使能 GPIOA 端口时钟，且其他模块时钟状态不变？
6．如何通过固件库函数使能 GPIOD 端口时钟？

第4章　实验3——GPIO与独立按键输入

STM32 的 GPIO 既能作为输入使用，也能作为输出使用。第 3 章通过一个简单的 GPIO 与 LED 闪烁实验，讲解了 GPIO 的输出功能，本章将以一个简单的 GPIO 与独立按键输入实验为例，讲解 GPIO 的输入功能。

4.1　实验内容

通过学习独立按键电路原理图、GPIO 功能框图、GPIO 部分寄存器、固件库函数，以及按键去抖原理，基于医疗电子单片机高级开发系统设计一个独立按键程序，每次按下一个按键，通过串口助手输出按键按下的信息，比如 Key1 按下时，输出 KEY1 PUSH DOWN；按键弹起时，输出按键弹起的信息，比如 Key2 弹起时，输出 KEY2 RELEASE。在进行独立按键程序设计时，需要对按键的抖动进行处理，即每次按下时，只能输出一次按键按下信息；每次弹起时，也只能输出一次按键弹起信息。

4.2　实验原理

4.2.1　独立按键电路原理图

独立按键输入实验涉及的硬件包括三个独立按键（Key1、Key2 和 Key3），以及与独立按键串联的 10kΩ 限流电阻、与独立按键并联的 100nF 滤波电容。Key1 连接到 STM32F429IGT6 芯片的 PI11 引脚，Key2 连接到 PF9 引脚，Key3 连接到 PF8 引脚。按键未按下时，输入到芯片引脚上的电平为高电平；按键按下时，输入到芯片引脚上的电平为低电平。独立按键硬件电路如图 4-1 所示。

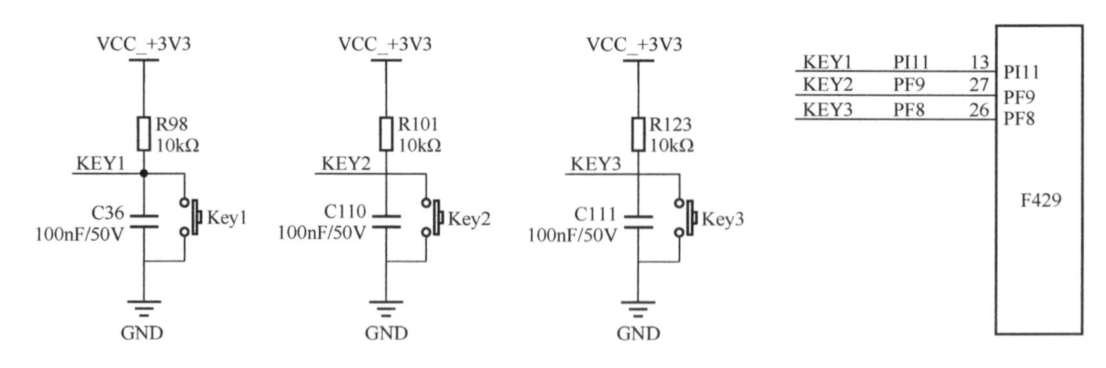

图 4-1　独立按键硬件电路

4.2.2　GPIO 功能框图

图 4-2 给出了本实验所用到的 GPIO 功能框图。在本实验中，三个独立按键引脚对应的 GPIO 配置为上拉输入模式。下面依次介绍 I/O 引脚与上拉/下拉电阻、TTL 施密特触发器和输入数据寄存器。

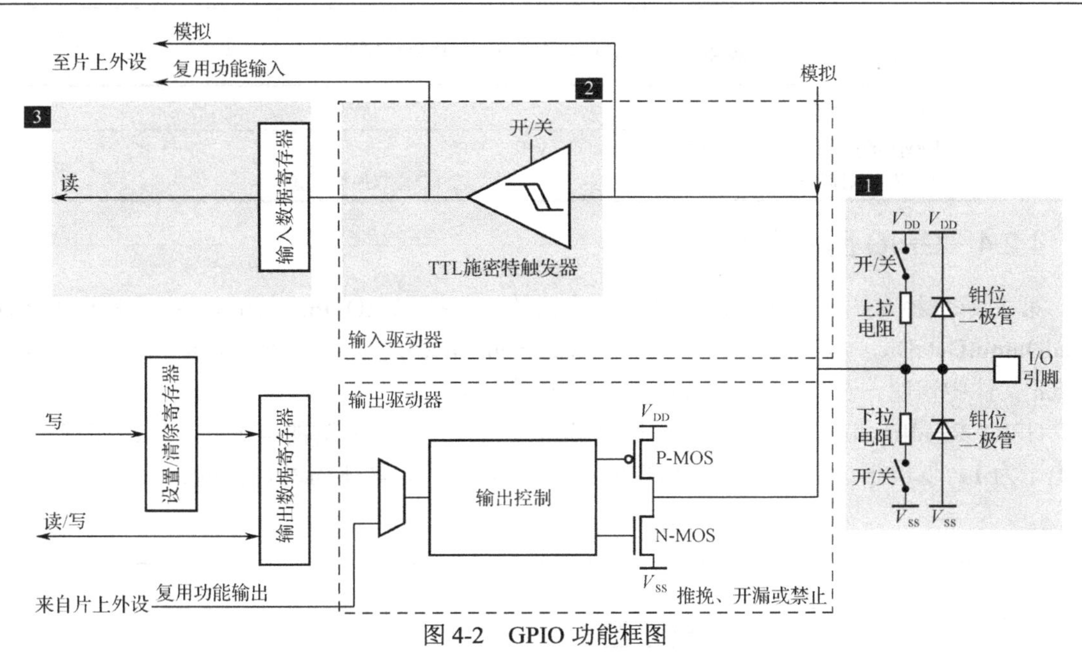

图 4-2　GPIO 功能框图

1. I/O 引脚与上拉/下拉电阻

独立按键与 STM32 芯片的 I/O 引脚相连接，由第 3 章可知，与 I/O 引脚连接的钳位二极管是为了防止芯片烧毁而设置的。I/O 引脚经过钳位二极管之后，还可以配置为上拉或下拉输入模式，由于本实验中的独立按键在电路中通过一个 10kΩ 电阻连接到 3.3V 电源，因此，为了保持电路的一致性，内部也需要通过寄存器配置为上拉输入模式。

2. TTL 施密特触发器

经过上拉或下拉电路的输入信号，依然是模拟信号，而本实验将独立按键的输入视为数字信号，因此，还需要通过 TTL 施密特触发器将输入的模拟信号转换为数字信号。

3. 输入数据寄存器

经过 TTL 施密特触发器转换之后的数字信号存储在输入数据寄存器（GPIOx_IDR）中，通过读取 GPIOx_IDR，即可获得 I/O 引脚的电平状态。

4.2.3　GPIO 寄存器

第 3 章介绍了 GPIO 的部分寄存器，包括 GPIOx_MODER、GPIOx_OTYPER、GPIOx_OSPEEDR、GPIOx_ODR 和 GPIOx_BSRR，本节主要介绍端口输入数据寄存器（GPIOx_IDR）。

GPIOx_IDR（简称为 IDR）是一组 16 引脚的输入数据寄存器，只占用低 16 位。该寄存器为只读，从该寄存器读出的数据可以用于判断某组 GPIO 端口的电平状态。GPIOx_IDR 的结构、偏移地址和复位值，以及部分位的解释说明如图 4-3 和表 4-1 所示。

偏移地址：0x10
复位值：0x0000 XXXX（其中X表示未定义）

31	30	29	28	27	26	25	24	23	22	21	20	19	18	17	16
保留															

15	14	13	12	11	10	9	8	7	6	5	4	3	2	1	0
IDR15	IDR14	IDR13	IDR12	IDR11	IDR10	IDR9	IDR8	IDR7	IDR6	IDR5	IDR4	IDR3	IDR2	IDR1	IDR0
r	r	r	r	r	r	r	r	r	r	r	r	r	r	r	r

注：r 表示可读。

图 4-3　GPIOx_IDR 的结构、偏移地址和复位值

表 4-1　GPIOx_IDR 部分位的解释说明

位 31:16	保留，必须保持复位值
位 15:0	IDRy[15:0]：端口输入数据（Port input data）（y=0, …, 15） 这些位为只读形式，只能在字模式下访问。它们包含相应 I/O 端口的输入值

4.2.4　GPIO 固件库函数

第 3 章已经介绍了 GPIO 的部分固件库函数，包括 GPIO_Init、GPIO_WriteBit、GPIO_ReadOutputDataBit，本实验还涉及 GPIO_ReadInputDataBit 函数，该函数同样在 stm32f4xx_gpio.h 文件中声明，在 stm32f4xx_gpio.c 文件中实现。

GPIO_ReadInputDataBit 函数的功能是读取指定外设端口引脚的电平值，每次读取一位，高电平为 1，低电平为 0，通过读取 GPIOx->IDR 来实现。具体描述如表 4-2 所示。

表 4-2　GPIO_ReadInputDataBit 函数的描述

函数名	GPIO_ReadInputDataBit
函数原型	uint8_t GPIO_ReadInputDataBit(GPIO_TypeDef* GPIOx, uint16_t GPIO_Pin)
功能描述	读取指定端口引脚的输入
输入参数 1	GPIOx：x 可以是 A、B、C、D 或 E，用于选择 GPIO 外设
输入参数 2	GPIO_Pin：待读取的引脚
输出参数	无
返回值	输入端口引脚值

例如，读取 PC1 的电平，代码如下：

```
u8 pc1Value;
pc1Value = GPIO_ReadInputDataBit(GPIOC, GPIO_Pin_1);
```

4.2.5　按键去抖原理

独立按键常常用作二值输入器件，医疗电子单片机高级开发系统上有三个独立按键，且均为上拉模式，即按键未按下时，输入到芯片引脚上的为高电平；按键按下时，输入到芯片引脚上的为低电平。

目前，市面上绝大多数按键都是机械式开关结构，而机械式开关的核心部件为弹性金属簧片，因此在开关切换的瞬间，在接触点会出现来回弹跳的现象，按键松开时，也会出现类似的情况，这种情况被称为抖动。按键按下时产生前沿抖动，按键松开时产生后沿抖动，如图 4-4 所示。不同类型的按键，其最长抖动时间也有差别，抖动时间的长短和按键的机械特性有关，一般为 5～10ms，而通常手动按下按键持续的时间大于 100ms。于是，可以基于两个时间的差异，取一个中间值（如 80ms）作为界限，将小于 80ms 的信号视为抖动脉冲，大于 80ms 的信号视为按键按下。

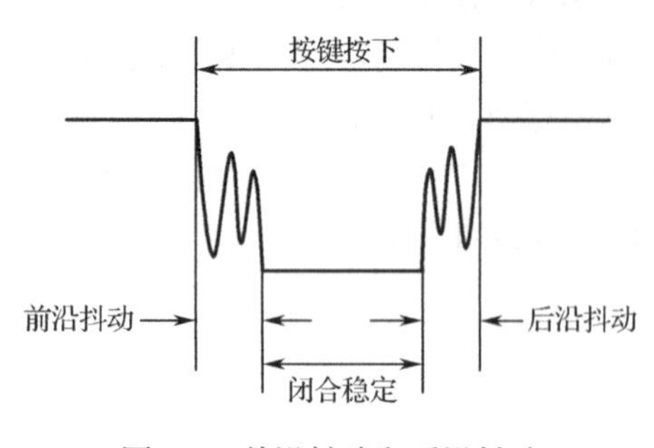

图 4-4　前沿抖动和后沿抖动

独立按键去抖原理图如图 4-5 所示，按键未按下时为高电平，按键按下时为低电平，因此，对于理想按键，按键按下时就可以立刻检测到低电平，按键弹起时就可以立刻检测到高电平。但是，对于实际按键，未按下时为高电平，按键一旦按下，就会产生前沿抖动，抖动持续时间为 5～10ms，接着，芯片引脚会检测到稳定的低电平；按键弹起时，会产生后沿抖动，抖动持续时间依然为 5～10ms，接着，芯片引脚会检测到稳定的高电平。去抖实际上是每 10ms 检测一次连接到按键的引脚电平，如果连续检测到 8 次低电平，即低电平持续时间超过 80ms，则表示识别到按键按下。同理，按键按下后，如果连续检测到 8 次高电平，即高电平持续时间超过 80ms，则表示识别到按键弹起。

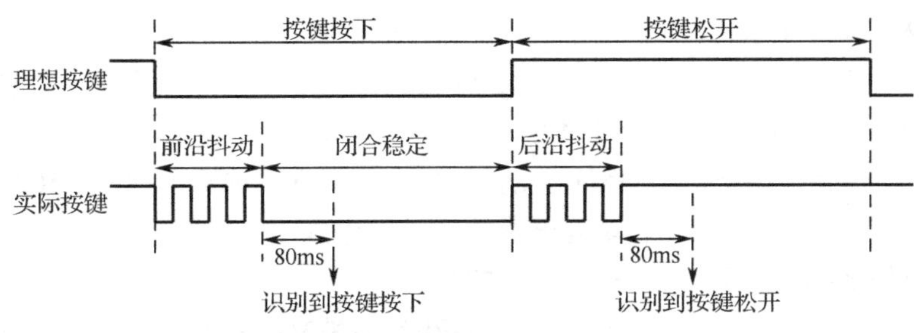

图 4-5　独立按键去抖原理图

独立按键去抖程序设计流程图如图 4-6 所示，先启动一个 10ms 定时器，然后每 10ms 读取一次按键值。如果连续 8 次检测到的电平均为按键按下电平（医疗电子单片机高级开发系统的 3 个按键按下电平均为低电平），且按键按下标志为 TRUE，则将按键按下标志置为 FALSE，同时处理按键按下函数，如果按键按下标志为 FALSE，表示按键按下事件已经得到处理，则继续检查定时器是否产生 10ms 溢出。对于按键弹起也一样，如果当前为按键按下状态，且连续 8 次检测到的电平均为按键弹起电平（医疗电子单片机高级开发系统的 3 个按键弹起电平均为高电平），且按键弹起标志为 FALSE，则将按键弹起标志置为 TRUE，同时处理按键弹起函数，如果按键弹起标志为 TRUE，表示按键弹起事件已经得到处理，则继续检查定时器是否产生 10ms 溢出。

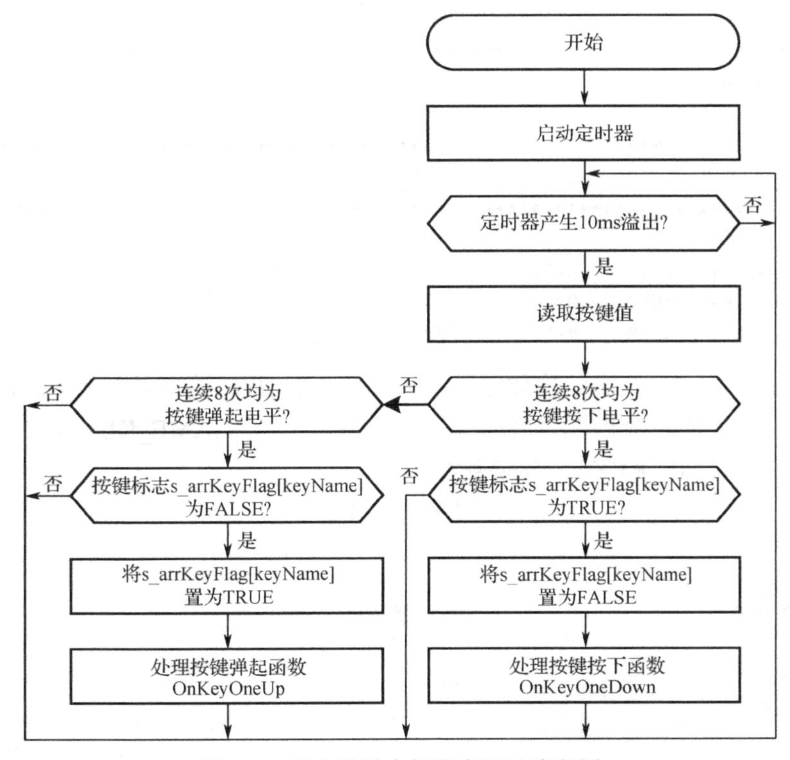

图 4-6　独立按键去抖程序设计流程图

4.3　实验步骤

步骤 1：复制并编译原始工程

首先，将“D:\STM32KeilTest\Material\04.GPIO 与独立按键输入实验”文件夹复制到“D:\STM32KeilTest\Product”文件夹中。然后，双击运行“D:\STM32KeilTest\Product\04.GPIO 与独立按键输入实验\Project”文件夹中的 STM32KeilPrj.uvprojx，单击工具栏中的按钮。当 Build Output 栏出现“FromELF：creating hex file...”时，表示已经成功生成.hex 文件，出现“0 Error(s), 0 Warnning(s)”表示编译成功。最后，将.axf 文件下载到 STM32 的内部 Flash 中，观察医疗电子单片机高级开发系统上的 LD0 是否闪烁。如果 LD0 每 500ms 闪烁一次，串口正常输出字符串，表示原始工程是正确的，可以进入下一步操作。

步骤 2：添加 KeyOne 和 ProcKeyOne 文件对

首先，将“D:\STM32KeilTest\Product\04.GPIO 与独立按键输入实验\App\KeyOne”文件夹中的 KeyOne.c 和 ProcKeyOne.c 添加到 App 分组中，可参见 2.3 节步骤 8。然后，将“D:\STM32KeilTest\ Product\04.GPIO 与独立按键输入实验\App\KeyOne”路径添加到 Include Paths 栏中，具体操作可参见 2.3 节步骤 11。

步骤 3：完善 KeyOne.h 文件

单击按钮，进行编译，编译结束后，在 Project 面板中，双击 KeyOne.c 中的 KeyOne.h。在 KeyOne.h 文件的“包含头文件”区，添加代码`#include "DataType.h"`。然后，在 KeyOne.h 文件的“宏定义”区添加按键按下电平宏定义代码，如程序清单 4-1 所示。

程序清单 4-1

```
/*********************************************************************************************
*                                          包含头文件
*********************************************************************************************/
#include "DataType.h"

/*********************************************************************************************
*                                          宏定义
*********************************************************************************************/
//各个按键按下的电平
#define  KEY_DOWN_LEVEL_KEY1    0x00        //0x00 表示按下为低电平
#define  KEY_DOWN_LEVEL_KEY2    0x00        //0x00 表示按下为低电平
#define  KEY_DOWN_LEVEL_KEY3    0x00        //0x00 表示按下为低电平
```

在 KeyOne.h 文件的“枚举结构体定义”区中，添加如程序清单 4-2 所示的枚举定义代码。这些枚举主要是对按键名的定义，如 Key1 的按键名为 KEY_NAME_KEY1，对应值为 0；Key3 的按键名为 KEY_NAME_KEY3，对应值为 2。

程序清单 4-2

```
typedef enum
{
  KEY_NAME_KEY1 = 0,                  //按键 1
  KEY_NAME_KEY2,                      //按键 2
  KEY_NAME_KEY3,                      //按键 3
  KEY_NAME_KEY_UP,                    //按键 KEY_UP
  KEY_NAME_MAX
}EnumKeyOneName;
```

在 KeyOne.h 文件的"API 函数声明"区，添加如程序清单 4-3 所示的 API 函数声明代码。InitKeyOne 函数用于初始化 KeyOne 模块。ScanKeyOne 函数用于按键扫描，建议该函数每 10ms 调用一次，即每 10ms 读取一次按键电平。

程序清单 4-3

```
void  InitKeyOne(void);                                     //初始化 KeyOne 模块
void  ScanKeyOne(u8 keyName, void(*OnKeyOneUp)(void), void(*OnKeyOneDown)(void));
                                                            //每 10ms 调用一次
```

步骤 4：完善 KeyOne.c 文件

在 KeyOne.c 文件的"包含头文件"区的最后，添加代码#include "stm32f4xx_conf.h"。

在 KeyOne.c 文件的"宏定义"区，添加如程序清单 4-4 所示的宏定义代码，用于定义读取 3 个按键电平状态。

程序清单 4-4

```
//Key1 为读取 PI11 引脚电平
#define KEY1    (GPIO_ReadInputDataBit(GPIOI, GPIO_Pin_11))
//Key2 为读取 PF9 引脚电平
#define KEY2    (GPIO_ReadInputDataBit(GPIOF, GPIO_Pin_9))
//Key3 为读取 PF8 引脚电平
#define KEY3    (GPIO_ReadInputDataBit(GPIOF, GPIO_Pin_8))
```

在 KeyOne.c 文件的"内部变量"区，添加内部变量的定义代码，如程序清单 4-5 所示。

程序清单 4-5

```
//按键按下时的电压，0xFF 表示按下为高电平，0x00 表示按下为低电平
static  u8  s_arrKeyDownLevel[KEY_NAME_MAX];        //使用前要在 InitKeyOne 函数中进行初始化
```

在 KeyOne.c 文件的"内部函数声明"区，添加内部函数的声明代码，如程序清单 4-6 所示。

程序清单 4-6

```
static  void  ConfigKeyOneGPIO(void);                       //配置按键的 GPIO
```

在 KeyOne.c 文件的"内部函数实现"区，添加 ConfigKeyOneGPIO 函数的实现代码，如程序清单 4-7 所示。

程序清单 4-7

```
static  void  ConfigKeyOneGPIO(void)
{
  GPIO_InitTypeDef GPIO_InitStructure;                      //GPIO_InitStructure 用于存放 GPIO 的参数

  //使能 RCC 相关时钟
  RCC_AHB1PeriphClockCmd(RCC_AHB1Periph_GPIOI, ENABLE);       //使能 GPIOI 的时钟
  RCC_AHB1PeriphClockCmd(RCC_AHB1Periph_GPIOF, ENABLE);       //使能 GPIOF 的时钟

  GPIO_InitStructure.GPIO_Pin    = GPIO_Pin_11;               //设置引脚
  GPIO_InitStructure.GPIO_Mode   = GPIO_Mode_IN;              //设置模式
  GPIO_InitStructure.GPIO_PuPd   = GPIO_PuPd_UP;              //设置引脚为上拉模式
  GPIO_Init(GPIOI, &GPIO_InitStructure);                      //根据参数初始化 GPIO

  GPIO_InitStructure.GPIO_Pin    = GPIO_Pin_9;                //设置引脚
  GPIO_InitStructure.GPIO_Mode   = GPIO_Mode_IN;              //设置模式
  GPIO_InitStructure.GPIO_PuPd   = GPIO_PuPd_UP;              //设置引脚为上拉模式
  GPIO_Init(GPIOF, &GPIO_InitStructure);                      //根据参数初始化 GPIO
```

```
  GPIO_InitStructure.GPIO_Pin   = GPIO_Pin_8;                   //设置引脚
  GPIO_InitStructure.GPIO_Mode  = GPIO_Mode_IN;                 //设置模式
  GPIO_InitStructure.GPIO_PuPd  = GPIO_PuPd_UP;                 //设置引脚为上拉模式
  GPIO_Init(GPIOF, &GPIO_InitStructure);                        //根据参数初始化 GPIO
}
```

说明：(1)医疗电子单片机高级开发系统的 Key1、Key2 和 Key3 按键分别与 STM32F429IGT6 芯片的 PI11、PF9 和 PF8 引脚相连接，因此需要通过 RCC_AHB1PeriphClockCmd 函数使能 GPIOI 和 GPIOF 时钟。

（2）通过 GPIO_Init 函数将 PI11、PF9 和 PF8 引脚设置为输入上拉模式。

在 KeyOne.c 文件的“API 函数实现”区，添加 API 函数的实现代码，如程序清单 4-8 所示。KeyOne.c 文件的 API 函数只有两个，分别是 InitKeyOne 和 ScanKeyOne。InitKeyOne 函数作为 KeyOne 模块的初始化函数，调用 ConfigKeyOneGPIO 函数配置独立按键的 GPIO，然后，通过 s_iarrKeyDownLevel 数组设置按键按下时的电平（低电平）。ScanKeyOne 为按键扫描函数，每 10ms 调用一次，该函数有 3 个参数，分别为 keyName、OnKeyOneUp 和 OnKeyOneDown。其中，keyName 为按键名称，取值为 KeyOne.h 文件的枚举值；OnKeyOneUp 为按键弹起的响应函数名，由于函数名也是指向函数的指针，因此 OnKeyOneUp 也为指向 OnKeyOneUp 函数的指针；OnKeyOneDown 为按键按下的响应函数名，也为指向 OnKeyOneDown 函数的指针。因此，(*OnKeyOneUp)()为按键弹起的响应函数，(*OnKeyOneDown)()即为按键按下的响应函数。读者可参见图 4-6 所示的流程图理解代码。

程序清单 4-8

```
void InitKeyOne(void)
{
  ConfigKeyOneGPIO(); //配置按键的 GPIO

  s_arrKeyDownLevel[KEY_NAME_KEY1] = KEY_DOWN_LEVEL_KEY1;    //按键 Key1 按下时为低电平
  s_arrKeyDownLevel[KEY_NAME_KEY2] = KEY_DOWN_LEVEL_KEY2;    //按键 Key2 按下时为低电平
  s_arrKeyDownLevel[KEY_NAME_KEY3] = KEY_DOWN_LEVEL_KEY3;    //按键 Key3 按下时为低电平
}

void ScanKeyOne(u8 keyName, void(*OnKeyOneUp)(void), void(*OnKeyOneDown)(void))
{
  static  u8  s_arrKeyVal[KEY_NAME_MAX];              //定义一个 u8 类型的数组，用于存放按键的数值
  static  u8  s_arrKeyFlag[KEY_NAME_MAX];             //定义一个 u8 类型的数组，用于存放按键的标志位

  s_arrKeyVal[keyName] = s_arrKeyVal[keyName] << 1;          //左移一位

  switch (keyName)
  {
    case KEY_NAME_KEY1:
      s_arrKeyVal[keyName] = s_arrKeyVal[keyName] | KEY1;    //按下/弹起时，Key1 为 0/1
      break;
    case KEY_NAME_KEY2:
      s_arrKeyVal[keyName] = s_arrKeyVal[keyName] | KEY2;    //按下/弹起时，Key2 为 0/1
      break;
    case KEY_NAME_KEY3:
      s_arrKeyVal[keyName] = s_arrKeyVal[keyName] | KEY3;    //按下/弹起时，Key3 为 0/1
```

```
      break;
    default:
      break;
  }

  //按键标志位的值为 TRUE 时，判断是否有按键有效按下
  if(s_arrKeyVal[keyName] == s_arrKeyDownLevel[keyName] && s_arrKeyFlag[keyName] == TRUE)
  {
    (*OnKeyOneDown)();                      //执行按键按下的响应函数
    s_arrKeyFlag[keyName] = FALSE;          //表示按键处于按下状态，按键标志位的值更改为 FALSE
  }

  //按键标志位的值为 FALSE 时，判断是否有按键有效弹起
  else if(s_arrKeyVal[keyName] == (u8)(~s_arrKeyDownLevel[keyName]) && s_arrKeyFlag[keyName] == FALSE)
  {
    (*OnKeyOneUp)();                        //执行按键弹起的响应函数
    s_arrKeyFlag[keyName] = TRUE;           //表示按键处于弹起状态，按键标志位的值更改为 TRUE
  }
}
```

步骤 5：完善 ProcKeyOne.h 文件

单击按钮，进行编译，编译结束后，在 Project 面板中，双击 ProcKeyOne.c 中的 ProcKeyOne.h。在 ProcKeyOne.h 文件的“包含头文件”区，添加代码#include "DataType.h"。然后，在 ProcKeyOne.h 文件的“API 函数声明”区，添加如程序清单 4-9 所示的代码。InitProcKeyOne 函数用于初始化 ProcKeyOne 模块，ProcKeyUpKeyx 函数用于处理按键弹起事件，按键弹起时会调用该函数，ProcKeyDownx 函数用于处理按键按下事件。

程序清单 4-9

```
/*********************************************************************************************
*                                          API 函数声明
*********************************************************************************************/
void  InitProcKeyOne(void);            //初始化 ProcKeyOne 模块

void  ProcKeyDownKey1(void);           //处理按键按下的事件，即按键按下的响应函数
void  ProcKeyUpKey1(void);             //处理按键弹起的事件，即按键弹起的响应函数
void  ProcKeyDownKey2(void);           //处理按键按下的事件，即按键按下的响应函数
void  ProcKeyUpKey2(void);             //处理按键弹起的事件，即按键弹起的响应函数
void  ProcKeyDownKey3(void);           //处理按键按下的事件，即按键按下的响应函数
void  ProcKeyUpKey3(void);             //处理按键弹起的事件，即按键弹起的响应函数
```

步骤 6：完善 ProcKeyOne.c 文件

在 ProcKeyOne.c 文件“包含头文件”区的最后，添加头文件的包含代码#include "UART1.h"。ProcKeyOne 主要是处理按键按下和弹起事件，这些事件通过串口输出按键按下和弹起的信息，需要调用串口相关的函数，因此，除了包含 ProcKeyOne.h，还需要包含 UART1.h。

在 ProcKeyOne.c 文件的“API 函数实现”区，添加 API 函数的实现代码，如程序清单 4-10 所示。ProcKeyOne.c 文件的 API 函数有 7 个，分为三类，分别是 ProcKeyOne 模块初始化函数 InitProcKeyOne，按键弹起事件处理函数 ProcKeyUpKeyx，按键按下事件处理函数 ProKeyDownKeyx。注意，由于 3 个按键的按下和弹起事件处理函数类似，因此在程序清

单 4-10 中只列出了 Key1 按键的按下和弹起事件处理函数，Key2、Key3 的代码请读者自行添加。

程序清单 4-10

```
void InitProcKeyOne(void)
{

}

void  ProcKeyDownKey1(void)
{
  printf("Key1 PUSH DOWN\r\n");        //打印按键状态
}

void  ProcKeyUpKey1(void)
{
  printf("Key1 RELEASE\r\n");     //打印按键状态
}
```

步骤 7：完善 GPIO 与独立按键输入实验应用层

在 Project 面板中，双击打开 Main.c 文件，在“包含头文件”区的最后，添加代码`#include "KeyOne.h"`和`#include "ProcKeyOne.h"`。这样就可以在 Main.c 文件中调用 KeyOne 和 ProcKeyOne 模块的宏定义和 API 函数等，实现对按键模块的操作。

在 Main.c 文件的 InitHardware 函数中，添加调用 InitKeyOne 和 InitProcKeyOne 函数的代码，如程序清单 4-11 所示，这样就实现了对按键模块的初始化。

程序清单 4-11

```
static  void  InitHardware(void)
{
  SystemInit();          //系统初始化
  InitRCC();             //初始化 RCC 模块
  InitNVIC();            //初始化 NVIC 模块
  InitUART1(115200);     //初始化 UART 模块
  InitTimer();           //初始化 Timer 模块
  InitSysTick();         //初始化 SysTick 模块
  InitLED();             //初始化 LED 模块
  InitKeyOne();          //初始化 KeyOne 模块
  InitProcKeyOne();      //初始化 ProcKeyOne 模块
}
```

在 Main.c 文件的 Proc2msTask 函数中，添加调用 ScanKeyOne 函数的代码，如程序清单 4-12 所示。ScanKeyOne 函数需要每 10ms 调用一次，而 Proc2msTask 函数的 if 语句中的代码每 2ms 执行一次，因此，需要通过设计一个计数器（变量 s_iCnt5）进行计数，当从 1 计数到 5，即经过 5 个 2ms 时，执行一次 ScanKeyOne 函数，这样就实现了每 10ms 进行一次按键扫描。需要注意的是，s_iCnt5 必须定义为静态变量，需要加 static 关键字，如果不加，则退出函数之后，s_iCnt5 分配的存储空间会自动释放。独立按键按下和弹起时，会通过串口输出提示信息，不需要每秒输出一次“This is the first STM32F429 Project, by Zhangsan”，因此，还需要注释掉 Proc1SecTask 函数中的 printf 语句。

程序清单 4-12

```
static  void  Proc2msTask(void)
{
  static i16 s_iCnt5 = 0;

  if(Get2msFlag())             //判断 2ms 标志状态
  {
    LEDFlicker(250);           //调用闪烁函数

    if(s_iCnt5 >= 4)
    {
      ScanKeyOne(KEY_NAME_KEY1, ProcKeyUpKey1, ProcKeyDownKey1);
      ScanKeyOne(KEY_NAME_KEY2, ProcKeyUpKey2, ProcKeyDownKey2);
      ScanKeyOne(KEY_NAME_KEY3, ProcKeyUpKey3, ProcKeyDownKey3);

      s_iCnt5 = 0;
    }
    else
    {
      s_iCnt5++;
    }

    Clr2msFlag();              //清除 2ms 标志
  }
}
```

步骤 8：编译及下载验证

代码编写完成后，单击按钮，进行编译。编译结束后，Build Output 栏中出现“0 Error(s), 0 Warning(s)”，表示编译成功。然后，参见图 2-33，通过 Keil μVision5 软件将.axf 文件下载到医疗电子单片机高级开发系统。下载完成后，打开串口助手，依次按下医疗电子单片机高级开发系统 Key1、Key2、Key3 按键，可以看到串口助手中输出如图 4-7 所示的按键按下和弹起的提示信息，同时，F429 核心板上编号为 LD0 的绿色 LED 每 500ms 闪烁一次，表示实验成功。

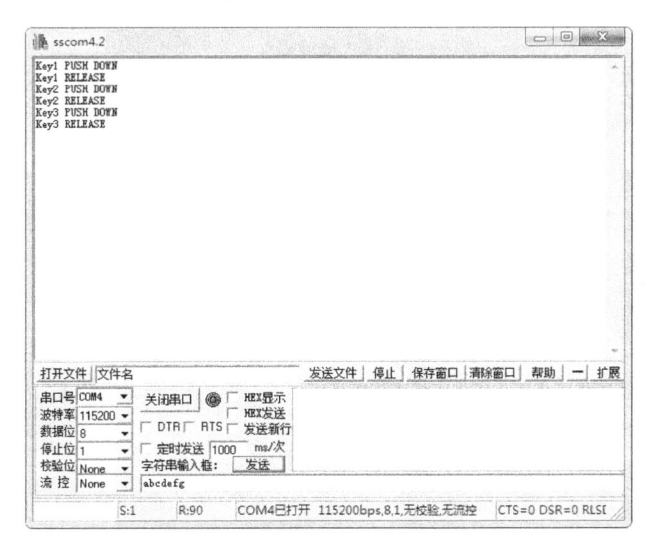

图 4-7　GPIO 与独立按键输入实验结果

本 章 任 务

基于医疗电子单片机高级开发系统，编写程序，实现通过按键切换 LD0 的闪烁频率。初始状态为 400ms 点亮/400ms 熄灭，第二状态为 200ms 点亮/200ms 熄灭，第三状态为 100ms 点亮/100ms 熄灭，第四状态为 50ms 点亮/50ms 熄灭，两个相邻状态之间的间隔为 1s。按下 Key1 按键，LD0 按照“初始状态→第二状态→第三状态→第四状态→初始状态”顺序进行频率递增循环闪烁；按下 Key3 按键，LD0 按照“初始状态→第四状态→第三状态→第二状态→初始状态”顺序进行频率递减循环闪烁。

本 章 习 题

1．简介 GPIO 中 IDR 的功能。

2．计算 GPIOC->IDR 的绝对地址。

3．GPIO_ReadInputDataBit 函数的作用是什么？该函数具体操作了哪些寄存器？

4．如何通过寄存器操作读取 PA0 的电平？

5．如何通过固件库操作读取 PA0 的电平？

6．在函数内部定义一个变量，加与不加 static 关键字有什么区别？

第5章　实验4——串口通信

通用异步串行收发器（Universal Asynchronous Receiver/Transmitter，UART）是微控制器中最常见，也是使用最频繁的串行通信接口（简称串口）。本章将详细讲解 UART 的功能、寄存器和固件库，STM32 异常和中断，NVIC 寄存器和固件库，以及 UART1 模块驱动设计。本章的最后将以一个实例介绍串口驱动的设计和应用。

5.1　实验内容

基于医疗电子单片机高级开发系统设计一个串口通信实验，每秒通过 printf 向计算机发送一条语句（ASCII 格式），如"This is the first STM32F429 Project，by Zhangsan"，在计算机上通过串口助手显示。另外，计算机上的串口助手向医疗电子单片机高级开发系统发送一字节的数据（HEX 格式），系统收到后，进行加 1 处理，再发送回计算机，通过串口助手显示出来。例如，计算机通过串口助手向医疗电子单片机高级开发系统发送 0x13，系统收到后，进行加 1 处理，向计算机发送 0x14。

5.2　实验原理

5.2.1　电路原理

医疗电子单片机高级开发系统上的 USART1_TX 连接 STM32F429IGT6 芯片的 PA9 引脚，USART1_RX 连接芯片的 PA10 引脚。现在的计算机基本都不再配置 UART 接口，因此，需要将 UART 信号（USART1_TX 和 USART1_RX）经由医疗电子单片机高级开发系统上的 USB 转 UART 模块转换为 USB 信号（D+和 D−），这样，通过 USB 数据线，即可实现计算机与 STM32F429IGT6 芯片之间的通信。UART 硬件电路如图 5-1 所示。

5.2.2　UART 通信协议

与 SPI、I^2C 等同步传输方式不同，UART 只需要一根线就可以实现数据的通信，但 UART 的传输速率相对也较低。下面详细介绍 UART 通信协议及其通信原理。

1. UART 物理层

UART 采用异步串行全双工通信的方式，因此 UART 通信没有时钟线，通过两根数据线可实现双向同时传输。收发数据只能一位一位地在各自的数据线上传输，因此 UART 最多只有两根数据线，一根是发送数据线，一根是接收数据线。数据线是高低逻辑电平传输，因此还必须有参照的地线。最简单的 UART 接口由发送数据线 TXD、接收数据线 RXD 和 GND 线组成。

UART 一般采用 TTL/CMOS 的逻辑电平标准表示数据，逻辑 1 用高电平表示，逻辑 0 用低电平表示。例如，在 TTL 电平标准中，逻辑 1 用 5V 表示，逻辑 0 用 0V 表示；在 CMOS 电平标准中，逻辑 1 的电平接近于电源电平，逻辑 0 的电平接近于 0V。

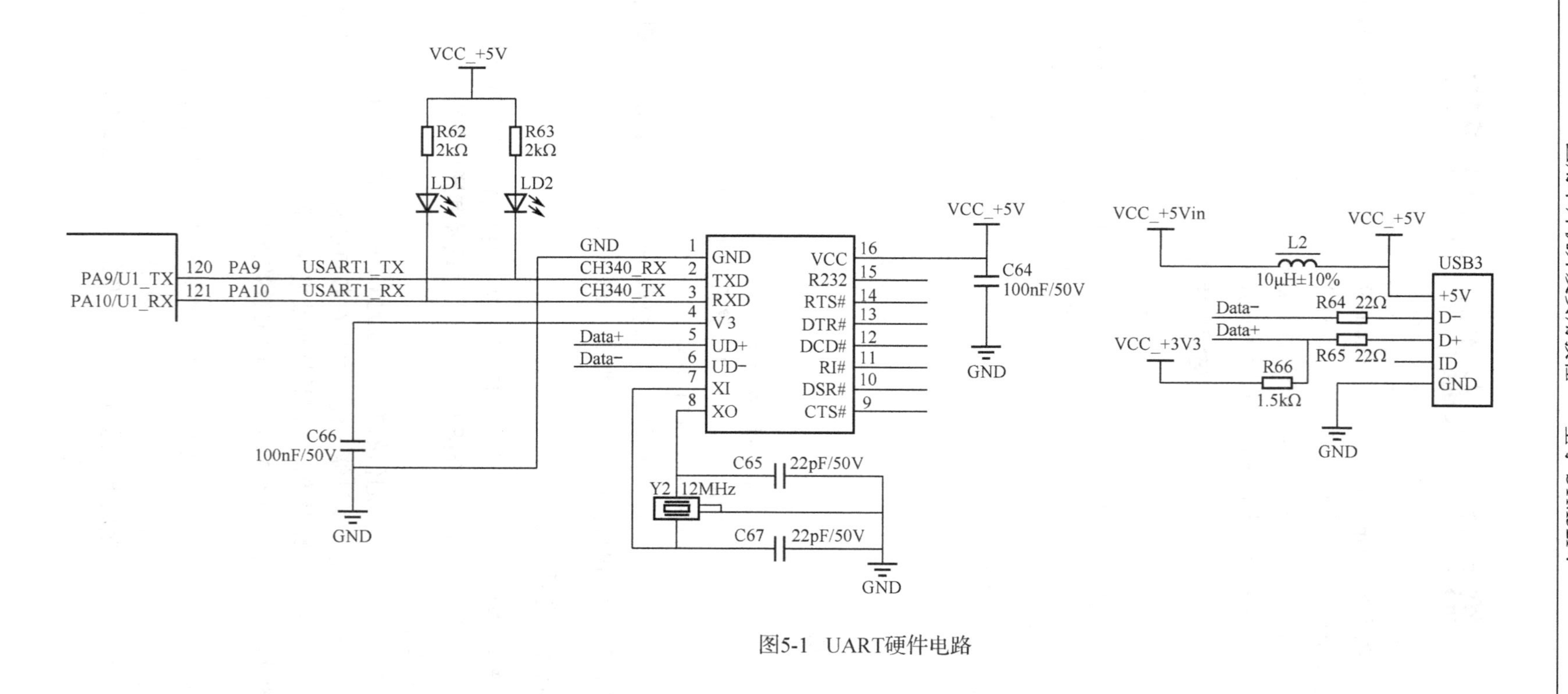

图5-1 UART硬件电路

两个 UART 设备的连接非常简单，如图 5-2 所示，只需要将 UART 设备 A 的发送数据线 TXD 与 UART 设备 B 的接收数据线 RXD 相连接，将 UART 设备 A 的接收数据线 RXD 与 UART 设备 B 的发送数据线 TXD 相连接，此外，两个 UART 设备必须共地，即将两个设备的 GND 相连接。

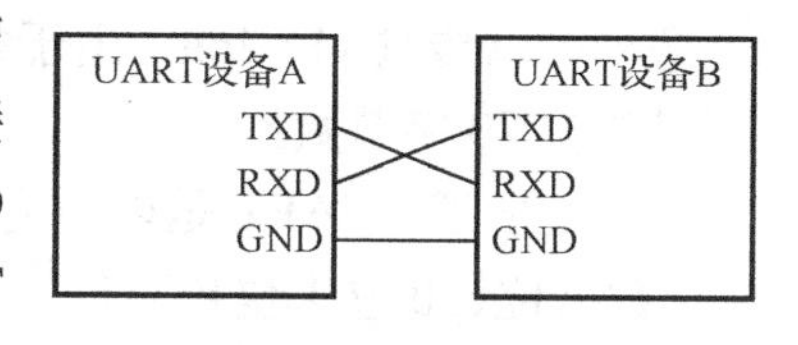

图 5-2　两个 UART 设备连接方式

2. UART 数据格式

UART 数据按照一定的格式打包成帧，微控制器或计算机在物理层上是以帧为单位进行传输的。UART 的一帧数据由起始位、数据位、校验位、停止位和空闲位组成，如图 5-3 所示。需要说明的是，一个完整的 UART 数据帧必须有起始位、数据位和停止位，但不一定有校验位和空闲位。

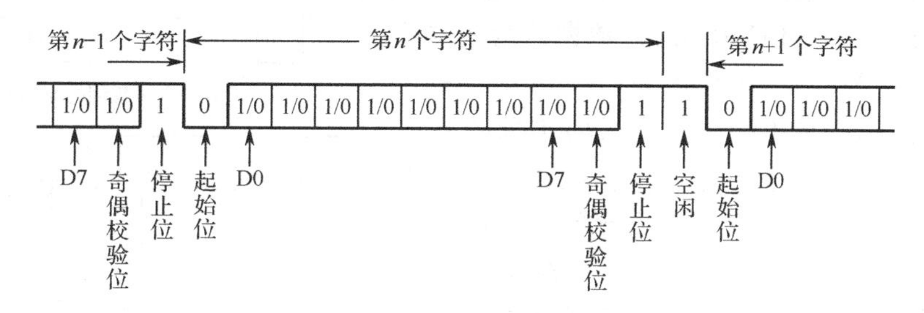

图 5-3　UART 数据帧格式

（1）起始位的长度为 1 位，起始位的逻辑电平为低电平。由于 UART 空闲状态时的电平为高电平，因此，在每一个数据帧的开始，需要先发出一个逻辑 0，表示传输开始。

（2）数据位的长度通常为 8 位，也可以为 9 位；每个数据位的值可以为逻辑 0，也可以为逻辑 1，而且传输采用的是小端方式，即最低位（D0）在前，最高位（D7）在后。

（3）校验位不是必需项，因此可以将 UART 配置为没有校验位，即不对数据位进行校验；也可以将 UART 配置为带奇偶校验位。如果配置为带奇偶校验位，则校验位的长度为 1 位，校验位的值可以为逻辑 0，也可以为逻辑 1。在奇校验方式下，如果数据位中有奇数个逻辑 1，则校验位为 0；如果数据位中有偶数个逻辑 1，则校验位为 1。在偶校验方式下，如果数据位中有奇数个逻辑 1，则校验位为 1；如果数据位中有偶数个逻辑 1，则校验位为 0。

（4）停止位的长度可以是 1 位、1.5 位或 2 位，通常情况下停止位是 1 位。停止位是一帧数据的结束标志，由于起始位是低电平，因此停止位为高电平。

（5）空闲位是当数据传输完毕后，线路上保持逻辑 1 电平的位，表示当前线路上没有数据传输。

3. UART 传输速率

UART 传输速率用比特率来表示。比特率是每秒传输的二进制位数，单位为 bps（bit per second）。波特率，即每秒传送码元的个数，单位为 baud。由于 UART 使用 NRZ（Non-Return to Zero，不归零）编码，因此 UART 的波特率和比特率数值是相同的。在实际应用中，常用的 UART 传输速率有 1200bps、2400bps、4800bps、9600bps、19200bps、38400bps、57600bps 和 115200bps。

如果数据位为 8 位，校验方式为奇校验，停止位为 1 位，波特率为 115200baud，计算每 2ms 最多可以发送多少字节数据。首先，通过计算可知，一帧数据有 11 位（1 位起始位+8 位数据位+1 位校验位+1 位停止位），其次，波特率为 115200baud，即每秒传输 115200bit，于是，每毫秒可以传输 115.2bit，由于每帧数据有 11 位，因此每毫秒可以传输 10 字节数据，2ms 就可以传输 20 字节数据。

综上所述，UART 是以帧为单位进行数据传输的。一个 UART 数据帧由 1 位起始位、5～9 位数据位、0 位/1 位校验位、1 位/1.5 位/2 位停止位组成。除了起始位，其他三部分必须在通信前由通信双方设定好，即通信前必须确定数据位和停止位的位数、校验方式，以及波特率。这就相当于两个人在通过电话交谈之前，要先确定好交谈所使用的语言，否则，一方使用英语，另外一方使用汉语，就无法进行有效的交流。

4．UART 通信实例

由于 UART 采用异步串行通信，没有时钟线，只有数据线。那么，收到一个 UART 原始波形，如何确定一帧数据？如何计算传输的是什么数据？下面以一个 UART 波形为例来说明，假设 UART 波特率为 115200baud，数据位为 8 位，无奇偶校验位，停止位为 1 位。

如图 5-4 所示，第 1 步，获取 UART 原始波形数据；第 2 步，按照波特率进行中值采样，每位的时间宽度为 1/115200s≈8.68μs，将电平第一次由高到低的转换点作为基准点，即 0μs 时刻，在 4.34μs 时刻采样第 1 个点，在 13.02μs 时刻采样第 2 个点，依次类推，然后判断第 10 个采样点是否为高电平，如果为高电平，表示完成一帧数据的采样；第 3 步，确定起始位、数据位和停止位，采样的第 1 个点即为起始位，且起始位为低电平，采样的第 2 个点至第 9 个点为数据位，其中第 2 个点为数据最低位，第 9 个点为数据最高位，第 10 个点为停止位，且停止位为高电平。

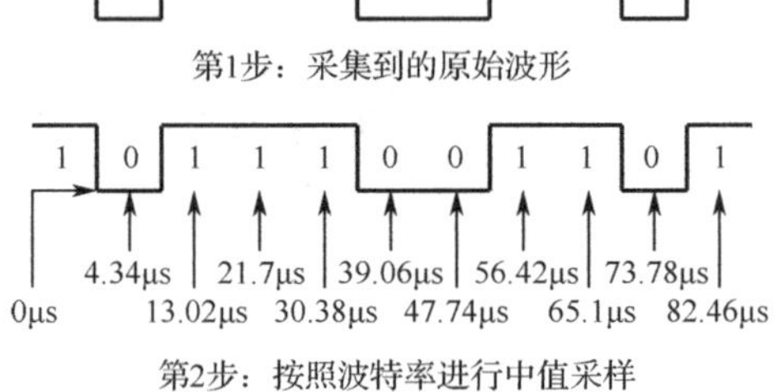

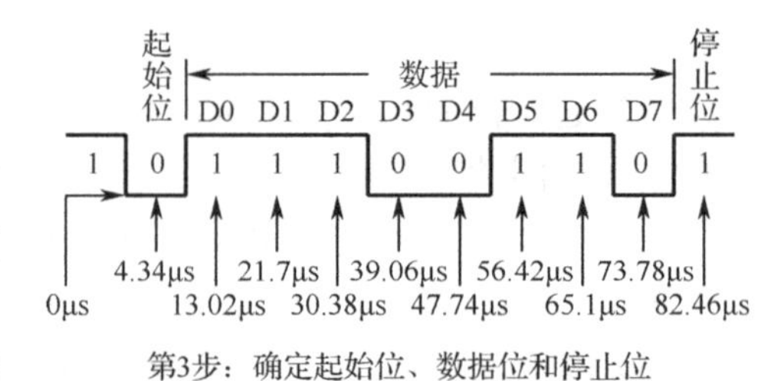

图 5-4　UART 通信实例时序图

5.2.3　UART 功能框图

图 5-5 所示是 UART 的功能框图。下面依次介绍 UART 的功能引脚、数据寄存器、控制器和波特率发生器。

1．功能引脚

STM32 的 UART 功能引脚包括 TX、RX、SW_RX、nRTS、nCTS 和 SCLK。本书中有关串口的实验仅使用到 TX 和 RX，TX 是发送数据输出引脚，RX 是接收数据输入引脚。TX 和 RX 的引脚信息可参见《STM32 芯片手册（英文版）——STM32F429xx》。

医疗电子单片机高级开发系统上的芯片型号是 STM32F429IGT6，该芯片包含 8 个 UART，即 USART1～USART3、UART4～UART7 和 USART8。其中，USART1 和 USART8 的时钟来源于 APB2 总线时钟，本实验中的 APB2 总线时钟频率为 90MHz；USART2、USART3、UART4～UART7 的时钟来源于 APB1 总线时钟，本实验中的 APB1 总线时钟频率为 45MHz。USART1、USART2、USART3、USART8 相比 UART4、UART5、UART6 和 UART7 增加了同步传输功能。

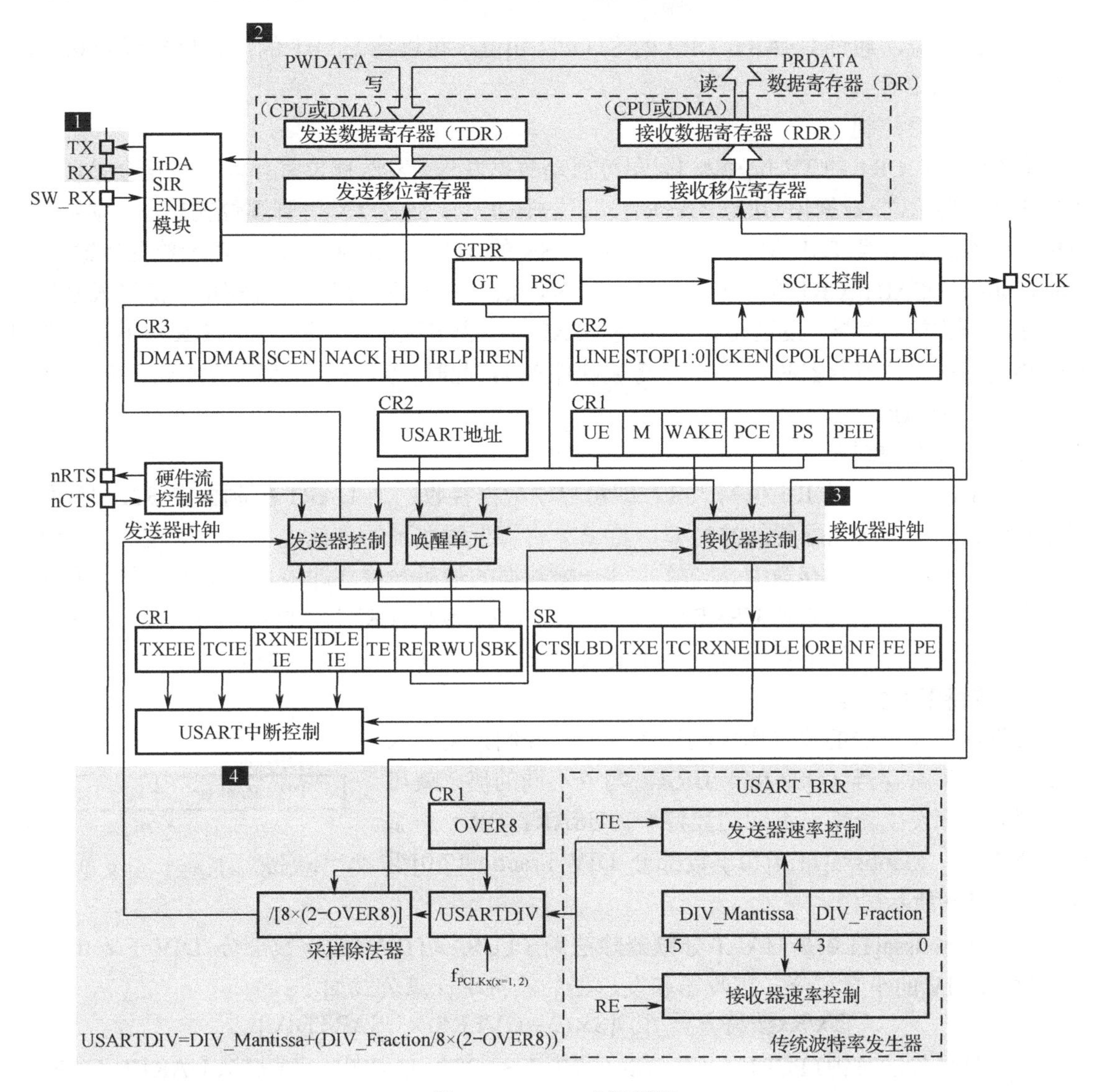

图 5-5　UART 功能框图

2．数据寄存器

UART 的数据寄存器（USART_DR）只有低 9 位有效，该寄存器在物理上由两个寄存器组成，分别是发送数据寄存器（TDR）和接收数据寄存器（RDR）。UART 执行发送操作（写操作），即向 USART_DR 写数据，实际上是将数据写入 TDR；UART 执行接收操作（读操作），即读取 USART_DR 中的数据，实际上是读取 RDR 中的数据。

数据写入 TDR 之后，UART 控制器会将数据转移到发送移位寄存器，然后由发送移位寄存器通过 TX 引脚逐位发送出去。通过 RX 引脚接收到的数据，按照顺序保存在接收移位寄存器中，然后 UART 控制器会将接收移位寄存器中的数据转移到 RDR 中。

3．控制单元

UART 包括发送器控制、接收器控制、唤醒单元、校验控制和中断控制等控制单元，这里重点介绍发送器控制和接收器控制。使用 UART 之前，需要向 USART_CR1 的 UE 位写入 1，使能 UART，通过向 USART_CR1 的 M 位写入 0 或 1，可以将 UART 传输数据的长度设置为 8 位或 9 位，通过 USART_CR2 的 STOP[1:0]位，可以将 UART 的停止位配置为 0.5 个、1 个、1.5 个或 2 个。

（1）发送器控制

向 USART_CR1 的 TE 位写入 1，即可启动数据发送，发送移位寄存器的数据会按照一帧数据格式（起始位+数据帧+可选的奇偶校验位+停止位）通过 TX 引脚逐位输出，一帧数据的最后一位发送完成且 TXE 位为 1 时，USART_SR 的 TC 位将由硬件置 1，表示数据传输完成，此时，如果 USART_CR1 的 TCIE 位为 1 时，则产生中断。在发送过程中，除了发送完成（TC=1）可以产生中断，发送寄存器为空（TXE=1）也可以产生中断，即 TDR 中的数据被硬件转移到发送移位寄存器时，TXE 位将被硬件置 1，此时，如果 USART_CR1 的 TXEIE 位为 1 时，则产生中断。

（2）接收器控制

向 USART_CR1 的 RE 位写入 1，即可启动数据接收，当 UART 控制器在 RX 引脚侦测到起始位时，就会按照配置的波特率，将 RX 引脚上读取到的高低电平（对应逻辑 1 或 0）依次存放在接收移位寄存器中。当接收到一帧数据的最后一位（即停止位）时，接收移位寄存器中的数据将会被转移到 USART_DR 中，USART_SR 的 RXNE 位将由硬件置 1，表示数据接收完成，此时，如果 USART_CR1 的 RXNEIE 位为 1，则产生中断。

4．波特率发生器

接收器和发送器的波特率由波特率发生器控制，用户只需要向波特率寄存器（USART_ BRR）写入不同的值，就可以控制波特率发生器输出不同的波特率。USART_BRR 由整数部分 DIV_ Mantissa[11:0]和小数部分 DIV_Fraction[3:0]组成，如图 5-6 所示。

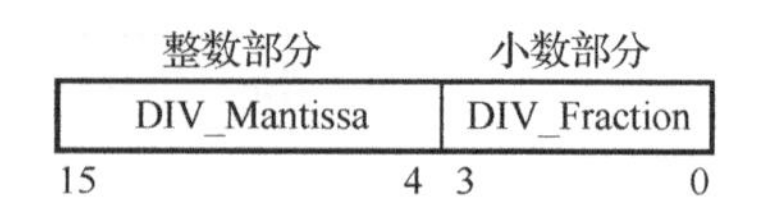

图 5-6　USART_BRR 结构

DIV_Mantissa[11:0]是 UART 分频器除法因子（USARTDIV）的整数部分，DIV_Fraction[3:0]是 USARTDIV 的小数部分，接收器和发送器的波特率计算公式如下：

$$\text{Tx/Rx波特率} = f_{\text{CK}} / [8 \times (2 - \text{OVER8}) \times \text{USARTDIV}]$$

式中，f_{CK} 是外设的时钟（PCLK1 用于 USART2、USART3、UART4、UART5、UART7、UART8，PCLK2 用于 USART1、USART6），USARTDIV 是一个 16 位无符号定点数，其值设置在 USART_BRR 中。当 OVER8=0 时，小数部分编码为 4 位，并通过 USART_BRR 中的 DIV_fraction[3:0]位编程。当 OVER8=1 时，小数部分编码为 3 位，并通过 USART_BRR 中的 DIV_fraction[2:0]位编程，此时，DIV_fraction[3]位必须保持清零状态。

向 USART_BRR 写入数据后，波特率计数器会被 USART_BRR 中的新值替换。因此，不能在通信进行中改变 USART_BRR 中的数值。

如何根据 USART_BRR 计算 USARTDIV，以及根据 USARTDIV 计算 USART_BRR？下面以 4 个实例进行说明。

（1）如果 OVER8=0，DIV_Mantissa=27，DIV_Fraction=12（USART_BRR=0x1BC），求 USARTDIV。

由于 USARTDIV 的整数部分=DIV_Mantissa=27，USARTDIV 的小数部分=12/16=0.75，因此 USARTDIV=27.75。

（2）如果 OVER8=0，USARTDIV=25.62，求 USART_BRR。

由于 USARTDIV=25.62，有 DIV_Mantissa=25=0x19，DIV_Fraction=16×0.62=9.92 ≈

10=0x0A，因此 USART_BRR=0x19A。

（3）如果 OVER8=1，DIV_Mantissa=0x27，DIV_Fraction[2:0]=6（USART_BRR=0x1B6），求 USARTDIV。

由于 USARTDIV 的整数部分=DIV_Mantissa=0d27，USARTDIV 的小数部分=6/8=0.75，因此 USARTDIV=27.75。

（4）如果 OVER8=1，USARTDIV=25.62，求 USART_BRR。

由于 USARTDIV=25.62，有 DIV_Mantissa=25=0x19，DIV_Fraction=8×0.62=4.96≈5=0x05，因此 USART_BRR=0x195。

5.2.4 UART 部分寄存器

本实验涉及的 UART 寄存器包括状态寄存器、数据寄存器、波特率寄存器、控制寄存器 1/2/3，以及保护时间和预分频器寄存器。

1．状态寄存器（USART_SR）

USART_SR 的结构、偏移地址和复位值如图 5-7 所示，部分位的解释说明如表 5-1 所示。

偏移地址：0x00
复位值：0x00C0 0000

31	30	29	28	27	26	25	24	23	22	21	20	19	18	17	16
保留															

15	14	13	12	11	10	9	8	7	6	5	4	3	2	1	0
保留						CTS	LBD	TXE	TC	RXNE	IDLE	ORE	NF	FE	PE
						rc w0	rc w0	r	rc w0	rc w0	r	r	r	r	r

图 5-7　USART_SR 的结构、偏移地址和复位值

表 5-1　USART_SR 部分位的解释说明

位 7	TXE：发送数据寄存器为空（Transmit data register empty）。 当 TDR 寄存器中的内容已传输到移位寄存器时，该位由硬件置 1。如果 USART_CR1 寄存器中的 TXEIE=1，则生成中断。通过对 USART_DR 寄存器执行写入操作将该位清零。 0：数据未传输到移位寄存器；1：数据传输到移位寄存器。 注意，单缓冲区发送期间使用该位
位 6	TC：发送完成（Transmission complete）。 如果包含数据的帧已发送，并且 TXE 位置 1，则该位由硬件置 1。如果 USART_CR1 寄存器中的 TCIE=1，则生成中断。该位由软件序列清零（读取 USART_SR 寄存器，然后写入 USART_DR 寄存器），也可以通过向该位写入 0 来清零。建议仅在多缓冲区通信时使用此清零序列。 0：传送未完成；1：传送已完成
位 5	RXNE：读取数据寄存器不为空（Read data register not empty）。 当移位寄存器中的内容已传输到 USART_DR 寄存器时，该位由硬件置 1。如果 USART_CR1 寄存器中的 RXNEIE=1，则生成中断。通过对 USART_DR 寄存器执行读入操作将该位清零，也可以通过向该位写入 0 来清零。建议仅在多缓冲区通信时使用此清零序列。 0：未接收到数据；1：已准备好读取接收到的数据

续表

位 3	ORE：上溢错误（Overrun error）。 在 RXNE=1 的情况下，当移位寄存器中当前正在接收的数据字符准备好传输到 RDR 寄存器时，该位由硬件置 1。如果 USART_CR1 寄存器中的 RXNEIE=1，则生成中断。该位由软件序列清零（读入 USART_SR 寄存器，然后读入 USART_DR 寄存器）。 0：无上溢错误；1：检测到上溢错误。 注意，当该位置 1 时，RDR 寄存器中的内容不会丢失，但移位寄存器会被覆盖。如果 EIE 位置 1，则在进行多缓冲区通信时会对 ORE 标志生成一个中断

2. 数据寄存器（USART_DR）

USART_DR 的结构、偏移地址和复位值如图 5-8 所示，部分位的解释说明如表 5-2 所示。

偏移地址：0x04
复位值：0xXXXX XXXX

31	30	29	28	27	26	25	24	23	22	21	20	19	18	17	16
保留															
15	**14**	**13**	**12**	**11**	**10**	**9**	**8**	**7**	**6**	**5**	**4**	**3**	**2**	**1**	**0**
保留							DR[8:0]								
							rw	rw	rw	rw	rw	rw	rw	rw	rw

图 5-8　USART_DR 的结构、偏移地址和复位值

表 5-2　USART_DR 部分位的解释说明

位 31:9	保留，必须保留复位值
位 8:0	DR[8:0]：数据值（Data value）。 包含接收到的或已发送的数据字符，具体取决于所执行的操作是“读取”还是“写入”。 因为数据寄存器包含两个寄存器，一个用于发送（TDR），另一个用于接收（RDR），因此它具有双重功能（读和写）。 TDR 寄存器在内部总线和输出移位寄存器之间提供了并行接口。 RDR 寄存器在输入移位寄存器和内部总线之间提供了并行接口。 在使能奇偶校验位的情况下（USART_CR1 寄存器中的 PCE 位被置 1）进行发送时，由于 MSB 的写入值（位 7 或位 8，具体取决于数据长度）会被奇偶校验位所取代，因此该值不起任何作用。 在使能奇偶校验位的情况下进行接收时，从 MSB 位中读取的值为接收到的奇偶校验位

3. 波特率寄存器（USART_BRR）

USART_BRR 的结构、偏移地址和复位值如图 5-9 所示，部分位的解释说明如表 5-3 所示。

偏移地址：0x08
复位值：0x0000 0000

31	30	29	28	27	26	25	24	23	22	21	20	19	18	17	16
保留															
15	**14**	**13**	**12**	**11**	**10**	**9**	**8**	**7**	**6**	**5**	**4**	**3**	**2**	**1**	**0**
DIV_Mantissa[11:0]												DIV_Fraction[3:0]			
rw	rw	rw	rw	rw	rw	rw	rw	rw	rw	rw	rw	rw	rw	rw	rw

图 5-9　USART_BRR 的结构、偏移地址和复位值

表 5-3　USART_BRR 部分位的解释说明

位	说明
位 31:16	保留，必须保持复位值
位 15:4	DIV_Mantissa[11:0]：USARTDIV 的尾数。 用于定义 USART 除数（USARTDIV）的尾数
位 3:0	DIV_Fraction[3:0]：USARTDIV 的小数。 用于定义 USART 除数（USARTDIV）的小数。当 OVER8=1 时，不考虑 DIV_Fraction3 位，且必须将该位保持清零

4．控制寄存器 1（USART_CR1）

USART_CR1 的结构、偏移地址和复位值如图 5-10 所示，部分位的解释说明如表 5-4 所示。

偏移地址：0x0C
复位值：0x0000 0000

31	30	29	28	27	26	25	24	23	22	21	20	19	18	17	16
保留															

15	14	13	12	11	10	9	8	7	6	5	4	3	2	1	0
OVER8	保留	UE	M	WAKE	PCE	PS	PEIE	TXEIE	TCIE	RXNE IE	IDLE IE	TE	RE	RWU	SBK
rw		rw	rw	rw	rw	rw	rw	rw	rw	rw	rw	rw	rw	rw	rw

图 5-10　USART_CR1 的结构、偏移地址和复位值

表 5-4　USART_CR1 部分位的解释说明

位	说明
位 15	OVER8：过采样模式（Oversampling mode）。 0：16 倍过采样；1：8 倍过采样。 注意，8 倍过采样在智能卡、IrDA 和 LIN 模式下不可用：当 SCEN=1、IREN=1 或 LINEN=1 时，OVER8 由硬件强制清零
位 13	UE：USART 使能（USART enable）。 该位清零后，USART 预分频器和输出将停止，并结束当前字节传输以降低功耗。此位由软件置 1 和清零。 0：禁止 USART 预分频器和输出；1：使能 USART
位 12	M：字长（Word length）。 该位决定了字长。该位由软件置 1 或清零。 0：1 起始位，8 数据位，*n* 停止位；1：1 起始位，9 数据位，*n* 停止位。 注意，在数据传输（发送和接收）期间不得更改 M 位
位 10	PCE：奇偶校验控制使能（Parity control enable）。 该位选择硬件奇偶校验控制（生成和检测）。使能奇偶校验控制时，计算出的奇偶校验位被插入 MSB 位置（如果 M=1，则为第 9 位；如果 M=0，则为第 8 位），并对接收到的数据检查奇偶校验位。此位由软件置 1 和清零。一旦该位置 1，PCE 在当前字节的后面处于活动状态（在接收和发送时）。 0：禁止奇偶校验控制；1：使能奇偶校验控制
位 9	PS：奇偶校验选择（Parity selection）。 该位用于在使能奇偶校验生成/检测（PCE 位置 1）时选择奇校验或偶校验。该位由软件置 1 和清零。将在当前字节的后面选择奇偶校验。 0：偶校验；1：奇校验
位 7	TXEIE：TXE 中断使能（TXE interrupt enable）。 此位由软件置 1 和清零。 0：禁止中断；1：当 USART_SR 寄存器中的 TXE=1 时，生成 USART 中断

续表

位 6	TCIE：传送完成中断使能（Transmission complete interrupt enable）。 此位由软件置 1 和清零。 0：禁止中断；1：当 USART_SR 寄存器中的 TC=1 时，生成 USART 中断
位 5	RXNEIE：RXNE 中断使能（RXNE interrupt enable）。 此位由软件置 1 和清零。 0：禁止中断；1：当 USART_SR 寄存器中的 ORE=1 或 RXNE=1 时，生成 USART 中断
位 3	TE：发送器使能（Transmitter enable）。 该位使能发送器。该位由软件置 1 和清零。 0：禁止发送器；1：使能发送器。 注意，除在智能卡模式下外，传送期间 TE 位上的 0 脉冲（0 后紧跟的是 1）会在当前字节的后面发送一个报头（空闲线路）；当 TE 位置 1 时，在发送开始前存在 1 位的时间延时
位 2	RE：接收器使能（Receiver enable）。 该位使能接收器。该位由软件置 1 和清零。 0：禁止接收器；1：使能接收器并开始搜索起始位

5．控制寄存器 2（USART_CR2）

USART_CR2 的结构、偏移地址和复位值如图 5-11 所示，部分位的解释说明如表 5-5 所示。

偏移地址：0x10
复位值：0x0000 0000

31	30	29	28	27	26	25	24	23	22	21	20	19	18	17	16
保留															

15	14	13	12	11	10	9	8	7	6	5	4	3	2	1	0
保留	LINEN	STOP[1:0]		CLKEN	CPOL	CPHA	LBCL	保留	LBDIE	LBDL	保留	ADD[3:0]			
	rw	rw	rw	rw	rw	rw	rw		rw	rw		rw	rw	rw	rw

图 5-11　USART_CR2 的结构、偏移地址和复位值

表 5-5　USART_CR2 部分位的解释说明

位 13:12	STOP：停止位（STOP bit）。 00：1 位停止位；01：0.5 位停止位；10：2 位停止位；11：1.5 位停止位。 注意，0.5 位停止位和 1.5 位停止位不适用于 UART4 和 UART5

6．控制寄存器 3（USART_CR3）

USART_CR3 的结构、偏移地址和复位值如图 5-12 所示，部分位的解释说明如表 5-6 所示。

偏移地址：0x14
复位值：0x0000 0000

31	30	29	28	27	26	25	24	23	22	21	20	19	18	17	16
保留															

15	14	13	12	11	10	9	8	7	6	5	4	3	2	1	0
保留				ONEBIT	CTSIE	CTSE	RTSE	DMAT	DMAR	SCEN	NACK	HDSEL	IRLP	IREN	EIE
				rw	rw	rw	rw	rw	rw	rw	rw	rw	rw	rw	rw

图 5-12　USART_CR3 的结构、偏移地址和复位值

表5-6 USART_CR3部分位的解释说明

位9	CTSE：CTS使能（CTS enable）。 0：禁止CTS硬件流控制； 1：使能CTS模式，仅当nCTS输入有效（连接到0）时才发送数据。如果在发送数据时使nCTS输入无效，会在停止之前完成发送。如果使nCTS有效时数据已写入数据寄存器，则将延时发送，直到nCTS有效。 注意，该位不适用于UART4和UART5
位8	RTSE：RTS使能（RTS enable）。 0：禁止RTS硬件流控制； 1：使能RTS中断，仅当接收缓冲区中有空间时才会请求数据。发送完当前字符后应停止发送数据。可以接收数据时使nRTS输出有效（连接到0）。 注意，该位不适用于UART4和UART5

5.2.5 UART部分固件库函数

本实验涉及的UART固件库函数包括USART_Init、USART_Cmd、USART_ITConfig、USART_SendData、USART_ReceiveData、USART_GetFlagStatus、USART_ClearFlag、USART_GetITStatus。这些函数在stm32f4xx_usart.h文件中声明，在stm32f4xx_usart.c文件中实现。

1. USART_Init

USART_Init函数的功能是初始化UART，包括选择指定的串口，设定串口的数据传输速率、数据位数、停止位、校验方式、收发模式、流量控制方式等，通过向USARTx->BRR、USARTx->CR1、USARTx->CR2和USARTx->CR3写入参数实现，具体描述如表5-7所示。

表5-7 USART_Init函数的描述

函数名	USART_Init
函数原型	void USART_Init(USART_TypeDef* USARTx, USART_InitTypeDef* USART_InitStruct)
功能描述	根据USART_InitStruct中指定的参数初始化外设USARTx寄存器
输入参数1	USARTx：x可以是1、2、3、4、5、6、7或8，用于选择USART外设
输入参数2	USART_InitStruct：指向结构体USART_InitTypeDef的指针，包含了外设USART的配置信息
输出参数	无
返回值	void

USART_InitTypeDef结构体定义在stm32f4xx_usart.h文件中，内容如下：

```
typedef struct
{
        uint32_t USART_BaudRate;
        uint16_t USART_WordLength;
        uint16_t USART_StopBits;
        uint16_t USART_Parity;
        uint16_t USART_Mode;
        uint16_t USART_HardwareFlowControl;
} USART_InitTypeDef;
```

说明：（1）参数USART_BaudRate用于设置USART传输的波特率，波特率计算公式如下：

$$\text{IntegerDivider} = (\text{PCLKx}) / (8 \times (\text{OVR8} + 1) \times (\text{USART\_InitStruct} -> \text{USART\_BaudRate}))$$

$$\text{FractionalDivider} = ((\text{IntegerDivider} - ((\text{u32})\text{IntegerDivider})) \times 8 \times (\text{OVER8} + 1)) + 0.5$$

（2）参数 USART_WordLength 用于定义一帧数据中的数据位数，可取值如表 5-8 所示。

表 5-8　参数 USART_WordLength 的可取值

可 取 值	实 际 值	描　述
USART_WordLength_8b	0x0000	8 位数据
USART_WordLength_9b	0x1000	9 位数据

（3）参数 USART_StopBits 用于定义发送的停止位位数，可取值如表 5-9 所示。

表 5-9　参数 USART_StopBits 的可取值

可 取 值	实 际 值	描　述
USART_StopBits_1	0x0000	在帧结尾传输 1 位停止位
USART_StopBits_0_5	0x1000	在帧结尾传输 0.5 位停止位
USART_StopBits_2	0x2000	在帧结尾传输 2 位停止位
USART_StopBits_1_5	0x3000	在帧结尾传输 1.5 位停止位

（4）参数 USART_Parity 用于定义奇偶检验模式，可取值如表 5-10 所示。

表 5-10　参数 USART_Parity 的可取值

可 取 值	实 际 值	描　述
USART_Parity_No	0x0000	奇偶禁止
USART_Parity_Even	0x0400	偶模式
USART_Parity_Odd	0x0600	奇模式

（5）参数 USART_Mode 用于指定使能或禁止发送和接收模式，可取值如表 5-11 所示。

表 5-11　参数 USART_Mode 的可取值

可 取 值	实 际 值	描　述
USART_Mode_Rx	0x0004	接收使能
USART_Mode_Tx	0x0008	发送使能

（6）参数 USART_HardwareFlowControl 用于使能或禁止指定硬件流控制模式，可取值如表 5-12 所示。

表 5-12　参数 USART_HardwareFlowControl 的可取值

可 取 值	实 际 值	描　述
USART_HardwareFlowControl_None	0x0000	硬件流控制禁止
USART_HardwareFlowControl_RTS	0x0100	发送请求 RTS 使能
USART_HardwareFlowControl_CTS	0x0200	清除发送 CTS 使能
USART_HardwareFlowControl_RTS_CTS	0x0300	RTS 和 CTS 使能

例如，初始化 USART1，将其配置为 115200bps、8 位数据位、1 位停止位、无校验、无

流控，且使能接收和发送，代码如下：

```
USART_InitTypeDef USART_InitStructure;    //USART_InitStructure 用于存放 USART 的参数

//配置 USART 的参数
USART_StructInit(&USART_InitStructure);   //初始化 USART_InitStructure
USART_InitStructure.USART_BaudRate   = bound;                 //设置波特率
USART_InitStructure.USART_WordLength = USART_WordLength_8b;  //设置数据字长度
USART_InitStructure.USART_StopBits   = USART_StopBits_1;     //设置停止位
USART_InitStructure.USART_Parity     = USART_Parity_No;      //设置奇偶校验位
USART_InitStructure.USART_Mode       = USART_Mode_Rx | USART_Mode_Tx; //设置模式
USART_InitStructure.USART_HardwareFlowControl = USART_HardwareFlowControl_None;
                                                              //设置硬件流控制模式
USART_Init(USART1, &USART_InitStructure);                     //根据参数初始化 USART1
```

2. USART_Cmd

USART_Cmd 函数的功能是使能或禁止 UART 外设，通过向 USARTx->CR1 写入参数来实现，具体描述如表 5-13 所示。

表 5-13　USART_Cmd 函数的描述

函数名	USART_ Cmd
函数原型	void USART_Cmd(USART_TypeDef* USARTx, FunctionalState NewState)
功能描述	使能或禁止 USART 外设
输入参数 1	USARTx：x 可以是 1、2、3、4、5、6、7 或 8，用于选择 USART 外设
输入参数 2	NewState：外设 USARTx 的新状态，这个参数可以取 ENABLE 或 DISABLE
输出参数	无
返回值	void

例如，使能 USART1，代码如下：

```
USART_Cmd(USART1, ENABLE);
```

3. USART_ITConfig

USART_ITConfig 函数的功能是使能或禁止 UART 中断，通过向 USARTx->CR3 写入参数来实现，具体描述如表 5-14 所示。

表 5-14　USART_ITConfig 函数的描述

函数名	USART_ITConfig
函数原型	void USART_ITConfig(USART_TypeDef* USARTx, uint16_t USART_IT, FunctionalState NewState)
功能描述	使能或禁止指定的 USART 中断
输入参数 1	USARTx：x 可以是 1、2、3、4、5、6、7 或 8，用于选择 USART 外设
输入参数 2	USART_IT：待使能或禁止的 USART 中断源
输入参数 3	NewState：USARTx 中断的新状态，这个参数可以取 ENABLE 或 DISABLE
输出参数	无
返回值	void

参数 USART_IT 是待使能或禁止的 USART 中断源，可取值如表 5-15 所示。

表 5-15　参数 USART_IT 的可取值

可　取　值	实　际　值	描　　述
USART_IT_PE	0x0028	奇偶错误中断
USART_IT_TXE	0x0727	发送中断
USART_IT_TC	0x0626	传输完成中断
USART_IT_RXNE	0x0525	接收中断
USART_IT_ORE_RX	0x0325	溢出错误中断（RXNEIE=1 时）
USART_IT_IDLE	0x0424	空闲总线中断
USART_IT_LBD	0x0846	LIN 中断检测中断
USART_IT_CTS	0x096A	CTS 中断
USART_IT_ERR	0x0060	错误中断
USART_IT_ORE_ER	0x0360	溢出错误中断（EIE=1 时）
USART_IT_NE	0x0260	噪声错误中断
USART_IT_FE	0x0160	帧错误中断

例如，使能 USART1 的接收中断，代码如下：

```
USART_ITConfig(USART1, USART_IT_RXNE, ENABLE);
```

4. USART_SendData

USART_SendData 函数的功能是发送数据，通过向 USARTx->DR 写入参数来实现，具体描述如表 5-16 所示。

表 5-16　USART_SendData 函数的描述

函数名	USART_SendData
函数原型	void USART_SendData(USART_TypeDef* USARTx, uint16_t Data)
功能描述	通过外设 USARTx 发送单个数据
输入参数 1	USARTx：x 可以是 1、2、3、4、5、6、7 或 8，用于选择 USART 外设
输入参数 2	Data：待发送的数据
输出参数	无
返回值	Void

例如，通过 USART1 发送字符 0x5A，代码如下：

```
USART_SendData(USART1, 0x5A);
```

5. USART_ReceiveData

USART_ReceiveData 函数的功能是读取接收到的数据，通过读取 USARTx->DR 来实现，具体描述如表 5-17 所示。

表 5-17　USART_ReceiveData 函数的描述

函数名	USART_ReceiveData
函数原型	uint16_t USART_ReceiveData(USART_TypeDef* USARTx)
功能描述	返回 USARTx 最近接收到的数据

续表

输入参数 1	USARTx：x 可以是 1、2、3、4、5、6、7 或 8，用于选择 USART 外设
输出参数	无
返回值	接收到的数据

例如，从 USART1 读取接收到的数据，代码如下：

```
u8 rxData;
rxData = USART_ReceiveData(USART1);
```

6. USART_GetFlagStatus

USART_GetFlagStatus 函数的功能是检查 UART 标志位设置与否，通过读取 USARTx->SR 来实现，具体描述如表 5-18 所示。

表 5-18　USART_GetFlagStatus 函数的描述

函数名	USART_GetFlagStatus
函数原型	FlagStatus USART_GetFlagStatus(USART_TypeDef* USARTx, uint16_t USART_FLAG)
功能描述	检查指定的 USART 标志位设置与否
输入参数 1	USARTx：x 可以是 1、2、3、4、5、6、7 或 8，用于选择 USART 外设
输入参数 2	USART_FLAG：待检查的 USART 标志位
输出参数	无
返回值	USART_FLAG 的新状态（SET 或 RESET）

参数 USART_FLAG 为待检查的 USART 标志位，可取值如表 5-19 所示。

表 5-19　参数 USART_FLAG 的可取值

可　取　值	实　际　值	描　　述
USART_FLAG_CTS	0x0200	CTS 标志位
USART_FLAG_LBD	0x0100	LIN 中断检测标志位
USART_FLAG_TXE	0x0080	发送数据寄存器空标志位
USART_FLAG_TC	0x0040	发送完成标志位
USART_FLAG_RXNE	0x0020	接收数据寄存器非空标志位
USART_FLAG_IDLE	0x0010	空闲总线标志位
USART_FLAG_ORE	0x0008	溢出错误标志位
USART_FLAG_NE	0x0004	噪声错误标志位
USART_FLAG_FE	0x0002	帧错误标志位
USART_FLAG_PE	0x0001	奇偶错误标志位

例如，检查 USART1 发送标志位，代码如下：

```
FlagStatus status;
status = USART_GetFlagStatus(USART1, USART_FLAG_TXE);
```

7. USART_ClearFlag

USART_ClearFlag 函数的功能是清除 UART 的待处理标志位，通过向 USARTx->SR 写入参数来实现，具体描述如表 5-20 所示。

表 5-20　USART_ClearFlag 函数的描述

函数名	USART_ClearFlag
函数原型	void USART_ClearFlag(USART_TypeDef* USARTx, uint16_t USART_FLAG)
功能描述	清除 USARTx 的待处理标志位
输入参数 1	USARTx：x 可以是 1、2、3、4、5、6、7 或 8，用于选择 USART 外设
输入参数 2	USART_FLAG：待清除的 USART 标志位
输出参数	无
返回值	void

例如，清除 USART1 的溢出错误标志位，代码如下：

```
USART_ClearFlag(USART1, USART_FLAG_ORG);
```

8. USART_GetITStatus

USART_GetITStatus 函数的功能是检查指定的 USART 中断发生与否，通过读取并判断 USARTx->CR1 和 USARTx->SR 来实现，具体描述如表 5-21 所示。

表 5-21　USART_GetITStatus 函数的描述

函数名	USART_GetITStatus
函数原型	ITStatus USART_GetITStatus(USART_TypeDef* USARTx, uint16_t USART_IT)
功能描述	检查指定的 USART 中断发生与否
输入参数 1	USARTx：x 可以是 1、2、3、4、5、6、7 或 8，用于选择 USART 外设
输入参数 2	USART_IT：待检查的 USART 中断源
输出参数	无
返回值	USART_IT 的新状态

参数 USART_IT 为待检查的 USART 中断源，可取值如表 5-15 所示。

例如，检查 USART1 的溢出错误中断，代码如下：

```
ITStatus ErrorITStatus;
ErrorITStatus = USART_GetITStatus(USART1, USART_IT_ORE);
```

5.2.6　STM32 异常和中断

STM32F429IGT6 的内核是 Cortex-M4，由于 STM32 的异常和中断继承了 Cortex-M4 的异常响应系统，因此，要理解 STM32 的异常和中断，首先要知道什么是中断和异常，还要知道什么是线程模式和处理模式，以及什么是 Cortex-M4 的异常和中断。

1. 中断和异常

中断是主机与外设进行数据通信的重要机制，它负责处理处理器外部的异常事件。异常实质上也是一种中断，主要负责处理处理器的内部事件。

2. 线程模式和处理模式

处理器复位或异常退出时为线程模式（Thread Mode），出现中断或异常时会进入处理模式（Handler Mode），处理模式下所有代码为特权访问。

3. Cortex-M4 的异常和中断

Cortex-M4 在内核水平上搭载了一个异常响应系统，支持为数众多的系统异常和外部中断。其中，编号为 1～15 的对应系统异常，如表 5-22 所示，编号大于 16 的对应外部中断，如表 5-23 所示。除了个别异常的优先级不能被修改，其他异常优先级都可以通过编程进行修改。

表 5-22　Cortex-M4 系统异常清单

编　号	类　型	优 先 级	简　介
1	复位	-3（最高）	复位
2	NMI	-2	不可屏蔽中断（外部 NMI 输入）
3	硬件错误	-1	所有的错误都可能会引发，前提是相应的错误处理未使能
4	MemManage 错误	可编程	存储器管理错误，存储器管理单元（MPU）冲突或访问非法位置
5	总线错误	可编程	总线错误。当高级高性能总线（AHB）接口收到从总线的错误响应时产生（若为取指也被称作预取终止，数据访问则为数据终止）
6	使用错误	可编程	程序错误或试图访问协处理器导致的错误（Cortex-M4 不支持协处理器）
7～10	保留	N/A	N/A
11	SVC	可编程	请求管理调用。一般用于 OS 环境且允许应用任务访问系统服务
12	调试监视器	可编程	调试监控。在使用基于软件的调试方案时，断点和监视点等调试事件的异常
13	保留	N/A	N/A
14	PendSV	可编程	可挂起的服务调用。OS 一般用该异常进行上下文切换
15	SysTick	可编程	系统节拍定时器。当其在处理器中存在时，由定时器外设产生。可用于 OS 或简单的定时器外设

表 5-23　Cortex-M4 外部中断清单

编　号	类　型	优 先 级	简　介
16	IRQ #0	可编程	外部中断#0
17	IRQ #1	可编程	外部中断#1
⋮	⋮	⋮	⋮
255	IRQ #239	可编程	外部中断#239

4. STM32 的异常和中断

芯片设计厂商（如 ST 公司）可以修改 Cortex-M4 的硬件描述源代码，因此可以根据产品定位，对表 5-22 和表 5-23 进行调整。例如，STM32F42xxx 和 STM32F43xxx 系列产品将中断号从-15～-1 的向量定义为系统异常，将中断号为 0～86 的向量定义为外部中断。STM32F42xxx 和 STM32F43xxx 系列产品向量表中异常和中断的中断服务函数名的定义可以在 stm32f4xx.h 文件中查找到。

5.2.7 NVIC 中断控制器

STM32F42xxx 和 STM32F43xxx 系列产品的系统异常多达 10 个，而外部中断多达 87 个，如何管理这么多的异常和中断？ARM 公司专门设计了一个功能强大的中断控制器——NVIC（Nested Vectored Interrupt Controller）。NVIC 是嵌套向量中断控制器，控制着整个微控制器中断相关的功能，NVIC 与 CPU 紧密耦合，是内核里面的一个外设，它包含若干系统控制寄存器。NVIC 采用了向量中断的机制，在中断发生时，会自动取出对应的服务例程入口地址，并且直接调用，无须软件判定中断源，从而可以大大缩短中断延时。

5.2.8 NVIC 部分寄存器

ARM 公司在设计 NVIC 时，给每个寄存器都预设了很多位，但是各微控制器厂商在设计芯片时，会对 Cortex-M4 内核里的 NVIC 进行裁剪，把不需要的部分去掉，所以说 STM32 的 NVIC 是 Cortex-M4 的 NVIC 的一个子集。

STM32 的 NVIC 最常用的寄存器包括中断的使能寄存器（ISER）、中断的禁止寄存器（ICER）、中断的挂起寄存器（ISPR）、中断的清除寄存器（ICPR）、中断优先级寄存器（IP）、活动状态寄存器（IABR），下面分别介绍这些寄存器。

1．中断的使能与禁止寄存器（NVIC->ISER/NVIC->ICER）

中断的使能与禁止分别由各自的寄存器控制，这与传统的、使用单一位的两个状态来表达使能与禁止截然不同。Cortex-M4 中可以有 240 对使能位/禁止位，每个中断拥有一对，这 240 对分布在 8 对 32 位寄存器中（最后一对只用了一半）。STM32 尽管没有 240 个中断，但是在固件库设计中，依然预留了 8 对 32 位寄存器（最后一对只用了一半），分别是 8 个 32 位中断使能寄存器（NVIC->ISER[0]～NVIC->ISER[7]）和 8 个 32 位中断禁止寄存器（NVIC->ICER[0]～NVIC->ICER[7]），如表 5-24 所示。

表 5-24　中断的使能与禁止寄存器（NVIC->ISER/NVIC->ICER）

地　址	名　称	类型	复位值	描　述
0xE000E100	NVIC->ISER[0]	R/W	0	设置外部中断#0～31 的使能（异常#16～47）。 bit0 用于外部中断#0（异常#16）; bit1 用于外部中断#1（异常#17）; ⋮ bit31 用于外部中断#31（异常#47）。 写 1 使能外部中断，写 0 无效。 读出值表示当前使能状态
0xE000E104	NVIC->ISER[1]	R/W	0	设置外部中断#32～63 的使能（异常#48～79）
⋮	⋮	⋮	⋮	⋮
0xE000E11C	NVIC->ISER[7]	R/W	0	设置外部中断#224～239 的使能（异常#240～255）
0xE000E180	NVIC->ICER[0]	R/W	0	清零外部中断#0～31 的使能（异常#16～47）。 bit0 用于外部中断#0（异常#16）; bit1 用于外部中断#1（异常#17）; ⋮ bit31 用于外部中断#31（异常#47）。 写 1 清除中断，写 0 无效。 读出值表示当前使能状态
0xE000E184	NVIC->ICER[1]	R/W	0	清零外部中断#32～63 的使能（异常#48～79）
⋮	⋮	⋮	⋮	⋮
0xE000E19C	NVIC->ICER[7]	R/W	0	清零外部中断#224～239 的使能（异常#240～255）

使能一个中断，需要写 1 到 NVIC->ISER 的对应位；禁止一个中断，需要写 1 到 NVIC->ICER 的对应位。如果向 NVIC->ISER 或 NVIC->ICER 中写 0，则不会有任何效果。写 0 无效是个非常关键的设计理念，通过这种方式，使能/禁止中断时只需将当事位置 1，其他位全部为 0，从而实现每个中断都可以分别设置而互不影响。而采用传统的方式，对某些位写 0 有可能破坏其对应的中断设置。

基于 Cortex-M4 内核的微控制器并非都有 240 个中断，因此，只有该微控制器实现的中断，其对应的寄存器的相应位才有意义。

2．中断的挂起与清除寄存器（NVIC->ISPR/NVIC->ICPR）

如果中断发生时，正在处理同级或高优先级的异常，或被掩蔽，则中断不能立即得到响应，此时中断被挂起。中断的挂起状态可以通过中断的挂起寄存器（ISPR）和清除寄存器（ICPR）来读取，还可以通过写 ISPR 来手动挂起中断。STM32 的固件库同样预留了 8 对 32 位寄存器，分别是 8 个 32 位中断的挂起寄存器（NVIC->ISPR[0]～NVIC->ISPR[7]）和 8 个 32 位中断的清除寄存器（NVIC->ICPR[0]～NVIC->ICPR[7]），如表 5-25 所示。

表 5-25　中断的挂起与清除寄存器（NVIC->ISPR/NVIC->ICPR）

地　址	名　称	类型	复位值	描　述
0xE000E200	NVIC->ISPR[0]	R/W	0	设置外部中断#0～31 的挂起（异常#16～47）。 bit0 用于外部中断#0（异常#16）； bit1 用于外部中断#1（异常#17）； ⋮ bit31 用于外部中断#31（异常#47）。 写 1 挂起外部中断，写 0 无效。 读出值表示当前挂起状态
0xE000E204	NVIC->ISPR[1]	R/W	0	设置外部中断#32～63 的挂起（异常#48～79）
⋮	⋮	⋮	⋮	⋮
0xE000E21C	NVIC->ISPR[7]	R/W	0	设置外部中断#224～239 的挂起（异常#240～255）
0xE000E280	NVIC->ICPR[0]	R/W	0	清零外部中断#0～31 的挂起（异常#16～47）。 bit0 用于外部中断#0（异常#16）； bit1 用于外部中断#1（异常#17）； ⋮ bit31 用于外部中断#31（异常#47）。 写 1 清零外部中断挂起，写 0 无效。 读出值表示当前挂起状态
0xE000E284	NVIC->ICPR[1]	R/W	0	清零外部中断#32～63 的挂起（异常#48～79）
⋮	⋮	⋮	⋮	⋮
0xE000E29C	NVIC->ICPR[7]	R/W	0	清零外部中断#224～239 的挂起（异常#240～255）

3．中断优先级寄存器（NVIC->IP）

每个外部中断都有一个对应的优先级寄存器，每个优先级寄存器占用 8 位，但是 Cortex-M4 在最粗线条的情况下，只使用高 4 位。4 个相邻的优先级寄存器拼成一个 32 位寄存器。如前所述，根据优先级组的设置，优先级可被分为高、低两个位段，分别是抢占优先级和子优先级。优先级寄存器既可以按字节访问，也可以按半字/字来访问。STM32 的固件库预留了 240 个 8 位中断优先级寄存器（NVIC->IP[0]～NVIC->IP[239]），如表 5-26 所示。

表 5-26　中断优先级寄存器（NVIC->IP）

地　址	名　称	类型	复位值	描　述
0xE000E400	NVIC->IP[0]	R/W	0（8 位）	外部中断 0#的优先级
0xE000E401	NVIC->IP[1]	R/W	0（8 位）	外部中断 1#的优先级
⋮	⋮	⋮	⋮	⋮
0xE000E4EF	NVIC->IP[239]	R/W	0（8 位）	外部中断 239#的优先级

STM32 固件库中的中断优先级寄存器 NVIC->IP[0]～NVIC->IP[239]与 240 个中断一一对应，每个中断的中断优先级寄存器 NVIC->IP[x]都由高 4 位和低 4 位组成，高 4 位用于设置优先级，低 4 位未使用，如表 5-27 所示。

表 5-27　NVIC_IP[x]高 4 位和低 4 位

用于设置优先级				未使用			
bit7	bit6	bit5	bit4	bit3	bit2	bit1	bit0

为了解释抢占优先级和子优先级，用一个简单的例子来说明。假设一个科技公司设有 1 个总经理、1 个部门经理和 1 个项目组长，同时，又设有 3 个副总经理、3 个部门副经理和 3 个项目副组长，如图 5-13 所示。总经理的权力高于部门经理的，部门经理的权力高于项目组长的，正职之间的权重相当于抢占优先级。尽管副职对外是平等的，但是实际上，1 号副职的权力略高于 2 号副职的，2 号副职的权力略高于 3 号的，副职之间的权重相当于子优先级。

总经理	1号副总经理
	2号副总经理
	3号副总经理
部门经理	1号部门副经理
	2号部门副经理
	3号部门副经理
项目组长	1号项目副组长
	2号项目副组长
	3号项目副组长

图 5-13　科技公司职位示意图

项目组长正在给项目组成员开会（项目组长的中断服务函数），总经理可以打断会议，向项目组长分配任务（总经理的中断服务函数）。但是，如果 2 号部门副经理正在给部门成员开会（2 号部门副经理的中断服务函数），即使 1 号部门副经理的权重高，它也不能打断会议，必须等到会议结束（2 号部门副经理的中断服务函数执行完毕）才能向其交代任务（1 号部门副经理的中断服务函数）。

如图 5-14 所示，用于设置优先级的高 4 位可以根据优先级分组情况分为 5 类：（1）优先级分组为 NVIC_PriorityGroup_4 时，NVIC->IP[x]的 bit7～bit4 用于设置抢占优先级，在这种情况下，只有 0～15 级抢占优先级分级；（2）优先级分组为 NVIC_PriorityGroup_3 时，NVIC->IP[x]的 bit7～bit5 用于设置抢占优先级，NVIC_IP[x]的 bit4 用于设置子优先级，在这种情况下，共有 0～7 级抢占优先级分级和 0～1 级子优先级分级；（3）优先级分组为 NVIC_PriorityGroup_2 时，NVIC->IP[x]的 bit7～bit6 用于设置抢占优先级，NVIC->IP[x]的 bit5～bit4 用于设置子优先级，这种情况下，共有 0～3 级抢占优先级分级和 0～3 级子优先级分级；（4）优先级分组为 NVIC_PriorityGroup_1 时，NVIC->IP[x]的 bit7 用于设置抢占优先级，NVIC->IP[x]的 bit6～bit4 用于设置子优先级，在这种情况下，共有 0～1 级抢占优先级分级和 0～7 级子优先级分级；（5）优先级分组为 NVIC->PriorityGroup_0 时，NVIC->IP[x]的 bit7～bit4 用于设置子优先级，在这种情况下，只有 0～15 级子优先级分级。

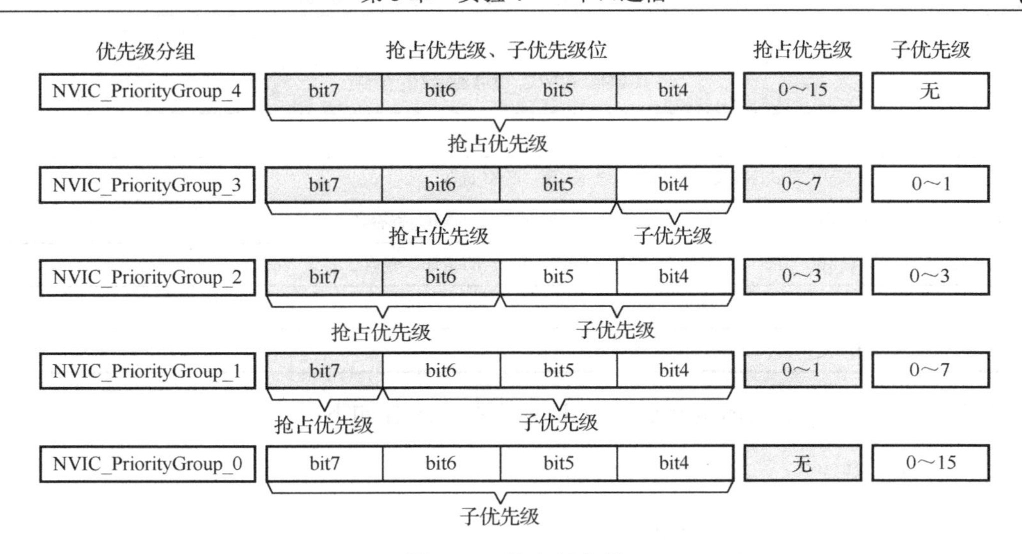

图 5-14　优先级分组

4．活动状态寄存器（NVIC->IABR）

每个外部中断都有一个活动状态位。在处理器执行了其中断服务函数的第 1 条指令后，其活动位就被置 1，并且直到中断服务函数返回时才由硬件清零。由于支持嵌套，允许高优先级异常抢占某个中断。即使中断被抢占，其活动状态仍为 1。活动状态寄存器的定义与前面介绍的使能/禁止和挂起/清除寄存器的相同，只是不再成对出现。活动状态寄存器也能按字/半字/字节访问，是只读的。STM32 的固件库预留了 8 个 32 位中断活动状态寄存器（NVIC->IABR[0]～NVIC->IABR[7]），如表 5-28 所示。

表 5-28　中断活动状态寄存器（NVIC->IABR）

地　址	名　称	类型	复位值	描　述
0xE000E300	NVIC->IABR[0]	R0	0	外部中断#0～31 的活动状态。 bit0 用于外部中断#0（异常#16）； bit1 用于外部中断#1（异常#17）； ⋮ bit31 用于外部中断#31（异常#47）
0xE000E304	NVIC->IABR[1]	R0	0	外部中断#32～63 的活动状态（异常#48～79）
⋮	⋮	⋮	⋮	⋮
0xE000E31C	NVIC->IABR[7]	R0	0	外部中断#224～239 的活动状态（异常#240～255）

5.2.9　NVIC 部分固件库函数

本实验涉及的 NVIC 固件库函数包括 NVIC_Init、NVIC_PriorityGroupConfig、NVIC_ClearPendingIRQ。前两个函数在 misc.h 文件中声明，在 misc.c 文件中实现，第三个函数在 core_cm4.h 文件中以内联函数形式声明和实现。

1．NVIC_Init

NVIC_Init 函数的功能是初始化 NVIC，包括使能或禁止指定的 IRQ 通道，设置成员 NVIC_IRQChannel 中的抢占优先级和子优先级，通过向 NVIC->IP、NVIC->ISER 和 NVIC->ICER 写入参数来实现，具体描述如表 5-29 所示。

表 5-29　NVIC_Init 函数的描述

函数名	NVIC_Init
函数原型	void NVIC_Init(NVIC_InitTypeDef* NVIC_InitStruct)
功能描述	根据 NVIC_InitStruct 中指定的参数初始化外设 NVIC 寄存器
输入参数	NVIC_InitStruct：指向结构 NVIC_InitTypeDef 的指针，包含了外设 GPIO 的配置信息
输出参数	无
返回值	void

NIIC_InitTypeDef 结构体定义在 misc.h 文件中，内容如下：

```
typedef struct
{
  uint8_t NVIC_IRQChannel;
  uint8_t NVIC_IRQChannelPreemptionPriority;
  uint8_t NVIC_IRQChannelSubPriority;
  FunctionalState NVIC_IRQChannelCmd;
}NVIC_InitTypeDef;
```

（1）参数 NVIC_IRQChannel 用于使能或禁止指定的 IRQ 通道。

（2）参数 NVIC_IRQChannelPreemptionPriority 用于设置成员 NVIC_IRQChannel 的抢占优先级，可取值如表 5-30 所示。

（3）参数 NVIC_IRQChannelSubPriority 用于设置成员 NVIC_IRQChannel 的子优先级，可取值如表 5-30 所示。

表 5-30　抢占优先级和子优先级在各优先级分组下的可取值

优先级分组	抢占优先级可取值	子优先级可取值
NVIC_PriorityGroup_0	0	0～15
NVIC_PriorityGroup_1	0～1	0～7
NVIC_PriorityGroup_2	0～3	0～3
NVIC_PriorityGroup_3	0～7	0～1
NVIC_PriorityGroup_4	0～15	0

如果优先级分组是 NVIC_PriorityGroup_0，则参数 NVIC_IRQChannelPreemptionPriority 对中断通道的设置不产生影响；如果优先级分组是 NVIC_PriorityGroup_4，则参数 NVIC_IRQChannelSubPriority 对中断通道的设置不产生影响。

（4）参数 NVIC_IRQChannelCmd 用于使能或禁止指定成员 NVIC_IRQChannel 中定义的 IRQ 通道，可取值为 ENABLE 或 DISABLE。

例如，初始化 USART1 的 NVIC，将 USART1 中断的抢占优先级和子优先级均设置为 1，并使能 USART1 的中断，代码如下：

```
NVIC_InitTypeDef  NVIC_InitStructure;              //定义结构体 NVIC_InitStructure，
                                                     用来配置 USART1 的 NVIC
  //配置 USART1 的 NVIC
  NVIC_InitStructure.NVIC_IRQChannel = USART1_IRQn;          //开启 USART1 的中断
  NVIC_InitStructure.NVIC_IRQChannelPreemptionPriority = 1;//抢占优先级，屏蔽即默认值
```

```
NVIC_InitStructure.NVIC_IRQChannelSubPriority       = 1; //子优先级，屏蔽即默认值
NVIC_InitStructure.NVIC_IRQChannelCmd = ENABLE;          //IRQ 通道使能
NVIC_Init(&NVIC_InitStructure);                     //根据参数初始化 USART1 的 NVIC 寄存器
```

2. NVIC_PriorityGroupConfig

NVIC_PriorityGroupConfig 函数的功能是设置优先级分组位长度，通过向 SCB->AIRCR 写入参数来实现，具体描述如表 5-31 所示。

表 5-31 NVIC_PriorityGroupConfig 函数的描述

函数名	NVIC_PriorityGroupConfig
函数原形	void NVIC_PriorityGroupConfig(uint32_t NVIC_PriorityGroup)
功能描述	设置优先级分组：抢占优先级和子优先级
输入参数	NVIC_PriorityGroup：优先级分组位长度
输出参数	无
返回值	void

参数 NVIC_PriorityGroup 用于设置优先级分组位长度，可取值如表 5-32 所示。

表 5-32 参数 NVIC_PriorityGroup 的可取值

可 取 值	描 述
NVIC_PriorityGroup_0	抢占优先级 0 位，子优先级 4 位
NVIC_PriorityGroup_1	抢占优先级 1 位，子优先级 3 位
NVIC_PriorityGroup_2	抢占优先级 2 位，子优先级 2 位
NVIC_PriorityGroup_3	抢占优先级 3 位，子优先级 1 位
NVIC_PriorityGroup_4	抢占优先级 4 位，子优先级 0 位

例如，将 NVIC 抢占优先级设置为 2 位，子优先级也设置为 2 位，代码如下：

```
NVIC_PriorityGroupConfig(NVIC_PriorityGroup_2); //设置 NVIC 中断分组 2，2 位抢占优先级，
                                                  2 位子优先级
```

3. NVIC_ClearPendingIRQ

NVIC_ClearPendingIRQ 函数的功能是清除中断的挂起，通过向 NVIC->ICPR 写入参数来实现，具体描述如表 5-33 所示。

表 5-33 NVIC_ClearPendingIRQ 函数的描述

函数名	NVIC_ClearPendingIRQ
函数原形	void NVIC_ClearPendingIRQ(IRQn_Type IRQn)
功能描述	清除指定的 IRQ 通道中断的挂起
输入参数	IRQn：待清除的 IRQ 通道
输出参数	无
返回值	void

参数 IRQn 是待清除的 IRQ 通道。例如，清除 USART1 中断的挂起，代码如下：

```
NVIC_ClearPendingIRQ(USART1_IRQn);   //清除 USART1 中断的挂起
```

5.2.10　UART1 模块驱动设计

UART1 模块驱动设计是本实验的核心，下面按照队列与循环队列、循环队列 Queue 模块函数、UART1 数据接收和数据发送路径，以及 printf 实现过程的顺序对 UART1 模块进行介绍。

1．队列与循环队列

队列是一种先入先出（FIFO）的线性表，它只允许在表的一端插入元素，在另一端取出元素，即最先进入队列的元素最先离开。在队列中，允许插入的一端称为队尾（rear），允许取出的一端称为队头（front）。

有时为了方便，将顺序队列臆造为一个环状的空间，称为循环队列。下面举一个简单的例子。假设指针变量 pQue 指向一个队列，该队列为结构体变量，队列的容量为 8，如图 5-15 所示。（a）起初，队列为空，队头 pQue→front 和队尾 pQue→rear 均指向地址 0，队列中的元素数量为 0；（b）插入 J0、J1、…、J5 这 6 个元素后，队头 pQue→front 依然指向地址 0，队尾 pQue→rear 指向地址 6，队列中的元素数量为 6；（c）取出 J0、J1、J2、J3 这 4 个元素后，队头 pQue→front 指向地址 4，队尾 pQue→rear 指向地址 6，队列中的元素数量为 2；（d）继续插入 J6、J7、…、J11 这 6 个元素后，队头 pQue→front 指向地址 4，队尾 pQue→rear 也指向地址 4，队列中的元素数量为 8，此时队列为满。

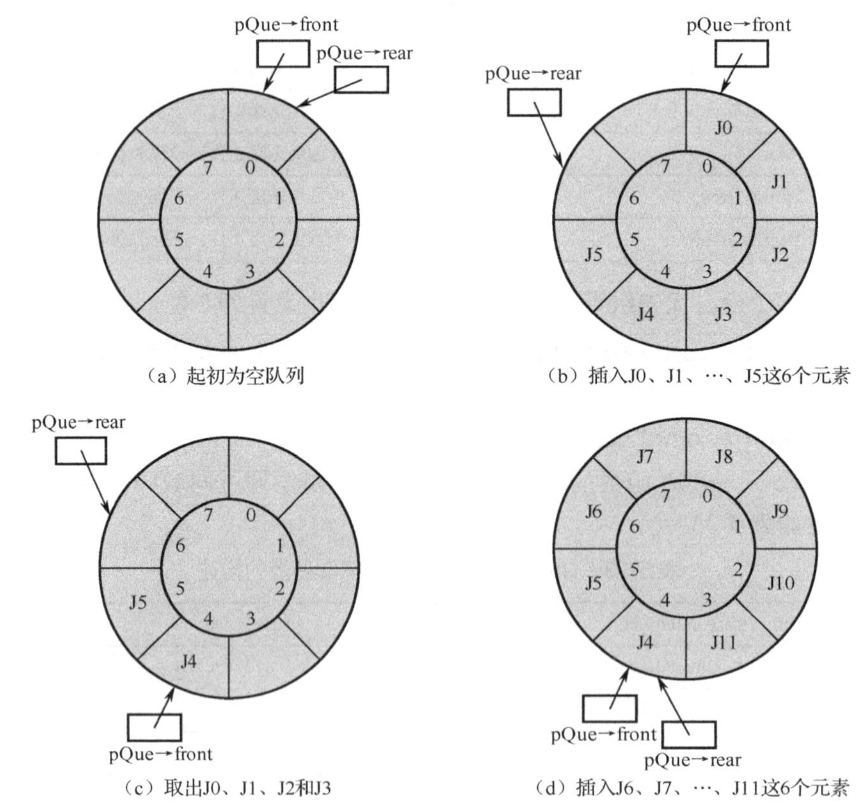

图 5-15　循环队列操作

2．循环队列 Queue 模块函数

本实验使用到 Queue 模块，该模块有 6 个 API 函数，分别是 InitQueue、ClearQueue、QueueEmpty、QueueLength、EnQueue 和 DeQueue。

（1）InitQueue

InitQueue 函数的功能是初始化 Queue 模块，具体描述如表 5-34 所示。该函数将 pQue->front、pQue->rear、pQue->elemNum 赋值为 0，将参数 len 赋值给 pQue->bufLen，将参数 pBuf 赋值给 pQue->pBuffer，最后，将指针变量 pQue->pBuffer 指向的元素全部赋初值 0。

表 5-34　InitQueue 函数的描述

函数名	InitQueue
函数原型	void InitQueue(StructCirQue* pQue, DATA_TYPE* pBuf, i16 len)
功能描述	初始化 Queue
输入参数	pQue：结构体指针，即指向队列结构体的地址，pBuf-队列的元素存储区地址，len-队列的容量
输出参数	pQue：结构体指针，即指向队列结构体的地址
返回值	void

StructCirQue 结构体定义在 Queue.h 文件中，内容如下：

```
typedef struct
{
  i16        front;                    //头指针，队非空时指向队头元素
  i16        rear;                     //尾指针，队非空时指向队尾元素的下一个位置
  i16        bufLen;                   //队列的总容量
  i16        elemNum;                  //当前队列中的元素的数量
  DATA_TYPE *pBuffer;
}StructCirQue;
```

（2）ClearQueue

ClearQueue 函数的功能是清除队列，具体描述如表 5-35 所示。该函数将 pQue->front、pQue->rear、pQue->elemNum 赋值为 0。

表 5-35　ClearQueue 函数的描述

函数名	ClearQueue
函数原型	void ClearQueue(StructCirQue* pQue)
功能描述	清除队列
输入参数	pQue：结构体指针，即指向队列结构体的地址
输出参数	pQue：结构体指针，即指向队列结构体的地址
返回值	void

（3）QueueEmpty

QueueEmpty 函数的功能是判断队列是否为空，具体描述如表 5-36 所示。pQue->elemNum 为 0，表示队列为空；pQue->elemNum 不为 0，表示队列不为空。

表 5-36　QueueEmpty 函数的描述

函数名	QueueEmpty
函数原型	u8 QueueEmpty(StructCirQue* pQue)
功能描述	判断队列是否为空
输入参数	pQue：结构体指针，即指向队列结构体的地址

续表

输出参数	pQue：结构体指针，即指向队列结构体的地址
返回值	返回队列是否为空，1 为空，0 为非空

（4）QueueLength

QueueLength 函数的功能是判断队列是否为空，具体描述如表 5-37 所示。该函数的返回值为 pQue->elemNum，即队列中元素的个数。

表 5-37　QueueLength 函数的描述

函　数　名	QueueLength
函数原型	i16 QueueLength(StructCirQue* pQue)
功能描述	判断队列是否为空
输入参数	pQue：结构体指针，即指向队列结构体的地址
输出参数	pQue：结构体指针，即指向队列结构体的地址
返回值	队列中元素的个数

（5）EnQueue

EnQueue 函数的功能是插入 len 个元素（存放在起始地址为 pInput 的存储区中）到队列中，具体描述如表 5-38 所示。每次插入一个元素，pQue->rear 自增，当 pQue->rear 的值大于或等于数据缓冲区的长度 pQue->bufLen 时，pQue->rear 赋值为 0。需要注意的是，当数据缓冲区中的元素数量加上新写入的元素数量超过缓冲区的长度时，缓冲区只能接收缓冲区中已有的元素数量加上新写入的元素数量，再减去缓冲区的容量，即 EnQueue 函数对于超出的元素采取不理睬的态度。

表 5-38　EnQueue 函数的描述

函数名	EnQueue
函数原型	i16 EnQueue(StructCirQue* pQue, DATA_TYPE* pInput, i16 len)
功能描述	插入 len 个元素（存放在起始地址为 pInput 的存储区中）到队列中
输入参数	pQue：结构体指针，即指向队列结构体的地址，pInput 为待入队数组的地址，len 为期望入队元素的数量
输出参数	pQue：结构体指针，即指向队列结构体的地址
返回值	成功入队的元素的数量

（6）DeQueue

DeQueue 函数的功能是从队列中取出 len 个元素，放入起始地址为 pOutput 的存储区中，具体描述如表 5-39 所示。每次取出一个元素，pQue->front 自增，当 pQue->front 的值大于或等于数据缓冲区的长度 pQue->bufLen 时，pQue->front 赋值为 0。注意，从队列中取出元素的前提是队列中需要至少有一个元素，当期望取出的元素数量 len 小于或等于队列中元素的数量时，可以按期望取出 len 个元素；否则，只能取出队列中已有的所有元素。

表 5-39　DeQueue 函数的描述

函数名	DeQueue
函数原型	i16 DeQueue(StructCirQue* pQue, DATA_TYPE* pOutput, i16 len)

续表

功能描述	从队列中取出 len 个元素，放入起始地址为 pOutput 的存储区中
输入参数	pQue：结构体指针，即指向队列结构体的地址，pOutput 为出队元素存放的数组的地址，len 为预期出队元素的数量
输出参数	pQue：结构体指针，即指向队列结构体的地址，pOutput 为出队元素存放的数组的地址
返回值	成功出队的元素的数量

3. UART1 数据接收和数据发送路径

本实验中的 UART1 模块包含串口发送缓冲区和串口接收缓冲区，二者均为结构体，UART1 的数据接收和发送过程如图 5-16 所示。数据发送过程（写串口）分为三步：（1）调用 WriteUART1 函数将待发送的数据通过 EnQueue 函数写入发送缓冲区，同时开启中断使能；（2）当发送数据寄存器为空时，产生中断，在 UART 模块的 USART1_IRQHandler 中断服务函数中，通过 UART 的 ReadSendBuf 函数调用 DeQueue 函数，取出发送缓冲区中的数据，再通过 USART_SendData 函数将待发送的数据写入发送数据寄存器（TDR）；（3）STM32 的硬件会将 TDR 中的数据写入发送移位寄存器，然后按位将发送移位寄存器中的数据通过 TX 端口发送出去。数据接收过程（读串口）与写串口过程相反：（1）当 STM32 的接收移位寄存器接收到一帧数据时，会由硬件将接收移位寄存器的数据发送到接收数据寄存器（RDR），同时产生中断；（2）在 UART 模块的 USART1_IRQHandler 中断服务函数中，通过 USART_ReceiveData 函数读取 RDR，并通过 UART 的 WriteReceiveBuf 函数调用 EnQueue 函数，将接收到的数据写入接收缓冲区；（3）调用 UART 的 ReadUART1 函数读取接收到的数据。

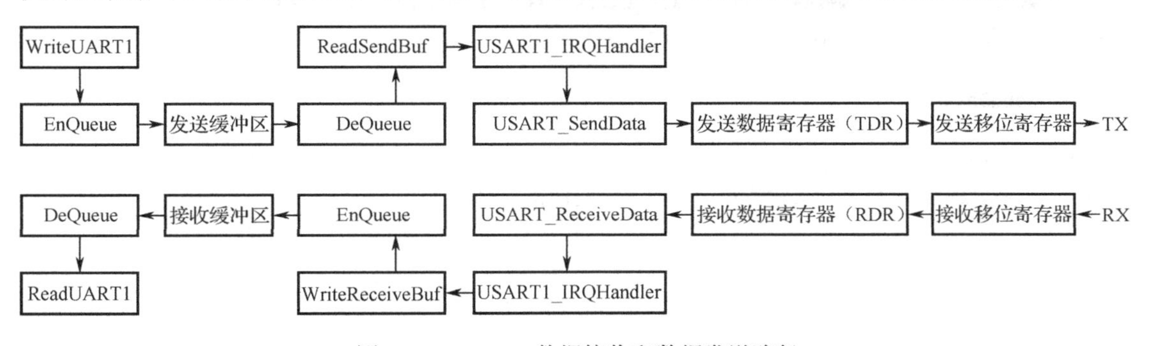

图 5-16　UART1 数据接收和数据发送路径

4. printf 实现过程

UART 在微控制器领域，除了用于数据传输，还可以对微控制器系统进行调试。C 语言中的标准库函数 printf 可用于在控制台输出各种调试信息。STM32 微控制器的集成开发环境，如 Keil、IAR 等也支持标准库函数。本书基于 Keil 集成开发环境，实验 1 已经涉及 printf 函数，而且 printf 函数输出的内容通过 UART1 发送到计算机上的串口助手显示。

printf 函数如何通过 UART1 输出信息？fputc 函数是 printf 函数的底层函数，因此，只需要对 fputc 函数进行改写即可。在 UART1.c 文件中，fputc 函数调用 SendCharUsedByFputc 函数，如程序清单 5-1 所示。

程序清单 5-1

```
/*********************************************************************************************
* 函数名称：fputc
* 函数功能：重定向函数
```

```
* 输入参数：ch，f
* 输出参数：void
* 返 回 值：int
* 创建日期：2018年01月01日
* 注    意：
*********************************************************************************************/
int fputc(int ch, FILE* f)
{
  SendCharUsedByFputc((u8) ch);        //发送字符函数，专由fputc函数调用

  return ch;                           //返回ch
}
```

SendCharUsedByFputc 函数进一步调用 USART_SendData 函数，该函数通过向 USART1_DR 写数据，实现基于 UART1 的信息输出，如程序清单 5-2 所示。

程序清单 5-2

```
/*********************************************************************************************
* 函数名称：SendCharUsedByFputc
* 函数功能：发送字符函数，专由fputc函数调用
* 输入参数：ch，待发送的字符
* 输出参数：void
* 返 回 值：void
* 创建日期：2018年01月01日
* 注    意：
*********************************************************************************************/
static  void  SendCharUsedByFputc(u16 ch)
{
  USART_SendData(USART1, (u8)ch);

  //等待发送完毕
  while(USART_GetFlagStatus(USART1, USART_FLAG_TC) == RESET)
  {

  }
}
```

fputc 函数实现之后，还需要在 Keil 集成开发环境中勾选 Options for Target→Target→Use MicroLIB，即启用微库（MicroLIB）。也就是说，不仅要重写 fputc 函数，还要启用微库，才能使用 printf 输出调试信息。

5.3　实验步骤

步骤 1：复制并编译原始工程

首先，将“D:\STM32KeilTest\Material\04.串口通信实验”文件夹复制到“D:\STM32KeilTest\Product”文件夹中。然后，双击运行“D:\STM32KeilTest\Product\04.串口通信实验\Project”文件夹中的 STM32KeilPrj.uvprojx，单击工具栏中的按钮。当 Build Output 栏中出现“FromELF：creating hex file...”时，表示已经成功生成.hex 文件，出现“0 Error(s), 0 Warnning(s)”，表示编译成功。最后，将.axf 文件下载到 STM32 的内部 Flash 中，观察医疗电子单片机高级开发系统上的 LD0 是否闪烁。由于本实验实现的是串口通信功能，因此，

UART1 模块中的 UART1 文件对是空白的，读者也就无法通过计算机上的串口助手软件查看串口输出的信息（但 UART1 模块中的 Queue 文件对是完整的）。如果 LD0 闪烁，表示原始工程是正确的，可以进入下一步操作。

步骤 2：添加 UART1 和 Queue 文件对

首先，将“D:\STM32KeilTest\Product\04.串口通信实验\HW\UART1”文件夹中的 UART1.c 和 Queue.c 文件添加到 HW 分组中，可参见 2.3 节步骤 8。然后，将“D:\STM32KeilTest\Product\04.串口通信实验\HW\UART1”路径添加到 Include Paths 栏中，具体操作可参见 2.3 节步骤 11。

步骤 3：完善 UART1.h 文件

单击按钮，进行编译。编译结束后，在 Project 面板中，双击 UART1.c 下的 UART1.h 文件。在 UART1.h 文件的“包含头文件”区，添加代码#include <stdio.h>和#include "DataType.h"。然后在 UART1.h 文件的“宏定义”区添加缓冲区大小宏定义代码，如程序清单 5-3 所示。

程序清单 5-3

```
/*********************************************************************************************
*                                         宏定义
*********************************************************************************************/
#define UART1_BUF_SIZE 100                           //设置缓冲区的大小
```

在 UART1.h 文件的“API 函数声明”区，添加如程序清单 5-4 所示的 API 函数声明代码。其中，InitUART1 函数用于初始化 UART1 模块；WriteUART1 函数的功能是写串口，可以写若干字节；ReadUART1 函数的功能是读串口，可以读若干字节。

程序清单 5-4

```
void  InitUART1(u32 bound);                          //初始化 UART1 模块
u8    WriteUART1(u8 *pBuf, u8 len);                  //写串口，返回已写入数据的个数
u8    ReadUART1(u8 *pBuf, u8 len);                   //读串口，返回读到数据的个数
```

步骤 4：完善 UART1.c 文件

在 UART1.c 文件的“包含头文件”区的最后，添加代码#include "stm32f4xx_conf.h"和#include "Queue.h"。

在 UART1.c 文件的“枚举结构体定义”区，添加如程序清单 5-5 所示的枚举定义代码。枚举 EnumUARTState 中的 UART_STATE_OFF 表示串口关闭，对应的值为 0；UART_STATE_ON 表示串口打开，对应的值为 1。

程序清单 5-5

```
//串口发送状态
typedef enum
{
  UART_STATE_OFF,                                    //串口未发送数据
  UART_STATE_ON,                                     //串口正在发送数据
  UART_STATE_MAX
}EnumUARTState;
```

在 UART1.c 文件的“内部变量”区，添加内部变量的定义代码，如程序清单 5-6 所示。其中，s_structUARTSendCirQue 是串口发送缓冲区，s_structUARTRecCirQue 是串口接收缓冲区，s_arrSendBuf 是发送缓冲区的数组，s_arrRecBuf 是接收缓冲区的数组，s_iUARTTxSts 是串口发送状态位，该位为 1 表示串口正在发送数据，为 0 表示串口数据发送完成。

程序清单 5-6

```
static  StructCirQue s_structUARTSendCirQue;  //发送串口循环队列
static  StructCirQue s_structUARTRecCirQue;   //接收串口循环队列
static  u8  s_arrSendBuf[UART1_BUF_SIZE];     //发送串口循环队列的缓冲区
static  u8  s_arrRecBuf[UART1_BUF_SIZE];      //接收串口循环队列的缓冲区

static  u8  s_iUARTTxSts;                     //串口发送数据状态
```

在 UART1.c 文件的“内部函数声明”区，添加内部函数的声明代码，如程序清单 5-7 所示。其中，InitUARTBuf 函数用于初始化串口缓冲区，WriteReceiveBuf 函数用于将接收到的数据写入接收缓冲区，ReadSendBuf 函数用于读取发送缓冲区中的数据，ConfigUART 函数用于配置 UART，EnableUARTTx 函数用于使能串口发送，SendCharUsedByFputc 函数用于发送字符，该函数专门由 fputc 函数调用。

程序清单 5-7

```
static  void  InitUARTBuf(void);      //初始化串口缓冲区，包括发送缓冲区和接收缓冲区
static  u8    WriteReceiveBuf(u8 d); //将接收到的数据写入接收缓冲区
static  u8    ReadSendBuf(u8 *p);    //读取发送缓冲区中的数据

static  void  ConfigUART(u32 bound); //配置串口相关的参数，包括 GPIO、RCC、USART 和 NVIC
static  void  EnableUARTTx(void);    //使能串口发送，WriteUARTx 中调用，每次发送数据之后需要调用

static  void  SendCharUsedByFputc(u16 ch);      //发送字符函数，专由 fputc 函数调用
```

在 UART1.c 文件的“内部函数实现”区，添加 InitUARTBuf 函数的实现代码，如程序清单 5-8 所示。InitUARTBuf 函数主要对发送缓冲区 s_structUARTSendCirQue 和接收缓冲区 s_structUARTRecCirQue 进行初始化，将发送缓冲区中的 s_arrSendBuf 数组和接收缓冲区中的 s_arrRecBuf 数组全部清零，同时将两个缓冲区的容量均配置为宏定义 UART1_BUF_ SIZE。

程序清单 5-8

```
static  void  InitUARTBuf(void)
{
  i16 i;

  for(i = 0; i < UART1_BUF_SIZE; i++)
  {
    s_arrSendBuf[i] = 0;
    s_arrRecBuf[i]  = 0;
  }

  InitQueue(&s_structUARTSendCirQue, s_arrSendBuf, UART1_BUF_SIZE);
  InitQueue(&s_structUARTRecCirQue,  s_arrRecBuf,  UART1_BUF_SIZE);
}
```

在 UART1.c 文件“内部函数实现”区的 InitUARTBuf 函数实现区后，添加 WriteReceiveBuf 和 ReadSendBuf 函数的实现代码，如程序清单 5-9 所示。其中，WriteReceiveBuf 函数调用 EnQueue 函数，将数据写入接收缓冲区 s_structUARTRecCirQue；ReadSendBuf 函数调用 DeQueue 函数，读取发送缓冲区 s_structUARTSendCirQue 中的数据。

程序清单 5-9

```
static  u8  WriteReceiveBuf(u8 d)
{
  u8 ok = 0;                    //写入数据成功标志，0-不成功，1-成功

  ok = EnQueue(&s_structUARTRecCirQue, &d, 1);

  return ok;                    //返回写入数据成功标志，0-不成功，1-成功
}

static  u8  ReadSendBuf(u8 *p)
{
  u8 ok = 0;                    //读取数据成功标志，0-不成功，1-成功

  ok = DeQueue(&s_structUARTSendCirQue, p, 1);

  return ok;                    //返回读取数据成功标志，0-不成功，1-成功
}
```

在 UART1.c 文件“内部函数实现”区的 ReadSendBuf 函数实现区后，添加 ConfigUART 函数的实现代码，如程序清单 5-10 所示。

程序清单 5-10

```
static  void  ConfigUART(u32 bound)
{
  GPIO_InitTypeDef  GPIO_InitStructure;              //GPIO_InitStructure 用于存放 GPIO 的参数
  USART_InitTypeDef USART_InitStructure;             //USART_InitStructure 用于存放 USART 的参数
  NVIC_InitTypeDef  NVIC_InitStructure;              //NVIC_InitStructure 用于存放 NVIC 的参数

  //使能 RCC 相关时钟
  RCC_APB2PeriphClockCmd(RCC_APB2Periph_USART1, ENABLE);     //使能 USART1 的时钟
  RCC_AHB1PeriphClockCmd(RCC_AHB1Periph_GPIOA, ENABLE);      //使能 GPIOA 的时钟

  //配置 TX 的 GPIO
  GPIO_InitStructure.GPIO_Pin   = GPIO_Pin_9;                //设置 TX 的引脚
  GPIO_InitStructure.GPIO_Mode  = GPIO_Mode_AF;              //设置 TX 的模式
  GPIO_InitStructure.GPIO_Speed = GPIO_Speed_50MHz;          //设置 TX 的 I/O 口输出速度
  GPIO_InitStructure.GPIO_OType = GPIO_OType_PP;             //设置 TX 的输出类型为推挽输出
  GPIO_InitStructure.GPIO_PuPd  = GPIO_PuPd_UP;              //设置 TX 为上拉模式
  GPIO_Init(GPIOA, &GPIO_InitStructure);                     //根据参数初始化 TX 的 GPIO

  //配置 RX 的 GPIO
  GPIO_InitStructure.GPIO_Pin   = GPIO_Pin_10;               //设置 RX 的引脚
  GPIO_InitStructure.GPIO_Mode  = GPIO_Mode_AF;              //设置 RX 的模式
  GPIO_InitStructure.GPIO_OType = GPIO_OType_PP;             //设置 RX 输出类型为推挽输出
  GPIO_InitStructure.GPIO_PuPd  = GPIO_PuPd_UP;              //设置 RX 为上拉模式
  GPIO_Init(GPIOA, &GPIO_InitStructure);                     //根据参数初始化 RX 的 GPIO


  GPIO_PinAFConfig(GPIOA, GPIO_PinSource10, GPIO_AF_USART1); //将引脚 PA10 连接到 USART1_RX
  GPIO_PinAFConfig(GPIOA, GPIO_PinSource9, GPIO_AF_USART1);  //将引脚 PA9 连接到 USART1_TX
```

```
  //配置 USART 的参数
  USART_StructInit(&USART_InitStructure);                          //初始化 USART_InitStructure
  USART_InitStructure.USART_BaudRate   = bound;                    //设置波特率
  USART_InitStructure.USART_WordLength = USART_WordLength_8b;      //设置数据字长度
  USART_InitStructure.USART_StopBits   = USART_StopBits_1;         //设置停止位
  USART_InitStructure.USART_Parity     = USART_Parity_No;          //设置奇偶校验位
  USART_InitStructure.USART_Mode       = USART_Mode_Rx | USART_Mode_Tx;          //设置模式
  USART_InitStructure.USART_HardwareFlowControl = USART_HardwareFlowControl_None; //设置硬件流
                                                                                    控制模式
  USART_Init(USART1, &USART_InitStructure);                        //根据参数初始化 USART1

  //配置 NVIC
  NVIC_InitStructure.NVIC_IRQChannel                   = USART1_IRQn; //中断通道号
  NVIC_InitStructure.NVIC_IRQChannelPreemptionPriority = 1 ;          //设置抢占优先级
  NVIC_InitStructure.NVIC_IRQChannelSubPriority        = 1;           //设置子优先级
  NVIC_InitStructure.NVIC_IRQChannelCmd                = ENABLE;      //使能中断
  NVIC_Init(&NVIC_InitStructure);                                     //根据参数初始化 NVIC

  //使能 USART1 及其中断
  USART_ITConfig(USART1, USART_IT_RXNE, ENABLE);                   //使能接收缓冲区非空中断
  USART_ITConfig(USART1, USART_IT_TXE,  ENABLE);                   //使能发送缓冲区空中断
  USART_Cmd(USART1, ENABLE);                                       //使能 USART1

  s_iUARTTxSts = UART_STATE_OFF;                        //串口发送数据状态设置为未发送数据
}
```

说明：（1）UART1 通过 PA9 引脚发送数据，通过 PA10 引脚接收数据。因此，需要通过 RCC_APB2PeriphClockCmd 函数使能 USART1 的时钟，通过 RCC_AHB1PeriphClockCmd 函数使能 GPIOA 的时钟。

（2）通过 GPIO_Init 函数将 PA9 和 PA10 引脚均配置为具有上拉功能的复用推挽模式。

（3）通过 GPIO_PinAFConfig 函数将 PA9 和 PA10 连接到 USART1。

（4）通过 USART_StructInit 函数向 USART_InitStruct 的成员变量赋初值，将 USART_BaudRate 赋值为 9600，将 USART_WordLength 赋值为 USART_WordLength_8b，将 USART_StopBits 赋值为 USART_StopBits_1，将 USART_Parity 赋值为 USART_Parity_No，将 USART_Mode 赋值为 USART_Mode_Rx|USART_Mode_Tx，以及将 USART_HardwareFlowControl 赋值为 USART_ HardwareFlowControl_None。

（5）通过 USART_Init 函数配置 USART1，该函数不仅涉及 USART_CR1 的 M、PCE、PS、TE 和 RE 位，以及 USART_CR2 的 STOP[1:0]位和 USART_CR3 的 CTSE、RTSE 位，还涉及 USART_BRR。M 位用于设置 UART 传输数据的长度，PCE 位用于使能或禁止校验控制，PS 位用于选择采用偶校验还是奇校验，TE 位用于设置发送使能，RE 位用于设置接收使能，可参见图 5-10 和表 5-4。本实验中，UART 传输数据的长度为 8，禁止校验控制，同时使能发送和接收。STOP[1:0]位用于设置停止位，可参见图 5-11 和表 5-5，本实验的停止位为 1 位。CTSE 位用于禁止或使能 CTS 引脚流控制，RTSE 位用于禁止或使能 RTS 数据流控制，可参见图 5-12 和表 5-6，本实验同时禁止了 CTS 和 RTS 数据流控制。USART_BRR 用于设置 UART 的波特率，本实验的波特率为 115200baud。

（6）通过 NVIC_Init 函数使能 USART1 的中断，同时设置抢占优先级为 1，子优先级为 1。

该函数涉及中断使能寄存器（NVIC->ISER[x]）和中断优先级寄存器（NVIC->IP[x]），由于 STM32 大容量产品的 USART1_IRQn 中断号为 37（该中断号可以在文件 stm32f4xx.h 中查找到），因此，NVIC_Init 函数实际上是通过向 NVIC->ISER[1]的位 5 写入 1 使能 USART1 中断，并将抢占优先级和子优先级写入 NVIC->IP[37]，可参见表 5-24 和表 5-26。在本实验的 NVIC 模块中，ConfigNVIC 函数调用 NVIC_PriorityGroupConfig 函数，由于 NVIC_PriorityGroupConfig 函数的参数是 NVIC_PriorityGroup_2，选择第 2 组，即高 2 位（NVIC->IP[37]的 bit7～bit6）用于存放抢占优先级，低 2 位（NVIC->IP[37]的 bit5～bit4）用于存放子优先级，因此，执行完 NVIC_Init 函数之后，NVIC->IP[37]为 0x50。

（7）通过 USART_ITConfig 函数使能接收缓冲区非空中断，实际上是向 USART_CR1 的 RXNEIE 写入 1；此外，USART_ITConfig 函数还使能发送缓冲区空中断，即向 USART_CR1 的 TXEIE 写入 1，可参见图 5-10 和表 5-4。

（8）通过 USART_Cmd 函数使能 USART1，该函数涉及 USART_CR1 的 UE，可参见图 5-10 和表 5-4。

在 UART1.c 文件"内部函数实现"区的 ConfigUART 函数实现区后，添加 EnableUARTTx 函数的实现代码，如程序清单 5-11 所示。EnableUARTTx 函数实际上是将 s_iUARTTxSts 变量赋值为 UART_STATE_ON，并调用 USART_ITConfig 函数使能发送缓冲区空中断，该函数在 WriteUARTx 中调用，即每次发送数据之后，调用该函数使能发送缓冲区空中断。

程序清单 5-11

```
static  void  EnableUARTTx(void)
{
  s_iUARTTxSts = UART_STATE_ON;                        //串口发送数据状态设置为正在发送数据

  USART_ITConfig(USART1, USART_IT_TXE, ENABLE);        //使能发送中断
}
```

在 UART1.c 文件"内部函数实现"区的 EnableUARTTx 函数实现区后，添加 SendCharUsedByFputc 函数的实现代码，如程序清单 5-12 所示。fputc 是 printf 的底层函数，fputc 调用 SendCharUsedByFputc 函数，而 SendCharUsedByFputc 又调用 USART_SendData 函数。因此，printf 实际上是通过向 USART_DR（物理上是 TDR）写入数据来实现基于串口的信息输出，while 语句是为了等待发送完毕后，再退出 SendCharUsedFputc 函数。由于 printf 会占用主线程，因此，只建议通过 printf 输出调试信息。

程序清单 5-12

```
static  void  SendCharUsedByFputc(u16 ch)
{
  USART_SendData(USART1, (u8)ch);

  //等待发送完毕
  while(USART_GetFlagStatus(USART1, USART_FLAG_TC) == RESET)
  {

  }
}
```

在 UART1.c 文件"内部函数实现"区的 SendCharUsedByFputc 函数实现区后，添加 USART1_IRQHandler 中断服务函数的实现代码，如程序清单 5-13 所示。

程序清单 5-13

```
void USART1_IRQHandler(void)
{
  u8  uData = 0;

  if(USART_GetITStatus(USART1, USART_IT_RXNE) != RESET) //接收缓冲区非空中断
  {
    NVIC_ClearPendingIRQ(USART1_IRQn);                  //清除 USART1 中断挂起
    uData = USART_ReceiveData(USART1);                  //将 USART1 接收到的数据保存到 uData

    WriteReceiveBuf(uData);                             //将接收到的数据写入接收缓冲区
  }

  if(USART_GetFlagStatus(USART1, USART_FLAG_ORE) == SET)    //溢出错误标志为 1
  {
    USART_ClearFlag(USART1, USART_FLAG_ORE);                //清除溢出错误标志
    USART_ReceiveData(USART1);                              //读取 USART_DR
  }

  if(USART_GetITStatus(USART1, USART_IT_TXE)!= RESET)       //发送缓冲区空中断
  {
    USART_ClearITPendingBit(USART1, USART_IT_TXE);          //清除发送中断标志
    NVIC_ClearPendingIRQ(USART1_IRQn);                      //清除 USART1 中断挂起

    ReadSendBuf(&uData);                                    //读取发送缓冲区的数据到 uData

    USART_SendData(USART1, uData);                          //将 uData 写入 USART_DR

    if(QueueEmpty(&s_structUARTSendCirQue))                 //当发送缓冲区为空时
    {
      s_iUARTTxSts = UART_STATE_OFF;                     //串口发送数据状态设置为未发送数据
      USART_ITConfig(USART1, USART_IT_TXE, DISABLE);     //关闭串口发送缓冲区空中断
    }
  }
}
```

说明：（1）在 ConfigUART 函数中使能接收缓冲区非空中断和发送缓冲区空中断，因此，当 USART1 的接收缓冲区非空，或发送缓冲区空时，硬件会执行 USART1_IRQHandler 函数。

（2）无论是通过 USART_GetITStatus 函数获取 USART1 接收缓冲区非空中断标志（USART_IT_RXNE），还是通过 USART_GetITStatus 函数获取 USART1 发送数据寄存器空中断标志（USART_IT_TXE），都建议通过 NVIC_ClearPendingIRQ 函数向中断挂起清除寄存器 NVIC->ICPR[x]的对应位写入 1 来清除中断挂起。由于 STM32 大容量产品的 USART1_IRQn 中断号为 37，该中断对应 NVIC->ICPR[1]的位 5，向该位写入 1，即可实现 USART1 中断挂起清除。

（3）通过 USART_GetITStatus 函数获取 USART1 接收缓冲区非空中断标志，该函数涉及 USART_CR1 的 RXNEIE 位和 USART_SR 的 RXNE 位。当 USART1 的接收移位寄存器中的数据被转移到 USART_DR（物理上是 RDR）时，RXNE 位被硬件置位，读取 USART_DR 可以将该位清零，也可以通过向 RXNE 位写 0 来清除。本实验通过 USART_ReceiveData 函数读

取 USART1 的 USART_DR，再通过 WriteReceiveBuf 函数将读取的数据写入接收缓冲区。

（4）当 USART_CR1 的 RXNE=1，即在接收移位寄存器中的数据需要传送至 RDR 时，硬件会将 USART_CR1 的 ORE 位置为 1，当 ORE=1 时，RDR 中的数据不会丢失，但是接收移位寄存器中的数据会被覆盖。为了避免数据被覆盖，还需要通过 USART_GetFlagStatus 函数获取过载错误标志（USART_FLAG_ORE），然后通过 USART_ClearFlag 函数清除 ORE 位，最后通过 USART_ReceiveData 函数读取 RDR。

（5）通过 USART_GetITStatus 函数获取 USART1 发送数据寄存器空中断标志（USART_IT_TXE），该函数涉及 USART_CR1 的 TXEIE 位和 USART_SR 的 TXE 位。当 USART1 的 USART_DR（物理上是 TDR）中的数据被硬件转移到发送移位寄存器时，TXE 被硬件置位，向 USART_DR 写数据可以将该位清零。本实验通过 ReadSendBuf 函数读取发送缓冲区中的数据，然后再通过 USART_SendData 函数，将发送缓冲区中的数据写入 USART_DR。

（6）通过 QueueEmpty 函数判断发送缓冲区是否为空，如果为空，需要通过向 s_iUARTTxSts 标志位写入 UART_STATE_OFF（实际上是 0），将 UART 发送状态标志位设置为关闭，同时通过 USART_ITConfig 函数关闭串口发送中断，实际上是向 USART_CR1 的 TXEIE 位写入 0。

在 UART1.c 文件的“API 函数实现”区，添加 InitUART1 函数的实现代码，如程序清单 5-14 所示。其中，InitUARTBuf 函数用于初始化串口缓冲区，包括发送缓冲区和接收缓冲区；ConfigUART 函数用于配置 UART 的参数，包括 GPIO、RCC、UART1 的常规参数和 NVIC。

程序清单 5-14

```
void InitUART1(u32 bound)
{
  InitUARTBuf();                //初始化串口缓冲区，包括发送缓冲区和接收缓冲区

  ConfigUART(bound);            //配置串口相关的参数，包括 GPIO、RCC、USART 和 NVIC
}
```

在 UART1.c 文件“API 函数实现”区的 InitUART1 函数实现区后，添加 WriteUART1 和 ReadUART1 函数的实现代码，如程序清单 5-15 所示。其中，WriteUART1 函数将存放在 pBuf 中的待发送数据通过 EnQueue 函数写入发送缓冲区 s_structUARTSendCirQue，同时通过 EnableUARTTx 函数开启中断使能；ReadUART1 函数将存放在接收缓冲区 s_structUARTRecCirQue 中的数据通过 DeQueue 函数读出，并存放于 pBuf 指向的存储空间。

程序清单 5-15

```
u8  WriteUART1(u8 *pBuf, u8 len)
{
  u8 wLen = 0;                          //实际写入数据的个数

  wLen = EnQueue(&s_structUARTSendCirQue, pBuf, len);

  if(wLen < UART1_BUF_SIZE)
  {
    if(s_iUARTTxSts == UART_STATE_OFF)
    {
```

```
      EnableUARTTx();
    }
  }

  return wLen;                          //返回实际写入数据的个数
}

u8  ReadUART1(u8 *pBuf, u8 len)
{
  u8 rLen = 0;                          //实际读取数据长度

  rLen = DeQueue(&s_structUARTRecCirQue, pBuf, len);

  return rLen;                          //返回实际读取数据的长度
}
```

在 UART1.c 文件“API 函数实现”区的 ReadUART1 函数实现区后，添加 fputc 函数的实现代码，如程序清单 5-16 所示。

程序清单 5-16

```
int fputc(int ch, FILE* f)
{
  SendCharUsedByFputc((u8) ch);         //发送字符函数，专由 fputc 函数调用

  return ch;                            //返回 ch
}
```

步骤 5：完善串口通信实验应用层

在 Project 面板中，双击打开 Main.c 文件，在 Main.c 文件的“包含头文件”区的最后，添加代码#include "UART1.h"。这样就可以在 Main.c 文件中调用 UART1 模块的宏定义和 API 函数，实现对 UART1 模块的操作。

在 Main.c 文件的 InitHardware 函数中，添加调用 InitUART1 函数的代码，如程序清单 5-17 所示，这样就实现了对 UART1 模块的初始化。

程序清单 5-17

```
static  void  InitHardware(void)
{
  SystemInit();                         //系统初始化
  InitRCC();                            //初始化 RCC 模块
  InitNVIC();                           //初始化 NVIC 模块
  InitTimer();                          //初始化 Timer 模块
  InitLED();                            //初始化 LED 模块
  InitSysTick();                        //初始化 SysTick 模块
  InitUART1(115200);                    //初始化 UART 模块
}
```

在 Main.c 文件的 Proc2msTask 函数中，添加调用 ReadUART1 和 WriteUART1 函数的代码，如程序清单 5-18 所示。STM32 每 2ms 通过 ReadUART1 函数读取 UART1 接收缓冲区 s_structUARTRecCirQue 中的数据，然后对接收到的数据进行加 1 操作，最后通过 WriteUART1 函数将经过加 1 操作的数据发送出去。这样做是为了通过计算机上的串口助手来验证 ReadUART1 和 WriteUART1 两个函数，例如，当通过计算机上的串口助手向医疗电子单片机

高级开发系统发送 0x15 时，系统收到 0x15 之后会向计算机回发 0x16。

程序清单 5-18

```
static  void  Proc2msTask(void)
{
  u8 recData;

  if(Get2msFlag())                      //判断 2ms 标志状态
  {
    LEDFlicker(250);                    //调用闪烁函数
    while(ReadUART1(&recData, 1))
    {
      recData++;

      WriteUART1(&recData, 1);
    }

    Clr2msFlag();                       //清除 2ms 标志
  }
}
```

在 Main.c 文件的 Proc1SecTask 函数中，添加调用 printf 函数的代码，如程序清单 5-19 所示。STM32 每秒通过 printf 输出一次 This is the first STM32F429 Project, by Zhangsan，这些信息会通过计算机上的串口助手显示出来，这样做是为了验证 printf。

程序清单 5-19

```
static  void  Proc1SecTask(void)
{
  if(Get1SecFlag())                     //判断 1s 标志状态
  {
    printf("This is the first STM32F429 Project, by Zhangsan\r\n");

    Clr1SecFlag();                      //清除 1s 标志
  }
}
```

步骤 6：编译及下载验证

代码编写完成后，单击按钮，进行编译。编译结束后，Build Output 栏中出现“0 Error(s), 0 Warning(s)”，表示编译成功。然后参见图 2-33，通过 Keil μVision5 软件将.axf 文件下载到医疗电子单片机高级开发系统。下载完成后，打开串口助手，可以看到串口助手中输出如图 5-16 所示的信息，同时 F429 核心板上编号为 LD0 的绿色 LED 每 500ms 闪烁一次，表示串口模块的 printf 函数功能验证成功。

为了验证串口模块的 WriteUART1 和 ReadUART1 函数，在 Proc1SecTask 函数中注释掉 printf 语句，然后对整个工程进行编译，最后通过 Keil μVision5 软件将.axf 文件下载到医疗电子单片机高级开发系统。下载完成后，打开串口助手，勾选“HEX 显示”和“HEX 发送”项，在“字符串输入框”中输入一个数据，如 15，单击“发送”按钮，可以看到串口助手中输出 16，如图 5-17 所示。同时，可以看到 F429 核心板上编号为 LD0 的绿色 LED 每 500ms 闪烁一次，表示串口模块的 WriteUART1 和 ReadUART1 函数功能验证成功。

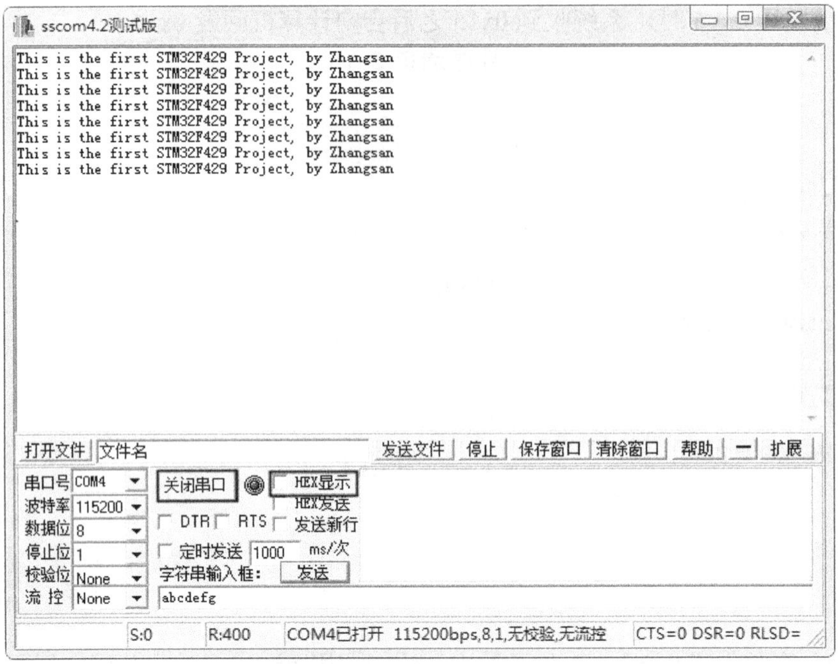

图 5-16　串口通信实验结果 1

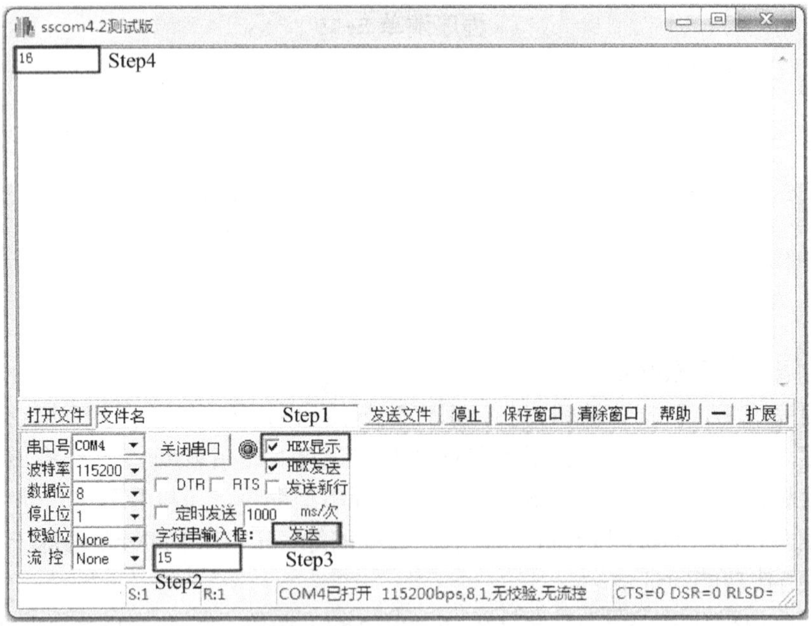

图 5-17　串口通信实验结果 2

本 章 任 务

在本实验基础上增加以下功能：（1）添加 UART2 模块，UART2 模块的波特率配置为 9600baud，数据长度、停止位、奇偶校验位等均与 UART1 相同，且 API 函数分别为 InitUART2、WriteUART2 和 ReadUART2，UART2 模块中不需要实现 SendCharUsedByFputc 和 fputc 函数；

（2）在 Main 模块中的 Proc2msTask 函数中，将 UART2 读取到的内容（通过 ReadUART2 函数）发送到 UART1（通过 WriteUART1 函数），将 UART1 读取到的内容（通过 ReadUART1 函数）发送到 UART2（通过 WriteUART2 函数）；（3）将 USART2_TX（PA2）引脚通过杜邦线连接到 USART2_RX（PA3）引脚；（4）将 UART1 通过通信-下载模块和 Mini-USB 线与计算机相连；（5）通过计算机上的串口助手工具发送数据，查看是否能够正常接收到发送的数据。

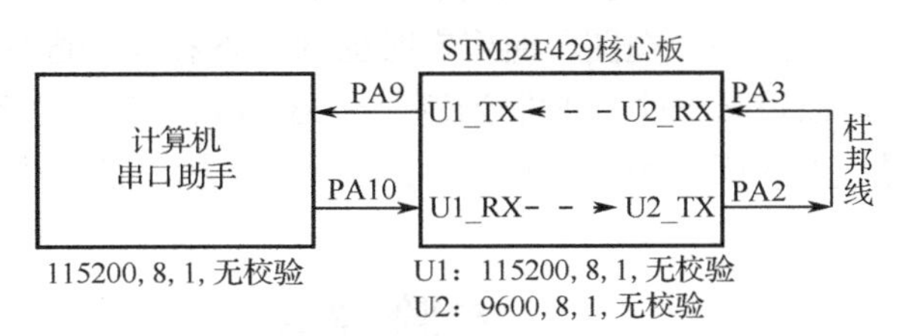

图 5-18　UART1 和 UART2 通信硬件连接示意图

本 章 习 题

1. 如何通过 USART_CR1 设置串口的奇偶校验位？如何通过 USART_CR1 使能串口？
2. 如何通过 USART_CR2 设置串口的停止位？
3. USART_DR 包含 TDR 和 RDR 两个寄存器，它们的作用分别是什么？
4. 如果某一串口的波特率为 9600baud，应该向 USART_BRR 写入什么？
5. 串口的一帧数据发送完成后，USART_SR 的哪个位会发生变化？
6. 为什么可以通过 printf 输出调试信息？
7. 能否使用 STM32 的 UART2 输出调试信息？如果可以，怎样实现？

第 6 章　实验 5——定时器

STM32 的定时器系统非常强大，包含 2 个基本定时器 TIM6 和 TIM7，10 个通用定时器 TIM2～TIM5 和 TIM9～TIM14，以及 2 个高级定时器 TIM1 和 TIM8。本章将详细介绍通用定时器（TIM2～TIM5），包括功能框图、通用定时器部分寄存器和固件库函数、RCC 部分寄存器和固件库函数；然后以设计一个定时器为例，介绍 Timer 模块的驱动设计过程和使用方法，包括定时器的配置、中断服务函数的设计、2ms 和 1s 标志的产生和清除，以及 2ms 和 1s 任务的创建。

6.1　实验内容

基于医疗电子单片机高级开发系统设计一个定时器，其功能包括：（1）将 TIM2 和 TIM5 配置为每 1ms 进入一次的中断服务函数；（2）在 TIM2 的中断服务函数中，将 2ms 标志位置为 1；（3）在 TIM5 的中断服务函数中，将 1s 标志位置为 1；（4）在 Main 模块中，基于 2ms 和 1s 标志，分别创建 2ms 任务和 1s 任务；（5）在 2ms 任务中，调用 LED 模块的 LEDFlicker 函数实现编号为 LD0 的绿色 LED 每 500ms 闪烁一次；（6）在 1s 任务中，调用 UART 模块的 printf 函数，每秒输出一次"This is the first STM32F429 Project, by Zhangsan"。

6.2　实验原理

6.2.1　通用定时器功能框图

STM32 的基本定时器（TIM6 和 TIM7）功能最简单，其次是通用定时器（TIM2～TIM5，TIM9～TIM14），最复杂的是高级定时器（TIM1 和 TIM8）。本实验只用到 TIM2～TIM5，其功能框图如图 6-1 所示。

1．定时器时钟源

通用定时器的时钟源包括来自 RCC 的内部时钟（CK_INT）、外部输入脚 Tix、外部触发输入 TIMx_ETR 和内部触发输入 ITRx。本书中的实验只使用内部时钟 CK_INT，TIM2～TIM7 和 TIM12～TIM14 的时钟均由 APB1 时钟提供，由于 APB1 预分频器的分频系数为 4，APB1 时钟频率为 45MHz，因此，TIM2～TIM7 和 TIM12～TIM14 的时钟频率为 90MHz。关于 STM32 的时钟系统将在第 8 章详细介绍。

2．触发控制器

触发控制器的基本功能包括复位和使能定时器，设置定时器的计数方式（递增/递减计数），将通用定时器设置为其他定时器或 DAC/ADC 的触发源。

3．时基单元

时基单元对触发控制器输出的 CK_PSC 时钟进行预分频得到 CK_CNT 时钟，然后 CNT 计数器对经过分频后的 CK_CNT 时钟进行计数，当 CNT 计数器的计数值与自动重装载寄存器的值相等时，产生事件。时基单元包括 3 个寄存器，分别是计数器寄存器（TIMx_CNT）、预分频器寄存器（TIMx_PSC）和自动重装载寄存器（TIMx_ARR）。

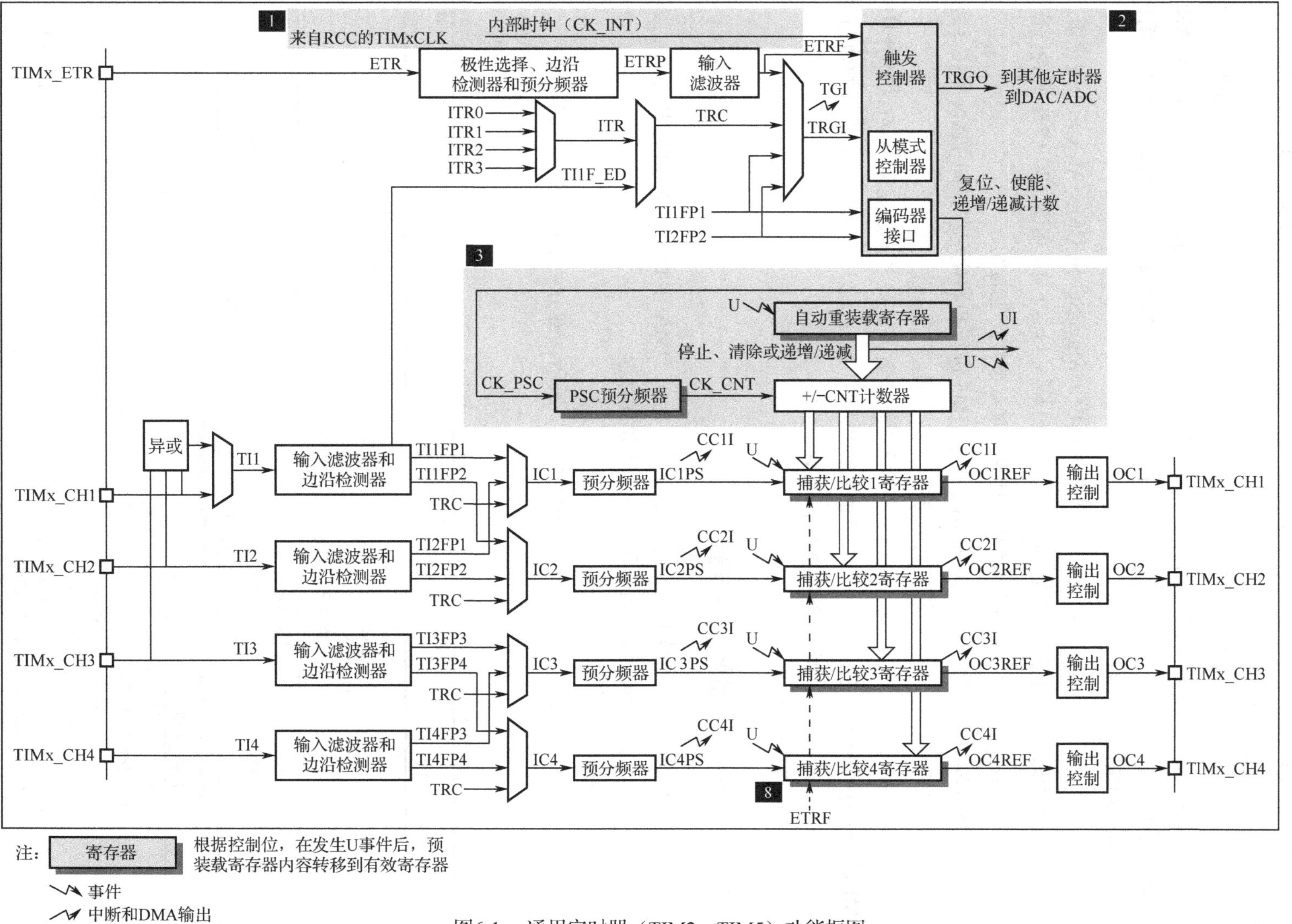

图6-1　通用定时器（TIM2～TIM5）功能框图

TIMx_PSC 有影子寄存器，向 TIMx_PSC 写入新值，定时器不会马上将该新值更新到影子寄存器，而是要等到更新事件产生时才会将该值更新到影子寄存器，此时，分频后的 CK_CNT 时钟才会发生改变。

TIMx_ARR 也有影子寄存器，但是可以通过 TIMx_CR1 的 ARPE 将影子寄存器设置为有效或无效，如果 ARPE 为 1，则影子寄存器有效，要等到更新事件产生时才把写入 TIMx_ARR 中的新值更新到影子寄存器；如果 ARPE 为 0，则影子寄存器无效，向 TIMx_ARR 写入新值之后，TIMx_ARR 立即更新。

通过前面的分析可以得知，定时器事件产生时间由 TIMx_PSC 和 TIMx_ARR 两个寄存器决定。计算分为两步：（1）根据公式 $f_{CK\_CNT} = f_{CK\_PSC}/(TIMx\_PSC+1)$，计算 CK_CNT 时钟频率；（2）根据公式 $(1/f_{CK\_CNT})\times(TIMx\_ARR+1)$，计算定时器事件产生时间。

假设 TIM5 的时钟频率 f_{CK_PSC} 为 90MHz，对 TIM5 进行初始化配置，向 TIMx_PSC 写入 89，向 TIMx_ARR 写入 999，计算定时器事件产生时间。

分两步进行计算：（1）计算 CK_CNT 时钟频率 $f_{CK\_CNT} = f_{CK\_PSC}/(TIMx\_PSC+1) = 90MHz/(89+1) = 1MHz$，因此，CK_CNT 的时钟周期为 1μs；（2）CNT 计数器的计数值与自动重装载寄存器的值相等时，产生事件，TIMx_ARR 为 999，因此，定时器事件产生时间 $=(1/f_{CK\_CNT})\times(TIMx\_ARR+1)=1\mu s\times 1000=1ms$。

6.2.2 通用定时器部分寄存器

本实验涉及的通用定时器寄存器包括控制寄存器 1、DMA/中断使能寄存器、状态寄存器、事件产生寄存器、计数器、预分频器和自动重装载寄存器。

1. 控制寄存器 1（TIMx_CR1）

TIMx_CR1 的结构、偏移地址和复位值如图 6-2 所示，部分位的解释说明如表 6-1 所示。

偏移地址：0x00
复位值：0x0000

15–10	9	8	7	6	5	4	3	2	1	0
保留	CKD[1:0]		ARPE	CMS[1:0]		DIR	OPM	URS	UDIS	CEN
	rw	rw	rw	rw	rw	rw	rw	rw	rw	rw

图 6-2　TIMx_CR1 的结构、偏移地址和复位值

表 6-1　TIMx_CR1 部分位的解释说明

位 9:8	CKD[1:0]：时钟分频（Clock division）。 此位域指示定时器时钟（CK_INT）频率与数字滤波器所使用的采样时钟（ETR、Tix）之间的分频比。 00：$t_{DTS}=t_{CK\_INT}$；01：$t_{DTS}=2\times t_{CK\_INT}$；10：$t_{DTS}=4\times t_{CK\_INT}$；11：保留
位 7	ARPE：自动重装载预装载使能（Auto-reload preload enable）。 0：TIMx_ARR 不进行缓冲；　1：TIMx_ARR 进行缓冲
位 6:5	CMS[1:0]：中心对齐模式选择（Center-aligned mode selection）。 00：边沿对齐模式，计数器根据方向位（DIR）递增计数或递减计数； 01：中心对齐模式 1，计数器交替进行递增计数和递减计数，仅当计数器递减计数时，配置为输出的通道（TIMx_CCMRx 寄存器中的 CxS=00）的输出比较中断标志才置 1； 10：中心对齐模式 2，计数器交替进行递增计数和递减计数，仅当计数器递增计数时，配置为输出的通道（TIMx_CCMRx 寄存器中的 CxS=00）的输出比较中断标志才置 1； 11：中心对齐模式 3，计数器交替进行递增计数和递减计数，当计数器递增计数或递减计数时，配置为输出的通道（TIMx_CCMRx 寄存器中的 CxS=00）的输出比较中断标志都会置 1。 注意，只要计数器处于使能状态（CEN=1），就不得从边沿对齐模式切换为中心对齐模式

续表

位 4	DIR：方向（Direction）。 0：计数器递增计数；1：计数器递减计数。 注意，当定时器配置为中心对齐模式或编码器模式时，该位为只读状态
位 0	CEN：使能计数器（Counter enable）。 0：禁止计数器；1：使能计数器。 注意，只有事先通过软件将 CEN 位置 1，才可以使用外部时钟、门控模式和编码器模式，而触发模式可通过硬件自动将 CEN 位置 1。 在单脉冲模式下，当发生更新事件时会自动将 CEN 位清零

2．控制寄存器 2（TIMx_CR2）

TIMx_CR2 的结构、偏移地址和复位值如图 6-3 所示，部分位的解释说明如表 6-2 所示。

偏移地址：0x04
复位值：0x0000

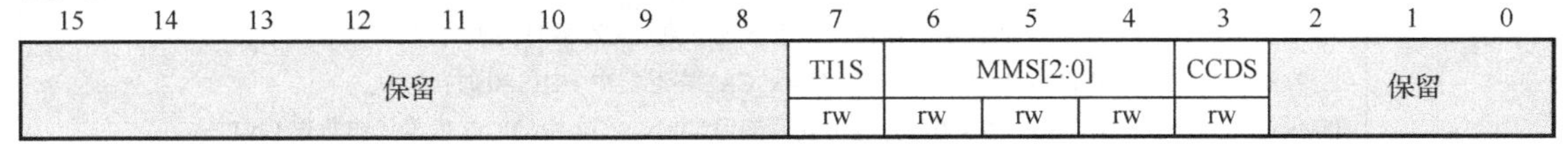

图 6-3　TIMx_CR2 的结构、偏移地址和复位值

表 6-2　TIMx_CR2 部分位的解释说明

位 6:4	MMS：主模式选择（Master mode selection）。 这些位可选择主模式下将要发送到从定时器以实现同步的信息（TRGO）。这些位的组合如下： 000：复位 - TIMx_EGR 寄存器中的 UG 位用作触发输出（TRGO），如果复位由触发输入生成（从模式控制器配置为复位模式），则 TRGO 上的信号相比实际复位会有延时； 001：使能 - 计数器使能信号（CNT_EN）用作触发输出（TRGO），该触发输出可用于同时启动多个定时器，或者控制在一段时间内使能从定时器，计数器使能信号可由 CEN 控制位产生，当配置为门控模式时，也可由触发输入产生；当计数器使能信号由触发输入控制时，TRGO 上会存在延时，选择主/从模式时除外 010：更新 - 选择更新事件作为触发输出（TRGO），例如，主定时器可用作从定时器的预分频器； 011：比较脉冲 - 一旦发生输入捕获或比较匹配事件，当 CC1IF 被置 1 时（即使已为高电平），触发输出都会发送一个正脉冲（TRGO）； 100：比较 - OC1REF 信号用作触发输出（TRGO）； 101：比较 - OC2REF 信号用作触发输出（TRGO）； 110：比较 - OC3REF 信号用作触发输出（TRGO）； 111：比较 - OC4REF 信号用作触发输出（TRGO）

2．DMA/中断使能寄存器（TIMx_DIER）

TIMx_DIER 的结构、偏移地址和复位值如图 6-4 所示，部分位的解释说明如表 6-3 所示。

偏移地址：0x0C
复位值：0x0000

15	14	13	12	11	10	9	8	7	6	5	4	3	2	1	0
保留	TDE	保留	CC4DE	CC3DE	CC2DE	CC1DE	UDE	保留	TIE	保留	CC4IE	CC3IE	CC2IE	CC1IE	UIE
	rw		rw	rw	rw	rw	rw		rw		rw	rw	rw	rw	rw

图 6-4　TIMx_DIER 的结构、偏移地址和复位值

表 6-3　TIMx_DIER 部分位的解释说明

位 0	UIE：更新中断使能（Update interrupt enable）。 0：禁止更新中断；1：使能更新中断

3. 状态寄存器（TIMx_SR）

TIMx_SR 的结构、偏移地址和复位值如图 6-5 所示，部分位的解释说明如表 6-4 所示。

偏移地址：0x10
复位值：0x0000

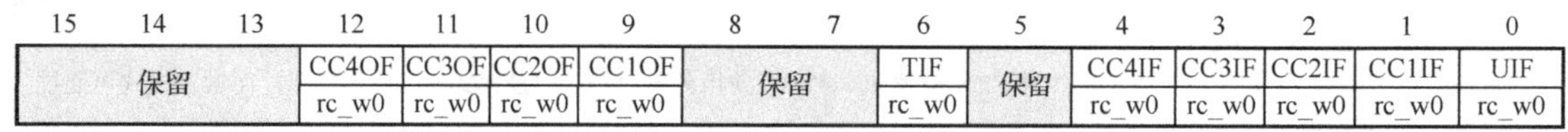

15 14 13 12 11 10 9 8 7 6 5 4 3 2 1 0
保留
CC4OF
CC3OF
CC2OF
CC1OF
保留
TIF
保留
CC4IF
CC3IF
CC2IF
CC1IF
UIF
rc_w0

图 6-5　TIMx_SR 的结构、偏移地址和复位值

表 6-4　TIMx_SR 部分位的解释说明

位 0	UIF：更新中断标志（Update interrupt flag）。 该位在发生更新事件时通过硬件置 1，但需要通过软件清零。 0：未发生更新；1：更新中断挂起。该位在以下情况下更新寄存器时由硬件置 1： 上溢或下溢（对于 TIM2 到 TIM5）以及当 TIMx_CR1 寄存器中 UDIS=0 时； TIMx_CR1 中的 URS=0 且 UDIS=0，并且由软件使用 TIMx_EGR 中的 UG 位重新初始化 CNT 时； TIMx_CR1 中的 URS=0 且 UDIS=0，并且 CNT 由触发事件重新初始化时

4. 事件产生寄存器（TIMx_EGR）

TIMx_EGR 的结构、偏移地址和复位值如图 6-6 所示，部分位的解释说明如表 6-5 所示。

偏移地址：0x14
复位值：0x0000

15–7	6	5	4	3	2	1	0
保留	TG	保留	CC4G	CC3G	CC2G	CC1G	UG
	w		w	w	w	w	w

图 6-6　TIMx_EGR 的结构、偏移地址和复位值

表 6-5　TIMx_EGR 部分位的解释说明

位 0	UG：更新生成（Update generation）。 该位可通过软件置 1，并由硬件自动清零。 0：不执行任何操作； 1：重新初始化计数器并生成寄存器更新事件。请注意，预分频器计数器也将清零（但预分频比不受影响）。如果选择中心对齐模式或 DIR=0（递增计数），计数器将清零；如果 DIR=1（递减计数），计数器将使用自动重载值（TIMx_ARR）

5. 计数器（TIMx_CNT）

TIMx_CNT 的结构、偏移地址和复位值如图 6-7 所示，部分位的解释说明如表 6-6 所示。

偏移地址：0x24
复位值：0x0000

15															0
CNT[15:0]															
rw	rw	rw	rw	rw	rw	rw	rw	rw	rw	rw	rw	rw	rw	rw	rw

图 6-7　TIMx_CNT 的结构、偏移地址和复位值

表 6-6　TIMx_CNT 部分位的解释说明

位 15:0	CNT[15:0]：计数器值（Counter value）

6. 预分频器（TIMx_PSC）

TIMx_PSC 的结构、偏移地址和复位值如图 6-8 所示，部分位的解释说明如表 6-7 所示。

偏移地址：0x28
复位值：0x0000

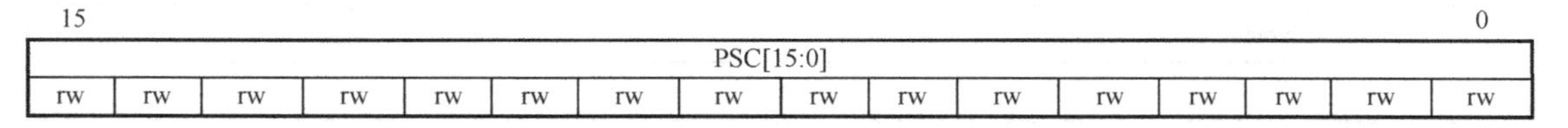

图 6-8　TIMx_PSC 的结构、偏移地址和复位值

表 6-7　TIMx_PSC 部分位的解释说明

位 15:0	PSC[15:0]：预分频器值（Prescaler value）。 计数器的时钟频率 CK_CNT 等于 f_{CK_PSC}/(PSC[15:0]+1)。 PSC 包含在每次发生更新事件时要装载到实际预分频器寄存器的值

7. 自动重装载寄存器（TIMx_ARR）

TIMx_ARR 的结构、偏移地址和复位值如图 6-9 所示，部分位的解释说明如表 6-8 所示。

偏移地址：0x2C
复位值：0x0000

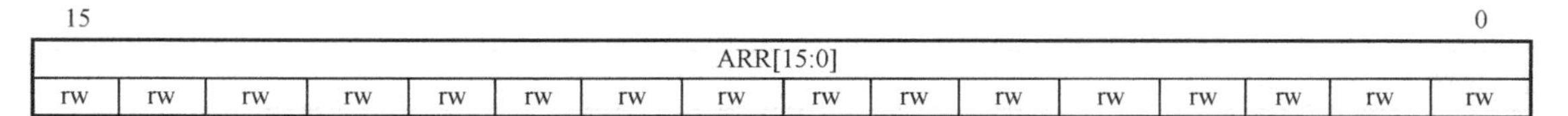

图 6-9　TIMx_ARR 的结构、偏移地址和复位值

表 6-8　TIMx_ARR 部分位的解释说明

位 15:0	ARR[15:0]:自动重装载值（Auto reload value）。 ARR 为要装载到实际自动重装载寄存器的值。 当自动重装载值为空时，计数器不工作

6.2.3　通用定时器部分固件库函数

本实验涉及的通用定时器固件库函数包括 TIM_TimeBaseInit、TIM_Cmd、TIM_ITConfig、TIM_ClearITPendingBit、TIM_GetITStatus、TIM_SelectOutputTrigger。这些函数在 stm32f4xx_tim.h 文件中声明，在 stm32f4xx_tim.c 文件中实现。本书所涉及的固件库版本均为 V1.5.1。

1. TIM_TimeBaseInit

TIM_TimeBaseInit 函数的功能是根据结构体 TIM_TimeBaseInitStruct 的值配置通用定时器，通过向 TIMx->CR1、TIMx->ARR、TIMx->PSC 和 TIMx->EGR 写入参数来实现，具体描述如表 6-9 所示。

表 6-9　TIM_TimeBaseInit 函数的描述

函数名	TIM_TimeBaseInit
函数原型	void TIM_TimeBaseInit(TIM_TypeDef* TIMx, TIM_TimeBaseInitTypeDef* TIM_TimeBaseInitStruct)
功能描述	根据 TIM_TimeBaseInitStruct 中指定的参数初始化 TIMx 的时间基数单位
输入参数 1	TIMx：x 可以是 1～14，用来选择 TIM 外设

续表

输入参数 2	TIMTimeBase_InitStruct：指向结构体 TIM_TimeBaseInitTypeDef 的指针，包含了 TIMx 时间基数单位的配置信息
输出参数	无
返回值	void
先决条件	无

2. TIM_Cmd

TIM_Cmd 函数的功能是使能或禁止某一定时器，通过向 TIMx->CR1 写入参数来实现，具体描述如表 6-10 所示。

表 6-10　TIM_Cmd 函数的描述

函数名	TIM_Cmd
函数原型	void TIM_Cmd(TIM_TypeDef* TIMx, FunctionalState NewState)
功能描述	使能或禁止 TIMx 外设
输入参数 1	TIMx：x 可以是 1～14，用来选择 TIM 外设
输入参数 2	NewState：定时器新的状态，可以是 ENABLE 或 DISABLE
输出参数	无
返回值	void

3. TIM_ITConfig

TIM_ITConfig 函数的功能是使能或禁止定时器中断，通过向 TIMx->DIER 写入参数来实现，具体描述如表 6-11 所示。

表 6-11　TIM_ITConfig 函数的描述

函数名	TIM_ITConfig
函数原型	void TIM_ITConfig(TIM_TypeDef* TIMx, uint16_t TIM_IT, FunctionalState NewState)
功能描述	使能或禁止指定的 TIM 中断
输入参数 1	TIMx：x 可以是 1～14，用来选择 TIM 外设
输入参数 2	TIM_IT：待使能或禁止的 TIM 中断源
输入参数 3	NewState：TIMx 中断的新状态，这个参数可以取 ENABLE 或 DISABLE
输出参数	无
返回值	void

4. TIM_ClearITPendingBit

TIM_ClearITPendingBit 函数的功能是清除定时器中断待处理位，当检测到中断时，该位由硬件置 1，完成中断任务之后，该位由软件清零。该函数通过向 TIMx->SR 写入参数来实现，具体描述如表 6-12 所示。

表 6-12　TIM_ClearITPendingBit 函数的描述

函数名	TIM_ClearITPendingBit
函数原型	void TIM_ClearITPendingBit(TIM_TypeDef* TIMx, uint16_t TIM_IT)

续表

功能描述	清除 TIMx 的中断待处理位
输入参数 1	TIMx：x 可以是 1～14，用来选择 TIM 外设
输入参数 2	TIM_IT：待检查的 TIM 中断待处理位
输出参数	无
返回值	void

5．TIM_GetITStatus

TIM_GetITStatus 函数的功能是检查中断是否发生，通过读取 TIMx->SR 和 TIMx->DIER 来实现，具体描述如表 6-13 所示。

表 6-13　TIM_GetITStatus 函数的描述

函数名	TIM_GetITStatus
函数原型	ITStatus TIM_GetITStatus(TIM_TypeDef* TIMx, uint16_t TIM_IT)
功能描述	检查指定的 TIM 中断发生与否
输入参数 1	TIMx：x 可以是 1～14，用来选择 TIM 外设
输入参数 2	TIM_IT：待检查的 TIM 中断源
输出参数	无
返回值	TIM_IT 的新状态

6．TIM_SelectOutputTrigger

TIM_SelectOutputTrigger 函数的功能是选择 TIMx 触发输出模式，通过向 TIMx->CR2 写入参数来实现，具体描述如表 6-14 所示。

表 6-14　TIM_SelectOutputTrigger 函数的描述

函数名	TIM_SelectOutputTrigger
函数原形	void TIM_SelectOutputTrigger(TIM_TypeDef* TIMx, uint16_t TIM_TRGOSource)
功能描述	选择 TIMx 触发输出模式
输入参数 1	TIMx：x 可以是 1～14，用来选择 TIM 外设
输入参数 2	TIM_TRGOSource：触发输出模式
输出参数	无
返回值	void

参数 TIM_TRGOSource 用于选择 TIM 触发输出源，可取值如表 6-15 所示。

表 6-15　参数 TIM_TRGOSource 的可取值

可　取　值	实　际　值	功 能 描 述
TIM_TRGOSource_Reset	0x0000	使用 TIM_EGR 的 UG 位作为触发输出（TRGO）
TIM_TRGOSource_Enable	0x0010	使用计数器使能 CEN 作为触发输出（TRGO）
TIM_TRGOSource_Update	0x0020	使用更新事件作为触发输出（TRGO）
TIM_TRGOSource_OC1	0x0030	一旦捕获或比较匹配发生，当标志位 CC1F 被设置时触发输出发送一个肯定脉冲（TRGO）

续表

可 取 值	实 际 值	功 能 描 述
TIM_TRGOSource_OC1Ref	0x0040	使用 OC1REF 作为触发输出（TRGO）
TIM_TRGOSource_OC2Ref	0x0050	使用 OC2REF 作为触发输出（TRGO）
TIM_TRGOSource_OC3Ref	0x0060	使用 OC3REF 作为触发输出（TRGO）
TIM_TRGOSource_OC4Ref	0x0070	使用 OC4REF 作为触发输出（TRGO）

例如，选择更新事件作为 TIM6 的输出触发模式，代码如下：

```
TIM_SelectOutputTrigger(TIM6, TIM_TRGOSource_Update);
```

6.3　实验步骤

步骤 1：复制并编译原始工程

首先，将“D:\STM32KeilTest\Material\05.定时器实验”文件夹复制到“D:\STM32KeilTest\Product”文件夹中。然后，双击运行“D:\STM32KeilTest\Product\05.定时器实验\Project”文件夹中的 STM32KeilPrj.uvprojx，单击工具栏中的按钮，当 Build Output 栏出现“FromELF: creating hex file...”时，表示已经成功生成.hex 文件，出现“0 Error(s), 0 Warnning(s)”，表示编译成功。由于本实验的目的是实现定时器功能，因此“05.定时器实验”工程中的 Timer 模块中的 Timer 文件对是空白的，而 Main.c 文件的 Proc2msTask 和 Proc1SecTask 函数均依赖于 Timer 模块，也就无法通过计算机上的串口助手软件查看串口输出的信息，医疗电子单片机高级开发系统上 LD0 也无法正常闪烁。这里只要编译成功，就可以进入下一步操作。

步骤 2：添加 Timer 文件对

首先，将“D:\STM32KeilTest\Product\05.定时器实验\HW\Timer”文件夹中的 Timer.c 添加到 HW 分组中。然后，将“D:\STM32KeilTest\Product\05.定时器实验\HW\Timer”路径添加到 Include Paths 栏中。

步骤 3：完善 Timer.h 文件

单击按钮进行编译，编译结束后，在 Project 面板中，双击 Timer.c 中的 Timer.h 文件。在 Timer.h 文件的“包含头文件”区，添加代码`#include "DataType.h"`。

在 Timer.h 文件的“API 函数声明”区，添加如程序清单 6-1 所示的 API 函数声明代码。其中，InitTimer 函数主要用于初始化 Timer 模块；Get2msFlag 和 Clr2msFlag 函数的功能是获取和清除 2ms 标志，Main.c 中的 Proc2msTask 就是调用这两个函数来实现 2ms 任务功能的；Get1SecFlag 和 Clr1SecFlag 函数的功能是获取和清除 1s 标志，Main.c 中的 Proc1SecTask 就是调用这两个函数来实现 1s 任务功能的。

程序清单 6-1

```
void  InitTimer(void);                                //初始化 Timer 模块

u8    Get2msFlag(void);                               //获取 2ms 标志位的值
void  Clr2msFlag(void);                               //清除 2ms 标志位

u8    Get1SecFlag(void);                              //获取 1s 标志位的值
void  Clr1SecFlag(void);                              //清除 1s 标志位
```

步骤 4：完善 Timer.c 文件

在 Timer.c 文件“包含头文件”区的最后，添加代码#include "stm32f4xx_conf.h"。

在 Timer.c 文件的“内部变量”区，添加内部变量的定义代码，如程序清单 6-2 所示。其中，s_i2msFlag 是 2ms 标志位，s_i1secFlag 是 1s 标志位，这两个变量在定义时，需要初始化为 FALSE。

程序清单 6-2

```
static  u8  s_i2msFlag  = FALSE;                    //将 2ms 标志位的值设置为 FALSE
static  u8  s_i1secFlag = FALSE;                    //将 1s 标志位的值设置为 FALSE
```

在 Timer.c 文件的“内部函数声明”区，添加内部函数的声明代码，如程序清单 6-3 所示。其中，ConfigTimer2 函数用于配置 TIM2，ConfigTimer5 函数用于配置 TIM5。

程序清单 6-3

```
static  void  ConfigTimer2(u16 arr, u16 psc);        //配置 TIM2
static  void  ConfigTimer5(u16 arr, u16 psc);        //配置 TIM5
```

在 Timer.c 文件的“内部函数实现”区，添加 ConfigTimer2 和 ConfigTimer5 函数的实现代码，如程序清单 6-4 所示。这两个函数的功能类似，下面仅对 ConfigTimer2 函数中的语句进行解释说明。

（1）在使用 TIM2 之前，需要通过 RCC_APB1PeriphClockCmd 函数使能 TIM2 的时钟。

（2）通过 TIM_TimeBaseInit 函数对 TIM2 进行配置，该函数涉及 TIM2_CR1 的 DIR、CMS[1:0]、CKD[1:0]，TIM2_ARR，TIM2_PSC，以及 TIM2_EGR 的 UG。DIR 用于设置计数器计数方向，CMS[1:0]用于选择中央对齐模式，CKD[1:0]用于设置时钟分频系数，可参见图 6-2 和表 6-1。本实验中，TIM2 设置为边沿对齐模式，计数器递增计数。TIM2_ARR 和 TIM2_PSC 用于设置计数器的自动重装载值和预分频器的值（见图 6-8 和图 6-9，表 6-7 和表 6-8），本实验中，这两个值通过 ConfigTimer2 函数的参数 arr 和 psc 确定。UG 用于产生更新事件，可参见图 6-6 和表 6-5，本实验中将该值设置为 1，用于重新初始化计数器，并产生一个更新事件。

（3）通过 TIM_ITConfig 函数使能 TIM2 的更新中断，该函数涉及 TIM2_DIER 的 UIE。UIE 用于禁止和允许更新中断，可参见图 6-4 和表 6-3。

（4）通过 NVIC_Init 函数使能 TIM2 的中断，同时设置抢占优先级为 0，子优先级为 3。

（5）通过 TIM_Cmd 函数使能 TIM2，该函数涉及 TIM2_CR1 的 CEN，可参见图 6-2 和表 6-1。

程序清单 6-4

```
static  void ConfigTimer2(u16 arr, u16 psc)
{
  TIM_TimeBaseInitTypeDef  TIM_TimeBaseStructure;//TIM_TimeBaseStructure 用于存放定时器的参数
  NVIC_InitTypeDef NVIC_InitStructure;              //NVIC_InitStructure 用于存放 NVIC 的参数

  //使能 RCC 相关时钟
  RCC_APB1PeriphClockCmd(RCC_APB1Periph_TIM2, ENABLE);              //使能 TIM2 的时钟

  //配置 TIM2
  TIM_TimeBaseStructure.TIM_Period        = arr;                    //设置自动重装载值
  TIM_TimeBaseStructure.TIM_Prescaler     = psc;                    //设置预分频器值
  TIM_TimeBaseStructure.TIM_ClockDivision = TIM_CKD_DIV1;           //设置时钟分割：tDTS = tCK_INT
```

```
  TIM_TimeBaseStructure.TIM_CounterMode   = TIM_CounterMode_Up;  //设置向上计数模式
  TIM_TimeBaseInit(TIM2, &TIM_TimeBaseStructure);                //根据参数初始化定时器

  TIM_ITConfig(TIM2,TIM_IT_Update,ENABLE );                      //使能定时器的更新中断

  //配置 NVIC
  NVIC_InitStructure.NVIC_IRQChannel = TIM2_IRQn;                //中断通道号
  NVIC_InitStructure.NVIC_IRQChannelPreemptionPriority = 0;      //设置抢占优先级
  NVIC_InitStructure.NVIC_IRQChannelSubPriority = 3;             //设置子优先级
  NVIC_InitStructure.NVIC_IRQChannelCmd = ENABLE;                //使能中断
  NVIC_Init(&NVIC_InitStructure);                                //根据参数初始化 NVIC

  TIM_Cmd(TIM2, ENABLE);                                         //使能定时器
}

static  void ConfigTimer5(u16 arr, u16 psc)
{
  TIM_TimeBaseInitTypeDef  TIM_TimeBaseStructure;//TIM_TimeBaseStructure 用于存放定时器的参数
  NVIC_InitTypeDef NVIC_InitStructure;          //NVIC_InitStructure 用于存放 NVIC 的参数

  //使能 RCC 相关时钟
  RCC_APB1PeriphClockCmd(RCC_APB1Periph_TIM5, ENABLE);           //使能 TIM5 的时钟

  //配置 TIM5
  TIM_TimeBaseStructure.TIM_Period        = arr;                 //设置自动重装载值
  TIM_TimeBaseStructure.TIM_Prescaler     = psc;                 //设置预分频器值
  TIM_TimeBaseStructure.TIM_ClockDivision = TIM_CKD_DIV1;        //设置时钟分割：tDTS = tCK_INT
  TIM_TimeBaseStructure.TIM_CounterMode   = TIM_CounterMode_Up;  //设置向上计数模式
  TIM_TimeBaseInit(TIM5, &TIM_TimeBaseStructure);                //根据参数初始化定时器

  TIM_ITConfig(TIM5, TIM_IT_Update, ENABLE );                    //使能定时器的更新中断

  //配置 NVIC
  NVIC_InitStructure.NVIC_IRQChannel = TIM5_IRQn;                //中断通道号
  NVIC_InitStructure.NVIC_IRQChannelPreemptionPriority = 0;      //设置抢占优先级
  NVIC_InitStructure.NVIC_IRQChannelSubPriority = 3;             //设置子优先级
  NVIC_InitStructure.NVIC_IRQChannelCmd = ENABLE;                //使能中断
  NVIC_Init(&NVIC_InitStructure);                                //根据参数初始化 NVIC

  TIM_Cmd(TIM5, ENABLE);                                         //使能定时器
}
```

在 Timer.c 文件“内部函数实现”区的 ConfigTimer5 函数实现区后，添加 TIM2_IRQHandler 和 TIM5_IRQHandler 中断服务函数的实现代码，如程序清单 6-5 所示。这两个中断服务函数的功能类似，下面仅对 TIM2_IRQHandler 函数中的语句进行解释说明。

（1）Timer.c 中的 ConfigTimer2 函数使能 TIM2 的更新中断，因此，当 TIM2 递增计数产生溢出时，会执行 TIM2_IRQHandler 函数。

（2）通过 TIM_GetITStatus 函数获取 TIM2 更新中断标志，该函数涉及 TIM2_DIER 的 UIE 和 TIM2_SR 的 UIF。本实验中，UIE 为 1，表示使能更新中断，当 TIM2 递增计数产生溢出时，UIF 由硬件置 1，并产生更新中断，执行 TIM2_IRQHandler 函数。因此，在

TIM2_IRQHandler 函数中还需要通过 TIM_ClearITPendingBit 函数将 UIF 清零。

（3）变量 s_i2msFlag 是 2ms 标志位，而 TIM2_IRQHandler 函数每 1ms 执行一次，因此，还需要一个计数器（s_iCnt2），TIM2_IRQHandler 函数每执行一次，计数器 s_iCnt2 就执行一次加 1 操作，当 s_iCnt2 等于 2 时，将 s_i2msFlag 置 1，并将 s_iCnt2 清零。

程序清单 6-5

```
void TIM2_IRQHandler(void)
{
  static  u16 s_iCnt2 = 0;                          //定义一个静态变量 s_iCnt2 作为 2ms 计数器

  if(TIM_GetITStatus(TIM2, TIM_IT_Update) != RESET)     //判断定时器更新中断是否发生
  {
    TIM_ClearITPendingBit(TIM2, TIM_FLAG_Update);       //清除定时器更新中断标志
  }

  s_iCnt2++;                                            //2ms 计数器的计数值加 1

  if(s_iCnt2 >= 2)                                      //2ms 计数器的计数值大于或等于 2
  {
    s_iCnt2 = 0;                                        //重置 2ms 计数器的计数值为 0
    s_i2msFlag = TRUE;                                  //将 2ms 标志位的值设置为 TRUE
  }
}

void TIM5_IRQHandler(void)
{
  static  i16 s_iCnt1000 = 0;                       //定义一个静态变量 s_iCnt1000 作为 1s 计数器

  if(TIM_GetITStatus(TIM5, TIM_IT_Update) != RESET)     //判断定时器更新中断是否发生
  {
    TIM_ClearITPendingBit(TIM5, TIM_FLAG_Update);       //清除定时器更新中断标志
  }

  s_iCnt1000++;                                         //1000ms 计数器的计数值加 1

  if(s_iCnt1000 >= 1000)                                //1000ms 计数器的计数值大于或等于 1000
  {
    s_iCnt1000 = 0;                                     //重置 1000ms 计数器的计数值为 0
    s_i1secFlag = TRUE;                                 //将 1s 标志位的值设置为 TRUE
  }
}
```

在 Timer.c 文件的“API 函数实现”区，添加 API 函数的实现代码，如程序清单 6-6 所示。Timer.c 文件的 API 函数有 5 个，下面按照顺序对这 5 个函数中的语句进行解释说明。

（1）InitTimer 函数调用 ConfigTimer2 和 ConfigTimer5 对 TIM2 和 TIM5 进行初始化，由于 TIM2～TIM7 的时钟源均为 APB1 时钟，APB1 时钟频率为 45MHz，而 APB1 预分频器的分频系数为 2，因此 TIM2～TIM7 的时钟频率是 APB1 时钟频率的 2 倍，即 90MHz。ConfigTimer2 和 ConfigTimer5 函数的参数 arr 和 psc 分别是 999 和 89，因此，TIM2 和 TIM5 每 1ms 产生一次更新事件，计算过程可参见 6.2.1 节。

（2）Get2msFlag 函数用于获取 s_i2msFlag 的值，Get1SecFlag 函数用于获取 s_i1SecFlag 的值。

（3）Clr2msFlag 函数用于将 s_i2msFlag 清零，Clr1SecFlag 函数用于将 s_i1SecFlag 清零。

程序清单 6-6

```
void InitTimer(void)
{
  ConfigTimer2(999, 89);     //90Mhz/(89+1)=1MHz（对应 1us），由 0 计数到 999 为 1000*1us=1ms
  ConfigTimer5(999, 89);     //90Mhz/(89+1)=1MHz（对应 1us），由 0 计数到 999 为 1000*1us=1ms
}

u8  Get2msFlag(void)
{
  return(s_i2msFlag);        //返回 2ms 标志位的值
}

void  Clr2msFlag(void)
{
  s_i2msFlag = FALSE;        //将 2ms 标志位的值设置为 FALSE
}

u8  Get1SecFlag(void)
{
  return(s_i1secFlag);       //返回 1s 标志位的值
}

void  Clr1SecFlag(void)
{
  s_i1secFlag = FALSE;       //将 1s 标志位的值设置为 FALSE
}
```

步骤 5：完善定时器实验应用层

在 Project 面板中，双击打开 Main.c 文件，在 Main.c 文件“包含头文件”区的最后，添加代码#include "Timer.h"，即可在 Main.c 文件中调用 Timer 模块的 API 函数等，实现对 Timer 模块的操作。

在 Main.c 文件的 InitHardware 函数中，添加调用 InitTimer 函数的代码，如程序清单 6-7 所示，即可实现对 Timer 模块的初始化。

程序清单 6-7

```
static  void  InitHardware(void)
{
  SystemInit();          //系统初始化
  InitRCC();             //初始化 RCC 模块
  InitNVIC();            //初始化 NVIC 模块
  InitUART1(115200);     //初始化 UART 模块
  InitLED();             //初始化 LED 模块
  InitSysTick();         //初始化 SysTick 模块
  InitTimer();           //初始化 Timer 模块
}
```

在 Main.c 文件的 Proc2msTask 函数中，添加调用 Get2msFlag 和 Clr2msFlag 函数的代码，

如程序清单 6-8 所示。Proc2msTask 函数在主函数的 while 语句中调用，因此当 Get2msFlag 函数返回 1，即检测到 Timer 模块的 TIM2 计数到 2ms 时，if 语句中的代码才会执行。最后要通过 Clr2msFlag 函数清除 2ms 标志，if 语句中的代码才会每 2ms 执行一次。这里还需要将调用 LEDFlicker 函数的代码添加到 if 语句中，该函数每 2ms 执行一次，参数为 250，因此，LD0 每 500ms 闪烁一次。

程序清单 6-8

```
static  void  Proc2msTask(void)
{
  if(Get2msFlag())       //判断 2ms 标志状态
  {
    LEDFlicker(250);     //调用闪烁函数
    Clr2msFlag();        //清除 2ms 标志
  }
}
```

在 Main.c 文件的 Proc1SecTask 函数中，添加调用 Get1SecFlag 和 Clr1SecFlag 函数的代码，如程序清单 6-9 所示。Proc1SecTask 也在主函数的 while 语句中调用，因此当 Get1SecFlag 函数返回 1，即检测到 Timer 模块的 TIM5 计数到 1s 时，if 语句中的代码才会执行。最后通过 Clr1SecFlag 函数清除 1s 标志，if 语句中的代码才会每秒执行一次。还需要将调用 printf 函数的代码添加到 if 语句中，printf 函数每秒执行一次，即每秒通过串口输出 printf 中的字符串。

程序清单 6-9

```
static  void  Proc1SecTask(void)
{
  if(Get1SecFlag())           //判断 1s 标志状态
  {
    printf("This is the first STM32F429 Project, by Zhangsan\r\n");

    Clr1SecFlag();            //清除 1s 标志
  }
}
```

步骤 6：编译及下载验证

代码编写完成后，单击按钮进行编译。编译结束后，Build Output 栏中出现“0 Error(s), 0 Warning(s)”，表示编译成功。然后参见图 2-33，通过 Keil μVision5.20 软件将.axf 文件下载到医疗电子单片机高级开发系统。下载完成后，打开串口助手，可以看到串口助手中每秒输出一次“This is the first STM32F429 Project, by Zhangsan”，同时 LD0 每 500ms 闪烁一次，表示实验成功。

本 章 任 务

基于“04.GPIO 与独立按键输入实验”工程，将 TIM4 配置成每 10ms 进入一次中断服务函数，并在 TIM4 中断服务函数中产生 10ms 标志位，在 Main 模块中基于 10ms 标志，创建 10ms 任务函数 Proc10msTask，将 ScanKeyOne 函数放在 Proc10msTask 函数中调用，验证独立按键是否能够正常工作。

本 章 习 题

1．如何通过 TIMx_CR1 设置时钟分频系数、计数器计数方向？

2．如何通过 TIMx_CR1 使能定时器？

3．如何通过 TIMx_DIER 使能或禁止更新中断使能？

4．如果某通用计数器设置为递增计数，当产生溢出时，TIMx_SR 的哪个位会发生变化？

5．如何通过 TIMx_SR 读取更新中断标志？

6．TIMx_CNT、TIMx_PSC 和 TIMx_ARR 的作用分别是什么？

第7章　实验6——系统节拍时钟

系统节拍时钟（SysTick）是一个简单的系统时钟节拍计数器，与其他计数/定时器不同，SysTick主要用于操作系统（如μC/OS、FreeRTOS）的系统节拍定时。ARM公司在设计Cortex-M4内核时，将SysTick设计在嵌套向量中断控制器（NVIC）中，因此，SysTick是内核的一个模块，任何授权厂家的Cortex-M4产品都具有该模块。关于SysTick的介绍可参见《ARM Cortex-M3与Cortex-M4权威指南》。操作SysTick寄存器的API函数也由ARM公司提供（参见core_cm4.h和core_cm4.c文件），便于代码移植。一般而言，只有复杂的嵌入式系统设计才会考虑选择操作系统，本书的实验相对较为基础，因此直接将SysTick作为普通的定时器使用，而且在SysTick模块中实现了毫秒延时函数DelayNms和微秒延时函数DelayNus。

7.1　实验内容

基于医疗电子单片机高级开发系统设计一个SysTick实验，内容包括：（1）新增SysTick模块，该模块应包括3个API函数，分别是初始化SysTick模块函数InitSysTick、微秒延时函数DelayNus和毫秒延时函数DelayNms；（2）在InitSysTick函数中，可以调用SysTick_Config函数对SysTick的中断间隔进行调整；（3）微秒延时函数DelayNus和毫秒延时函数DelayNms至少有一个需要通过SysTick_Handler中断服务函数实现；（4）在Main模块中，调用InitSysTick函数对SysTick模块进行初始化，调用DelayNms函数和DelayNus函数控制LD0每500ms闪烁一次，验证两个函数是否正确。

7.2　实验原理

7.2.1　SysTick功能框图

图7-1所示是SysTick功能框图，下面依次介绍SysTick时钟、当前计数值寄存器和重装载数值寄存器。

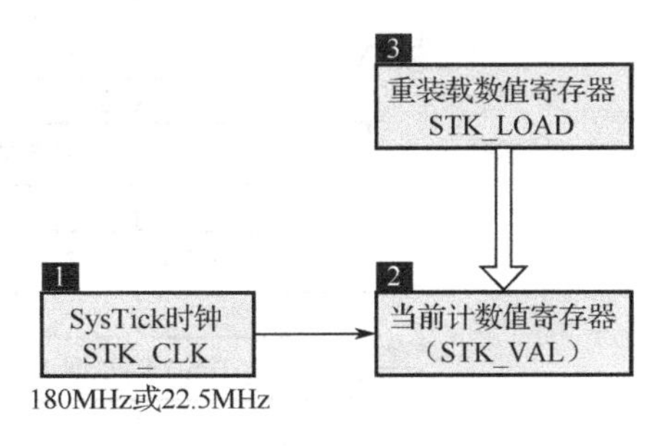

图7-1　SysTick功能框图

1. SysTick时钟

AHB时钟或经过8分频的AHB时钟作为Cortex系统时钟，该时钟同时也是SysTick的时钟源。由于本书中所有实验的AHB时钟频率均配置为180MHz，因此，SysTick时钟频率同样也是180MHz，或180MHz的8分频，即22.5MHz。本书中所有实验的Cortex系统时钟频率为180MHz，同样，SysTick时钟频率也为180MHz。

2. 当前计数值寄存器

SysTick时钟（STK_CLK）作为SysTick计数器的时钟输入，SysTick计数器是一个24位的递减计数器，对SysTick时钟进行计数，每次计数的时间为1/STK_CLK，计数值保存于当前计数值寄存器（STK_VAL）中。本实验中，由于STK_CLK的频率为180MHz，因此，

SysTick 计数器每一次的计数时间为 1/180μs。当 STK_VAL 计数至 0 时，STK_CTRL 的 COUNTFLAG 被置 1，如果 STK_CRTL 的 TICKINT 为 1，则产生 SysTick 异常请求；相反，如果 STK_CRTL 的 TICKINT 为 0，则不产生 SysTick 异常请求。

3．重装载数值寄存器

SysTick 计数器对 STK_CLK 时钟进行递减计数，由重装载值 STK_LOAD 开始计数，当 SysTick 计数器计数到 0 时，由硬件自动将 STK_LOAD 中的值加载到 STK_VAL 中，重新启动递减计数。本实验的 STK_LOAD 为 180000000/1000，因此，产生 SysTick 异常请求间隔为 $(1/180\mu s)\times(180000000/1000)=1000\mu s$，即 1ms 产生一次 SysTick 异常请求。

7.2.2 SysTick 实验流程图分析

图 7-2 所示是 SysTick 模块初始化与中断服务函数流程图。首先，通过 InitSysTick 函数初始化 SysTick，包括更新 SysTick 重装载数值寄存器、清除 SysTick 计数器、选择 AHB 时钟作为 SysTick 时钟、使能异常请求，并使能 SysTick，这些操作都在 SysTick_Config 函数中完成。其次，判断 SysTick 计数器是否计数到 0，如果不为 0，继续判断；如果计数到 0，则产生 SysTick 异常请求，并执行 SysTick_Handler 中断服务函数，SysTick_Handler 函数主要判断 s_iTimDelayCnt 是否为 0，如果为 0，则退出 SysTick_Handler 函数；否则，s_iTimDelayCnt 执行递减操作。

图 7-3 是 DelayNms 函数流程图。首先，DelayNms 函数将参数 nms 赋值给 s_iTimDelayCnt，由于 s_iTimDelayCnt 是 SysTick 模块的内部变量，该变量在 SysTick_Handler 中断服务函数中执行递减操作（s_iTimDelayCnt 每 1ms 执行一次减 1 操作）。其次，判断 s_iTimDelayCnt 是否为 0，如果为 0，则退出 DelayNms 函数；否则，继续判断。这样，s_iTimDelayCnt 就从 nms 递减到 0，如果 nms 为 5，就可以实现 5ms 延时。

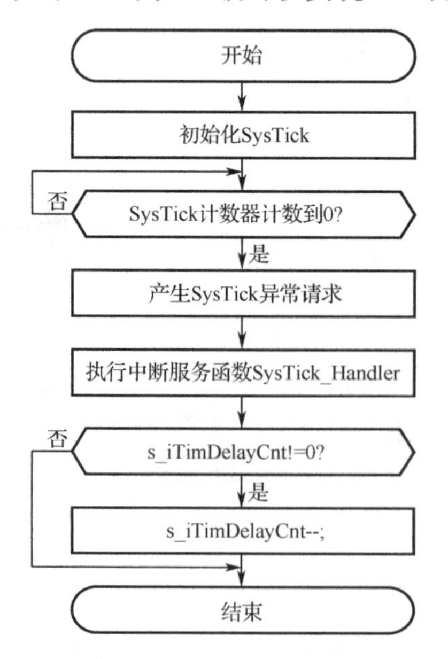

图 7-2 SysTick 模块初始化与中断服务函数流程图

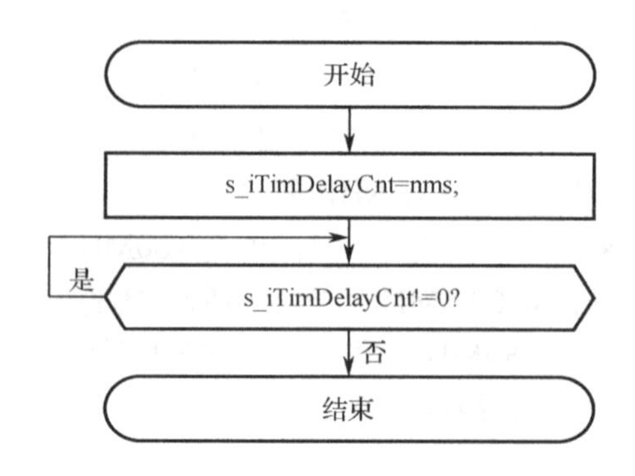

图 7-3 DelayNms 函数流程图

图 7-4 是 DelayNus 函数流程图。微秒级的延时与毫秒级的延时的实现不同，微秒级的延时通过一个 while 循环语句内嵌一个 for 循环语句和一个 s_iTimCnt 变量递减语句实现，for 循环语句和 s_iTimCnt 变量递减语句执行时间约为 1μs。参数 nus 一开始就赋值给 s_iTimCnt 变量，然后在 while 表达式中判断 s_iTimCnt 变量是否为 0，如果不为 0，则执行 for 循环语句和 s_iTimCnt 变量递减语句；否则，退出 DelayNus 函数。for 循环语句执行完之后，s_iTimCnt 变量执行一次减 1 操作，接着继续判断 s_iTimCnt 是否为 0。如果 nus 为 5，则可以实现 5μs 延时。DelayNus 函数实现的微秒级延时的误差较大，DelayNms 函数实现的毫秒级延时误差较小。

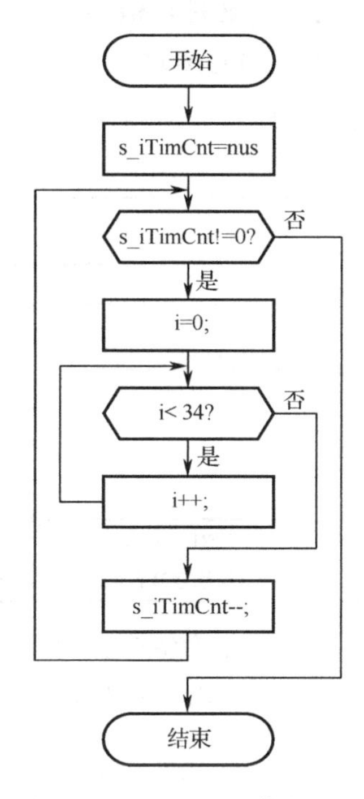

图 7-4　DelayNus 函数流程图

7.2.3　SysTick 部分寄存器

本实验涉及 4 个 SysTick 寄存器，分别是 SysTick 控制及状态寄存器、重装载数值寄存器、当前数值寄存器和校准数值寄存器。

1．控制及状态寄存器（STK_CTRL）

STK_CTRL 的结构、偏移地址和复位值如图 7-5 所示，部分位的解释说明如表 7-1 所示。

地址：0xE000 E010
复位值：0x0000 0000

31–17	16
保留	COUNTFLAG
	r

15–3	2	1	0
保留	CLKSOURCE	TICKINT	ENABLE
	rw	rw	rw

图 7-5　STK_CTRL 的结构、偏移地址和复位值

表 7-1　STK_CTRL 部分位的解释说明

位	说明
位 16	COUNTFLAG：计数标志。 如果在上次读取本寄存器后，SysTick 已经计数到 0，则该位为 1。如果读取该位，该位将自动清零
位 2	CLKSOURCE：时钟源选择。 0：外部参考时钟（STCLK）； 1：内核时钟。 注意，本书所有实验的 SysTick 时钟默认为 AHB 时钟，即 SysTick 时钟频率为 180MHz
位 1	TICKINT：中断使能。 1：开启中断，SysTick 递减计数到 0 时产生 SysTick 异常请求； 0：关闭中断，SysTick 递减计数到 0 时不产生 SysTick 异常请求
位 0	ENABLE：SysTick 使能。 1：使能 SysTick； 0：关闭 SysTick

2. 重装载数值寄存器（STK_LOAD）

STK_LOAD 的结构、偏移地址和复位值如图 7-6 所示，部分位的解释说明如表 7-2 所示。

地址：0xE000 E014
复位值：0x0000 0000

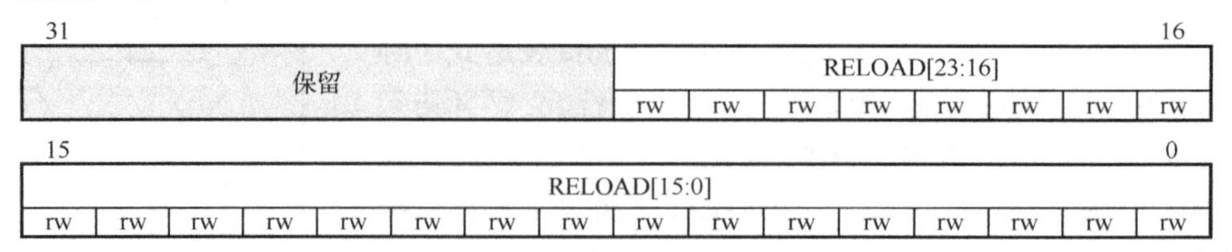

图 7-6　STK_LOAD 的结构、偏移地址和复位值

表 7-2　STK_LOAD 部分位的解释说明

位 23:0	RELOAD[23:0]：重装载值。 当递减计数至零时，将被重装载的值

3. 当前数值寄存器（STK_VAL）

STK_VAL 的结构、偏移地址和复位值如图 7-7 所示，部分位的解释说明如表 7-3 所示。

地址：0xE000 E018
复位值：0x0000 0000

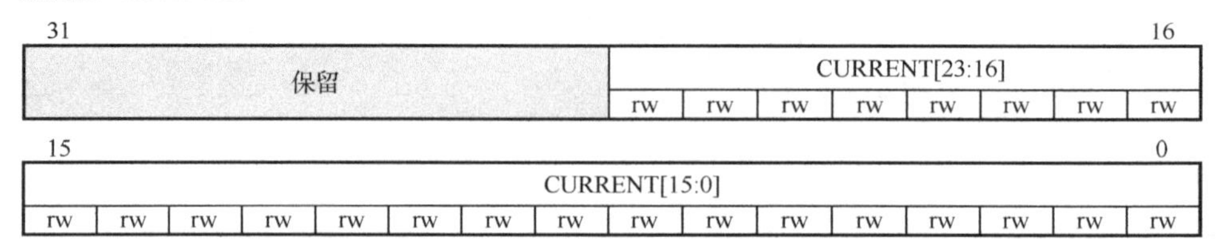

图 7-7　STK_VAL 的结构、偏移地址和复位值

表 7-3　STK_VAL 部分位的解释说明

位 23:0	CURRENT[23:0]：当前计数值。 读取时返回当前递减计数的值，写入则使之清零，同时还会清除 STK_CTRL 中的 COUNTFLAG

4. 校准数值寄存器（STK_CALIB）

STK_CALIB 的结构、偏移地址和复位值如图 7-8 所示，部分位的解释说明如表 7-4 所示。

地址：0xE000 E01C
复位值：0x0000 0000

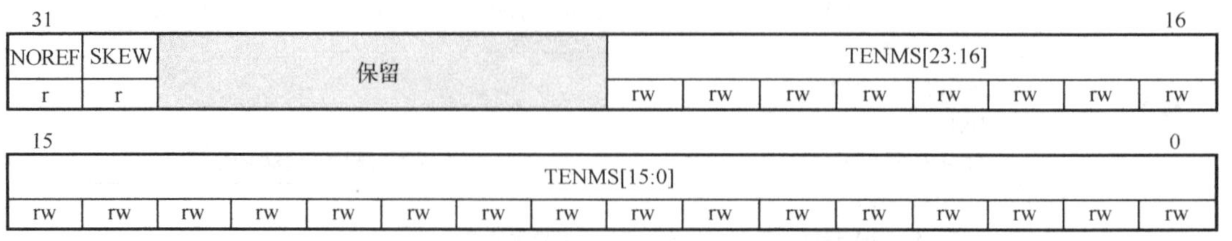

图 7-8　STK_CALIB 的结构、偏移地址和复位值

表 7-4　STK_CALIB 部分位的解释说明

位 31	NOREF：NOREF 标志。 1：没有外部参考时钟（STCLK 不可用）；0：外部参考时钟可用
位 30	SKEW：SKEW 标志。 1：校准值不是准确的 10ms；0：校准值准确
位 23:0	TENMS[23:0]：10ms 校准值。 在 10ms 的间隔中递减计数的格数。芯片设计者通过 Cortex-M4 的输入信号提供该数值，若读出为 0，则表示校准值不可用

7.2.4　SysTick 部分固件库函数

本实验涉及的 SysTick 固件库函数只有 SysTick_Config，用于设置 SysTick 并使能中断。该函数在 core_cm4.h 文件中以内联函数形式声明和实现。

SysTick_Config 函数的功能是设置 SysTick 并使能中断，通过写 SysTick->LOAD 设置自动重载入计数值和 SysTick 中断的优先级，将 SysTick->VAL 的值设置为 0，向 SysTick->CTRL 写入参数启动计数，并打开 SysTick 中断，SysTick 时钟默认使用系统时钟。该函数的描述如表 7-5 所示。注意，当设置的计数值不符合要求时，如设置值超过 24（SysTick 计数器是 24 位），则返回 1。

表 7-5　SysTick_Config 函数的描述

函数名	SysTick_Config
函数原型	int32_t SysTick_Config(uint32_t ticks)
功能描述	设置 SysTick 并使能中断
输入参数	ticks：时钟次数
输出参数	无
返回值	1：重装载值错误；0：功能执行成功

例如，配置系统节拍定时器 1ms 中断一次，代码如下：

```
SysTick_Config(SystemCoreClock / 1000); // SystemCoreClock = 180000000
//180000 代表计数从 179999 开始到 0；定时器递减 1 个值需要时间为：1/SystemCoreClock 秒；
//所以计算为（180000000 / 1000）*（1/180MHz）=1/1000=（1ms）。
```

7.3　实验步骤

步骤 1：复制并编译原始工程

首先，将“D:\STM32KeilTest\Material\06.SysTick 实验”文件夹复制到“D:\STM32KeilTest\Product”文件夹中。然后，双击运行“D:\STM32KeilTest\Product\06.SysTick 实验\Project”文件夹中的 STM32KeilPrj.uvprojx，单击工具栏中的按钮。当 Build Output 栏出现“FromELF: creating hex file...”时，表示已经成功生成 .hex 文件，出现“0 Error(s), 0 Warnning(s)”，表示编译成功。最后，将.axf 文件下载到 STM32 的内部 Flash，观察医疗电子单片机高级开发系统上的 LD0 是否每 500ms 闪烁一次。如果 LD0 闪烁，串口正常输出字符串，表示原始工程是正确的，接着就可以进入下一步操作。

步骤 2：添加 SysTick 文件对

首先，将“D:\STM32KeilTest\Product\06.SysTick 实验\ARM\SysTick”文件夹中的 SysTick.c 添加到 ARM 分组中。然后，将“D:\STM32KeilTest\Product\06.SysTick 实验\ARM\SysTick”路径添加到 Include Paths 栏中。

步骤 3：完善 SysTick.h 文件

单击按钮进行编译，编译结束后，在 Project 面板中，双击 SysTick.c 下的 SysTick.h。在 SysTick.h 文件的“包含头文件”区，添加代码`#include "DataType.h"`和`#include "stm32f4xx.h"`。

在 SysTick.h 文件的“API 函数声明”区，添加如程序清单 7-1 所示的 API 函数声明代码。其中 InitSysTick 函数主要用于初始化 SysTick 模块；DelayNus 函数的功能是微秒延时；而 DelayNms 函数的功能是毫秒延时。DelayNus 和 DelayNms 函数均使用到了关键字__IO，__IO 定义在 core_cm4.h 文件，stm32f4xx.h 文件包含了 core_cm4.h 文件，因此，SysTick.h 包含了 stm32f4xx.h 文件，就相当于包含了 core_cm4.h 文件。

程序清单 7-1

```
void  InitSysTick(void);                  //初始化 SysTick 模块
void  DelayNus(__IO u32 nus);             //微秒级延时函数
void  DelayNms(__IO u32 nms);             //毫秒级延时函数
```

步骤 4：完善 SysTick.c 文件

SysTick 模块涉及的 SysTick_Config 函数在 core_cm4.h 文件中声明，因此，原则上需要包含 core_cm4.h。但是，SysTick.c 包含了 SysTick.h，而 SysTick.h 包含了 stm32f4xx.h，stm32f4xx.h 又包含了 core_cm4.h，既然 SysTick.c 已经包含了 SysTick.h，因此，就不需要在 SysTick.c 中再次包含 stm32f4xx.h 或 core_cm4.h。

但是，还是需要在 SysTick.c 文件“包含头文件”区的最后，添加代码`#include "stm32f4xx_conf.h"`。

在 SysTick.c 文件的“内部变量”区，添加内部变量定义的代码，如程序清单 7-2 所示。s_iTimDelayCnt 是延时计数器，该变量每 ms 执行一次减 1 操作，初值由 DelayNms 函数的参数 nms 赋值。__IO 等效于 volatile，变量前添加 volatile 之后，编译器就不会对该变量的代码进行优化。

程序清单 7-2

```
static  __IO  u32 s_iTimDelayCnt = 0;     //延时计数器 s_iTimDelayCnt 的初始值为 0
```

在 SysTick.c 文件的“内部函数声明”区，添加 TimDelayDec 函数的声明代码，如程序清单 7-3 所示。

程序清单 7-3

```
static  void TimDelayDec(void);           //延时计数
```

在 SysTick.c 文件的“内部函数实现”区，添加 TimDelayDec 和 SysTick_Handler 函数的实现代码，如程序清单 7-4 所示。本实验中，SysTick_Handler 函数每秒执行一次，该函数调用了 TimDelayDec 函数，当延时计数器 s_iTimDelayCnt 不为 0 时，每执行一次 TimDelayDec 函数，s_iTimDelayCnt 执行一次减 1 操作。

程序清单 7-4

```
static  void TimDelayDec(void)
{
  if(s_iTimDelayCnt != 0)                    //延时计数器的数值不为0
  {
    s_iTimDelayCnt--;                        //延时计数器的数值减1
  }
}

void  SysTick_Handler(void)
{
  TimDelayDec();                             //延时计数函数
}
```

在 SysTick.c 文件的“API 函数实现”区，添加 API 函数的实现代码，如程序清单 7-5 所示。SysTick.c 文件有 3 个 API 函数，下面按照顺序对这 3 个函数中的语句进行解释说明。

（1）InitSysTick 函数调用 SysTick_Config 函数初始化 SysTick 模块，本实验中，SysTick 的时钟为 180MHz，因此 SystemCoreClock 为 180000000，SysTick_Config 函数的参数就为 180000，表示 STK_LOAD 为 180000，通过计算可以得出，产生 SysTick 异常请求间隔为（1/180μs）×180000=1000μs，即 1ms 产生一次 SysTick 异常请求。SysTick_Config 函数的返回值表示是否出现错误，返回值为 0 表示没有错误；为 1 表示出现错误，程序进入死循环。

（2）DelayNms 函数的参数 nms 表示以毫秒为单位的延时数，nms 赋值给延时计数器 s_iTimDelayCnt，该值在 SysTick_Handler 中断服务函数中执行一次减 1 操作，当 s_iTimDelayCnt 减到 0 时跳出 DelayNms 函数的 while 循环，DelayNms 函数的具体执行过程可参见 7.2.2 节。

（3）DelayNus 函数通过一个 while 循环语句内嵌一个 for 循环语句和 s_iTimCnt 变量递减语句实现微秒级延时，for 循环语句和 s_iTimCnt 变量递减语句执行时间大约是 1μs，DelayNus 函数的具体执行过程同样参见 7.2.2 节。

程序清单 7-5

```
void InitSysTick( void )
{
  if (SysTick_Config(SystemCoreClock / 1000)) //配置系统滴答定时器1ms中断一次
  {
    while(1)                                  //错误发生的情况下，进入死循环
    {

    }
  }
}

void  DelayNms(__IO u32 nms)
{
  s_iTimDelayCnt = nms;                 //将延时计数器s_iTimDelayCnt的数值赋为nms

  while(s_iTimDelayCnt != 0)            //延时计数器的数值为0时，表示延时了nms，跳出while语句
  {

  }
```

```
}

void  DelayNus(__IO u32 nus)
{
  u32 s_iTimCnt = nus;                 //定义一个变量 s_iTimCnt 作为延时计数器，赋值为 nus
  u16 i;                               //定义一个变量作为循环计数器

  while(s_iTimCnt != 0)                //延时计数器 s_iTimCnt 的值不为 0
  {
    for(i = 0; i < 34; i++)            //空循环，产生延时
    {

    }

    s_iTimCnt--;                       //成功延时 1us，变量 s_iTimCnt 减 1
  }
}
```

步骤 5：完善 SysTick 实验应用层

在 Project 面板中，双击打开 Main.c 文件，在 Main.c 文件的“包含头文件”区的最后，添加代码#include "SysTick.h"，这样就可以在 Main.c 文件中调用 SysTick 模块的 API 函数等，实现对 SysTick 模块的操作。

在 Main.c 文件的 InitHardware 函数中，添加调用 InitSysTick 函数的代码，如程序清单 7-6 所示，这样就实现了对 SysTick 模块的初始化。

程序清单 7-6

```
static  void  InitHardware(void)
{
  SystemInit();                        //系统初始化
  InitNVIC();                          //初始化 NVIC 模块
  InitUART1(115200);                   //初始化 UART 模块
  InitTimer();                         //初始化 Timer 模块
  InitLED();                           //初始化 LED 模块
  InitRCC();                           //初始化 RCC 模块
  InitSysTick();                       //初始化 SysTick 模块
}
```

在 Main.c 文件的 main 函数中，注释掉 Proc2msTask 和 Proc1SecTask 这两个函数，并添加如程序清单 7-7 所示代码，这样就实现了 LD0 的闪烁功能。

程序清单 7-7

```
int main(void)
{
  InitSoftware();                                     //初始化软件相关函数
  InitHardware();                                     //初始化硬件相关函数

  printf("Init System has been finished.\r\n" );      //打印系统状态

  while(1)
  {
    //Proc2msTask();                                  //2ms 处理任务
    //Proc1SecTask();                                 //1s 处理任务
```

```
    GPIO_WriteBit(GPIOC, GPIO_Pin_13, Bit_RESET);  //LED点亮
    DelayNms(1000);
    GPIO_WriteBit(GPIOC, GPIO_Pin_13, Bit_SET);    //LED熄灭
    DelayNus(1000000);
  }
}
```

步骤 6：编译及下载验证

代码编写完成后，单击按钮进行编译，编译结束后，Build Output 栏中出现“0 Error(s), 2 Warning(s)”，表示编译成功。然后，参照图 2-33，通过 Keil μVision5.20 软件将.axf 文件下载到医疗电子单片机高级开发系统。下载完成后，可以观察到 LD0 闪烁，表示实验成功。

本 章 任 务

基于医疗电子单片机高级开发系统，通过修改 SysTick 模块的 InitSysTick 函数，将系统节拍时钟 SysTick 配置为每 0.25ms 中断一次，此时，SysTick 模块中的 DelayNms 函数将不再以 1ms 为最小延时单位，而是以 0.25ms 为最小延时单位。尝试修改 DelayNms 函数，使得该函数在 SysTick 为每 0.25ms 中断一次的情况下，依然是以 1ms 为最小延时单位，即 DelayNms(1)代表 1ms 延时，DelayNms(5)代表 5ms 延时，并在 Main 模块中调用 DelayNms 函数控制 LD0 每 500ms 闪烁一次，验证 DelayNms 函数是否修改正确。

本 章 习 题

1．简述 DelayNus 函数产生延时的原理。
2．DelayNus 函数的时间计算精度会受什么因素影响？
3．STM32 芯片中的通用定时器与 SysTick 定时器有什么区别？
4．如何通过寄存器，将 SysTick 时钟频率由 180MHz 更改为 22.5MHz？

第8章 实验7——RCC

STM32 微控制器为了满足各种低功耗应用场景，设计了一个功能完善而复杂的时钟系统。普通的微控制器一般只要配置好外设（如 GPIO、UART 等）的相关寄存器就可以正常工作，但是，STM32 微控制器还需要同时配置好复位和时钟控制器（RCC），并开启相应的外设时钟。本章主要介绍时钟部分，尤其是时钟树，理解了时钟树，STM32 所有时钟的来龙去脉就非常清晰了。本章首先对时钟源和时钟树，以及 RCC 的相关寄存器和固件库函数进行详细讲解，并编写 RCC 模块驱动程序，然后在应用层调用 RCC 的初始化函数，验证 STM32 整个系统是否能够正常工作。

8.1 实验内容

通过学习 STM32 的时钟源和时钟树，以及 RCC 的相关寄存器和固件库函数，编写 RCC 驱动程序，该驱动程序包括一个用于初始化 RCC 模块的 API 函数 InitRCC，以及一个用于配置 RCC 的内部静态函数 ConfigRCC，通过 ConfigRCC 函数，将 HSE 时钟（频率为 8MHz）的 9 倍频作为 SYSCLK 时钟源；同时，将 AHB 总线时钟 HCLK 的频率配置为 72MHz，将 APB1 总线时钟 PCLK1 和 APB2 总线时钟 PCLK2 的频率分别配置为 36MHz 和 72MHz。最后，在 Main.c 文件中调用 InitRCC 函数，验证 STM32 整个系统是否能够正常工作。

8.2 实验原理

8.2.1 RCC 功能框图

对于传统的微控制器（如 51 系列微控制器），系统时钟的频率基本都是固定的，实现一个延时程序，可以直接使用 for 循环语句或 while 语句。然而，对于 STM32 系列微控制器则不可行，因为 STM32 系统较复杂，时钟系统相对于传统的微控制器也更加多样化，系统时钟有多个时钟源，每个外设又有不同的时钟分频系数，如果不熟悉时钟系统，就无法确定当前的时钟频率，做不到精确的延时。

复位和时钟控制模块（即 RCC）是 STM32 的核心单元，每个实验都会涉及 RCC。当然，本书中所有的实验都要先对 RCC 进行初始化配置，然后再对具体的外设进行时钟使能。因此，如果不熟悉 RCC，就无法理解 STM32 微控制器。

RCC 的功能框图如图 8-1 所示，下面依次介绍高速外部时钟（HSE）、高速外部时钟和高速内部时钟选择器、主锁相环时钟、系统时钟（SYSCLK）选择器、AHB 预分频器、APB 预分频器、定时器时钟、APB 时钟、Cortex 系统时钟，以及 AHB 总线、内核、存储器和 DMA 时钟。

1．高速外部时钟（HSE）

HSE 可以由有源晶振提供，也可以由无源晶振提供，频率范围为 4～26MHz。医疗电子单片机高级开发系统板载晶振为无源 25MHz 晶振，通过 OSC_IN 和 OSC_OUT 两个引脚接入到芯片，同时还要配谐振电容。如果选择有源晶振，则时钟从 OSC_IN 接入，OSC_OUT 悬空。

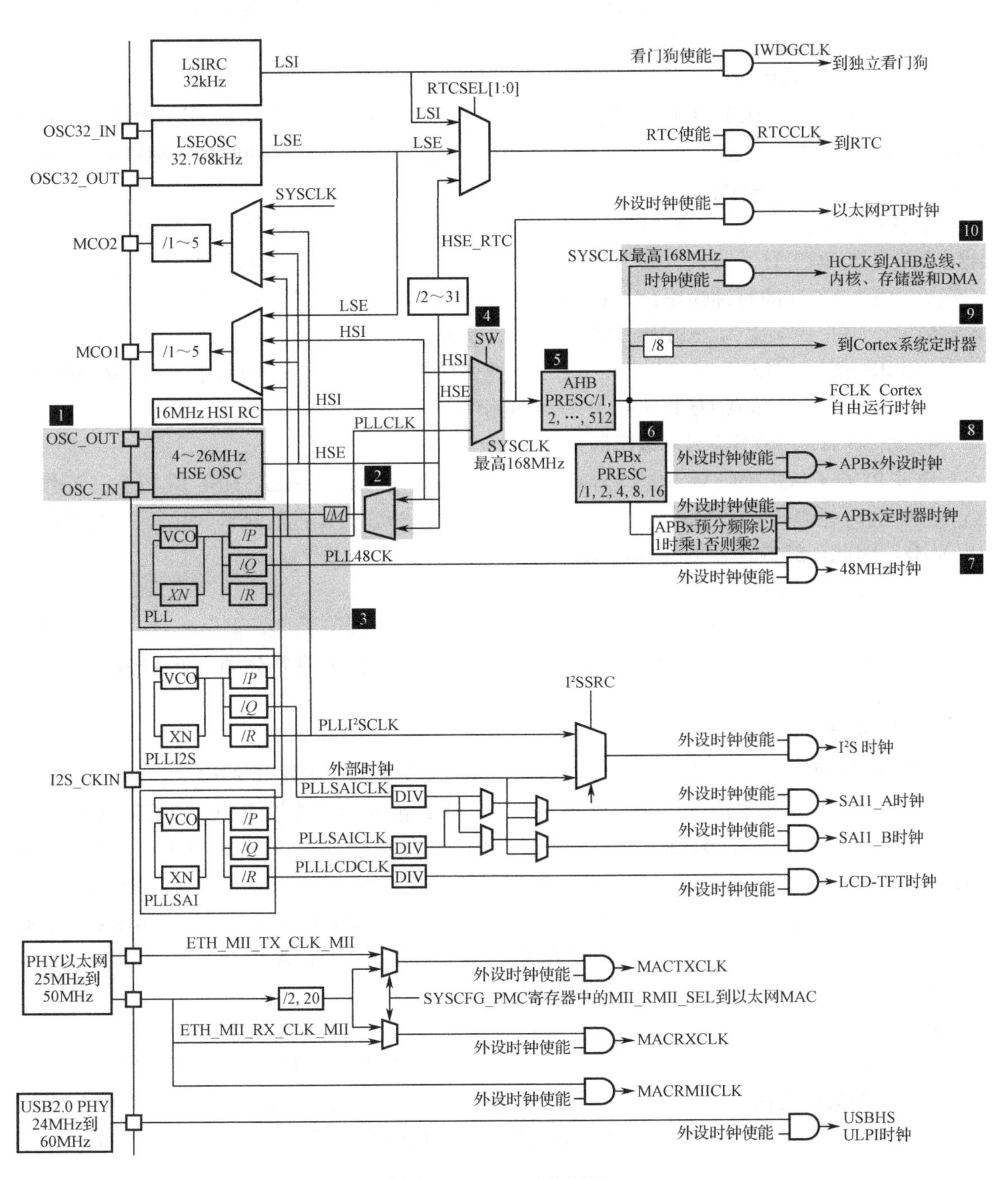

LSIRC
32kHz
LSI
看门狗使能
IWDGCLK
到独立看门狗
RTCSEL[1:0]
OSC32_IN
OSC32_OUT
LSEOSC
32.768kHz
LSE
RTC使能
RTCCLK
到RTC
SYSCLK
MCO2
/1～5
外设时钟使能
以太网PTP时钟
HSE_RTC
SYSCLK最高168MHz
时钟使能
HCLK到AHB总线、
内核、存储器和DMA
/2～31
MCO1
HSI
SW
/8
到Cortex系统定时器
AHB
PRESC/1,
2, …, 512
FCLK Cortex
自由运行时钟
16MHz HSI RC
PLLCLK
SYSCLK
最高168MHz
OSC_OUT
OSC_IN
4～26MHz
HSE OSC
HSE
APBx
PRESC
/1, 2, 4, 8, 16
APBx外设时钟
APBx定时器时钟
APBx预分频除以
1时乘1否则乘2
/M
VCO
/P
/Q
/R
XN
PLL
PLL48CK
48MHz时钟
I²SSRC
PLLI²SCLK
I²S 时钟
PLLI2S
I2S_CKIN
外部时钟
PLLSAICLK
DIV
SAI1_A时钟
SAI1_B时钟
PLLLCDCLK
LCD-TFT时钟
PLLSAI
PHY以太网
25MHz到
50MHz
ETH_MII_TX_CLK_MII
MACTXCLK
/2, 20
SYSCFG_PMC寄存器中的MII_RMII_SEL到以太网MAC
ETH_MII_RX_CLK_MII
MACRXCLK
MACRMIICLK
USB2.0 PHY
24MHz到
60MHz
USBHS
ULPI时钟

图 8-1　RCC 功能框图

2．高速外部时钟和高速内部时钟选择器

高速内部时钟（HSI）选择器通过 RCC_PLLCFGR 的 PLLSRC 选择 HSE 或 HSI 作为锁相环（PLL）的时钟输入。本书所有实验均选择 HSE（25MHz）作为锁相环（包括主 PLL、PLLI2S 和 PLLSAI）的时钟输入。

3．主锁相环时钟

主锁相环时钟由 HSE 或 HSI 提供，并具有两个不同的输出时钟：（1）用于生成高速系统时钟（最高频率建议不超过 180MHz）；（2）用于生成 USB OTG FS 的时钟（48MHz）、随机数发生器的时钟（≤48MHz）和 SDIO 时钟（≤48MHz）。

本书所有实验均选择 HSE（25MHz）作为主锁相环的时钟输入，且仅涉及高速系统时钟。HSE 经过分频系数 M 分频后，成为 VCO 的时钟输入；VCO 输入时钟经过 VCO 倍频系数 N 倍频后，成为 VCO 的时钟输出；VCO 输出时钟经过分频系数 P 分频后，最终成为 PLLCLK。本实验中，HSE 的频率为 25MHz，M、N、P 取值分别为 25、360、2，因此，VCO 输入时钟频率=25MHz/M= 25MHz/25=1MHz，VCO 输出时钟频率=1MHz×N=1MHz×360=360MHz，PLLCLK 时钟频率= 360MHz/P=360MHz/2=180MHz。

4．系统时钟（SYSCLK）选择器

通过 RCC_CFGR 的 SW 选择 SYSCLK 的时钟源，可以选择 HSI、HSE 或 PLLCLK 作为 SYSCLK 的时钟源。本书所有实验选择 PLLCLK 作为 SYSCLK 的时钟源。由于 PLLCLK 是 180MHz，因此，SYSCLK 同样也是 180MHz。

5．AHB 预分频器

AHB 预分频器通过 RCC_CFGR 的 HPRE 对 SYSCLK 进行 1、2、4、8、16、64、128、256 或 512 分频，本书所有实验的 AHB 预分频器未对 SYSCLK 进行分频，即 AHB 时钟依然为 180MHz。

6．APB 预分频器

APB 预分频器实际上是两个预分频器，分别是 APB1 预分频器和 APB2 预分频器。AHB 时钟是 APB1 和 APB2 预分频器的时钟输入，APB1 预分频器通过 RCC_CFGR 的 PPRE1 对 AHB 时钟进行 1、2、4、8 或 16 分频；APB2 预分频器通过 RCC_CFGR 的 PPRE2 对 AHB 时钟进行 1、2、4、8 或 16 分频。本书所有实验的 APB1 预分频器对 AHB 时钟进行 4 分频，APB2 预分频器对 AHB 时钟进行 2 分频。因此，APB1 时钟频率为 45MHz，APB2 时钟频率为 90MHz。建议 APB1 时钟频率不要超过 45MHz，APB2 时钟频率不要超过 90MHz。

7．定时器时钟

STM32F4xx 系列微控制器有 14 个定时器，其中 TIM2～7、TIM12～14 的时钟由 APB1 时钟提供，TIM1、TIM8～11 的时钟由 APB2 时钟提供。当 APBx 预分频器的分频系数为 1 时，定时器的时钟频率与 APBx 时钟频率相等；当 APBx 预分频器的分频系数不为 1 时，定时器的时钟频率是 APBx 时钟频率的 2 倍。由前面内容可知，本书所有实验的 TIM2～7、TIM12～14 的时钟频率为 90MHz，TIM1、TIM8～11 的时钟频率为 180MHz。

8．APB 时钟

APB1 和 APB2 总线上的外设在工作之前，必须通过 RCC_APB1ENR 使能这些外设对应的时钟。例如，APB1 总线上的 TIM2 必须通过向 RCC_APB1ENR 的 TIM2EN 写入 1 使能 TIM2 的时钟。

9．Cortex 系统时钟

AHB 时钟或 AHB 时钟经过 8 分频，作为 Cortex 系统时钟。本书中的 SysTick 实验使用的即为 Cortex 系统时钟，AHB 时钟频率为 180MHz，因此，SysTick 时钟频率也为 180MHz，或 22.5MHz。本书所有实验的 Cortex 系统时钟频率默认为 180MHz，因此，SysTick 时钟频率也为 180MHz。

10．AHB 总线、内核、存储器和 DMA 时钟

AHB1、AHB2 和 AHB3 总线上的外设在工作之前，必须通过 RCC_AHB1ENR、RCC_AHB2ENR 和 RCC_AHB3ENR 使能这些外设对应的时钟。例如，AHB1 总线上的 GPIOA 必须通过向 RCC_AHB1ENR 的 GPIOAEN 写入 1 使能 GPIOA 的时钟。

提示：关于 RCC 参数的配置，读者可参见本书配套实验的 RCC.h 和 RCC.c 文件。

8.2.2 RCC 部分寄存器

本书实验涉及的 RCC 寄存器包括时钟控制寄存器（RCC_CR）、PLL 配置寄存器（RCC_PLLCFGR）、时钟配置寄存器（RCC_CFGR）、AHB1 外设时钟使能寄存器（RCC_AHB1ENR）、APB1 外设时钟使能寄存器（RCC_APB1ENR）、APB2 外设时钟使能寄存器（RCC_APB2ENR）。

1．时钟控制寄存器（RCC_CR）

RCC_CR 的结构、偏移地址和复位值如图 8-2 所示，部分位的解释说明如表 8-1 所示。

偏移地址：0x00
复位值：0x0000 0000

31	30	29	28	27	26	25	24	23	22	21	20	19	18	17	16
保留				PLLI2SRDY	PLLI2SON	PLLRDY	PLLON	保留				CSSON	HSEBYP	HSERDY	HSEON
				r	rw	r	rw					rw	rw	r	rw

15	14	13	12	11	10	9	8	7	6	5	4	3	2	1	0
HSICAL[7:0]								HSITRIM[4:0]					保留	HSIRDY	HSION
r	r	r	r	r	r	r	r	rw	rw	rw	rw	rw		r	rw

图 8-2　RCC_CR 的结构、偏移地址和复位值

表 8-1　RCC_CR 部分位的解释说明

位 25	PLLRDY：主锁相环（PLL）时钟就绪标志（Main PLL（PLL）clock ready flag）。 由硬件置 1，用以指示 PLL 已锁定。 0：PLL 未锁定；　　1：PLL 已锁定
位 24	PLLON：主锁相环（PLL）使能（Main PLL（PLL）enable）。 由软件置 1 和清零，用于使能 PLL。当进入停机或待机模式时由硬件清零。如果 PLL 时钟用作系统时钟，则此位不可清零。 0：PLL 关闭；　　1：PLL 开启
位 18	HSEBYP：HSE 时钟旁路（HSE clock bypass）。 由软件置 1 和清零，用于用外部时钟旁路振荡器。外部时钟必须通过 HSEON 位使能才能为器件使用。HSEBYP 只有在 HSE 振荡器已禁止的情况下才可写入。 0：不旁路 HSE 振荡器；　　1：外部时钟旁路 HSE 振荡器
位 17	HSERDY：HSE 时钟就绪标志（HSE clock ready flag）。 由硬件置 1，用于指示 HSE 振荡器已稳定。将 HSEON 位清零后，HSERDY 将在 6 个 HSE 振荡器时钟周期后转为低电平。 0：HSE 振荡器未就绪；　　1：HSE 振荡器已就绪

续表

位 16	HSEON：HSE 时钟使能（HSE clock enable）。 由软件置 1 和清零。由硬件清零，用于在进入停机或待机模式时停止 HSE 振荡器。如果 HSE 振荡器直接或间接用于作为系统时钟，则此位不可复位。 0：HSE 振荡器关闭　　　1：HSE 振荡器打开

2. PLL 配置寄存器（RCC_PLLCFGR）

RCC_PLLCFGR 的结构、偏移地址和复位值如图 8-3 所示，部分位的解释说明如表 8-2 所示。

偏移地址：0x04
复位值：0x2400 3010

31	30	29	28	27	26	25	24	23	22	21	20	19	18	17	16
保留				PLLQ3	PLLQ2	PLLQ1	PLLQ0	保留	PLLSRC	保留				PLLP1	PLLP0
				rw	rw	rw	rw		rw					rw	rw

15	14	13	12	11	10	9	8	7	6	5	4	3	2	1	0
保留	PLLN[8:0]									PLLM5	PLLM4	PLLM3	PLLM2	PLLM1	PLLM0
	rw	rw	rw	rw	rw	rw	rw	rw	rw	rw	rw	rw	rw	rw	rw

图 8-3　RCC_PLLCFGR 的结构、偏移地址和复位值

表 8-2　RCC_PLLCFGR 部分位的解释说明

位 27:24	PLLQ：主锁相环（PLL）分频系数，适用于 USB OTG FS、SDIO 和随机数发生器时钟（Main PLL（PLL）division factor for USB OTG FS, SDIO and random number generator clocks）。 由软件置 1 或清零，用于控制 USBOTGFS 时钟、随机数发生器时钟和 SDIO 时钟的频率。这些位应仅在 PLL 已禁止时写入。 注意，为使 USBOTGFS 能够正常工作，需要 48MHz 的时钟。对于 SDIO 和随机数生成器，频率需要低于或等于 48MHz 才可正常工作。
位 27:24	USBOTGFS 时钟频率=VCO 频率/PLLQ，并且 2≤PLLQ≤15。 0000：PLLQ=0，错误配置；　0001：PLLQ=1，错误配置；　0010：PLLQ=2； 0011：PLLQ=3；　0100：PLLQ=4；　… 1111：PLLQ=15
位 22	PLLSRC：主锁相环（PLL）和音频锁相环（PLLI^{2}S）输入时钟源（Main PLL（PLL） and audio PLL（PLLI^{2}S）entry clock source）。 由软件置 1 和清零，用于选择 PLL 和 PLLI^{2}S 时钟源。此位只有在 PLL 和 PLLI^{2}S 已禁止时才可写入。 0：选择 HSI 时钟作为 PLL 和 PLLI^{2}S 时钟输入； 1：选择 HSE 振荡器时钟作为 PLL 和 PLLI^{2}S 时钟输入
位 17:16	PLLP：适用于主系统时钟的主锁相环（PLL）分频系数（Main PLL（PLL） division factor for main system clock）。 由软件置 1 和清零，用于控制常规 PLL 输出时钟的频率。这些位只能在 PLL 已禁止时写入。 注意，软件必须正确设置这些位，使其在此域中不超过 168MHz。 PLL 输出时钟频率=VCO 频率/PLLP，且 PLLP=2、4、6 或 8 00：PLLP=2；　01：PLLP=4；　10：PLLP=6；　11：PLLP=8
位 14:6	PLLN：适用于 VCO 的主锁相环（PLL）倍频系数（Main PLL（PLL）multiplication factor for VCO）。 由软件置 1 和清零，用于控制 VCO 的倍频系数。这些位只能在 PLL 已禁止时写入。写入这些位时只允许使用半字和字访问。 注意，软件必须正确设置这些位，确保 VCO 输出频率介于 192MHz 和 432MHz 之间。 VCO 输出频率=VCO 输入频率×PLLN，且 192≤PLLN≤432。 000000000：PLLN=0，错误配置；　000000001：PLLN=1，错误配置； …　011000000：PLLN=192； …　110110000：PLLN=432； 110110001：PLLN=433，错误配置；　… 111111111：PLLN=511，错误配置

续表

位 5:0	PLLM：主锁相环（PLL）和音频锁相环（PLLI^{2}S）输入时钟的分频系数（Division factor for the main PLL（PLL）and audio PLL（PLLI^{2}S）input clock）。 由软件置 1 和清零，用于在 VCO 之前对 PLL 和 PLLI^{2}S 输入时钟进行分频。这些位只有在 PLL 和 PLLI^{2}S 已禁止时才可写入。 注意，软件必须正确设置这些位，确保 VCO 输入频率介于 1MHz 和 2MHz 之间。建议选择 2MHz 的频率，以便限制 PLL 抖动。 VCO 输入频率=PLL 输入时钟频率/PLLM，且 2≤PLLM≤63。 000000：PLLM=0，错误配置；　000001：PLLM=1，错误配置； 000010：PLLM=2；　000011：PLLM=3； 000100：PLLM=4；　… 111110：PLLM=62；　111111：PLLM=63

3．时钟配置寄存器（RCC_CFGR）

RCC_CFGR 的结构、偏移地址和复位值如图 8-4 所示，部分位的解释说明如表 8-3 所示。

偏移地址：0x08
复位值：0x0000 0000

31	30	29	28	27	26	25	24	23	22	21	20	19	18	17	16
MCO2[1:0]		MCO2 PRE[2:0]			MCO1 PRE[2:0]			I2SSCR	MCO1[1:0]		RTCPRE[4:0]				
rw	rw	rw	rw	rw	rw	rw	rw	rw	rw	rw	rw	rw	rw	rw	rw

15	14	13	12	11	10	9	8	7	6	5	4	3	2	1	0
PPRE2[2:0]			PPRE1[2:0]			保留		HPRE[3:0]				SWS1	SWS0	SW1	SW0
rw	rw	rw	rw	rw	rw			rw	rw	rw	rw	r	r	rw	rw

图 8-4　RCC_CFGR 的结构、偏移地址和复位值

表 8-3　RCC_CFGR 部分位的解释说明

位 15:13	PPRE2：APB 高速预分频器（APB2）（APB high-speed prescaler （APB2））。 由软件置 1 和清零，用于控制 APB 高速时钟分频系数。 注意，软件必须正确设置这些位，使其在此域中不超过 84MHz。在 PPRE2 写入后，时钟将通过 1AHB 到 16AHB 周期新预分频系数进行分频。 0xx：AHB 时钟不分频；　100：AHB 时钟 2 分频；　101：AHB 时钟 4 分频； 110：AHB 时钟 8 分频；　111：AHB 时钟 16 分频
位 12:10	PPRE1：APB 低速预分频器（APB1）（APB Low speed prescaler （APB1））。 由软件置 1 和清零，用于控制 APB 低速时钟分频系数。 注意，软件必须正确设置这些位，使其在此域中不超过 42MHz。在 PPRE1 写入后，时钟将通过 1AHB 到 16AHB 周期新预分频系数进行分频。 0xx：AHB 时钟不分频；　100：AHB 时钟 2 分频；　101：AHB 时钟 4 分频； 110：AHB 时钟 8 分频；　111：AHB 时钟 16 分频
位 7:5	HPRE：AHB 预分频器（AHB prescaler）。 由软件置 1 和清零，用于控制 AHB 时钟分频系数。 注意，在 HPRE 写入后，时钟将通过 1AHB 到 16AHB 周期新预分频系数进行分频；当使用以太网时，AHB 时钟频率必须至少为 25MHz。 0xxx：系统时钟不分频；　1000：系统时钟 2 分频；　1001：系统时钟 4 分频； 1010：系统时钟 8 分频；　1011：系统时钟 16 分频；　1100：系统时钟 64 分频； 1101：系统时钟 128 分频；　1110：系统时钟 256 分频；　1111：系统时钟 512 分频
位 3:2	SWS：系统时钟切换状态（System clock switch status）。 由硬件置 1 和清零，用于指示用作系统时钟的时钟源。 00：HSI 振荡器用作系统时钟；　01：HSE 振荡器用作系统时钟；　10：PLL 用作系统时钟； 11：不适用

续表

位 1:0	SW：系统时钟切换（System clock switch）。 由软件置 1 和清零，用于选择系统时钟源。 由硬件置 1，用于在退出停机或待机模式时或者在直接或间接用作系统时钟的 HSE 振荡器发生故障时强制 HSI 的选择。 00：选择 HSI 振荡器作为系统时钟；　　01：选择 HSE 振荡器作为系统时钟； 10：选择 PLL 作为系统时钟；　　11：不允许

4．AHB1 外设时钟使能寄存器（RCC_AHB1ENR）

RCC_AHB1ENR 的结构、偏移地址和复位值如图 8-5 所示，部分位的解释说明如表 8-4 所示。

偏移地址：0x30
复位值：0x0010 0000

31	30	29	28	27	26	25	24	23	22	21	20	19	18	17	16
保留	OTGHSULPIEN	OTGHSEN	ETHMACPTPEN	ETHMACRXEN	ETHMACTXEN	ETHMACEN	保留	DMA2DEN	DMA2EN	DMA1EN	CCMDATARAMEN	保留	BKPSRAMEN	保留	
	rw	rw	rw	rw	rw	rw		rw	rw	rw	rw		rw		

15	14	13	12	11	10	9	8	7	6	5	4	3	2	1	0
保留			CRCEN	保留	GPIOKEN	GPIOJEN	GPIOIEN	GPIOHEN	GPIOGEN	GPIOFEN	GPIOEEN	GPIODEN	GPIOCEN	GPIOBEN	GPIOAEN
			rw		rw	rw	rw	rw	rw	rw	rw	rw	rw	rw	rw

图 8-5　RCC_AHB1ENR 的结构、偏移地址和复位值

表 8-4　RCC_AHB1ENR 部分位的解释说明

位 22	DMA2EN：DMA2 时钟使能（DMA2 clock enable）。 由软件置 1 和清零。 0：禁止 DMA2 时钟；　　1：使能 DMA2 时钟
位 21	DMA1EN：DMA1 时钟使能（DMA1 clock enable）。 由软件置 1 和清零。 0：禁止 DMA1 时钟；　　1：使能 DMA1 时钟
位 8	GPIOIEN：I/O 端口 I 时钟使能（I/O port I clock enable）。 由软件置 1 和清零。 0：禁止 I/O 端口 I 时钟；　　1：使能 I/O 端口 I 时钟
位 7	GPIOHEN：I/O 端口 H 时钟使能（I/O port H clock enable）。 由软件置 1 和清零。 0：禁止 I/O 端口 H 时钟；　　1：使能 I/O 端口 H 时钟
位 6	GPIOGEN：I/O 端口 G 时钟使能（I/O port G clock enable）。 由软件置 1 和清零。 0：禁止 I/O 端口 G 时钟；　　1：使能 I/O 端口 G 时钟
位 5	GPIOFEN：I/O 端口 F 时钟使能（I/O port F clock enable）。 由软件置 1 和清零。 0：禁止 I/O 端口 F 时钟；　　1：使能 I/O 端口 F 时钟
位 4	GPIOEEN：I/O 端口 E 时钟使能（I/O port E clock enable）。 由软件置 1 和清零。 0：禁止 I/O 端口 E 时钟；　　1：使能 I/O 端口 E 时钟
位 3	GPIODEN：I/O 端口 D 时钟使能（I/O port D clock enable）。 由软件置 1 和清零。 0：禁止 I/O 端口 D 时钟；　　1：使能 I/O 端口 D 时钟

续表

位 2	GPIOCEN：I/O 端口 C 时钟使能（I/O port C clock enable）。 由软件置 1 和清零。 0：禁止 I/O 端口 C 时钟；　　1：使能 I/O 端口 C 时钟
位 1	GPIOBEN：I/O 端口 B 时钟使能（I/O port B clock enable）。 由软件置 1 和清零。 0：禁止 I/O 端口 B 时钟；　　1：使能 I/O 端口 B 时钟
位 0	GPIOAEN：I/O 端口 A 时钟使能（I/O port A clock enable）。 由软件置 1 和清零。 0：禁止 I/O 端口 A 时钟；　　1：使能 I/O 端口 A 时钟

例如，通过寄存器操作的方式使能 PC 端口，其他模块的时钟状态保持不变，代码如下：

```
u32 temp;
temp = RCC->AHB1ENR;
temp = (temp & 0xFFFFFFFB) | 0x00000004;
RCC->AHB1ENR = temp;
```

5. APB1 外设时钟使能寄存器（RCC_APB1ENR）

RCC_APB1ENR 的结构、偏移地址和复位值如图 8-6 所示，部分位的解释说明如表 8-5 所示。

偏移地址：0x40
复位值：0x0000 0000

31	30	29	28	27	26	25	24	23	22	21	20	19	18	17	16
UART8 EN	UART7 EN	DAC EN	PWR EN	保留	CAN2 EN	CAN1 EN	保留	I2C3 EN	I2C2 EN	I2C1 EN	UART5 EN	UART4 EN	USART3 EN	USART2 EN	保留
rw	rw	rw	rw		rw	rw		rw	rw	rw	rw	rw	rw	rw	

15	14	13	12	11	10	9	8	7	6	5	4	3	2	1	0
SPI3 EN	SPI2 EN	保留		WWDG EN	保留		TIM14 EN	TIM13 EN	TIM12 EN	TIM7 EN	TIM6 EN	TIM5 EN	TIM4 EN	TIM3 EN	TIM2 EN
rw	rw			rw			rw	rw	rw	rw	rw	rw	rw	rw	rw

图 8-6　RCC_APB1ENR 的结构、偏移地址和复位值

表 8-5　RCC_APB1ENR 部分位的解释说明

位 29	DACEN：DAC 接口时钟使能（DAC interface clock enable）。 由软件置 1 和清零。 0：禁止 DAC 接口时钟；　　1：使能 DAC 接口时钟
位 28	PWREN：电源接口时钟使能（Power interface clock enable）。 由软件置 1 和清零。 0：禁止电源接口时钟；　　1：使能电源接口时钟
位 17	USART2EN：USART2 时钟使能（USART2 clock enable）。 由软件置 1 和清零。 0：禁止 USART2 时钟；　　1：使能 USART2 时钟
位 3	TIM5EN：TIM5 时钟使能（TIM5 clock enable）。 由软件置 1 和清零。 0：禁止 TIM5 时钟；　　1：使能 TIM5 时钟
位 2	TIM4EN：TIM4 时钟使能（TIM4 clock enable）。 由软件置 1 和清零。 0：禁止 TIM4 时钟；　　1：使能 TIM4 时钟

续表

位 1	TIM3EN：TIM3 时钟使能（TIM3 clock enable）。 由软件置 1 和清零。 0：禁止 TIM3 时钟；　1：使能 TIM3 时钟
位 0	TIM2EN：TIM2 时钟使能（TIM2 clock enable）。 由软件置 1 和清零。 0：禁止 TIM2 时钟；　1：使能 TIM2 时钟

6．APB2 外设时钟使能寄存器（RCC_APB2ENR）

RCC_APB2ENR 的结构、偏移地址和复位值如图 8-7 所示，部分位的解释说明如表 8-6 所示。

偏移地址：0x44
复位值：0x0000 0000

31	30	29	28	27	26	25	24	23	22	21	20	19	18	17	16
保留					LTDC EN	保留			SAI1 EN	SPI6 EN	SPI5 EN	保留	TIM11 EN	TIM10 EN	TIM9 EN
					rw				rw	rw	rw		rw	rw	rw

15	14	13	12	11	10	9	8	7	6	5	4	3	2	1	0
保留	SYSCFG EN	SPI4 EN	SPI1 EN	SDIO EN	ADC3 EN	ADC2 EN	ADC1 EN	保留		USART6 EN	USART1 EN	保留		TIM8 EN	TIM1 EN
	rw	rw	rw	rw	rw	rw	rw			rw	rw			rw	rw

图 8-7　RCC_APB2ENR 的结构、偏移地址和复位值

表 8-6　RCC_APB2ENR 部分位的解释说明

位 8	ADC1EN：ADC1 时钟使能（ADC1 clock enable）。 由软件置 1 和清零。 0：禁止 ADC1 时钟；　1：使能 ADC1 时钟
位 4	USART1EN：USART1 时钟使能（USART1 clock enable）。 由软件置 1 和清零。 0：禁止 USART1 时钟；　1：使能 USART1 时钟

8.2.3　RCC 部分固件库函数

本节介绍本书各实验涉及的 RCC 固件库函数，这些函数在 stm32f4xx_rcc.h 文件中声明，在 stm32f4xx_rcc.c 文件中实现。

1．RCC_HSEConfig

RCC_HSEConfig 函数的功能是设置外部高速晶振（HSE），通过向 RCC->CR 写入参数来实现。具体描述如表 8-7 所示。

表 8-7　RCC_HSEConfig 函数的描述

函数名	RCC_HSEConfig
函数原型	void RCC_HSEConfig(uint8_t RCC_HSE)
功能描述	设置外部高速晶振（HSE）
输入参数	RCC_HSE：HSE 的新状态
输出参数	无
返回值	void

参数 RCC_HSE 为 HSE 的新状态，可取值如表 8-8 所示。

表 8-8 参数 RCC_HSE 的可取值

可 取 值	实 际 值	描 述
RCC_HSE_OFF	0x00	HSE 晶振 OFF
RCC_HSE_ON	0x01	HSE 晶振 ON
RCC_HSE_Bypass	0x05	HSE 晶振被外部时钟旁路

例如，使能 HSE，代码如下：

```
RCC_HSEConfig(RCC_HSE_ON);
```

2. RCC_WaitForHSEStartUp

RCC_WaitForHSEStartUp 函数的功能是等待 HSE 起振，通过读取并判断 RCC->CR 来实现。具体描述如表 8-9 所示。

表 8-9 RCC_WaitForHSEStartUp 函数的描述

函数名	RCC_WaitForHSEStartUp
函数原型	ErrorStatus RCC_WaitForHSEStartUp(void)
功能描述	等待 HSE 起振，该函数将等待直到 HSE 就绪，或在超时的情况下退出
输入参数	无
输出参数	无
返回值	一个 ErrorStatus 枚举值： SUCCESS：HSE 晶振稳定且就绪； ERROR：HSE 晶振未就绪

例如，等待 HSE 起振，代码如下：

```
ErrorStatus HSEStartUpStatus;
//使能 HSE
RCC_HSEConfig(RCC_HSE_ON);
//等待直到 HSE 起振或超时退出
HSEStartUpStatus = RCC_WaitForHSEStartUp();
if(HSEStartUpStatus == SUCCESS)
{
  //此处加入 PLL 和系统时钟的定义
}
else
{
  //在此处加入超时错误处理
}
```

3. RCC_HCLKConfig

RCC_HCLKConfig 函数的功能是设置 AHB 时钟（HCLK）的分频系数，通过向 RCC->CFGR 写入参数来实现。具体描述如表 8-10 所示。

表 8-10 RCC_HCLKConfig 函数的描述

函数名	RCC_HCLKConfig
函数原形	void RCC_HCLKConfig(uint32_t RCC_SYSCLK)

续表

功能描述	设置 AHB 时钟（HCLK）的分频系数
输入参数	RCC_HCLK：定义 HCLK 分频系数，该时钟源自系统时钟（SYSCLK）
输出参数	无
返回值	void

参数 RCC_SYSCLK 用来设置 AHB 时钟，可取值如表 8-11 所示。

表 8-11　参数 RCC_HCLK 的可取值

可 取 值	真 实 值	描 述
RCC_SYSCLK_Div1	0x00000000	AHB 时钟=系统时钟
RCC_SYSCLK_Div2	0x00000080	AHB 时钟=系统时钟/2
RCC_SYSCLK_Div4	0x00000090	AHB 时钟=系统时钟/4
RCC_SYSCLK_Div8	0x000000A0	AHB 时钟=系统时钟/8
RCC_SYSCLK_Div16	0x000000B0	AHB 时钟=系统时钟/16
RCC_SYSCLK_Div64	0x000000C0	AHB 时钟=系统时钟/64
RCC_SYSCLK_Div128	0x000000D0	AHB 时钟=系统时钟/128
RCC_SYSCLK_Div256	0x000000E0	AHB 时钟=系统时钟/256
RCC_SYSCLK_Div512	0x000000F0	AHB 时钟=系统时钟/512

例如，设定 AHB 时钟为系统时钟，代码如下：

```
RCC_HCLKConfig(RCC_SYSCLK_Div1);
```

4. RCC_PCLK1Config

RCC_PCLK1Config 函数的功能是设置低速 APB 时钟（即 APB1 时钟或 PCLK1）的分频系数，通过向 RCC->CFGR 写入参数来实现。具体描述如表 8-12 所示。

表 8-12　RCC_PCLK1Config 函数的描述

函数名	RCC_PCLK1Config
函数原形	void RCC_PCLK1Config(uint32_t RCC_HCLK)
功能描述	设置低速 APB 时钟（PCLK1）的分频系数
输入参数	RCC_PCLK：定义 PCLK1 分频系数，该时钟源自 AHB 时钟（HCLK）
输出参数	无
返回值	void

参数 RCC_PCLK 用来设置低速 APB 时钟，可取值如表 8-13 所示。

表 8-13　参数 RCC_PCLK 的可取值

可 取 值	实 际 值	描 述
RCC_HCLK_Div1	0x00000000	APB1 时钟=HCLK
RCC_HCLK_Div2	0x00001000	APB1 时钟=HCLK/2
RCC_HCLK_Div4	0x00001400	APB1 时钟=HCLK/4

续表

可　取　值	实　际　值	描　　述
RCC_HCLK_Div8	0x00001800	APB1 时钟=HCLK/8
RCC_HCLK_Div16	0x00001C00	APB1 时钟=HCLK/16

例如，设定 APB1 时钟为系统时钟的 1/4，代码如下：

```
RCC_PCLK1Config(RCC_HCLK_Div4);
```

5. RCC_PCLK2Config

RCC_PCLK2Config 函数的功能是设置高速 APB 时钟（即 APB2 时钟或 PCLK2）的分频系数，通过向 RCC->CFGR 写入参数来实现。具体描述如表 8-14 所示。

表 8-14　RCC_PCLK2Config 函数的描述

函数名	RCC_PCLK2Config
函数原形	void RCC_PCLK2Config(uint32_t RCC_PCLK)
功能描述	设置高速 APB 时钟（PCLK2）的分频系数
输入参数	RCC_PCLK2：定义 PCLK2 分频系数，该时钟源自 AHB 时钟（HCLK）
输出参数	无
返回值	void

参数 RCC_PCLK 用来设置高速 APB 时钟，可取值如表 8-15 所示。

表 8-15　参数 RCC_PCLK 的可取值

可　取　值	实　际　值	描　　述
RCC_HCLK_Div1	0x00000000	APB2 时钟=HCLK
RCC_HCLK_Div2	0x00001000	APB2 时钟=HCLK/2
RCC_HCLK_Div4	0x00001400	APB2 时钟=HCLK/4
RCC_HCLK_Div8	0x00001800	APB2 时钟=HCLK/8
RCC_HCLK_Div16	0x00001C00	APB2 时钟=HCLK/16

例如，设定 APB2 时钟为系统时钟的 1/2，代码如下：

```
RCC_PCLK2Config(RCC_HCLK_Div2);
```

6. RCC_PLLConfig

RCC_PLLConfig 函数的功能是设置 PLL 时钟源、倍频和分频系数，通过向 RCC->PLLCFGR 写入参数来实现。具体描述如表 8-16 所示。

表 8-16　RCC_PLLConfig 函数的描述

函数名	RCC_PLLConfig
函数原型	void RCC_PLLConfig(uint32_t RCC_PLLSource, uint32_t PLLM, uint32_t PLLN, uint32_t PLLP, uint32_t PLLQ)
功能描述	设置 PLL 时钟源、倍频和分频系数

续表

输入参数	RCC_PLLSource：定义 PLL 的输入时钟源，取值为 RCC_PLLSource_HSI 或 RCC_PLLSource_HSE； PLLM：定义 PLL VCO 输入时钟的分频系数，取值范围为 0～63； PLLN：定义 PLL VCO 输出时钟的倍频系数，取值范围为 192～432； PLLP：定义主系统时钟（SYSCLK）的分频系数，可取值为 2、4、6、8； PLLQ：定义 OTG FS，SDIO，RNG 时钟的分频系数，取值范围为 4～15
输出参数	无
返回值	void

7. RCC_PLLCmd

RCC_PLLCmd 函数的功能是使能或禁止 PLL，通过读取 RCC->CR 来实现。具体描述如表 8-17 所示。

表 8-17　RCC_PLLCmd 函数的描述

函数名	RCC_PLLCmd
函数原形	void RCC_PLLCmd(FunctionalState NewState)
功能描述	使能或禁止 PLL
输入参数	NewState：PLL 新状态 可以取 ENABLE 或 DISABLE
输出参数	无
返回值	void

例如，使能 PLL，代码如下：

```
RCC_PLLCmd(ENABLE);
```

8. RCC_GetFlagStatus

RCC_GetFlagStatus 函数的功能是获取指定的 RCC 标志位状态，通过读取 RCC->CR 来实现。具体描述如表 8-18 所示。

表 8-18　RCC_GetFlagStatus 函数的描述

函数名	RCC_GetFlagStatus
函数原形	FlagStatus RCC_GetFlagStatus(uint8_t RCC_FLAG)
功能描述	检查指定的 RCC 标志位设置与否
输入参数	RCC_FLAG：待检查的 RCC 标志位
输出参数	无
返回值	RCC_FLAG 的新状态（SET 或 RESET）

参数 RCC_FLAG 用来指定待获取的 RCC 标志位，可取值如表 8-19 所示。

表 8-19　参数 RCC_FLAG 的可取值

可 取 值	实 际 值	描　述
RCC_FLAG_HSIRDY	0x21	HSI 时钟就绪
RCC_FLAG_HSERDY	0x31	HSE 时钟就绪
RCC_FLAG_PLLRDY	0x39	PLL 时钟就绪

续表

可　取　值	实　际　值	描　　述
RCC_FLAG_PLLI2SRDY	0x3B	PLLI2S 时钟就绪
RCC_FLAG_PLLSAIRDY	0x3D	SAI 时钟就绪
RCC_FLAG_LSERDY	0x41	LSE 时钟就绪
RCC_FLAG_LSIRDY	0x61	LSI 时钟就绪
RCC_FLAG_BORRST	0x79	POR/PDR 或 BOR 复位
RCC_FLAG_PINRST	0x7A	引脚复位
RCC_FLAG_PORRST	0x7B	POR/PDR 复位
RCC_FLAG_SFTRST	0x7C	软件复位
RCC_FLAG_IWDGRST	0x7D	IWDG 复位
RCC_FLAG_WWDGRST	0x7E	WWDG 复位
RCC_FLAG_LPWRRST	0x7F	低功耗复位

例如，等待 PLL 时钟就绪，代码如下：

```
while(RCC_GetFlagStatus(RCC_FLAG_PLLRDY) == RESET)
{

}
```

9. RCC_SYSCLKConfig

RCC_PCLK2Config 函数的功能是设置系统时钟（SYSCLK），通过向 RCC->CFGR 写入参数来实现。具体描述如表 8-20 所示。

表 8-20　RCC_SYSCLKConfig 函数的描述

函数名	RCC_SYSCLKConfig
函数原形	void RCC_SYSCLKConfig(uint32_t RCC_SYSCLKSource)
功能描述	设置系统时钟（SYSCLK）
输入参数	RCC_SYSCLKSource：用于选择系统时钟的时钟源
输出参数	无
返回值	void

参数 RCC_SYSCLKSource 用于选择系统时钟的时钟源，可取值如表 8-21 所示。

表 8-21　参数 RCC_SYSCLKSource 的可取值

可　取　值	实　际　值	描　　述
RCC_SYSCLKSource_HSI	0x00000000	选择 HSI 作为系统时钟
RCC_SYSCLKSource_HSE	0x00000001	选择 HSE 作为系统时钟
RCC_SYSCLKSource_PLLCLK	0x00000002	选择 PLL 作为系统时钟

例如，选择 PLL 时钟作为系统时钟源，代码如下：

```
RCC_SYSCLKConfig(RCC_SYSCLKSource_PLLCLK);
```

10. RCC_GetSYSCLKSource

RCC_GetSYSCLKSource 函数的功能是返回用作系统时钟的时钟源，通过读取 RCC->CFGR 来实现。具体描述如表 8-22 所示。

表 8-22　RCC_GetSYSCLKSource 函数的描述

函数名	RCC_GetSYSCLKSource
函数原形	uint8_t RCC_GetSYSCLKSource(void)
功能描述	返回用作系统时钟的时钟源
输入参数	无
输出参数	无
返回值	0x00：HIS 作为系统时钟； 0x04：HSE 作为系统时钟； 0x08：PLL 作为系统时钟

例如，检测 HSE 是否为系统时钟，代码如下：

```
if(RCC_GetSYSCLKSource() != 0x04)
{
}
else
{
}
```

11. RCC_AHB1PeriphClockCmd

RCC_AHB1PeriphClockCmd 函数的功能是打开或关闭 AHB1 上相应外设的时钟，通过向 RCC->AHB1ENR 写入参数来实现。具体描述如表 8-23 所示。

表 8-23　RCC_APB2PeriphClockCmd 函数的描述

函数名	RCC_AHB1PeriphClockCmd
函数原型	void RCC_AHB1PeriphClockCmd(uint32_t RCC_AHB1Periph, FunctionalState NewState)
功能描述	使能或禁止 AHB1 外设时钟
输入参数 1	RCC_AHB1Periph：门控 AHB1 外设时钟
输入参数 2	NewState：指定外设时钟的新状态 可以取 ENABLE 或 DISABLE
输出参数	无
返回值	void

参数 RCC_AHB1Periph 为被控的 AHB1 外设时钟，可取值如表 8-24 所示，还可以使用操作符“|”使能多个 AHB1 外设时钟，如 RCC_AHB1Periph_GPIOA | RCC_AHB1Periph_GPIOC。

表 8-24　参数 GPIO_Pin 的可取值

可 取 值	实 际 值	描　述
RCC_AHB1Periph_GPIOA	0x00000001	GPIOA 时钟
RCC_AHB1Periph_GPIOB	0x00000002	GPIOB 时钟

续表

可　取　值	实　际　值	描　　述
RCC_AHB1Periph_GPIOC	0x00000004	GPIOC 时钟
RCC_AHB1Periph_GPIOD	0x00000008	GPIOD 时钟
RCC_AHB1Periph_GPIOE	0x00000010	GPIOE 时钟
RCC_AHB1Periph_GPIOF	0x00000020	GPIOF 时钟
RCC_AHB1Periph_GPIOG	0x00000040	GPIOG 时钟
RCC_AHB1Periph_GPIOH	0x00000080	GPIOH 时钟
RCC_AHB1Periph_GPIOI	0x00000100	GPIOI 时钟
RCC_AHB1Periph_GPIOJ	0x00000200	GPIOJ 时钟
RCC_AHB1Periph_GPIOK	0x00000400	GPIOK 时钟
RCC_AHB1Periph_CRC	0x00001000	CRC 时钟
RCC_AHB1Periph_FLITF	0x00008000	FLITF 时钟
RCC_AHB1Periph_SRAM1	0x00010000	SRAM1 时钟
RCC_AHB1Periph_SRAM2	0x00020000	SRAM2 时钟
RCC_AHB1Periph_BKPSRAM	0x00040000	BKPSRAM 时钟
RCC_AHB1Periph_SRAM3	0x00080000	SRAM3 时钟
RCC_AHB1Periph_CCMDATARAMEN	0x00100000	CCMDATARAMEN 时钟
RCC_AHB1Periph_DMA1	0x00200000	DMA1 时钟
RCC_AHB1Periph_DMA2	0x00400000	DMA2 时钟
RCC_AHB1Periph_DMA2D	0x00800000	DMA2D 时钟
RCC_AHB1Periph_ETH_MAC	0x02000000	ETH_MAC 时钟
RCC_AHB1Periph_ETH_MAC_Tx	0x04000000	ETH_MAC_Tx 时钟
RCC_AHB1Periph_ETH_MAC_Rx	0x08000000	ETH_MAC_Rx 时钟
RCC_AHB1Periph_ETH_MAC_PTP	0x10000000	ETH_MAC_PTP 时钟
RCC_AHB1Periph_OTG_HS	0x20000000	OTG_HS 时钟
RCC_AHB1Periph_OTG_HS_ULPI	0x40000000	OTG_HS_ULPI 时钟

例如，同时使能 GPIOA 和 GPIOB 时钟，代码如下：

```
RCC_AHB1PeriphClockCmd (RCC_AHB1Periph_GPIOA | RCC_AHB1Periph_GPIOB);
```

分别使能 GPIOA 和 GPIOB 时钟，代码如下：

```
RCC_AHB1PeriphClockCmd(RCC_AHB1Periph_GPIOA, ENABLE);
RCC_AHB1PeriphClockCmd(RCC_AHB1Periph_GPIOB, ENABLE);
```

12. RCC_APB1PeriphClockCmd

RCC_APB1PeriphClockCmd 函数的功能是打开或关闭 APB1 上相应外设的时钟，通过向 RCC->APB1ENR 写入参数来实现。具体描述如表 8-25 所示。

表 8-25　RCC_APB1PeriphClockCmd 函数的描述

函数名	RCC_APB1PeriphClockCmd
函数原型	void RCC_APB1PeriphClockCmd(uint32_t RCC_APB1Periph,FunctionalState NewState)
功能描述	使能或禁止 APB1 外设时钟
输入参数 1	RCC_APB1Periph：门控 APB1 外设时钟
输入参数 2	NewState：指定外设时钟的新状态 可以取 ENABLE 或 DISABLE
输出参数	无
返回值	void

参数 RCC_APB1Periph 为被控的 APB1 外设时钟，可取值如表 8-26 所示，还可以使用操作符“|”使能多个 APB1 外设时钟，如 RCC_APB1Periph_TIM2 | RCC_APB1Periph_TIM5。

表 8-26　参数 RCC_APB1Periph 的可取值

可　取　值	实　际　值	描　　述
RCC_APB1Periph_TIM2	0x00000001	TIM2 时钟
RCC_APB1Periph_TIM3	0x00000002	TIM3 时钟
RCC_APB1Periph_TIM4	0x00000004	TIM4 时钟
RCC_APB1Periph_TIM5	0x00000008	TIM5 时钟
RCC_APB1Periph_TIM6	0x00000010	TIM6 时钟
RCC_APB1Periph_TIM7	0x00000020	TIM7 时钟
RCC_APB1Periph_TIM12	0x00000040	TIM12 时钟
RCC_APB1Periph_TIM13	0x00000080	TIM13 时钟
RCC_APB1Periph_TIM14	0x00000100	TIM14 时钟
RCC_APB1Periph_WWDG	0x00000800	WWDG 时钟
RCC_APB1Periph_SPI2	0x00004000	SPI2 时钟
RCC_APB1Periph_SPI3	0x00008000	SPI3 时钟
RCC_APB1Periph_USART2	0x00020000	USART2 时钟
RCC_APB1Periph_USART3	0x00040000	USART3 时钟
RCC_APB1Periph_UART4	0x00080000	UART4 时钟
RCC_APB1Periph_UART5	0x00100000	UART5 时钟
RCC_APB1Periph_I2C1	0x00200000	I2C1 时钟
RCC_APB1Periph_I2C2	0x00400000	I2C2 时钟
RCC_APB1Periph_I2C3	0x00800000	I2C3 时钟
RCC_APB1Periph_CAN1	0x02000000	CAN1 时钟
RCC_APB1Periph_CAN2	0x04000000	CAN2 时钟
RCC_APB1Periph_PWR	0x10000000	PWR 时钟
RCC_APB1Periph_DAC	0x20000000	DAC 时钟
RCC_APB1Periph_UART7	0x40000000	UART7 时钟
RCC_APB1Periph_UART8	0x80000000	UART8 时钟

13. RCC_APB2PeriphClockCmd

RCC_APB2PeriphClockCmd 函数的功能是打开或关闭 APB2 上相应外设的时钟，通过向 RCC->APB2ENR 写入参数来实现。具体描述如表 8-27 所示。

表 8-27 RCC_APB2PeriphClockCmd 函数的描述

函数名	RCC_APB2PeriphClockCmd
函数原型	void RCC_APB2PeriphClockCmd(uint32_t RCC_APB2Periph,FunctionalState NewState)
功能描述	使能或禁止 APB2 外设时钟
输入参数 1	RCC_APB2Periph:门控 APB2 外设时钟
输入参数 2	NewState:指定外设时钟的新状态 可以取 ENABLE 或 DISABLE
输出参数	无
返回值	void

参数 RCC_APB2Periph 为被控的 APB2 外设时钟，可取值如表 8-28 所示，还可以使用操作符“|”使能多个 APB2 外设时钟，如 RCC_APB2Periph_ADC1 | RCC_APB2Periph_USART1。

表 8-28 参数 RCC_APB2Periph 的可取值

可 取 值	实 际 值	描 述
RCC_APB2Periph_TIM1	0x00000001	TIM1 时钟
RCC_APB2Periph_TIM8	0x00000002	TIM8 时钟
RCC_APB2Periph_USART1	0x00000010	USART1 时钟
RCC_APB2Periph_USART6	0x00000020	USART6 时钟
RCC_APB2Periph_ADC1	0x00000100	ADC1 时钟
RCC_APB2Periph_ADC2	0x00000200	ADC2 时钟
RCC_APB2Periph_ADC3	0x00000400	ADC3 时钟
RCC_APB2Periph_SDIO	0x00000800	SDIO 时钟
RCC_APB2Periph_SPI1	0x00001000	SPI1 时钟
RCC_APB2Periph_SPI4	0x00002000	SPI4 时钟
RCC_APB2Periph_SYSCFG	0x00004000	SYSCFG 时钟
RCC_APB2Periph_TIM9	0x00010000	TIM9 时钟
RCC_APB2Periph_TIM10	0x00020000	TIM10 时钟
RCC_APB2Periph_TIM11	0x00040000	TIM11 时钟
RCC_APB2Periph_SPI5	0x00100000	SPI5 时钟
RCC_APB2Periph_SPI6	0x00200000	SPI6 时钟

8.2.4 PWR 寄存器

STM32 的 PWR 寄存器有 2 个，分别是 PWR 电源控制寄存器（PWR_CR）和 PWR 电源控制/状态寄存器（PWR_CSR）。

1. PWR 电源控制寄存器（PWR_CR）

PWR_CR 的结构、偏移地址和复位值如图 8-8 所示，部分位的解释说明如表 8-29 所示。

偏移地址：0x00
复位值：0x0000 C000

31	30	29	28	27	26	25	24	23	22	21	20	19	18	17	16
保留												UDEN[1:0]		ODSWEN	ODEN
												rw	rw	rw	rw

15	14	13	12	11	10	9	8	7	6	5	4	3	2	1	0
VOS[1:0]		ADCDC1	保留	MRUDS	LPUDS	FPDS	DBP	PLS[2:0]			PVDE	CSBF	CWUF	PDDS	LPDS
rw	rw	rw		rw	rw	rw	rw	rw	rw	rw	rw	rc_w1	rc_w1	rw	rw

图 8-8　PWR_CR 的结构、偏移地址和复位值

表 8-29　PWR_CR 部分位的解释说明

位 17	ODSWEN：over-drive 模式切换开关使能（over-drive switching enable）。 此位由软件置 1 或清零。当从停止模式退出或 ODEN 位清零时，此位由硬件自动清零。当此位为 1 时，将切换到 over-drive 模式。 只有当 HSI 或 HSE 被选作系统时钟时，才能对 ODSWEN 位进行置 1 或清零操作。只有当 ODRDY 标志设置为切换到 over-drive 模式时，才能设置 ODSWEN 位。 0：禁止 over-drive 切换开关；　1：使能 over-drive 切换开关。 注意，无论是 over-drive 切换开关禁止还是使能，内部电压建立过程中，系统时钟必须停止
位 16	ODEN：over-drive 模式使能（over-drive enable）。 此位由软件置 1 或清零。当从停止模式退出时，此位由硬件自动清零。此位用于使能 over-drive 模式，以达到更高的频率。 只有当 HSI 或 HSE 被选作系统时钟时，才能对 ODSWEN 位进行置 1 或清零操作。当 ODEN 位为 1 时，只有 over-drive 模式就绪标志（ODRDY）为 1 时才能设置 ODSWEN 位。 0：禁止 over-drive 模式；1：使能 over-drive 模式
位 15:14	VOS[1:0]：调压器输出电压级别选择（Regulator voltage scaling output selection）。 用来控制内部主调压器的输出电压，以便在器件未以最大频率工作时使性能与功耗实现平衡（有关详细信息，请参见 STM32F42xx 和 STM32F43xx 数据手册）。 只有在关闭 PLL 时才可以修改这些位。新的编程值只在 PLL 开启后才生效。PLL 关闭后将自动选择电压级别 3。 00：保留（选择级别 3 模式）；01：级别 3 模式；　10：级别 2 模式；11：级别 1 模式（复位值）

2. PWR 电源控制/状态寄存器（PWR_CSR）

PWR_CSR 的结构、偏移地址和复位值如图 8-9 所示，部分位的解释说明如表 8-30 所示。

偏移地址：0x04
复位值：0x0000 0000

31	30	29	28	27	26	25	24	23	22	21	20	19	18	17	16
保留												UDRDY[1:0]		ODSWRDY	ODRDY
												rc_w1	rc_w1	r	r

15	14	13	12	11	10	9	8	7	6	5	4	3	2	1	0
保留	VOSRDY	保留				BRE	EWUP	保留				BRR	PVDO	SBF	WUF
	r					rw	rw					r	r	r	r

图 8-9　PWR_CSR 的结构、偏移地址和复位值

表 8-30　PWR_CSR 部分位的解释说明

位 17	ODSWRDY：over-drive 模式开关就绪标志（over-drive mode switching ready）。 0：over-drive 模式未激活；　　1：over-drive 模式已激活（电压阈值为 1.2V）
位 16	ODRDY：over-drive 模式就绪标志（over-drive mode ready）。 0：over-drive 模式未就绪；　　1：over-drive 模式已就绪

8.2.5 PWR 部分固件库函数

本实验涉及的 PWR 固件库函数包括 PWR_MainRegulatorModeConfig、PWR_OverDriveCmd、PWR_GetFlagStatus、PWR_OverDriveSWCmd，这些函数在 stm32f4xx_pwr.h 文件中声明，在 stm32f4xx_pwr.c 文件中实现。

1. PWR_MainRegulatorModeConfig

PWR_MainRegulatorModeConfig 函数的功能是配置主内部调压器输出电压级别，通过向 PWR->CR 写入参数来实现。具体描述如表 8-31 所示。

表 8-31　PWR_MainRegulatorModeConfig 函数的描述

函数名	PWR_MainRegulatorModeConfig
函数原型	void PWR_MainRegulatorModeConfig(uint32_t PWR_Regulator_Voltage)
功能描述	配置主内部调压器输出电压级别
输入参数	PWR_Regulator_Voltage：输出电压级别
输出参数	无
返回值	void

参数 PWR_Regulator_Voltage 用来选择输出电压级别，可取值如表 8-32 所示。

表 8-32　参数 PWR_Regulator_Voltage 的可取值

可 取 值	实 际 值	描　述
PWR_Regulator_Voltage_Scale1	0x0000C000	输出电压级别为 1
PWR_Regulator_Voltage_Scale2	0x00008000	输出电压级别为 2
PWR_Regulator_Voltage_Scale3	0x00004000	输出电压级别为 3

例如，将调压器输出电压级别配置为 1，代码如下：

```
PWR_MainRegulatorModeConfig(PWR_Regulator_Voltage_Scale1);
```

2. PWR_OverDriveCmd

PWR_OverDriveCmd 函数的功能是使能或禁止 over-drive 模式，通过向 PWR->CR 写入参数来实现。具体描述如表 8-33 所示。

表 8-33　PWR_OverDriveCmd 函数的描述

函数名	PWR_OverDriveCmd
函数原型	void PWR_OverDriveCmd(FunctionalState NewState)
功能描述	使能或禁止 over-drive 模式

续表

输入参数	NewState：使能或禁止 over-drive 模式新状态 可以取 ENABLE 或 DISABLE
输出参数	无
返回值	void

3．PWR_GetFlagStatus

PWR_GetFlagStatus 函数的功能是检查 PWR 标志位设置与否，通过读取 PWR->CSR 来实现。具体描述如表 8-34 所示。

表 8-34　PWR_GetFlagStatus 函数的描述

函数名	PWR_GetFlagStatus
函数原型	FlagStatus PWR_GetFlagStatus(uint32_t PWR_FLAG)
功能描述	检查指定的 PWR 标志位设置与否
输入参数	PWR_FLAG：待检查的 PWR 标志位
输出参数	无
返回值	void

参数 PWR_FLAG 为待检查的 PWR 标志位，可取值如表 8-35 所示。

表 8-35　参数 PWR_FLAG 的可取值

可 取 值	实 际 值	描 述
PWR_FLAG_WU	0x00000001	唤醒标志
PWR_FLAG_SB	0x00000002	待机标志
PWR_FLAG_PVDO	0x00000004	PVD 输出
PWR_FLAG_BRR	0x00000008	备用调压器就绪
PWR_FLAG_VOSRDY	0x00004000	调压器输出电压级别选择就绪
PWR_FLAG_ODRDY	0x00010000	over-drive 模式就绪
PWR_FLAG_ODSWRDY	0x00020000	over-drive 模式切换开关就绪
PWR_FLAG_UDRDY	0x000C0000	over-drive 就绪

例如，检查 PWR 的 over-drive 模式就绪标志位，代码如下：

```
FlagStatus status;
status = PWR_GetFlagStatus(PWR_FLAG_ODRDY);
```

4．PWR_OverDriveSWCmd

PWR_OverDriveSWCmd 函数的功能是使能或禁止 over-drive 模式切换开关，通过向 PWR->CR 写入参数来实现。具体描述如表 8-36 所示。

表 8-36　PWR_OverDriveSWCmd 函数的描述

函数名	PWR_OverDriveSWCmd
函数原型	void PWR_OverDriveSWCmd(FunctionalState NewState)
功能描述	使能或禁止 over-drive 模式切换开关

续表

输入参数	NewState：使能或禁止 over-drive 模式切换开关新状态 可以取 ENABLE 或 DISABLE
输出参数	无
返回值	void

8.2.6　Flash 部分寄存器

本节将介绍本书各实验用到的 Flash 寄存器。

1．Flash 访问控制寄存器（FLASH_ACR）

FLASH_ACR 的结构、偏移地址和复位值如图 8-10 所示，部分位的解释说明如表 8-37 所示。

偏移地址：0x00
复位值：0x0000 0030

31	30	29	28	27	26	25	24	23	22	21	20	19	18	17	16
保留															

15	14	13	12	11	10	9	8	7	6	5	4	3	2	1	0
保留			DCRST	ICRST	DCEN	ICEN	PRFTEN	保留					LATENCY[2:0]		
			rw	rw	rw	rw	rw						rw	rw	rw

图 8-10　FLASH_ACR 的结构、偏移地址和复位值

表 8-37　FLASH_ACR 部分位的解释说明

位	说明
位 10	DCEN：数据缓存使能（Data cache enable）。 0：关闭数据缓存；　1：使能数据缓存
位 9	ICEN：指令缓存使能（Instruction cache enable）。 0：关闭指令缓存；　1：使能指令缓存
位 8	PRFTEN：预取使能（Prefetch enable）。 0：关闭预取；　1：使能预取
位 2:0	LATENCY：延时（Latency）。 表示 CPU 时钟周期与 Flash 访问时间之比。 000：零等待周期；　001：1 个等待周期；　010：2 个等待周期； 011：3 个等待周期；　100：4 个等待周期；　101：5 个等待周期； 110：6 个等待周期；　111：7 个等待周期

2．Flash 密钥寄存器（FLASH_KEYR）

FLASH_KEYR 的结构、偏移地址和复位值如图 8-11 所示，部分位的解释说明如表 8-38 所示。

偏移地址：0x04
复位值：0x0000 0000

31	30	29	28	27	26	25	24	23	22	21	20	19	18	17	16
KEY[31:16]															
w	w	w	w	w	w	w	w	w	w	w	w	w	w	w	w

15	14	13	12	11	10	9	8	7	6	5	4	3	2	1	0
KEY[15:0]															
w	w	w	w	w	w	w	w	w	w	w	w	w	w	w	w

图 8-11　FLASH_KEYR 的结构、偏移地址和复位值

表 8-38　FLASH_KEYR 部分位的解释说明

位 31:0	KEY：FPEC 密钥（FPEC key）。 要将 FLASH_CR 解锁并允许对其执行编程/擦除操作，必须顺序编程以下值： a）KEY1=0x45670123；　　b）KEY2=0xCDEF89AB

3．Flash 选项密钥寄存器（FLASH_OPTKEYR）

FLASH_OPTKEYR 的结构、偏移地址和复位值如图 8-12 所示，部分位的解释说明如表 8-39 所示。

偏移地址：0x08
复位值：0x0000 0000

31	30	29	28	27	26	25	24	23	22	21	20	19	18	17	16
OPTKEYR[31:16]															
w	w	w	w	w	w	w	w	w	w	w	w	w	w	w	w

15	14	13	12	11	10	9	8	7	6	5	4	3	2	1	0
OPTKEYR[15:0]															
w	w	w	w	w	w	w	w	w	w	w	w	w	w	w	w

图 8-12　FLASH_OPTKEYR 的结构、偏移地址和复位值

表 8-39　FLASH_OPTKEYR 部分位的解释说明

位 31:0	OPTKEYR：选项字节密钥（Option byte key）。 要将 FLASH_OPTCR 解锁并允许对其编程，必须顺序编程以下值： a）OPTKEY1=0x08192A3B；　　b）OPTKEY2=0x4C5D6E7F

4．Flash 状态寄存器（FLASH_SR）

FLASH_SR 的结构、偏移地址和复位值如图 8-13 所示，部分位的解释说明如表 8-40 所示。

偏移地址：0x0C
复位值：0x0000 0000

31	30	29	28	27	26	25	24	23	22	21	20	19	18	17	16
保留															BSY
															r

15	14	13	12	11	10	9	8	7	6	5	4	3	2	1	0
保留							RDERR	PGSERR	PGPERR	PGAERR	WRPERR	保留		OPERR	EOP
							rc_w1	rc_w1	rc_w1	rc_w1	rc_w1			rc_w1	rc_w1

图 8-13　FLASH_SR 的结构、偏移地址和复位值

表 8-40　FLASH_SR 部分位的解释说明

位 16	BSY：繁忙（Busy）。 该位指示 Flash 操作正在进行。该位在 Flash 操作开始时置 1，在操作结束或出现错误时清零。 0：当前未执行任何 Flash 操作；1：正在执行 Flash 操作
位 8	RDERR：（Proprietary readout protection error）。 如果通过 D 总线对属于专有读保护闪存扇区的地址执行读访问时，将由硬件为该位置 1。写入 1 即可将该位清零
位 7	PGSERR：编程顺序错误（Programming sequence error）。 如果代码在控制寄存器未正确配置的情况下对 Flash 执行写访问，将由硬件为该位置 1。写入 1 即可将该位清零

续表

位 6	PGPERR：编程并行位数错误（Programming parallelism error）。 如果在编程期间数据访问类型（字节、半字、字和双字）与配置的并行位数 PSIZE（x8、x16、x32、x64）不符，将由硬件为该位置 1。写入 1 即可将该位清零
位 5	PGAERR：编程对齐错误（Programming alignment error）。 如果要编程的数据不能包含在同一个 128 位 Flash 行中，将由硬件为该位置 1。写入 1 即可将该位清零
位 4	WRPERR：写保护错误（Write protection error）。 如果要擦除/编程的地址属于 Flash 中处于写保护状态的区域，将由硬件为该位置 1。写入 1 即可将该位清零
位 1	OPERR：操作错误（Operation error）。 如果检测到 Flash 操作（编程/擦除/读取）请求，但由于存在并行位数错误、对齐错误或写保护错误而无法运行，将由硬件对该位置 1。只有在使能错误中断（ERRIE=1）后，该位才会置 1
位 0	EOP：操作结束（End of operation）。 当成功完成一个或多个 Flash 操作（编程/擦除）时，由硬件将该位置 1。只有在使能操作结束中断（EOPIE=1）后，该位才会置 1。写入 1 即可将该位清零

5. Flash 控制寄存器（FLASH_CR）

FLASH_CR 的结构、偏移地址和复位值如图 8-14 所示，部分位的解释说明如表 8-41 所示。

偏移地址：0x10
复位值：0x8000 0000

31	30	29	28	27	26	25	24	23	22	21	20	19	18	17	16
LOCK	保留					ERRIE	EOPIE	保留							STRT
rs						rw	rw								rs

15	14	13	12	11	10	9	8	7	6	5	4	3	2	1	0
MER1	保留					PSIZE[1:0]		SNB[4:0]					MER	SER	PG
rw						rw	rw	rw	rw	rw	rw	rw	rw	rw	rw

图 8-14 FLASH_CR 的结构、偏移地址和复位值

表 8-41 FLASH_CR 部分位的解释说明

位 31	LOCK：锁定（Lock）。 该位只能写入 1。该位置 1 时，表示 FLASH_CR 寄存器已锁定。当检测到解锁序列时，由硬件将该位清零。如果解锁操作失败，该位仍保持置 1，直到下一次复位
位 16	STRT：启动（Start）。 该位置 1 后可触发擦除操作。该位只能通过软件置 1，并在 BSY 位清零后随之清零
位 15	MER1：批量擦除 12 到 23 扇区（Mass Erase of sectors 12 to 23）。 激活 12 到 23 扇区的擦除操作
位 9:8	PSIZE：编程大小（Program size）。 这些位用于选择编程并行位数。 00：x8 编程；　01：x16 编程；　10：x32 编程；　11：x64 编程
位 2	MER：擦除块 1 里的所有扇区（Mass Erase of bank 1 sectors）。 激活对块 1 里所有扇区的擦除功能
位 1	SER：扇区擦除（Sector Erase）。 激活扇区擦除
位 0	PG：编程（Programming）。 激活 Flash 编程

6. Flash 选项控制寄存器（FLASH_OPTCR）

FLASH_OPTCR 的结构、偏移地址和复位值如图 8-15 所示，部分位的解释说明如表 8-42 所示。

偏移地址：0x14
复位值：0x0FFF AAED

31	30	29	28	27	26	25	24	23	22	21	20	19	18	17	16
保留				mWRP[11:0]											
				rw	rw	rw	rw	rw	rw	rw	rw	rw	rw	rw	rw

15	14	13	12	11	10	9	8	7	6	5	4	3	2	1	0
RDP[7:0]								nRST_STDBY	nRST_STOP	WDG_SW	保留	BOR_LEV[1:0]		OPT STRT	OPT LOCK
rw	rw	rw	rw	rw	rw	rw	rw	rw	rw	rw		rw	rw	rs	rs

图 8-15　FLASH_OPTCR 的结构、偏移地址和复位值

表 8-42　FLASH_OPTCR 部分位的解释说明

位	说明
位 27:16	nWRP：无写保护（Not write protect）。 这些位包含复位后扇区写保护选项字节的值。通过对这些位执行写操作，可将新的写保护值编程到 Flash。 0：开启所选扇区的写保护；　1：关闭所选扇区的写保护
位 15:8	RDP：读保护（Read protect）。 这些位包含复位后读保护选项字节的值。通过对这些位执行写操作，可将新的读保护值编程到 Flash。 0xAA：级别 0，未激活读保护；　0xCC：级别 2，激活芯片读保护； 其他值：级别 1，激活存储器读保护
位 7:5	USER：用户选项字节（User option bytes）。 这些位包含复位后用户选项字节的值。通过对这些位执行写操作，可将新的用户选项字节值编程到 Flash。 位 7：nRST_STDBY；　位 6：nRST_STOP；　位 5：WDG_SW。 注意，当 WDG 模式从硬件切换到软件或从软件切换到硬件时，需要执行系统复位才能使更改生效
位 3:2	BOR_LEV：BOR 复位级别（BOR reset Level）。 这些位包含释放复位信号所需达到的供电电压阈值。可通过对这些位执行写操作，来编程新的 BOR 级别。BOR 默认为关闭。当电源电压（VDD）降至所选 BOR 级别以下时，将产生器件复位。 00：BOR 级别 3（VBOR3），复位阈值电压为 2.70V 到 3.60V； 01：BOR 级别 2（VBOR2），复位阈值电压为 2.40V 到 2.70V； 10：BOR 级别 1（VBOR1），复位阈值电压为 2.10V 到 2.40V； 11：BOR 关闭（VBOR0），复位阈值电压为 1.80V 到 2.10V。 注意，有关 BOR 特性的详情，可参见器件数据手册中的“电气特性”部分
位 1	OPTSTRT：启动选项（Option start）。 该位置 1 后可触发用户选项操作。该位只能通过软件置 1，并在 BSY 位清零后随之清零
位 0	OPTLOCK：锁定选项（Option lock）。 该位只能写入 1。该位置 1 时，表示 FLASH_OPTCR 寄存器已锁定。当检测到解锁序列时，由硬件将该位清零。 如果解锁操作失败，该位仍保持置 1，直到下一次复位

7. Flash 选项控制寄存器 1（FLASH_OPTCR1）

FLASH_OPTCR1 的结构、偏移地址和复位值如图 8-16 所示，部分位的解释说明如表 8-43 所示。

偏移地址：0x18
复位值：0x0FFF 0000

31	30	29	28	27	26	25	24	23	22	21	20	19	18	17	16
保留				mWRP[11:0]											
				rw	rw	rw	rw	rw	rw	rw	rw	rw	rw	rw	rw

15	14	13	12	11	10	9	8	7	6	5	4	3	2	1	0
保留															

图 8-16　FLASH_OPTCR1 的结构、偏移地址和复位值

表 8-43　FLASH_OPTCR1 部分位的解释说明

位 27:16	nWRP：无写保护（Not write protect）。 这些位包含复位后扇区 12 到 23 的写保护选项字节值。通过对这些位执行写操作，可将新的写保护值编程到 Flash。 0：已激活写保护；　　1：未激活写保护

8.2.7　Flash 部分固件库函数

本节介绍本书各实验涉及的 Flash 固件库函数，这些函数在 stm32f4xx_flash.h 文件中声明，在 stm32f4xx_flash.c 文件中实现。

1．FLASH_PrefetchBufferCmd

FLASH_PrefetchBufferCmd 函数的功能是使能或禁止预取指缓存，通过向 FLASH->ACR 写入参数来实现。具体描述如表 8-44 所示。

表 8-44　FLASH_PrefetchBufferCmd 函数的描述

函数名	FLASH_PrefetchBufferCmd
函数原型	void FLASH_PrefetchBufferCmd(uint32_t FLASH_PrefetchBuffer)
功能描述	使能或禁止预取指缓存
输入参数	NewState：使能或禁止预取指缓存新状态 可以取 ENABLE 或 DISABLE
输出参数	无
返回值	void

例如，使能预取指缓存，代码如下：

```
FLASH_PrefetchBufferCmd(ENABLE);
```

2．FLASH_InstructionCacheCmd

FLASH_InstructionCacheCmd 函数的功能是使能或禁止指令缓存，通过向 FLASH->ACR 写入参数来实现。具体描述如表 8-45 所示。

表 8-45　FLASH_InstructionCacheCmd 函数的描述

函数名	FLASH_InstructionCacheCmd
函数原型	void FLASH_InstructionCacheCmd(FunctionalState NewState)
功能描述	使能或禁止指令缓存
输入参数	NewState：使能或禁止指令缓存新状态 可以取 ENABLE 或 DISABLE

续表

输出参数	无
返回值	void

例如，使能指令缓存，代码如下：

```
FLASH_InstructionCacheCmd(ENABLE);
```

3. FLASH_DataCacheCmd

FLASH_DataCacheCmd 函数的功能是使能或禁止数据缓存，通过向 FLASH->ACR 写入参数来实现。具体描述如表 8-46 所示。

表 8-46　FLASH_DataCacheCmd 函数的描述

函数名	FLASH_DataCacheCmd
函数原型	void FLASH_DataCacheCmd(FunctionalState NewState)
功能描述	使能或禁止数据缓存
输入参数	NewState：使能或禁止数据缓存新状态 可以取 ENABLE 或 DISABLE
输出参数	无
返回值	void

例如，使能数据缓存，代码如下：

```
FLASH_DataCacheCmd(ENABLE);
```

4. FLASH_SetLatency

FLASH_SetLatency 函数的功能是设置延时值，通过向 FLASH->ACR 写入参数来实现。具体描述如表 8-47 所示。

表 8-47　FLASH_SetLatency 函数的描述

函数名	FLASH_SetLatency
函数原型	void FLASH_SetLatency(uint32_t FLASH_Latency)
功能描述	设置代码延时值
输入参数	FLASH_Latency：指定 FLASH_Latency 的值
输出参数	无
返回值	void

参数 FLASH_Latency 用来设置 CPU 时钟周期与 Flash 访问时间之比，可取值如表 8-48 所示。

表 8-48　参数 FLASH_PrefetchBuffer 的可取值

可　取　值	实　际　值	描　　述
FLASH_Latency_0	0x00	0 等待周期
FLASH_Latency_1	0x01	1 个等待周期
⋮	⋮	⋮
FLASH_Latency_15	0x0F	15 个等待周期

例如，设置延时值，设定为 2 个等待周期，代码如下：

```
FLASH_SetLatency(FLASH_Latency_2);
```

5. FLASH_Unlock

FLASH_Unlock 函数的功能是解锁 Flash 编写擦除控制器。具体描述如表 8-49 所示。

表 8-49　FLASH_UnLock 函数的描述

函数名	FLASH_Unlock
函数原形	void FLASH_Unlock(void)
功能描述	解锁 Flash 编写擦除控制器
输入参数	无
输出参数	无
返回值	void

例如，解锁 Flash，代码如下：

```
FLASH_Unlock();
```

6. FLASH_EraseSector

FLASH_EraseSector 函数的功能是擦除一个 Flash 扇区，通过向 FLASH->CR 写入参数来实现。具体描述如表 8-50 所示。

表 8-50　FLASH_EraseSector 函数的描述

函数名	FLASH_EraseSector
函数原形	FLASH_Status FLASH_EraseSector(uint32_t Page_Address)
功能描述	擦除一个 Flash 扇区
输入参数	无
输出参数	无
返回值	擦除操作状态

7. FLASH_ProgramWord

FLASH_ProgramWord 函数的功能是在指定地址编写一个字。具体描述如表 8-51 所示。

表 8-51　FLASH_ProgramWord 函数的描述

函数名	FLASH_ProgramWord
函数原形	FLASH_Status FLASH_ProgramWord(uint32_t Address, uint32_t Data)
功能描述	在指定地址编写一个字
输入参数 1	Address：待编写的地址
输入参数 2	Data：待写入的数据
输出参数	无
返回值	编写操作状态

例如，向 Address1 地址写入 Data1，代码如下：

```
FLASH_Status status = FLASH_COMPLETE;
u32 Data1 = 0x12345678;
u32 Address1 = 0x08000000;
status = FLASH_ProgramWord(Address1, Data1);
```

8. FLASH_Lock

FLASH_Lock 函数的功能是锁定 Flash 编写擦除控制器，通过向 FLASH->CR 写入参数来实现。具体描述如表 8-52 所示。

表 8-52　FLASH_Lock 函数的描述

函数名	FLASH_Lock
函数原形	void FLASH_Lock(void)
功能描述	锁定 Flash 编写擦除控制器
输入参数	无
输出参数	无
返回值	void

例如，锁定 Flash，代码如下：

```
FLASH_Lock();
```

8.3　实验步骤

步骤 1：复制并编译原始工程

首先，将“D:\STM32KeilTest\Material\07.RCC 实验”文件夹复制到“D:\STM32KeilTest\Product”文件夹中。然后，双击运行“D:\STM32KeilTest\Product\07.RCC 实验\Project”文件夹中的 STM32KeilPrj.uvprojx，单击工具栏中的按钮。当 Build Output 栏中出现“FromELF: creating hex file...”时，表示已经成功生成.hex 文件，出现“0 Error(s), 0 Warnning(s)”，表示编译成功。最后，将.axf 文件下载到 STM32 的内部 Flash，观察 LD0 是否闪烁。如果 LD0 闪烁，串口正常输出字符串，表示原始工程是正确的，可以进入下一步操作。

步骤 2：添加 RCC 文件对

首先，将“D:\STM32KeilTest\Product\07.RCC 实验\HW\RCC”文件夹中的 RCC.c 添加到 HW 分组中。然后，将“D:\STM32KeilTest\Product\07.RCC 实验\HW\RCC”和“D:\STM32KeilTest\Product\08.时钟控制器 RCC 实验\HW\RCC”路径添加到 Include Paths 栏中。

步骤 3：完善 RCC.h 文件

单击按钮进行编译，编译结束后，在 Project 面板中，双击 RCC.c 下的 RCC.h 文件。在 RCC.h 文件的“包含头文件”区，添加代码#include "DataType.h"。

在 RCC.h 文件的“API 函数声明”区，添加 API 函数声明代码 void InitRCC(void)。

步骤 4：完善 RCC.c 文件

在 RCC.c 文件“包含头文件”区的最后，添加代码#include "stm32f4xx_conf.h"。

在 RCC.c 文件的“内部函数声明”区，添加 ConfigRCC 函数的声明代码，如程序清单 8-1 所示。

程序清单 8-1

```
static  void  ConfigRCC(void);  //配置 RCC
```

在 RCC.c 文件的“内部函数实现”区，添加 ConfigRCC 函数的实现代码。如程序清单 8-2 所示。

程序清单 8-2

```
static void ConfigRCC(void)
{
  __IO uint32_t HSEStartUpStatus = 0;

  RCC_HSEConfig(RCC_HSE_ON);                                  //使能 HSE（HSE=25MHz）

  HSEStartUpStatus = RCC_WaitForHSEStartUp();                 //等待 HSE 启动

  if(SUCCESS == HSEStartUpStatus)                             //如果 HSE 启动成功
  {
    RCC_APB1PeriphClockCmd(RCC_APB1Periph_PWR, ENABLE); //使能电源接口时钟

    //将调压器输出电压级别配置为 1，以便在器件未以最大频率工作时使性能与功耗实现平衡
    PWR_MainRegulatorModeConfig(PWR_Regulator_Voltage_Scale1);

    //配置 HCLK、PCLK2 和 PCLK1
    RCC_HCLKConfig(RCC_SYSCLK_Div1);                          //HCLK=SYSCLK/1=180MHz
    RCC_PCLK2Config(RCC_HCLK_Div2);                           //PCLK2=HCLK/2=90MHz
    RCC_PCLK1Config(RCC_HCLK_Div4);                           //PCLK1=HCLK/4=45MHz

    //根据分频系统 M、N、P、Q，配置 PLL 时钟，M=25，N=360，P=2，Q=4
    //VCO 时钟频率=25MHz×(N/M)=360MHz，PLL 时钟频率=360MHz/2=180MHz
    //USB OTG FS，SDIO，RNG 时钟频率=360MHz/4=90MHz
    RCC_PLLConfig(RCC_PLLSource_HSE, 25, 360, 2, 4);     //PLLCLK=180MHz

    RCC_PLLCmd(ENABLE);                                       //使能 PLL

    //等待 PLL 稳定
    while(RCC_GetFlagStatus(RCC_FLAG_PLLRDY) == RESET)
    {

    }

    //开启 over-drive 模式，以达到更高频率
    PWR_OverDriveCmd(ENABLE);
    while(PWR_GetFlagStatus(PWR_FLAG_ODRDY) == RESET)
    {

    }
    PWR_OverDriveSWCmd(ENABLE);
    while(PWR_GetFlagStatus(PWR_FLAG_ODSWRDY) == RESET)
    {

    }
```

```
    //配置 Flash，使能预取、指令缓存和数据缓存，并将延时设置为 5 个等待周期
    FLASH_PrefetchBufferCmd(ENABLE);
    FLASH_InstructionCacheCmd(ENABLE);
    FLASH_DataCacheCmd(ENABLE);
    FLASH_SetLatency(FLASH_Latency_5);

    RCC_SYSCLKConfig(RCC_SYSCLKSource_PLLCLK); //当 PLL 稳定之后，把 PLL 时钟切换为系统时钟 SYSCLK

    //读取时钟切换状态位，确保 PLLCLK 被选为系统时钟
    while(RCC_GetSYSCLKSource() != 0x08)
    {

    }
  }
  else
  {
    //HSE 启动出错，进入到死循环
    while(1)
    {

    }
  }
}
```

说明：(1)通过 RCC_HSEConfig 函数使能外部高速晶振。该函数涉及 RCC_CR 的 HSEON，HSEON 为 0，关闭外部高速晶振，HSEON 为 1，使能外部高速晶振。

（2）通过 RCC_WaitForHSEStartUp 函数判断外部高速时钟是否就绪，返回值赋值给 HSEStartUpStatus。该函数涉及 RCC_CR 的 HSERDY，HSERDY 为 1，表示外部高速时钟准备就绪，HSEStartUpStatus 为 SUCCESS；HSERDY 为 0，表示外部高速时钟未就绪，HSEStartUpStatus 为 ERROR。

（3）通过 RCC_APB1PeriphClockCmd 函数使能 PWR 时钟。

（4）通过 PWR_MainRegulatorModeConfig 函数将调压器输出电压级别配置为 1，以便在器件未以最大频率工作时使性能与功耗实现平衡。该函数涉及 PWR_CR 的 VOS[1:0]。

（5）通过 RCC_HCLKConfig 函数将高速 AHB 时钟的预分频系数设置为 1。该函数涉及 RCC_CFGR 的 HPRE[3:0]。AHB 时钟是对系统时钟 SYSCLK 进行 1、2、4、8、16、64、128、256 或 512 分频的结果，HPRE[3:0]控制 AHB 时钟的预分频系数。本实验的 HPRE[3:0]为 0000，即 AHB 时钟与 SYSCLK 时钟频率相等，SYSCLK 时钟频率为 180MHz，因此，AHB 时钟频率也为 180MHz。

（6）通过 RCC_PCLK2Config 函数将高速 APB2 时钟的预分频系数设置为 2。该函数涉及 RCC_CFGR 的 PPRE2[2:0]，APB2 时钟是对 AHB 时钟进行 1、2、4、8 或 16 分频的结果，PPRE2[2:0]控制 APB2 时钟的预分频系数。本实验的 PPRE2[2:0]为 100，即 APB2 时钟是 AHB 时钟的 2 分频，AHB 时钟频率为 180MHz，因此，APB2 时钟频率为 90MHz。

（7）通过 RCC_PCLK1Config 函数将高速 APB1 时钟的预分频系数设置为 4。该函数涉及 RCC_CFGR 的 PPRE1[2:0]，APB1 时钟是时 AHB 时钟进行 1、2、4、8 或 16 分频的结果，PPRE1[2:0]控制 APB1 时钟的预分频系数。本实验的 PPRE1[2:0]为 101，即 APB1 时钟是 AHB 时钟的 4 分频，AHB 时钟频率为 180MHz，因此，APB1 时钟频率为 45MHz。

（8）通过 RCC_PLLConfig 函数设置 PLL 时钟源及倍频、分频系数。该函数涉及 RCC_PLLCFGR 的 PLLSRC，以及 PLLM[5:0]、PLLN[8:0]、PLLP[1:0]、PLLQ[3:0]。本实验的 PLLSRC 为 1，PLLM PLLM[5:0]、PLLN[8:0]、PLLP[1:0]、PLLQ[3:0]分别为 25、360、2、4，因此，频率为 25MHz 的 HSE 时钟经过 25 分频后，再分别经过 360 倍频和 2 分频，最终作为 PLLCLK 时钟源，PLL 时钟频率即为 25MHz/$M\times N/P$=25MHz/25× 360/2=180MHz。

（9）通过 RCC_PLLCmd 函数使能 PLL 时钟。该函数涉及 RCC_CR 的 PLLON，PLLON 用于关闭或使能 PLL 时钟。

（10）通过 RCC_GetFlagStatus 函数判断 PLL 时钟是否就绪。该函数涉及 RCC_CR 的 PLLRDY，PLLRDY 用于指示 PLL 时钟是否就绪。

（11）通过 PWR_OverDriveCmd 函数开启 over-drive 模式。该函数涉及 PWR_CR 的 ODEN，ODEN 用于使能 over-drive 模式。

（12）通过 PWR_GetFlagStatus 函数判断 over-drive 模式是否就绪。该函数涉及 PWR_CSR 的 ODRDY，ODRDY 用于指示 over-drive 模式是否就绪。

（13）通过 PWR_OverDriveCmd 函数使能 over-drive 模式切换开关。该函数涉及 PWR_CR 的 ODSWEN，ODSWEN 用于使能 over-drive 模式切换开关。

（14）通过 PWR_GetFlagStatus 函数判断 over-drive 模式是否激活。该函数涉及 PWR_CSR 的 ODSWRDY，ODSWRDY 用于指示 over-drive 模式是否激活。

（15）通过 FLASH_PrefetchBufferCmd 函数使能 Flash 预读取缓冲区，这样可以加速内部 Flash 的读取。该函数涉及 FLASH_ACR 的 PRFTBE，PRFTBE 为 0 关闭 Flash 预读取缓冲区，PRFTBE 为 1 使能 Flash 预读取缓冲区。

（16）通过 FLASH_InstructionCacheCmd 和 FLASH_DataCacheCmd 函数分别使能指令缓存和数据缓存。这两个函数分别涉及 FLASH_ACR 的 ICEN 和 DCEN。

（17）通过 FLASH_SetLatency 函数将时延设置为 5 个等待状态。该函数涉及 FLASH_ACR 的 LATENCY[2:0]。

（18）通过 RCC_SYSCLKConfig 函数将 PLL 选作 SYSCLK 的时钟源。该函数涉及 RCC_CFGR 的 SW[1:0]，SW[1:0]用于选择 HSI、HSE 或 PLL 作为 SYSCLK 的时钟源。

（19）通过 RCC_GetSYSCLKSource 函数读取系统时钟切换状态。该函数涉及 RCC_CFGR 的 SWS[1:0]，SWS[1:0]用于指示用作系统时钟的时钟源。

在 RCC.c 文件的“API 函数实现”区，添加 InitRCC 函数的实现代码，如程序清单 8-3 所示，InitRCC 函数调用 ConfigRCC 函数实现对 RCC 模块的初始化。

程序清单 8-3

```
void InitRCC(void)
{
  ConfigRCC();          //配置 RCC
}
```

步骤 5：完善 RCC 实验应用层

在 Project 面板中，双击打开 Main.c 文件，在 Main.c 文件“包含头文件”区的最后，添加代码#include "RCC.h"。这样就可以在 Main.c 文件中调用 RCC 模块的 API 函数等，实现对 RCC 模块的操作。

在 Main.c 文件的 InitHardware 函数中，添加调用 InitRCC 函数的代码，如程序清单 8-4

所示，即可实现对 RCC 模块的初始化。

程序清单 8-4

```
static  void  InitHardware(void)
{
  SystemInit();          //系统初始化
  InitNVIC();            //初始化 NVIC 模块
  InitUART1(115200);     //初始化 UART 模块
  InitTimer();           //初始化 Timer 模块
  InitLED();             //初始化 LED 模块
  InitSysTick();         //初始化 SysTick 模块
  InitRCC();             //初始化 RCC 模块
}
```

步骤 6：编译及下载验证

代码编写完成后，单击按钮进行编译。编译结束后，Build Output 栏中出现“0 Error(s), 0 Warning(s)”，表示编译成功。然后，参见图 2-33，通过 Keil μVision5.20 软件将.axf 文件下载到医疗电子单片机高级开发系统。下载完成后，LD0 闪烁，串口正常输出字符串，表示实验成功。

本 章 任 务

基于医疗电子单片机高级开发系统，对 RCC 时钟重新进行配置，将 PCLK2 时钟配置为 45MHz、PCLK1 时钟配置为 22.5MHz，对比修改前后的 LED 闪烁间隔以及串口助手输出字符串间隔，并分析产生变化的原因。提示，修改之后，串口助手输出字符串会出现乱码，可尝试将串口助手波特率更改为 57600baud。

本 章 习 题

1．什么是有源晶振，什么是无源晶振？

2．简述 RCC 模块中的各个时钟源及其配置方法。

3．在 RCC_GetSYSCLKSource 函数中通过直接操作寄存器完成相同的功能。

4．本实验为什么要通过 FLASH_SetLatency 函数将时延设置为两个等待状态？

5．将本实验中的分频系数 M、倍频系数 N、分频系数 P 分别更改为 25、180、4，计算 PLLCLK 的时钟频率。

第 9 章　实验 8——外部中断

通过 GPIO 与独立按键输入实验，已经掌握了将 STM32 的 GPIO 作为输入使用。本章将基于外部中断/事件控制器 EXTI，通过 GPIO 检测输入脉冲，并产生中断，打断原来的代码执行流程，进入中断服务函数中进行处理，处理完成后再返回中断之前的代码继续执行，从而实现与 GPIO 与独立按键输入类似的功能。

9.1　实验内容

通过学习本实验的实验原理，基于 EXTI，通过医疗电子单片机高级开发系统上的 Key1、Key2 和 Key3 按键，控制串口输出相应按键按下的信息。

9.2　实验原理

9.2.1　EXTI 功能框图

EXTI 管理了 23 个中断/事件线，每个中断/事件线都对应一个边沿检测电路，可以对输入线的上升沿、下降沿或上升/下降沿进行检测，每个中断/事件线可以通过寄存器进行单独配置，既可以产生中断触发，也可以产生事件触发。图 9-1 给出了 EXTI 的功能框图，下面介绍各主要功能模块。

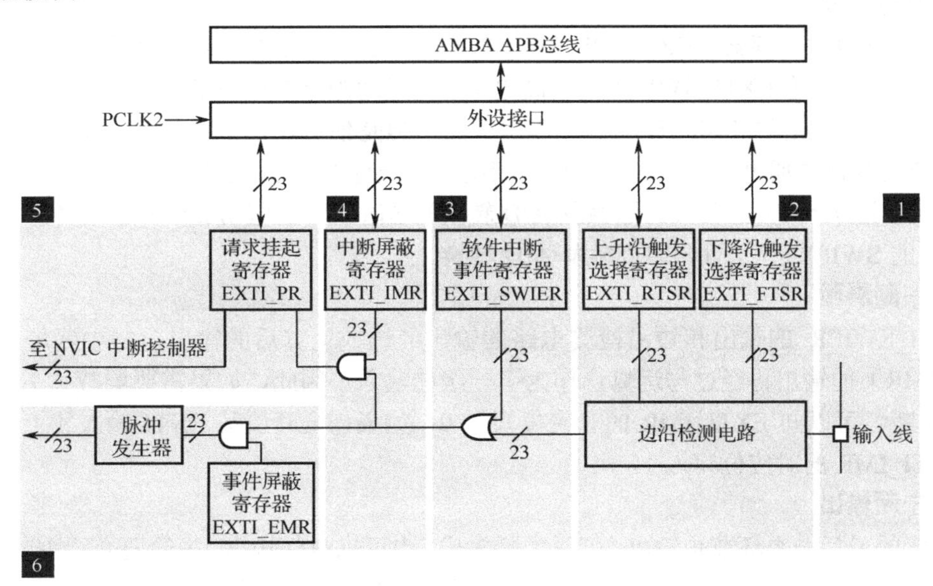

图 9-1　EXTI 功能框图

1. EXTI 输入线

STM32 的 EXTI 输入线有 23 条，即 EXTI0～EXTI22，在图 9-1 中标记为/23。表 9-1 列出了 EXTI 所有输入线的输入源，其中，EXTI0～EXTI15 用于 GPIO，每个 GPIO 都可以作为 EXTI 的输入源。

表 9-1　EXTI 输入线

中断/事件线	输 入 源
EXTI0	PA0/PB0/PC0/PD0/PE0/PF0/PG0/PH0/PI0
EXTI1	PA1/PB1/PC1/PD1/PE1/PF1/PG1/PH1/PI1
⋮	⋮
EXTI15	PA15/PB15/PC15/PD15/PE15/PF15/PG15/PH15/PI15
EXTI16	PVD 输出
EXTI17	RTC 闹钟事件
EXTI18	USB OTG FS 唤醒事件
EXTI19	以太网唤醒事件
EXTI20	USB OTG HS（在 FS 中配置）唤醒事件
EXTI21	RTC 入侵和时间戳事件
EXTI22	RTC 唤醒事件

2．边沿检测电路

通过配置上升沿触发选择寄存器（EXTI_RTSR）和下降沿触发选择寄存器（EXTI_FTSR），可以实现输入信号的上升沿检测、下降沿检测或上升/下降沿同时检测。EXTI_RTSR 的低 23 位分别对应一条 EXTI 输入线，如 TR0 对应 EXTI0 输入线，当 TR0 配置为 1 时，允许 EXTI0 输入线的上升沿触发。同样，EXTI_FTSR 的低 23 位分别对应一条 EXTI 输入线，如 TR1 对应 EXTI1 输入线，当 TR1 配置为 1 时，允许 EXTI1 输入线的下降沿触发。

3．软件中断

软件中断事件寄存器（EXTI_SWIER）的输出和边沿检测电路的输出通过或运算输出到下一级，因此，无论 EXTI_SWIER 输出高电平，还是边沿检测电路输出高电平，下一级都会输出高电平。虽然通过 EXTI 输入线产生触发源，但是使用软件中断触发的设计方法能够让 STM32 应用变得更加灵活，例如，在默认情况下，通过 PC4 的上升沿脉冲触发 A/D 转换，而在某种特定场合，又需要人为地触发 A/D 转换，这时就可以借助 EXTI_SWIER，只需要向该寄存器的 SWIER4 写入 1，即可触发 A/D 转换。

4．中断屏蔽

EXTI_SWIER 的输出和边沿检测电路的输出经过或运算后的输出，与中断屏蔽寄存器（EXTI_IMR）的输出再经过与运算，作为下一级的输入。因此，如果需要屏蔽某 EXTI 输入线上的中断，可以向 EXTI_IMR 的对应位写入 0；如果需要开放某 EXTI 输入线上的中断，则向 EXTI_IMR 的对应位写入 1。

5．中断输出

EXTI 的最后一个环节是输出，可以中断输出，也可以事件输出。先简要介绍中断和事件，中断和事件的产生源可以相同，两者的目的都是为了执行某一具体任务，如启动 A/D 转换或触发 DMA 数据传输。中断需要 CPU 的参与，当产生中断时，会执行对应的中断服务函数，具体的任务在中断服务函数中执行；事件是通过脉冲发生器产生一个脉冲，该脉冲直接通过硬件执行具体的任务，不需要 CPU 的参与。因为事件触发提供了一个完全由硬件自动完成而不需要 CPU 参与的方式，使用事件触发，诸如 A/D 转换或 DMA 数据传输任务，不需要软件的参与，降低了 CPU 的负荷，节省了中断资源，提高了响应速度。但是，中断正是因为有

CPU 的参与，才可以对某一具体任务进行调整，例如，A/D 采样通道需要从第 1 通道切换到第 7 通道，就必须在中断服务函数中实现。

当某 EXTI 输入线上检测到已经配置好的边沿事件，请求挂起寄存器（EXTI_PR）的对应位将被置为 1。向该位写 1 可以清除它，也可以通过改变边沿检测的极性来清除。

6. 事件输出

EXTI_SWIER 的输出和边沿检测电路的输出经过或运算后的输出，与事件屏蔽寄存器（EXTI_EMR）的输出再经过与运算后，进一步触发脉冲发生器，输出脉冲信号作为事件输出。因此，如果需要屏蔽某 EXTI 输入线上的事件，可以向 EXTI_EMR 的对应位写入 0；如果需要开放某 EXTI 输入线上的中断，则向 EXTI_EMR 的对应位写入 1。

9.2.2 EXTI 部分寄存器

本实验涉及的 EXTI 寄存器包括中断屏蔽寄存器（EXTI_IMR）、事件屏蔽寄存器（EXTI_EMR）、上升沿触发选择寄存器（EXTI_RTSR）、下降沿触发选择寄存器（EXTI_FTSR）、软件中断事件寄存器（EXTI_SWIER）、请求挂起寄存器（EXTI_PR）。

1. 中断屏蔽寄存器（EXTI_IMR）

EXTI_IMR 的结构、偏移地址和复位值如图 9-2 所示，部分位的解释说明如表 9-2 所示。

偏移地址：0x00
复位值：0x0000 0000

31	30	29	28	27	26	25	24	23	22	21	20	19	18	17	16
保留									MR22	MR21	MR20	MR19	MR18	MR17	MR16
									rw	rw	rw	rw	rw	rw	rw

15	14	13	12	11	10	9	8	7	6	5	4	3	2	1	0
MR15	MR14	MR13	MR12	MR11	MR10	MR9	MR8	MR7	MR6	MR5	MR4	MR3	MR2	MR1	MR0
rw	rw	rw	rw	rw	rw	rw	rw	rw	rw	rw	rw	rw	rw	rw	rw

图 9-2　EXTI_IMR 的结构、偏移地址和复位值

表 9-2　EXTI_IMR 部分位的解释说明

位 31:23	保留，必须保持复位值
位 22:0	MRx：x 线上的中断屏蔽（Interrupt mask on line x）。 0：屏蔽来自 x 线上的中断请求；　　1：开放来自 x 线上的中断请求

2. 事件屏蔽寄存器（EXTI_EMR）

EXTI_EMR 的结构、偏移地址和复位值如图 9-3 所示，部分位的解释说明如表 9-3 所示。

偏移地址：0x04
复位值：0x0000 0000

31	30	29	28	27	26	25	24	23	22	21	20	19	18	17	16
保留									MR22	MR21	MR20	MR19	MR18	MR17	MR16
									rw	rw	rw	rw	rw	rw	rw

15	14	13	12	11	10	9	8	7	6	5	4	3	2	1	0
MR15	MR14	MR13	MR12	MR11	MR10	MR9	MR8	MR7	MR6	MR5	MR4	MR3	MR2	MR1	MR0
rw	rw	rw	rw	rw	rw	rw	rw	rw	rw	rw	rw	rw	rw	rw	rw

图 9-3　EXTI_EMR 的结构、偏移地址和复位值

表 9-3　EXTI_EMR 部分位的解释说明

位 31:23	保留，必须保持复位值
位 22:0	MRx：x 线上的事件屏蔽（Event mask on line x）。 0：屏蔽来自 x 线的事件请求；　　1：开放来自 x 线的事件请求

3．上升沿触发选择寄存器（EXTI_RTSR）

EXTI_RTSR 的结构、偏移地址和复位值如图 9-4 所示，部分位的解释说明如表 9-4 所示。

偏移地址：0x08
复位值：0x0000 0000

31	30	29	28	27	26	25	24	23	22	21	20	19	18	17	16
保留									TR22	TR21	TR20	TR19	TR18	TR17	TR16
									rw	rw	rw	rw	rw	rw	rw

15	14	13	12	11	10	9	8	7	6	5	4	3	2	1	0
TR15	TR14	TR13	TR12	TR11	TR10	TR9	TR8	TR7	TR6	TR5	TR4	TR3	TR2	TR1	TR0
rw	rw	rw	rw	rw	rw	rw	rw	rw	rw	rw	rw	rw	rw	rw	rw

图 9-4　EXTI_RTSR 的结构、偏移地址和复位值

表 9-4　EXTI_RTSR 部分位的解释说明

位 31:23	保留，必须保持复位值
位 22:0	TRx：x 线的上升沿触发事件配置位（Rising trigger event configuration bit of line x）。 0：禁止输入线上升沿触发（事件和中断）；　　1：允许输入线上升沿触发（事件和中断）

4．下降沿触发选择寄存器（EXTI_FTSR）

EXTI_FTSR 的结构、偏移地址和复位值如图 9-5 所示，部分位的解释说明如表 9-5 所示。

偏移地址：0x0C
复位值：0x0000 0000

31	30	29	28	27	26	25	24	23	22	21	20	19	18	17	16
保留									TR22	TR21	TR20	TR19	TR18	TR17	TR16
									rw	rw	rw	rw	rw	rw	rw

15	14	13	12	11	10	9	8	7	6	5	4	3	2	1	0
TR15	TR14	TR13	TR12	TR11	TR10	TR9	TR8	TR7	TR6	TR5	TR4	TR3	TR2	TR1	TR0
rw	rw	rw	rw	rw	rw	rw	rw	rw	rw	rw	rw	rw	rw	rw	rw

图 9-5　EXTI_FTSR 的结构、偏移地址和复位值

表 9-5　EXTI_FTSR 部分位的解释说明

位 31:23	保留，必须保持复位值
位 22:0	TRx：x 线的下降沿触发事件配置位（Falling trigger event configuration bit of line x）。 0：禁止输入线下降沿触发（中断和事件）；　　1：允许输入线下降沿触发（中断和事件）

5．软件中断事件寄存器（EXTI_SWIER）

EXTI_SWIER 的结构、偏移地址和复位值如图 9-6 所示，部分位的解释说明如表 9-6 所示。

偏移地址：0x10
复位值：0x0000 0000

31	30	29	28	27	26	25	24	23	22	21	20	19	18	17	16
保留									SWIER 22	SWIER 21	SWIER 20	SWIER 19	SWIER 18	SWIER 17	SWIER 16
									rw	rw	rw	rw	rw	rw	rw

15	14	13	12	11	10	9	8	7	6	5	4	3	2	1	0
SWIER 15	SWIER 14	SWIER 13	SWIER 12	SWIER 11	SWIER 10	SWIER 9	SWIER 8	SWIER 7	SWIER 6	SWIER 5	SWIER 4	SWIER 3	SWIER 2	SWIER 1	SWIER 0
rw	rw	rw	rw	rw	rw	rw	rw	rw	rw	rw	rw	rw	rw	rw	rw

图 9-6　EXTI_SWIER 的结构、偏移地址和复位值

表 9-6　EXTI_SWIER 部分位的解释说明

位 31:23	保留，必须保持复位值
位 22:0	SWIERx：x 线上的软件中断（Software interrupt on line x）。 当该位为 0 时，写 1 将设置 EXTI_PR 中相应的挂起位。如果在 EXTI_IMR 和 EXTI_EMR 中允许产生该中断，则产生中断请求。 通过清除 EXTI_PR 的对应位（写入 1），可以将该位清零

6．请求挂起寄存器（EXTI_PR）

EXTI_PR 的结构、偏移地址和复位值如图 9-7 所示，部分位的解释说明如表 9-7 所示。

偏移地址：0x14
复位值：0xXXXX XXXX

31	30	29	28	27	26	25	24	23	22	21	20	19	18	17	16
保留									PR22	PR21	PR20	PR19	PR18	PR17	PR16
									rc w1	rc w1	rc w1	rc w1	rc w1	rc w1	rc w1

15	14	13	12	11	10	9	8	7	6	5	4	3	2	1	0
PR15	PR14	PR13	PR12	PR11	PR10	PR9	PR8	PR7	PR6	PR5	PR4	PR3	PR2	PR1	PR0
rc w1	rc w1	rc w1	rc w1	rc w1	rc w1	rc w1	rc w1	rc w1	rc w1	rc w1	rc w1	rc w1	rc w1	rc w1	rc w1

图 9-7　EXTIR_PR 的结构、偏移地址和复位值

表 9-7　EXTIR_PR 部分位的解释说明

位 31:23	保留，必须保持复位值
位 22:0	PRx：挂起位（Pending bit）。 0：没有发生触发请求；　　1：发生了选择的触发请求。 当在外部中断线上发生了选择的边沿事件时，该位被置为 1。在此位中写入 1 可以清除它，也可以通过改变边沿检测的极性来清除

9.2.3　EXTI 部分固件库函数

本实验涉及的 EXTI 固件库函数包括 EXTI_Init、EXTI_GetITStatus、EXTI_ClearITPendingBit。这些函数在 stm32f4xx_exti.h 文件中声明，在 stm32f4xx_exti.c 文件中实现。

1．EXTI_Init

EXTI_Init 函数的功能是根据 EXTI_InitStruct 中指定的参数初始化 EXTI 相关寄存器，通过向 EXTI->IMR、EXTI->EMR、EXTI->RTSR、EXTI->FTSR 写入参数来实现。具体描述如表 9-8 所示。

表 9-8　EXTI_Init 函数的描述

函数名	EXTI_Init
函数原型	void EXTI_Init(EXTI_InitTypeDef* EXTI_InitStruct)
功能描述	根据 EXTI_InitStruct 中指定的参数初始化外设 EXTI 寄存器
输入参数	EXTI_InitStruct：指向结构体 EXTI_InitTypeDef 的指针，包含了外设 EXTI 的配置信息
输出参数	无
返回值	void

EXTI_InitTypeDef 结构体定义在 stm32f4xx_exti.h 文件中，内容如下：

```
typedefstruct
{
  uint32_t EXTI_Line;
  EXTIMode_TypeDef EXTI_Mode;
  EXTIrigger_TypeDef EXTI_Trigger;
  FunctionalState EXTI_LineCmd;
}EXTI_InitTypeDef;
```

参数 EXTI_Line 用于选择待使能或禁止的外部线路，可取值如表 9-9 所示。

表 9-9　参数 EXTI_Line 的可取值

可　取　值	实　际　值	描　　述
EXTI_Line0	0x00001	外部中断线 0
EXTI_Line1	0x00002	外部中断线 1
EXTI_Line2	0x00004	外部中断线 2
EXTI_Line3	0x00008	外部中断线 3
EXTI_Line4	0x00010	外部中断线 4
EXTI_Line5	0x00020	外部中断线 5
EXTI_Line6	0x00040	外部中断线 6
EXTI_Line7	0x00080	外部中断线 7
EXTI_Line8	0x00100	外部中断线 8
EXTI_Line9	0x00200	外部中断线 9
EXTI_Line10	0x00400	外部中断线 10
EXTI_Line11	0x00800	外部中断线 11
EXTI_Line12	0x01000	外部中断线 12
EXTI_Line13	0x02000	外部中断线 13
EXTI_Line14	0x04000	外部中断线 14
EXTI_Line15	0x08000	外部中断线 15
EXTI_Line16	0x10000	外部中断线 16
EXTI_Line17	0x20000	外部中断线 17
EXTI_Line18	0x40000	外部中断线 18
EXTI_Line19	0x80000	外部中断线 19

续表

可　取　值	实　际　值	描　　述
EXTI_Line20	0x00100000	外部中断线 20
EXTI_Line21	0x00200000	外部中断线 21
EXTI_Line22	0x00400000	外部中断线 22

参数 EXTI_Mode 用于设置被使能线路的模式，可取值如表 9-10 所示。

表 9-10　参数 EXTI_Mode 的可取值

可　取　值	实　际　值	描　　述
EXTI_Mode_Interrupt	0x00	设置 EXTI 线路为中断请求
EXTI_Mode_Event	0x04	设置 EXTI 线路为事件请求

参数 EXTI_Trigger 用于设置被使能线路的触发边沿，可取值如表 9-11 所示。

表 9-11　参数 EXTI_Trigger 的可取值

可　取　值	实　际　值	描　　述
EXTI_Trigger_Rising	0x08	设置输入线路上升沿为中断请求
EXTI_Trigger_Falling	0x0C	设置输入线路下降沿为中断请求
EXTI_Trigger_Rising_Falling	0x10	设置输入线路上升沿和下降沿为中断请求

参数 EXTI_LineCmd 用于定义选中线路的新状态，可取值为 ENABLE 或 DISABLE。

例如，使能外部中断线 12 和 14 在下降沿触发中断，代码如下：

```
EXTI_InitTypeDef EXTI_InitStructure;
EXTI_InitStructure.EXTI_Line    = EXTI_Line12 | EXTI_Line14;
EXTI_InitStructure.EXTI_Mode    = EXTI_Mode_Interrupt;
EXTI_InitStructure.EXTI_Trigger = EXTI_Trigger_Falling;
EXTI_InitStructure.EXTI_LineCmd = ENABLE;
EXTI_Init(&EXTI_InitStructure);
```

2. EXTI_GetITStatus

EXTI_GetITStatus 函数的功能是检查指定的 EXTI 线路触发请求发生与否，通过读取并判断 EXTI->IMR、EXTI->PR 来实现。具体描述如表 9-12 所示。

表 9-12　EXTI_GetITStatus 函数的描述

函数名	EXTI_GetITStatus
函数原形	ITStatus EXTI_GetITStatus(uint32_t EXTI_Line)
功能描述	检查指定的 EXTI 线路触发请求发生与否
输入参数	EXTI_Line：待检查 EXTI 线路的挂起位
输出参数	无
返回值	EXTI_Line 的新状态（SET 或 RESET）

例如，检查外部中断线 8 是否触发中断，代码如下：

```
ITStatus EXTIStatus;
EXTIStatus = EXTI_GetITStatus(EXTI_Line8);
```

3. EXTI_ClearITPendingBit

EXTI_ClearITPendingBit 函数的功能是清除 EXTI 线路挂起位，通过向 EXTI->PR 写入参数来实现。具体描述如表 9-13 所示。

表 9-13　EXTI_ClearITPendingBit 函数的描述

函数名	EXTI_ClearITPendingBit
函数原形	void EXTI_ClearITPendingBit(uint32_t EXTI_Line)
功能描述	清除 EXTI 线路挂起位
输入参数	EXTI_Line：待清除 EXTI 线路的挂起位
输出参数	无
返回值	void

例如，清除 EXTI 线路 2 的挂起位，代码如下：

```
EXTI_ClearITpendingBit(EXTI_Line2);
```

9.2.4　SYSCFG 部分寄存器

本实验主要用到 SYSCFG 的外部中断配置寄存器 1～4。

外部中断配置寄存器 1（SYSCFG_EXTICR1）的结构、偏移地址和复位值如图 9-8 所示，部分位的解释说明如表 9-14 所示。

偏移地址：0x08
复位值：0x0000 0000

31	30	29	28	27	26	25	24	23	22	21	20	19	18	17	16
保留															

15	14	13	12	11	10	9	8	7	6	5	4	3	2	1	0
EXTI3[3:0]				EXTI2[3:0]				EXTI1[3:0]				EXTI0[3:0]			
rw	rw	rw	rw	rw	rw	rw	rw	rw	rw	rw	rw	rw	rw	rw	rw

图 9-8　SYSCFG_EXTICR1 的结构、偏移地址和复位值

表 9-14　SYSCFG_EXTICR1 部分位的解释说明

位 31:16	保留
位 15:0	EXTIx[3:0]：EXTIx 配置（x=0,⋯,3）（EXTI x configuration）。 这些位可由软件读写，用于选择 EXTIx 外部中断的输入源。 0000：PA[x]引脚；0001：PB[x]引脚；0010：PC[x]引脚； 0011：PD[x]引脚；0100：PE[x]引脚；0101：PF[x]引脚； 0110：PG[x]引脚；0111：PH[x]引脚；1000：PI[x]引脚

外部中断配置寄存器 2（SYSCFG_EXTICR2）的结构与 SYSCFG_EXTICR1 的相同，偏移地址为 0x0C，复位值为 0x00000000。SYSCFG_EXTICR 用于选择 EXTIx（x=4,⋯,7）外部中断的输入源。

外部中断配置寄存器 3（SYSCFG_EXTICR3）的偏移地址为 0x10，用于选择 EXTIx（x=8,…,11）外部中断的输入源。

外部中断配置寄存器 4（SYSCFG_EXTICR4）的偏移地址为 0x14，用于选择 EXTIx（x=12,…,15）外部中断的输入源。

9.2.5　SYSCFG 部分固件库函数

本实验涉及的 SYSCFG 固件库函数只有 SYSCFG_EXTILineConfig。该函数在 stm32f4xx_syscfg.h 文件中声明，在 stm32f4xx_syscfg.c 文件中实现。

SYSCFG_EXTILineConfig 函数的功能是，根据 EXTI_PortSourceGPIOx 和 EXTI_PinSourcex 的值，配置 SYSCFG->EXTICR[x]（x=1,…,4），从而选择 GPIO 的某一引脚用作外部中断线路。具体描述如表 9-15 所示。

表 9-15　SYSCFG_EXTILineConfig 函数的描述

函数名	SYSCFG_EXTILineConfig
函数原型	void SYSCFG_EXTILineConfig(uint8_t EXTI_PortSourceGPIOx, uint8_t EXTI_PinSourcex)
功能描述	选择 GPIO 引脚用作外部中断线路
输入参数 1	EXTI_PortSourceGPIOx：选择用作外部中断线源的 GPIO 端口号
输入参数 2	EXTI_PinSourcex：待设置的外部中断线源的引脚号
输出参数	无
返回值	void

参数 EXTI_PortSourceGPIOx 用于选择用作事件输出的 GPIO 端口，可取值如表 9-16 所示。

表 9-16　参数 GPIO_PortSource 的可取值

可　取　值	实　际　值	描　　述
EXTI_PortSourceGPIOA	0x00	选择 GPIOA
EXTI_PortSourceGPIOB	0x01	选择 GPIOB
⋮	⋮	⋮
EXTI_PortSourceGPIOI	0x08	选择 GPIOI

参数 EXTI_PinSourcex 用于选择用作事件输出的 GPIO 端口引脚，可取值如表 9-17 所示。

表 9-17　参数 GPIO_PinSource 的可取值

可　取　值	实　际　值	描　　述
EXTI_PinSource0	0x00	选择第 0 个引脚
EXTI_PinSource1	0x01	选择第 1 个引脚
⋮	⋮	⋮
EXTI_PinSource15	0x0F	选择第 15 个引脚

例如，选择 PB8 作为外部中断线路，代码如下：

```
SYSCFG_EXTILineConfig(EXTI_PortSourceGPIOB, EXTI_PinSource8);
```

9.3　实验步骤

步骤 1：复制并编译原始工程

首先，将"D:\STM32KeilTest\Material\08.外部中断实验"文件夹复制到"D:\STM32KeilTest\Product"文件夹中。然后，双击运行"D:\STM32KeilTest\Product\08.外部中断实验\Project"文件夹中的 STM32KeilPrj.uvprojx，单击工具栏中的按钮。当 Build Output 栏出现"FromELF: creating hex file..."时，表示已经成功生成.hex 文件，出现"0 Error(s), 0 Warnning(s)"，表示编译成功。最后，将.axf 文件下载到 STM32 的内部 Flash，观察 LD0 是否闪烁。如果 LD0 闪烁，串口正常输出字符串，表示原始工程是正确的，可以进入下一步操作。

步骤 2：添加 EXTI 文件对

首先，将"D:\STM32KeilTest\Product\08.外部中断实验\HW\EXTI"文件夹中的 EXTI.c 添加到 HW 分组中。然后，将"D:\STM32KeilTest\Product\08.外部中断实验\HW\EXTI"路径添加到 Include Paths 栏中。

步骤 3：完善 EXTI.h 文件

单击按钮进行编译，编译结束后，在 Project 面板中，双击 EXTI.c 下的 EXTI.h 文件。在 EXTI.h 文件的"包含头文件"区，添加代码#include "DataType.h"。

在 EXTI.h 文件的"API 函数声明"区，添加如程序清单 9-1 所示的 API 函数声明代码。

程序清单 9-1

```
void  InitEXTI(void);         //初始化 EXTI 模块
```

步骤 4：完善 EXTI.c 文件

在 EXTI.c 文件"包含头文件"区的最后，添加如程序清单 9-2 所示的代码。

程序清单 9-2

```
#include "stm32f4xx_conf.h"
#include "UART1.h"
```

在 EXTI.c 文件的"内部函数声明"区，添加 ConfigEXTIGPIO 和 ConfigEXTI 函数的声明代码，如程序清单 9-3 所示。

程序清单 9-3

```
static void ConfigEXTIGPIO(void);    //配置 EXTI 的 GPIO
static void ConfigEXTI(void);        //配置 EXTI
```

在 EXTI.c 文件的"内部函数实现"区，添加 ConfigEXTIGPIO 函数的实现代码，如程序清单 9-4 所示。

程序清单 9-4

```
static void ConfigEXTIGPIO(void)
{
  GPIO_InitTypeDef GPIO_InitStructure;                    //GPIO_InitStructure 用于存放 GPIO 的参数

  //使能 RCC 相关时钟
  RCC_AHB1PeriphClockCmd(RCC_AHB1Periph_GPIOF, ENABLE);     //使能 GPIOF 的时钟
  RCC_AHB1PeriphClockCmd(RCC_AHB1Periph_GPIOI, ENABLE);     //使能 GPIOI 的时钟

  //配置 PI11（Key1）
  GPIO_InitStructure.GPIO_Pin    = GPIO_Pin_11;               //设置引脚
```

```
  GPIO_InitStructure.GPIO_Mode  = GPIO_Mode_IN;                  //设置输入类型
  GPIO_InitStructure.GPIO_PuPd  = GPIO_PuPd_UP;                  //设置引脚为上拉模式
  GPIO_Init(GPIOI, &GPIO_InitStructure);                         //根据参数初始化 GPIO

  //配置 PF9（Key2）
  GPIO_InitStructure.GPIO_Pin   = GPIO_Pin_9;                    //设置引脚
  GPIO_InitStructure.GPIO_Mode  = GPIO_Mode_IN;                  //设置输入类型
  GPIO_InitStructure.GPIO_PuPd  = GPIO_PuPd_UP;                  //设置引脚为上拉模式
  GPIO_Init(GPIOF, &GPIO_InitStructure);                         //根据参数初始化 GPIO

  //配置 PF8（Key3）
  GPIO_InitStructure.GPIO_Pin   = GPIO_Pin_8;                    //设置引脚
  GPIO_InitStructure.GPIO_Mode  = GPIO_Mode_IN;                  //设置输入类型
  GPIO_InitStructure.GPIO_PuPd  = GPIO_PuPd_UP;                  //设置引脚为上拉模式
  GPIO_Init(GPIOF, &GPIO_InitStructure);                         //根据参数初始化 GPIO
}
```

说明：（1）由于本实验是基于 PI11（Key1）、PF9（Key2）和 PF8（Key3）的，因此，需要通过 RCC_AHB1PeriphClockCmd 函数使能 GPIOF 和 GPIOI 时钟。

（2）通过 GPIO_Init 函数将 PC1、PC2 和 PA0 配置为上拉输入模式。

在 EXTI.c 文件“内部函数实现”区的 ConfigEXTIGPIO 函数实现区后，添加 ConfigEXTI 函数的实现代码，如程序清单 9-5 所示。

程序清单 9-5

```
static void ConfigEXTI(void)
{
  EXTI_InitTypeDef EXTI_InitStructure;              //EXTI_InitStructure 用于存放 EXTI 的参数
  NVIC_InitTypeDef NVIC_InitStructure;              //NVIC_InitStructure 用于存放 NVIC 的参数

  //使能 RCC 相关时钟
  RCC_APB2PeriphClockCmd(RCC_APB2Periph_SYSCFG, ENABLE);             //使能 SYSCFG 的时钟

  //配置 PI11（Key1）的 EXTI 和 NVIC
  SYSCFG_EXTILineConfig(EXTI_PortSourceGPIOI, EXTI_PinSource11);  //选择引脚作为中断线
  EXTI_InitStructure.EXTI_Line = EXTI_Line11;                     //选择中断线
  EXTI_InitStructure.EXTI_Mode = EXTI_Mode_Interrupt;             //开放中断请求
  EXTI_InitStructure.EXTI_Trigger = EXTI_Trigger_Falling;         //设置为下降沿触发
  EXTI_InitStructure.EXTI_LineCmd = ENABLE;                       //使能中断线
  EXTI_Init(&EXTI_InitStructure);                                 //根据参数初始化 EXTI

  NVIC_InitStructure.NVIC_IRQChannel = EXTI15_10_IRQn;            //中断通道号
  NVIC_InitStructure.NVIC_IRQChannelPreemptionPriority = 2;       //设置抢占优先级
  NVIC_InitStructure.NVIC_IRQChannelSubPriority = 2;              //设置子优先级
  NVIC_InitStructure.NVIC_IRQChannelCmd = ENABLE;                 //使能中断
  NVIC_Init(&NVIC_InitStructure);                                 //根据参数初始化 NVIC

  //配置 PF9（Key2）的 EXTI 和 NVIC
  SYSCFG_EXTILineConfig(EXTI_PortSourceGPIOF, EXTI_PinSource9);   //选择引脚作为中断线
  EXTI_InitStructure.EXTI_Line = EXTI_Line9;                      //选择中断线
  EXTI_InitStructure.EXTI_Mode = EXTI_Mode_Interrupt;             //开放中断请求
  EXTI_InitStructure.EXTI_Trigger = EXTI_Trigger_Falling;         //设置为下降沿触发
  EXTI_InitStructure.EXTI_LineCmd = ENABLE;                       //使能中断线
```

```
  EXTI_Init(&EXTI_InitStructure);                                  //根据参数初始化 EXTI

  NVIC_InitStructure.NVIC_IRQChannel = EXTI9_5_IRQn;               //中断通道号
  NVIC_InitStructure.NVIC_IRQChannelPreemptionPriority = 2;        //设置抢占优先级
  NVIC_InitStructure.NVIC_IRQChannelSubPriority = 2;               //设置子优先级
  NVIC_InitStructure.NVIC_IRQChannelCmd = ENABLE;                  //使能中断
  NVIC_Init(&NVIC_InitStructure);                                  //根据参数初始化 NVIC

  //配置 PF8（Key3）的 EXTI 和 NVIC
  SYSCFG_EXTILineConfig(EXTI_PortSourceGPIOF, EXTI_PinSource8);    //选择引脚作为中断线
  EXTI_InitStructure.EXTI_Line = EXTI_Line8;                       //选择中断线
  EXTI_InitStructure.EXTI_Mode = EXTI_Mode_Interrupt;              //开放中断请求
  EXTI_InitStructure.EXTI_Trigger = EXTI_Trigger_Falling;          //设置为下降沿触发
  EXTI_InitStructure.EXTI_LineCmd = ENABLE;                        //使能中断线
  EXTI_Init(&EXTI_InitStructure);                                  //根据参数初始化 EXTI

  NVIC_InitStructure.NVIC_IRQChannel = EXTI9_5_IRQn;               //中断通道号
  NVIC_InitStructure.NVIC_IRQChannelPreemptionPriority = 2;        //设置抢占优先级
  NVIC_InitStructure.NVIC_IRQChannelSubPriority = 2;               //设置子优先级
  NVIC_InitStructure.NVIC_IRQChannelCmd = ENABLE;                  //使能中断
  NVIC_Init(&NVIC_InitStructure);                                  //根据参数初始化 NVIC
}
```

说明：（1）EXTI 与 SYSCFG 有关的寄存器用于选择 EXTIx 外部中断的输入源，因此，需要通过 RCC_APB2PeriphClockCmd 函数使能 SYSCFG 时钟。该函数涉及 RCC_APB2ENR 的 SYSCFGEN，SYSCFGEN 为 1 时使能 SYSCFG 时钟，SYSCFGEN 为 0 关闭 SYSCFG 时钟。

（2）SYSCFG_EXTILineConfig 函数用于将 PI11 设置为 EXTI1 的输入源。该函数涉及 SYSCFG_EXTICR1 的 EXTI0[3:0]。PF9、PF8 与 PI11 类似，不再赘述。

（3）EXTI_Init 函数用于初始化中断线参数。该函数涉及 EXTI_IMR 的 MRx、EXTI_EMR 的 MRx，以及 EXTI_RTSR 的 TRx 和 EXTI_FTSR 的 TRx。MRx 为 0，屏蔽来自 EXTIx 的中断请求；为 1，开放来自 EXTIx 的中断请求。MRx 为 0，屏蔽来自 EXTIx 的事件请求；为 1，开放来自 EXTIx 的事件请求。TRx 为 0，禁止 EXTIx 上的上升沿触发；为 1，允许 EXTIx 上的上升沿触发。TRx 为 0，禁止 EXTIx 上的下降沿触发；为 1，允许 EXTIx 上的下降沿触发。本实验中，均开放来自 EXTI0、EXTI1 和 EXTI2 的中断请求，并允许上升沿触发。

（4）通过 NVIC_Init 函数使能 EXTI0、EXTI1 和 EXTI2 的中断，同时设置这 3 个中断的抢占优先级为 2，子优先级为 2。

在 EXTI.c 文件“内部函数实现”区的 ConfigEXTI 函数实现区后，添加 EXTI15_10_IRQHandler 和 EXTI9_5_IRQHandler 中断服务函数的实现代码，如程序清单 9-6 所示。

程序清单 9-6

```
void EXTI15_10_IRQHandler(void)
{
  if(EXTI_GetITStatus(EXTI_Line11) != RESET)         //判断中断是否发生
  {
    printf("PI11(Key1)-Falling Trigger\r\n");        //打印下降沿触发信息
    EXTI_ClearITPendingBit(EXTI_Line11);             //清除 Line11 上的中断标志位
  }
```

```
}

void EXTI9_5_IRQHandler(void)
{
  if(EXTI_GetITStatus(EXTI_Line9) != RESET)              //判断中断是否发生
  {
    printf("PF9(Key2)-Falling Trigger\r\n");              //打印下降沿触发信息
    EXTI_ClearITPendingBit(EXTI_Line9);                   //清除 Line9 上的中断标志位
  }

  if(EXTI_GetITStatus(EXTI_Line8) != RESET)              //判断中断是否发生
  {
    printf("PF8(Key3)-Falling Trigger\r\n");              //打印下降沿触发信息
    EXTI_ClearITPendingBit(EXTI_Line8);                   //清除 Line8 上的中断标志位
  }
}
```

说明：（1）通过 EXTI_GetITStatus 函数获取中断标志，该函数涉及 EXTI_IMR 的 MRx 和 EXTI_PR 的 PRx。本实验中，MRx 为 1，表示开放来自 EXTIx 的事件请求；当 EXTIx 发生了选择的边沿事件时，PRx 由硬件置为 1，并产生中断，执行 EXTIx_IRQHandler 函数。因此，在 EXTIx_IRQHandler 函数中，还需要通过 EXTI_ClearITPendingBit 函数清除中断标志位，即向 PRx 写入 1 来清除 PRx。

（2）在 EXTI 的中断服务函数中，通过 printf 函数打印相应按键的信息。

在 EXTI.c 文件的“API 函数实现”区，添加 API 函数的实现代码，如程序清单 9-7 所示。InitEXTI 函数调用 ConfigEXTIGPIO 和 ConfigEXTI 函数初始化 EXTI 模块。

程序清单 9-7

```
void  InitEXTI(void)
{
  ConfigEXTIGPIO();                                      //配置 EXTI 的 GPIO
  ConfigEXTI();                                          //配置 EXTI
}
```

步骤 5：完善外部中断实验应用层

在 Project 面板中，双击打开 Main.c 文件，在 Main.c 文件“包含头文件”区的最后，添加代码#include "EXTI.h"。这样就可以在 Main.c 文件中调用 EXTI 模块的 API 函数等。

在 Main.c 文件的 InitHardware 函数中，添加调用 InitEXTI 函数的代码，如程序清单 9-8 所示，这样就实现了对 EXTI 模块的初始化。

程序清单 9-8

```
static  void  InitHardware(void)
{
  SystemInit();                                          //系统初始化
  InitRCC();                                             //初始化 RCC 模块
  InitNVIC();                                            //初始化 NVIC 模块
  InitUART1(115200);                                     //初始化 UART 模块
  InitTimer();                                           //初始化 Timer 模块
  InitLED();                                             //初始化 LED 模块
  InitSysTick();                                         //初始化 SysTick 模块
  InitEXTI();                                            //初始化 EXTI 模块
}
```

本实验基于医疗电子单片机高级开发系统上的 3 个按键，通过串口打印相应按键的信息，因此需要注释掉 Proc1SecTask 函数中的 printf 语句，如程序清单 9-9 所示。

程序清单 9-9

```
static  void  Proc1SecTask(void)
{
  if(Get1SecFlag())                                    //判断 1s 标志状态
  {
    //printf("This is the first STM32F429 Project, by Zhangsan\r\n");

    Clr1SecFlag();                                     //清除 1s 标志
  }
}
```

步骤 6：编译及下载验证

代码编写完成后，单击按钮进行编译。编译结束后，Build Output 栏中出现“0 Error(s), 0 Warning(s)”，表示编译成功。然后，参见图 2-33，通过 Keil μVision5.20 软件将.axf 文件下载到医疗电子单片机高级开发系统。下载完成后，按下 Key1 按键，计算机上的串口助手输出“PI11(Key1)-Falling Trigger”；按下 Key2 按键，输出“PF9(Key2)-Falling Trigger”；按下 Key3 按键，输出“PF8(Key3)-Falling Trigger”。

本 章 任 务

基于医疗电子单片机高级开发系统，编写程序，实现通过按键中断切换 LD0 的闪烁频率。初始状态为 400ms 点亮/400ms 熄灭，第二状态为 200ms 点亮/200ms 熄灭，第三状态为 100ms 点亮/100ms 熄灭，第四状态为 50ms 点亮/50ms 熄灭，两个相邻状态的间隔为 1 秒。按下 Key1 按键，LD0 按照“初始状态→第二状态→第三状态→第四状态→初始状态”的顺序进行频率递增循环闪烁；按下 Key3 按键，LD0 按照“初始状态→第四状态→第三状态→第二状态→初始状态”的顺序进行频率递减循环闪烁。

本 章 习 题

1．简述什么是外部输入中断。

2．简述外部中断服务函数的中断标志位的作用。应该在什么时候清除中断标志位，如果不清除中断标志位会有什么后果？

3．在本实验中，按键按下时，计算机上的串口助手会输出提示信息，按键弹起时，仍输出提示信息，这是为什么？如何实现只有在按键按下时才输出提示信息？

4．在本实验中，假设有一个全局 int 型变量 g_iCnt，该变量在 TIM2 中断服务函数中执行乘 9 操作，而在 Key3 按键按下的中断服务函数中对 g_iCnt 执行加 5 操作。若某一时刻两个中断恰巧同时发生，且此时全局变量 g_iCnt 的值为 20，那么两个中断都结束后，全局变量 g_iCnt 的值应该是多少？

第 10 章　实验 9——七段数码管显示

本章通过七段数码管显示实验，帮助读者深入理解 74HC595 驱动芯片的工作原理和七段数码管的显示原理。

10.1　实验内容

通过学习七段数码管、74HC595 驱动芯片、七段数码管显示模块电路原理图和七段数码管显示原理，基于医疗电子单片机高级开发系统，编写七段数码管显示驱动程序。该驱动程序包括 4 个 API 函数，分别是初始化七段数码管模块函数 InitSeg7DigitalLED、控制全部显示字符 8/全部不显示函数 Seg7AllOn、控制显示 8 位数字函数 Seg7Disp8BitNum 和控制显示时间函数 Seg7DispTime。然后在 Main.c 文件中通过调用这些函数来验证七段数码管显示驱动程序是否正确。

10.2　实验原理

10.2.1　七段数码管

七段数码管实际上由组成 8 字形状的 7 个发光二极管，加上小数点，共 8 个发光二极管构成（见图 10-1），分别由字母 a、b、c、d、e、f、g、dp 表示。当发光二极管被施加电压后，相应的段即被点亮，从而显示出不同的字符，如图 10-2 所示。

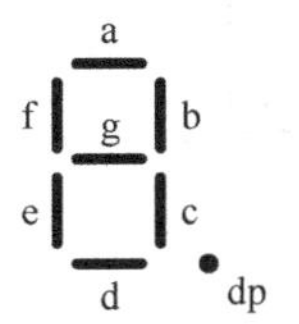

图 10-1　七段数码管示意图

图 10-2　七段数码管显示样例

七段数码管内部电路有两种连接方式，所有发光二极管的阳极连接在一起，并与电源正极（VCC）相连，称为共阳型，如图 10-3 左图所示；所有发光二极管的阴极连接在一起，并与电源负极（GND）相连，称为共阴型，如图 10-3 右图所示。

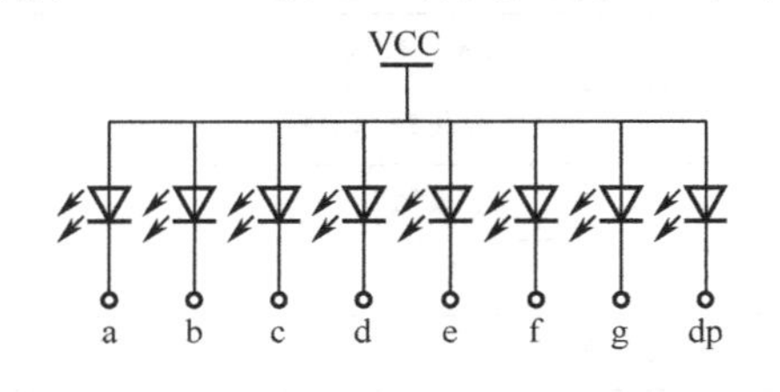

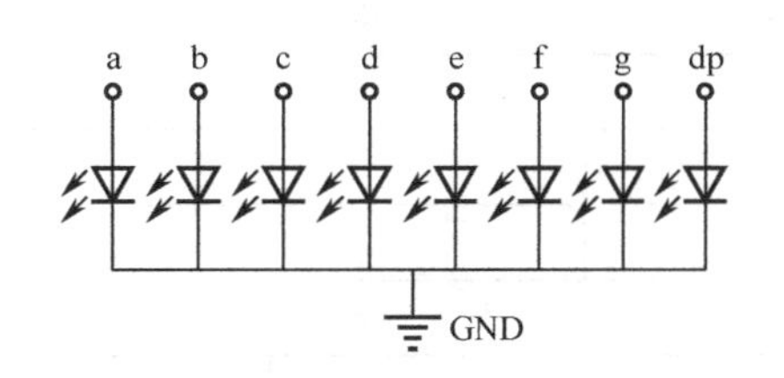

图 10-3　共阳型和共阴型七段数码管内部电路示意图

七段数码管常用来显示数字和简单字符，如 0、1、2、3、4、5、6、7、8、9、A、b、C、d、E、F。对于共阳型七段数码管，当 dp 和 g 引脚连接高电平，其他引脚连接低电平时，显示数字 0。如果将 dp、g、f、e、d、c、b、a 引脚按照从高位到低位组成一字节，且规定引脚为高电平对应逻辑 1，引脚为低电平对应逻辑 0，那么，二进制编码 11000000（0xC0）对应数字 0，二进制编码 11111001（0xF9）对应数字 1。表 10-1 为共阳型七段数码管常用数字和简单字符译码表。

表 10-1　共阳型七段数码管译码表

序　号	8 位输出 （dp g f e d c b a）	显示字符	序　号	8 位输出 （dp g f e d c b a）	显示字符
0	11000000（0xC0）	0	8	10000000（0x80）	8
1	11111001（0xF9）	1	9	10010000（0x90）	9
2	10100100（0xA4）	2	10	10001000（0x88）	A
3	10110000（0xB0）	3	11	10000011（0x83）	b
4	10011001（0x99）	4	12	11000110（0xC6）	C
5	10010010（0x92）	5	13	10100001（0xA1）	d
6	10000010（0x82）	6	14	10000110（0x86）	E
7	11111000（0xF8）	7	15	10001110（0x8E）	F

医疗电子单片机高级开发系统上有两个共阳型 4 位七段数码管，支持 8 个数字或简单字符的显示，4 位七段数码管的引脚图如图 10-4 所示。其中，a、b、c、d、e、f、g、dp 为数据引脚，1、2、3、4 为位选引脚，4 位七段数码管的引脚描述如表 10-2 所示。

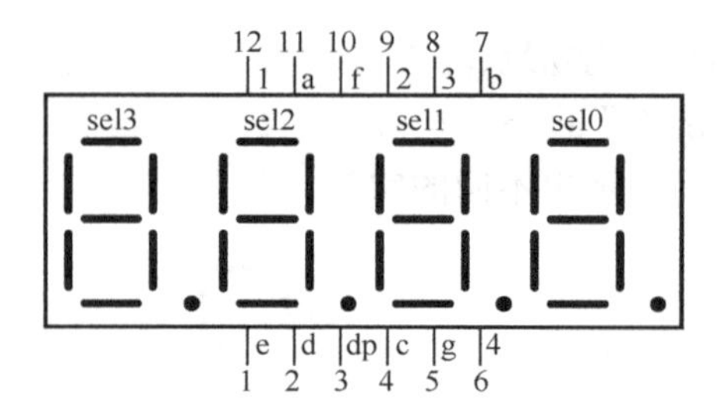

图 10-4　4 位七段数码管引脚图

表 10-2　4 位七段数码管引脚描述

引脚编号	引脚名称	描　述
1	e	e 段数据引脚
2	d	d 段数据引脚
3	dp	dp 段数据引脚
4	c	c 段数据引脚
5	g	g 段数据引脚
6	4	左起 4 号数码管（sel0）位选引脚
7	b	b 段数据引脚
8	3	左起 3 号数码管（sel1）位选引脚
9	2	左起 2 号数码管（sel2）位选引脚
10	f	f 段数据引脚
11	a	a 段数据引脚
12	1	左起 1 号数码管（sel3）位选引脚

图 10-5 所示为 4 位共阳型七段数码管的内部电路示意图。数码管 sel3 的所有发光二极管的正极相连，引出作为 sel3 的位选引脚；数码管 sel2 的所有发光二极管的正极相连，引出作为 sel2 的位选引脚；以此类推，引出 sel1 和 sel0 的位选引脚。4 个数码管的 a 段对应的发光二极管的负极相连，引出作为 a 段数据的引脚；4 个数码管的 b 段对应的发光二极管的负极相连，引出作为 b 段数据的引脚；以此类推，引出 c、d、e、f、g、h、dp 段数据的引脚。

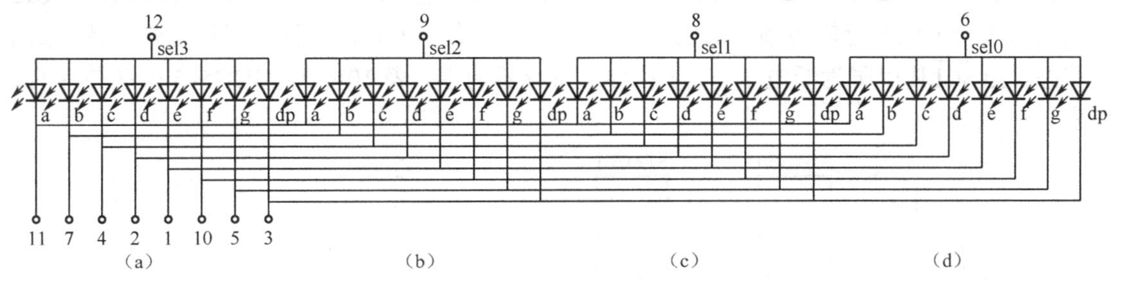

图 10-5　4 位共阳型七段数码管内部电路示意图

10.2.2　74HC595 驱动芯片

74HC595 驱动芯片是一个 8 位串行输入/并行输出的位移缓存器，其引脚图如图 10-6 所示，串行数据通过 SI 引脚输入，通过 QH′引脚输出，并行数据通过 QA～QH 引脚并行输出。表 10-3 给出了 74HC595 驱动芯片的引脚描述。

74HC595
1 QB　VCC 16
2 QC　QA 15
3 QD　SI 14
4 QE　$\overline{G}$ 13
5 QF　RCK 12
6 QG　SCK 11
7 QH　$\overline{SCLR}$ 10
8 GND　QH′ 9

图 10-6　74HC595 芯片引脚图

表 10-3　74HC595 芯片引脚描述

引 脚 编 号	引 脚 名 称	描　述
1～7, 15	QA～QH	8 位并行数据输出
8	GND	接地
9	QH′	串行数据输出
10	$\overline{SCLR}$	主复位（低电平复位）
11	SCK	数据输入时钟线
12	RCK	数据输出锁存器锁存时钟线
13	$\overline{G}$	输出有效（低电平有效）
14	SI	串行数据输入
16	VCC	电源

图 10-7 所示是该芯片的内部结构图。当$\overline{\text{SCLR}}$引脚为高电平时，在 SCK 的上升沿，串行数据由 SI 引脚输入内部的 8 位移位寄存器(FF0～FF7)，然后按照 SI→FF0，FF0→FF1，…，FF6→FF7 的顺序进行移位，由 QH′引脚输出；在 SCK 的下降沿，移位寄存器状态保持。在 RCK 的上升沿，8 位移位寄存器中的数据被保存至 8 位并行输出锁存器(LATCH0～LATCH7)；在 RCK 的下降沿，输出锁存器状态保持。当$\overline{\text{G}}$引脚为低电平时，并行数据输出端（QA～QH）的输出值等于 8 位并行输出锁存器的值；当$\overline{\text{G}}$引脚为高电平时，并行数据输出端维持在高阻抗状态。当$\overline{\text{SCLR}}$引脚为低电平时，8 位移位寄存器清零。表 10-4 为 74HC595 驱动芯片的真值表。

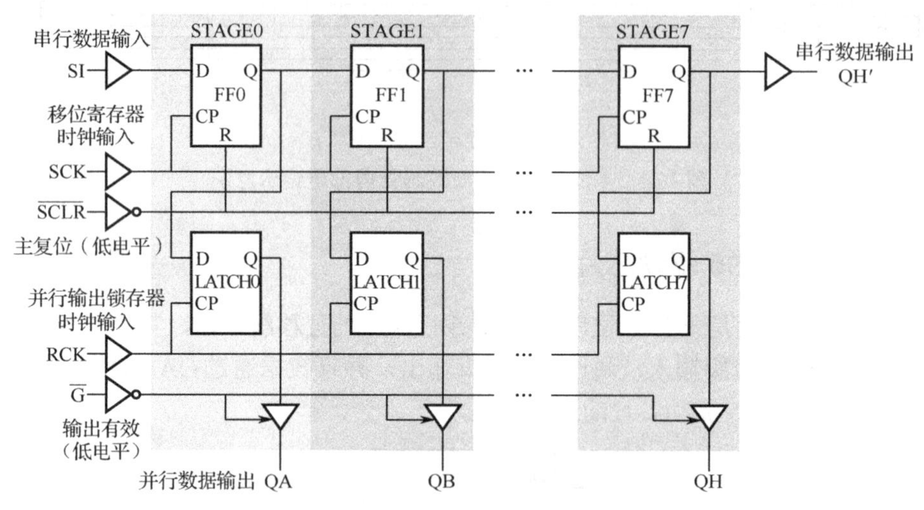

图 10-7　74HC595 芯片内部结构图

表 10-4　74HC595 芯片真值表

输 入 引 脚					输 出 引 脚
SI	SCK	$\overline{\text{SCLR}}$	RCK	$\overline{\text{G}}$	
X	X	X	X	H	QA～QH 输出高阻
X	X	X	X	L	QA～QH 输出有效值
X	X	L	X	X	移位寄存器清零
L	上升沿	H	X	X	移位寄存器存储 L
H	上升沿	H	X	X	移位寄存器存储 H
X	下降沿	H	X	X	移位寄存器状态保持
X	X	X	上升沿	X	输出锁存器锁存移位寄存器中的状态值
X	X	X	下降沿	X	输出锁存器状态保持

10.2.3　七段数码管显示模块电路原理图

七段数码管显示模块的硬件电路如图 10-8 所示，两个 4 位共阳型七段数码管的 16 个引脚通过两个 74HC595 芯片（编号为 U20、U21）与 STM32F429IGT6 芯片相连，这样 STM32F429IGT6 芯片就可以通过控制 74HC595 芯片，实现在七段数码管上显示数字和简单字符。U20 的 QH′引脚与 U21 的 SI 引脚相连，将两个 74HC595 芯片串联起来，直接控制 16 位输出；两芯片的 RCK 引脚相连引出的引脚为 HC595_RCK（连接至 STM32F429IGT6 芯片的 PI8 引脚），SCK 引脚相连引出的引脚为 HC595_SCK（连接至 STM32F429IGT6 芯片的 PI9 引脚）。

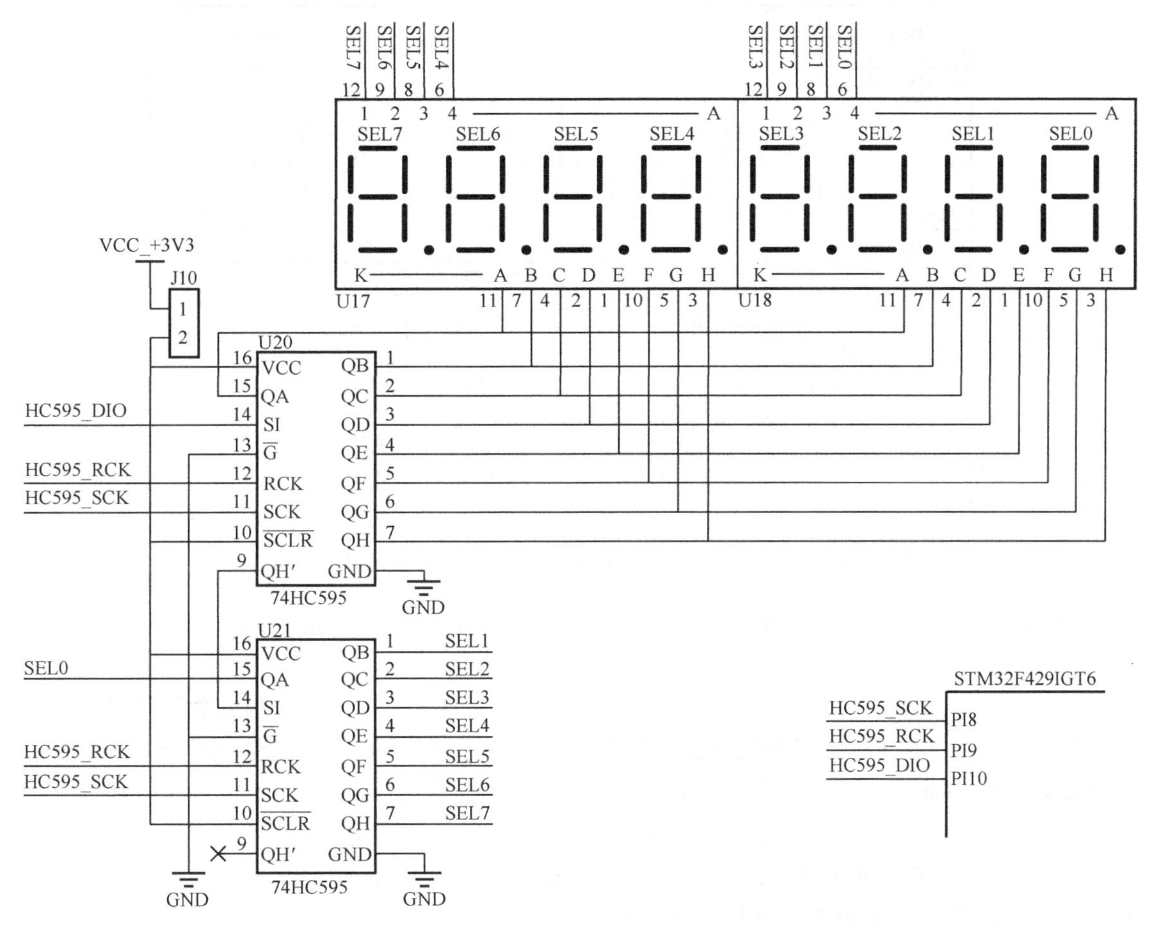

图 10-8 七段数码管显示模块硬件电路

图 10-8 中的两个 4 位共阳型七段数码管共有 8 个位选引脚和 8 个段数据引脚。在某一数码管上显示一个字符，需要通过 HC595_DIO 引脚分 16 个时钟周期将位数据依次写入 74HC595 驱动芯片。两个串联的 74HC595 芯片完成 16 次移位操作的流程图如图 10-9 所示，将 U20 的 8 个移位寄存器记为 FF0～FF7，8 个锁存器记为 LATCH0～LATCH7；U21 的 8 个移位寄存器记为 FF8～FF15，8 个锁存器记为 LATCH8～LATCH15。在 HC595_SCK 的上升沿，HC595_DIO 引脚的位数据被保存至 FF0 寄存器，同时，FF0～FF15 寄存器中的位数据按照 FF0→FF1，…，FF14→FF15 的顺序移位。将 a～dp、SEL0～SEL7 共 16 位数据写入 FF0～FF15 寄存器需要 16 个时钟周期。最后，在 HC595_RCK 的上升沿将 FF0～FF15 寄存器中的数据锁存至锁存器 LATCH0～LATCH15，至此实现了在某一数码管上显示一个字符。

10.2.4 七段数码管显示原理

在图 10-5 所示的 4 位共阳型七段数码管内部电路示意图中，每个数码管的 8 个段（a～dp）的同名端连接在一起，而每个数码管由一个独立的公共控制端控制。当向数码管发送一个字符时，所有数码管都接收到相同的字符，由哪个数码管显示该字符取决于公共控制端（sel0～sel3），这种显示方式称为动态扫描。

	FF0	FF1	FF2	FF3	FF4	FF5	FF6	FF7	FF8	FF9	FF10	FF11	FF12	FF13	FF14	FF15
T0	SEL7															
T1	SEL6	SEL7														
T2	SEL5	SEL6	SEL7													
T3	SEL4	SEL5	SEL6	SEL7												
T4	SEL3	SEL4	SEL5	SEL6	SEL7											
T5	SEL2	SEL3	SEL4	SEL5	SEL6	SEL7										
T6	SEL1	SEL2	SEL3	SEL4	SEL5	SEL6	SEL7									
T7	SEL0	SEL1	SEL2	SEL3	SEL4	SEL5	SEL6	SEL7								
T8	dp	SEL0	SEL1	SEL2	SEL3	SEL4	SEL5	SEL6	SEL7							
T9	g	dp	SEL0	SEL1	SEL2	SEL3	SEL4	SEL5	SEL6	SEL7						
T10	f	g	dp	SEL0	SEL1	SEL2	SEL3	SEL4	SEL5	SEL6	SEL7					
T11	e	f	g	dp	SEL0	SEL1	SEL2	SEL3	SEL4	SEL5	SEL6	SEL7				
T12	d	e	f	g	dp	SEL0	SEL1	SEL2	SEL3	SEL4	SEL5	SEL6	SEL7			
T13	c	d	e	f	g	dp	SEL0	SEL1	SEL2	SEL3	SEL4	SEL5	SEL6	SEL7		
T14	b	c	d	e	f	g	dp	SEL0	SEL1	SEL2	SEL3	SEL4	SEL5	SEL6	SEL7	
T15	a	b	c	d	e	f	g	dp	SEL0	SEL1	SEL2	SEL3	SEL4	SEL5	SEL6	SEL7

图 10-9　两个串联 74HC595 驱动芯片完成 16 次移位操作流程图

在动态扫描过程中，每个数码管的点亮时间间隔非常短（约 20ms），由于人的视觉暂留现象及发光二极管的余晖效应，并不会有闪烁感。

如果 4 个数码管轮流显示，每次只在一个数码管上显示某一字符，相邻数码管显示的时间间隔为 5ms，则完成 4 个数码管轮流显示需要 20ms，即同一个数码管显示间隔为 20ms。尽管实际上数码管并非同时点亮，但看上去却是一组稳定的字符显示。

如图 10-10 所示，T1 时刻数码管（a）显示数字 1，T2 时刻数码管（b）显示数字 2，T3 时刻数码管（c）显示数字 3，T4 时刻数码管（d）显示数字 4，相邻时刻的间隔为 5ms，这样循环往复，看上去 4 个数码管稳定地显示 1234。

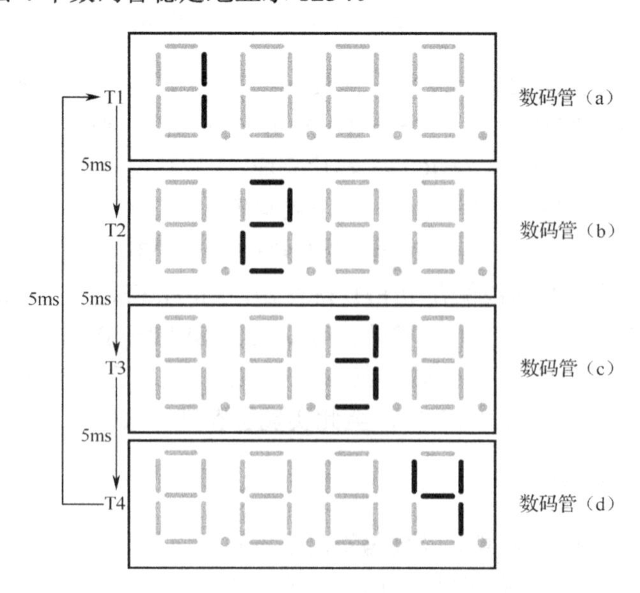

图 10-10　七段数码管动态扫描流程

10.3　实验步骤

步骤 1：复制并编译原始工程

首先，将“D:\STM32KeilTest\Material\09.七段数码管显示实验”文件夹复制到“D:\STM32KeilTest\Product”文件夹中。然后，双击运行“D:\STM32KeilTest\Product\09.七段数码管显示实验\Project”文件夹中的 STM32KeilPrj.uvprojx，单击工具栏中的按钮。当 Build Output 栏出现“FromELF：creating hex file...”时，表示已经成功生成.hex 文件，出现“0 Error(s), 0 Warnning(s)”，表示编译成功。最后，将.axf 文件下载到 STM32 的内部 Flash，观察绿色 LED（LD0）是否闪烁，如果 LD0 闪烁，串口正常输出字符串，表示原始工程是正确的，可以进入下一步操作。

步骤 2：添加 Seg7DigitalLED 文件对

首先，将“D:\STM32KeilTest\Product\09.七段数码管显示实验\App\Seg7DigitalLED”文件夹中的 Seg7DigitalLED.c 添加到 App 分组中。然后，将“D:\STM32KeilTest\Product\ 09.七段数码管显示实验\App\Seg7DigitalLED”路径添加到 Include Paths 栏中。

步骤 3：完善 Seg7DigitalLED.h 文件

单击按钮，进行编译，编译结束后，在 Project 面板中，双击 Seg7DigitalLED.c 中的 Seg7DigitalLED.h 文件。在 Seg7DigitalLED.h 文件的“包含头文件”区，添加代码#include "DataType.h"。

在 Seg7DigitalLED.h 文件的“API 函数声明”区，添加如程序清单 10-1 所示的 API 函数声明代码。

程序清单 10-1

```
void InitSeg7DigitalLED(void);                 //初始化 Seg7DigitalLED 模块
void Seg7AllOn(u8 onFlag);                     //控制全部显示 8 或者全部不显示
void Seg7Disp8BitNum(u32 val);                 //七段数码管显示数字
void Seg7DispTime(u8 hour, u8 min, u8 sec);    //七段数码管显示时间
```

步骤 4：完善 Seg7DigitalLED.c 文件

在 Seg7DigitalLED.c 文件“包含头文件”区的最后，添加如程序清单 10-2 所示的代码。

程序清单 10-2

```
#include "stm32f4xx_conf.h"
#include "SysTick.h"
```

在 Seg7DigitalLED.c“宏定义”区，添加如程序清单 10-3 所示的宏定义代码。其中 SET_595_SCK()通过 GPIO_SetBits 函数将 HC595_SCK 引脚的电平拉高（置为 1），CLR_595_SCK()通过 GPIO_ResetBits 函数将 HC595_SCK 引脚的电平拉低（清零）；SET_595_SI()将 HC595_DIO 引脚的电平拉高，CLR_595_SI()将 HC595_DIO 引脚的电平拉低；SET_595_RCK()将 HC595_RCK 引脚的电平拉高，CLR_595_RCK()将 HC595_RCK 引脚的电平拉低。

程序清单 10-3

```
#define SET_595_SCK()  GPIO_SetBits(GPIOI,   GPIO_Pin_8)    //74HC595 时钟线输出高电平
#define CLR_595_SCK()  GPIO_ResetBits(GPIOI, GPIO_Pin_8)    //74HC595 时钟线输出低电平

#define SET_595_SI()   GPIO_SetBits(GPIOI,   GPIO_Pin_10)   //74HC595 数据线输出高电平
#define CLR_595_SI()   GPIO_ResetBits(GPIOI, GPIO_Pin_10)   //74HC595 数据线输出低电平
```

```
#define SET_595_RCK()  GPIO_SetBits(GPIOI,   GPIO_Pin_9)     //74HC595 锁存线输出高电平
#define CLR_595_RCK()  GPIO_ResetBits(GPIOI, GPIO_Pin_9)     //74HC595 锁存线输出低电平
```

在 Seg7DigitalLED.c 文件的“内部变量”区，添加内部变量的定义代码，如程序清单 10-4 所示。其中，s_arrSegTabNoPoint 数组存放不带小数点的七段数码管编码表，例如，s_arrSegTabNoPoint[0] 等于 0xC0，对应字符“0”的编码，等等。s_arrSegTabWithPoint 数组存放带小数点的七段数码管编码表，该数组存放的编码对应的字符相比 s_arrSegTabNoPoint 数组多了一个小数点，例如，s_arrSegTabWithPoint[0] 等于 0x40，对应字符“0.”的编码。s_arrSegAddr 数组存放七段数码管的每个位地址，例如，s_arrSegAddr[0] 等于 0x80，对应最左侧数码管（SEL7）的地址。注意，“内部变量”区的前半部分注释是七段数码管的编码表。

程序清单 10-4

```
//七段数码管的编码表，前 16 个分别为 0-F 的编码，0x10 表示“-”的编码，0x11 表示无显示
//dp g f e d c b a（不带小数点）       //dp g f e d c b a（带小数点）
//11000000（0xC0）-0                   //01000000（0x40）-0.
//11111001（0xF9）-1                   //01111001（0x79）-1.
//10100100（0xA4）-2                   //00100100（0x24）-2.
//10110000（0xB0）-3                   //00110000（0x30）-3.
//10011001（0x99）-4                   //00011001（0x19）-4.
//10010010（0x92）-5                   //00010010（0x12）-5.
//10000010（0x82）-6                   //00000010（0x02）-6.
//11111000（0xF8）-7                   //01111000（0x78）-7.
//10000000（0x80）-8                   //00000000（0x00）-8.
//10010000（0x90）-9                   //00010000（0x10）-9.
//10001000（0x88）-A                   //00001000（0x08）-A.
//10000011（0x83）-b                   //00000011（0x03）-b.
//11000110（0xC6）-C                   //01000110（0x46）-C.
//10100001（0xA1）-d                   //00100001（0x21）-d.
//10000110（0x86）-E                   //00000110（0x06）-E.
//10001110（0x8E）-F                   //00001110（0x0E）-F.
//10111111（0xBF）-“-”                 //00111111（0x3F）--.
//11111111（0xFF）-“ ”                 //01111111（0x7F）- .

//不带小数点的七段数码管编码表
static  u8  s_arrSegTabNoPoint[18]  =
   {0xC0, 0xF9, 0xA4, 0xB0, 0x99, 0x92, 0x82, 0xF8,   //0-7
    0x80, 0x90, 0x88, 0x83, 0xC6, 0xA1, 0x86, 0x8E,   //8-F
    0xBF,    //0x10 表示“-”
    0xFF};   //0x11 表示无显示

//带小数点的七段数码管编码表
static  u8  s_arrSegTabWithPoint[18]  =
   {0x40, 0x79, 0x24, 0x30, 0x19, 0x12, 0x02, 0x78,   //0.-7.
    0x00, 0x10, 0x08, 0x03, 0x46, 0x21, 0x06, 0x0E,   //8.-F.
    0x3F,    //0x10 表示“-”
    0x7F};   //0x11 表示无显示

//数组中的元素作为“位”，0x80 代表最左侧数码管（SEL7），0x01 代表最右侧数码管（SEL0）
static u8 s_arrSegAddr[8] = {0x80, 0x40, 0x20, 0x10, 0x08, 0x04, 0x02, 0x01};
```

在 Seg7DigitalLED.c 文件的“内部函数声明”区，添加内部函数的声明代码，如程序清单 10-5 所示。

程序清单 10-5

```
static  void  ConfigSeg7GPIO(void);                                    //配置 74HC595 的 GPIO
static  void  RCKRiseEdge(void);                        //移位寄存器中的数据传输到输出锁存器
static  void  HC595WriteByte(u8 data);                                  //将数据写入 74HC595
static  void  Seg7WrSelData(u8 addr, u8 data, u8 pointFlag);   //在指定位置显示字符
static  void  HexToBCD(u8* pBuf, u32 val);                              //将十六进制数转换成 BCD 码数
```

在 Seg7DigitalLED.c 文件的“内部函数实现”区，添加 5 个内部函数的实现代码，如程序清单 10-6 所示。

程序清单 10-6

```
static  void  ConfigSeg7GPIO(void)
{
  GPIO_InitTypeDef GPIO_InitStructure;  //GPIO_InitStructure 用于存放 GPIO 的参数

  //使能 RCC 相关时钟
  RCC_AHB1PeriphClockCmd (RCC_AHB1Periph_GPIOI, ENABLE);     //使能 GPIOC 的时钟

  //配置 595 的 GPIO
  GPIO_InitStructure.GPIO_Pin   = GPIO_Pin_8 | GPIO_Pin_9 | GPIO_Pin_10;  //设置引脚
  GPIO_InitStructure.GPIO_Mode  = GPIO_Mode_OUT;                //设置模式
  GPIO_InitStructure.GPIO_Speed = GPIO_Speed_2MHz;              //设置 I/O 输出速度
  GPIO_InitStructure.GPIO_OType = GPIO_OType_PP;                //设置输出类型
  GPIO_InitStructure.GPIO_PuPd  = GPIO_PuPd_UP;                 //设置上拉/下拉模式
  GPIO_Init(GPIOI, &GPIO_InitStructure);                        //根据参数初始化 595 的 GPIO
}

static  void RCKRiseEdge(void)
{
  CLR_595_RCK();  //RCK（STCP）输出低电平
  DelayNus(2);    //延时 2μs
  SET_595_RCK();  //RCK（STCP）输出高电平
}

static  void HC595WriteByte(u8 data)
{
  u8 i = 0;

  //每次发送一字节数据，8 次发送完毕，先发送高位（切记）
  for(i = 0; i < 8; i++)
  {
    if((data << i) & 0x80)        //只取 data 的最高位
    {
      SET_595_SI();               //数据线输出高电平
    }
    else
    {
      CLR_595_SI();               //数据线输出低电平
```

```
    }

    SET_595_SCK();                  //时钟线输出高电平

    DelayNus(2);                    //延时 2μs

    CLR_595_SCK();                  //时钟线输出低电平
  }
}

static void  Seg7WrSelData(u8 addr, u8 data, u8 pointFlag)
{
  u8 *pAddr = s_arrSegAddr;             //将内部静态数组的元素赋值给指针变量*pt

  //注意，先发送位选，因为控制位选的 595 芯片在控制段选的 595 芯片下一级
  HC595WriteByte(*(pAddr + addr));
  //位选，控制显示的位置，addr 为 0 表示数码管最左侧，为 7 表示最右侧

  if(1 == pointFlag)
  {
    HC595WriteByte(s_arrSegTabWithPoint[data]);     //段选，控制显示的数字，带小数点显示
  }
  else
  {
    HC595WriteByte(s_arrSegTabNoPoint[data]);       //段选，控制显示的数字，不带小数点显示
  }

  RCKRiseEdge();  //发送到 595 输出
}

static  void  HexToBCD(u8* pBuf, u32 val)
{
  if (val >= 100000000)
  {
    val = 99999999;
  }

  pBuf[7] = val /10000000;
  val = val % 10000000;

  pBuf[6] = val / 1000000;
  val = val % 1000000;

  pBuf[5] = val / 100000;
  val = val % 100000;

  pBuf[4] = val / 10000;
  val = val % 10000;

  pBuf[3] = val /1000;
```

```
  val = val % 1000;

  pBuf[2] = val / 100;
  val = val % 100;

  pBuf[1] = val / 10;
  val = val % 10;

  pBuf[0] = val;
}
```

说明：（1）由于 HC595_SCK、HC595_RCK、HC595_DIO 引脚分别与 STM32F429IGT6 芯片的 PI8、PI9 和 PI10 引脚相连接，因此需要通过 RCC_AHB1PeriphClockCmd 函数使能 GPIOI 时钟，然后，通过 GPIO_Init 函数将这三个引脚配置为推挽输出上拉模式，将 I/O 输出速度配置为 2MHz。

（2）RCKRiseEdge 函数先将 HC595_RCK 引脚拉低，并维持低电平 2μs，再将该引脚电平拉高，产生一个上升沿。

（3）HC595WriteByte 函数用于将参数 data 写入 74HC595。在 HC595_SCK 上升沿，分 8 次通过 HC595_DIO 引脚将参数 data 写入，如果参数 data 的最高位为 0，通过 CLR_595_SI() 将 HC595_DIO 引脚电平拉低；如果参数 data 的最高位为 1，通过 SET_595_SI()将 HC595_DIO 引脚电平拉高；然后通过 SET_595_SCK()将 HC595_SCK 引脚电平拉高，产生一个上升沿，并维持高电平 2μs；最后通过 CLR_595_SCK()将 HC595_SCK 引脚电平拉低，为下一次写入做准备。

（4）Seg7WrSelData 函数用于在数码管指定位置显示某一字符，第一次调用 HC595WriteByte 函数写入地址，第二次调用 HC595WriteByte 函数写入字符，最后调用 RCKRiseEdge 函数，在 HC595_RCK 引脚产生一个上升沿，将 74HC595 移位寄存器中的数据锁存至输出锁存器。

（5）HexToBCD 函数用于将十六进制数转换成 BCD 码数，参数 val 为 8 位十进制数，参数 pBuf 用于存放的 BCD 码数，pBuf[0]存放 val 的最低位，pBuf[7]存放 val 的最高位。

在 Seg7DigitalLED.c 文件的“API 函数实现”区，添加 API 函数的实现代码，如程序清单 10-7 所示。

程序清单 10-7

```
void InitSeg7DigitalLED(void)
{
  ConfigSeg7GPIO(); //配置 74HC595 的 GPIO
}

void Seg7AllOn(u8 onFlag)
{
  if(1 == onFlag)
  {
    HC595WriteByte(0xFF);    //开启所有位
    HC595WriteByte(0x80);    //所有数字显示 8
    RCKRiseEdge();           //发送到 74HC595 输出
  }
```

```
  else if(0 == onFlag)
  {
    HC595WriteByte(0x00);   //关闭所有位
    HC595WriteByte(0xFF);   //什么都不显示
    RCKRiseEdge();          //发送到 74HC595 输出
  }
}

void Seg7Disp8BitNum(u32 val)
{
  static  i16 s_iCnt = 0;
  static  u8  s_arrBuf[8];

  s_iCnt++;

  if(1 == s_iCnt)
  {
    HexToBCD(s_arrBuf, val);                  //第一次将数据存入 s_arrBuf
  }
  else if(2 == s_iCnt)
  {
    Seg7WrSelData(0, s_arrBuf[7], 0);      //显示在七段数码管的最左侧
  }
  else if(3 == s_iCnt)
  {
    Seg7WrSelData(1, s_arrBuf[6], 0);
  }
  else if(4 == s_iCnt)
  {
    Seg7WrSelData(2, s_arrBuf[5], 0);
  }
  else if(5 == s_iCnt)
  {
    Seg7WrSelData(3, s_arrBuf[4], 0);
  }
  else if(6 == s_iCnt)
  {
    Seg7WrSelData(4, s_arrBuf[3], 0);
  }
  else if(7 == s_iCnt)
  {
    Seg7WrSelData(5, s_arrBuf[2], 0);
  }
  else if(8 == s_iCnt)
  {
    Seg7WrSelData(6, s_arrBuf[1], 0);
  }
  else if(9 == s_iCnt)
  {
    Seg7WrSelData(7, s_arrBuf[0], 0);
```

```
  }
  else if(9 < s_iCnt)
  {
    s_iCnt = 0;
  }
}

void  Seg7DispTime(u8 hour, u8 min, u8 sec)
{
  static  i16 s_iCnt8 = 0;

  if(7 <= s_iCnt8)
  {
    s_iCnt8 = 0;
  }
  else
  {
    s_iCnt8++;
  }

  if(0 == s_iCnt8)
  {
    Seg7WrSelData(0, hour / 10, 0);
  }
  else if(1 == s_iCnt8)
  {
    Seg7WrSelData(1, hour % 10, 0);
  }
  else if(2 == s_iCnt8)
  {
    Seg7WrSelData(2, 0x10, 0);          //0x10 表示“-”的编码
  }
  else if(3 == s_iCnt8)
  {
    Seg7WrSelData(3, min / 10, 0);
  }
  else if(4 == s_iCnt8)
  {
    Seg7WrSelData(4, min % 10, 0);
  }
  else if(5 == s_iCnt8)
  {
    Seg7WrSelData(5, 0x10, 0);          //0x10 表示“-”的编码
  }
  else if(6 == s_iCnt8)
  {
    Seg7WrSelData(6, sec / 10, 0);
  }
  else if(7 == s_iCnt8)
  {
```

```
    Seg7WrSelData(7, sec % 10, 0);
  }
}
```

说明：（1）在 InitSeg7DigitalLED 函数中，通过调用 ConfigSeg7GPIO 函数初始化 Seg7DigitalLED 模块。

（2）Seg7AllOn 函数根据参数 onFlag 控制七段数码管全部显示字符 8 或全部不显示。onFlag 为 1，七段数码管全部显示字符 8；onFlag 为 0，七段数码管不显示任何字符。

（3）Seg7Disp8BitNum 函数用于在七段数码管显示数字，显示的数字由参数 val 决定。该函数先将参数 val 通过 HexToBCD 转换为 BCD 码数，保存于 s_arrBuf 数组，然后，分 8 次调用 Seg7WrSelData 函数，分别将这些 BCD 码数写入七段数码管显示模块。

（4）Seg7DispTime 函数与 Seg7Disp8BitNum 函数类似，分 8 次将小时、分钟、秒值以及分隔符（“-”）写入七段数码管显示模块。

步骤 5：完善七段数码管显示实验应用层

在 Project 面板中，双击打开 Main.c 文件，在 Main.c 文件“包含头文件”区的最后，添加代码#include "Seg7DigitalLED.h"。

在 Main.c 文件的 InitHardware 函数中，添加调用 InitSeg7DigitalLED 函数的代码，如程序清单 10-8 所示，这样就实现了对 Seg7DigitalLED 模块的初始化。

程序清单 10-8

```
static  void  InitHardware(void)
{
  SystemInit();                 //系统初始化
  InitRCC();                    //初始化 RCC 模块
  InitNVIC();                   //初始化 NVIC 模块
  InitUART1(115200);            //初始化 UART 模块
  InitTimer();                  //初始化 Timer 模块
  InitLED();                    //初始化 LED 模块
  InitSysTick();                //初始化 SysTick 模块
  InitSeg7DigitalLED();         //初始化 Seg7DigitalLED 模块
}
```

在 Main.c 文件的 Proc2msTask 函数中，添加调用 Seg7Disp8BitNum 函数的代码，实现每 2ms 在七段数码管上显示一个字符的功能，如程序清单 10-9 所示。Proc1SecTask 函数中的 printf 语句执行时间约为 4.4ms，这会影响七段数码管的显示，导致七段数码管出现闪烁的现象，因此，需要注释掉 Proc1SecTask 函数中的 printf 语句。

程序清单 10-9

```
static  void  Proc2msTask(void)
{
  if(Get2msFlag())  //判断 2ms 标志状态
  {
    Seg7Disp8BitNum(12345678);

    LEDFlicker(250);//调用闪烁函数
    Clr2msFlag();    //清除 2ms 标志
  }
}
```

步骤 6：编译及下载验证

代码编写完成后，单击按钮进行编译。编译结束后，Build Output 栏中出现“0 Error(s), 8 Warning(s)”，表示编译成功。然后，参见图 2-33，通过 Keil μVision5.20 软件将.axf 文件下载到医疗电子单片机高级开发系统。下载完成后，可以观察到七段数码管上显示 12345678，如图 10-11 所示，表示实验成功。

图 10-11　七段数码管实验结果

本 章 任 务

在本实验的基础上增加以下功能：（1）增加 RunClock 模块（位于“04.例程资料\Material\09.七段数码管显示实验\App\RunClock”文件夹）；（2）通过 InitRunClock 函数初始化 RunClock 模块；（3）通过 RunClockPer2Ms 函数实现时钟的运行；（4）通过 SetTimeVal 函数设置时间值；（5）通过 GetTimeVal 函数获取时间值；（6）通过 Seg7DispTemp 函数在七段数码管上动态显示时间，如图 10-12 所示。

图 10-12　显示效果

本 章 习 题

1．简述七段数码管的显示原理。

2．简述 74HC595 芯片的工作原理。

3．简述 74HC595 芯片控制七段数码管的工作原理。

4．七段数码管的 API 函数包括 InitSeg7DigitalLED、Seg7AllOn、Seg7Disp8BitNum 和 Seg7DispTime，简述这些函数的功能。

第 11 章　实验 10——OLED 显示

本章首先介绍 OLED 显示原理以及 SSD1306 驱动芯片的工作原理，然后编写 SSD1963 芯片控制 OLED 模块的驱动程序，最后在应用层调用 API 函数，验证 OLED 驱动是否能够正常工作。

11.1　实验内容

通过学习 OLED 显示原理及 SSD1306 芯片的工作原理，基于医疗电子单片机高级开发系统编写 OLED 驱动程序。该驱动包括 10 个 API 函数，分别是初始化 OLED 显示模块函数 InitOLED、开启 OLED 显示函数 OLEDDisplayOn、关闭 OLED 显示函数 OLEDDisplayOff、更新 GRAM 函数 OLEDRefreshGRAM、清屏函数 OLEDClear、显示数字函数 OLEDShowNum、指定位置显示字符函数 OLEDShowChar、显示字符串函数 OLEDShowString、清除屏幕上指定区域函数 OLEDClearArea、在 OLED 屏上指定位置显示带高位 0 的数字函数 OLEDShow0Num。最后，在 Main.c 文件中调用这些函数来验证 OLED 驱动是否正确。

11.2　实验原理

11.2.1　OLED 显示模块

OLED，即有机发光二极管，又称为有机电激光显示（OELD）。OLED 由于同时具备自发光、不需背光源、对比度高、厚度薄、视角广、反应速度快、可用于挠曲性面板、使用温度范围广、构造及制程较简单等优异特性，被广泛应用于各种产品中。OLED 自发光的特性源于其采用非常薄的有机材料涂层和玻璃基板，当有电流通过时，这些有机材料就会发光。由于 LCD 需要背光，而 OLED 不需要，因此，OLED 的显示效果要比 LCD 的好。

医疗电子单片机高级开发系统使用的 OLED 显示模块是一款集 SSD1306 驱动芯片、0.96 寸 128×64ppi 分辨率显示屏及驱动电路为一体的集成显示屏，可以通过 SPI 接口控制 OLED 显示屏。OLED 显示效果如图 11-1 所示。

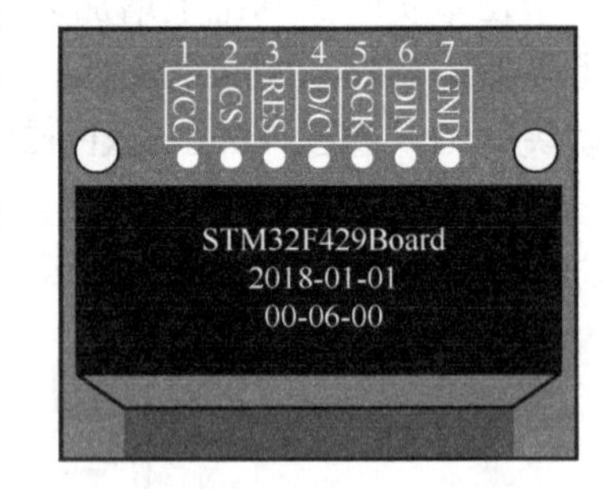

图 11-1　OLED 显示效果

OLED 显示模块的引脚说明如表 11-1 所示。

表 11-1　OLED 显示模块引脚说明

序　号	名　称	说　明
1	VCC	电源（3.3V）
2	CS（OLED_CS）	片选信号，低电平有效，连接医疗电子单片机高级开发系统的 PB12 端口
3	RES（OLED_RES）	复位引脚，低电平有效，连接医疗电子单片机高级开发系统的 PB14 端口
4	D/C（OLED_DC）	数据/命令控制，D/C=1，传输数据；D/C=0，传输命令，连接医疗电子单片机高级开发系统的 PB6 端口

续表

序　号	名　称	说　明
5	SCK（OLED_SCK）	时钟线，连接医疗电子单片机高级开发系统的 PB13 端口
6	DIN（OLED_DIN）	数据线，连接医疗电子单片机高级开发系统的 PB15 端口
7	GND	接地

OLED 显示屏接口电路原理图如图 11-2 所示，将 OLED 显示模块插在医疗电子单片机高级开发系统的 OLED 显示屏接口（J28）上，即可通过系统控制 OLED 显示屏。

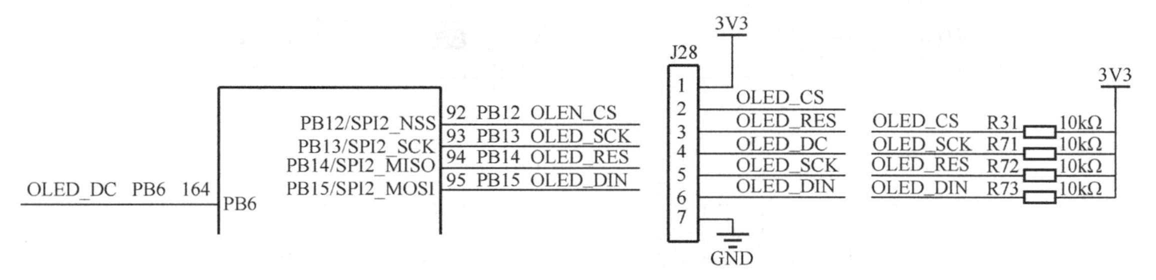

图 11-2　OLED 显示屏接口电路原理图

OLED 显示模块支持的 SPI 通信模式需要 4 根信号线，分别是 OLED 片选信号 CS、数据/命令控制信号 D/C、串行时钟线 SCK、串行数据线 DIN，以及复位控制线（即复位引脚 RES）。因此，只能往 OLED 显示模块写数据而不能读数据。在 SPI 通信模式下，每个数据长度均为 8 位，在 SCK 的上升沿，数据从 DIN 移入 SSD1306，高位在前，写操作时序图如图 11-3 所示。

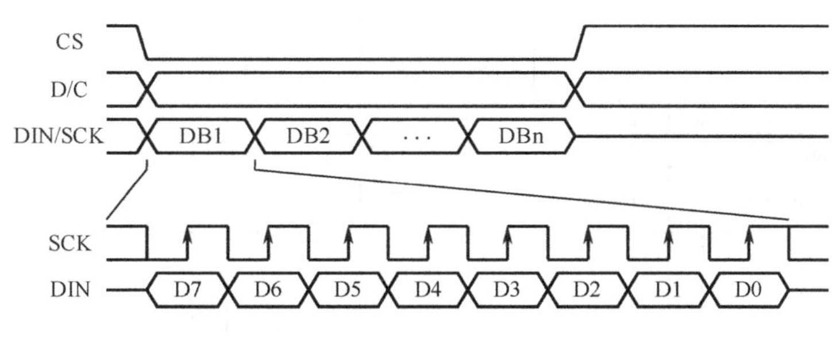

图 11-3　SPI 通信模式下写操作时序图

11.2.2　SSD1306 的显存

SSD1306 的显存大小为 128×64=8192bit，SSD1306 将这些显存分为 8 页，其对应关系如图 11-4 左上图所示。可以看出，SSD1306 包含 8 页，每页包含 128 字节，即 128×64 点阵。将图 11-4 左上图的 PAGE3 取出并放大，如图 11-4 右上图所示，左上图每个格子表示 1 字节，右上图每个格子表示 1 位。从图 11-4 的右上图和右下图中可以看出，SSD1306 显存中的 SEG62、COM29 位置为 1，屏幕上的 62 列/34 行对应的点为点亮状态。为什么显存中的列编号与 OLED 显示屏的列编号是对应的，但显存中的行编号与 OLED 显示屏的行编号不对应？这是因为 OLED 显示屏上的列与 SSD1306 显存上的列是一一对应的，但 OLED 显示屏上的行与 SSD1306 显存上的行正好互补，如 OLED 显示屏的第 34 行对应 SSD1306 显存上的 COM29。

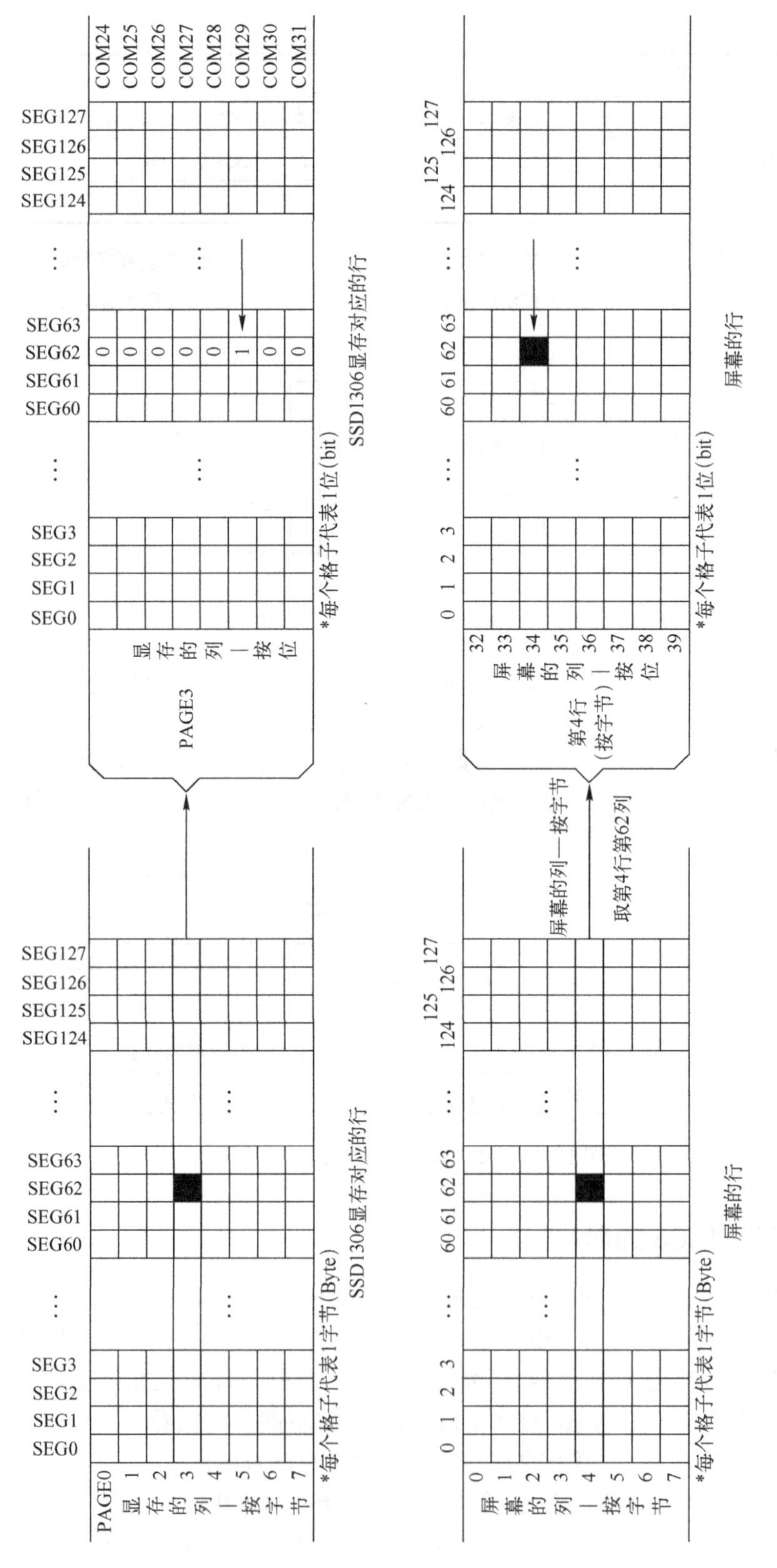

图11-4　SSD1306显存与显示屏对应关系图

11.2.3　SSD1306 常用命令

SSD1306 的命令较多，这里仅介绍几个常用的命令，如表 11-2 所示。如需了解其他命令，可参见 SSD1306 的数据手册。第 1 组命令用于设置屏幕对比度，该命令由 2 字节组成，第一字节 0x81 为操作码，第二字节为对比度，该值越大，屏幕越亮，对比度的取值范围为 0x00～0xFF。第 2 组命令用于设置显示开和关，当 X0 为 0 时关闭显示，当 X0 为 1 时开启显示。第 3 组命令用于设置电荷泵，该命令由 2 字节组成，第一字节 0x8D 为操作码，第二字节的 A2 为电荷泵开关，该位为 1 时开启电荷泵，为 0 时关闭电荷泵。在模块初始化时，电荷泵一定要开启，否则看不到屏幕显示。第 4 组命令用于设置页地址，该命令取值范围为 0xB0～0xB7，对应页 0～7。第 5 组命令用于设置列地址的低 4 位，该命令取值范围为 0x00～0x0F。第 6 组命令用于设置列地址的高 4 位，该命令取值范围为 0x10～0x1F。

表 11-2　SSD1306 常用命令表

序号	命　令	各位描述								命　令	说　明
	HEX	D7	D6	D5	D4	D3	D2	D1	D0		
1	81	1	0	0	0	0	0	0	1	设置对比度	A 的值越大屏幕越亮，A 的范围为 0x00～0xFF
	A[7:0]	A7	A6	A5	A4	A3	A2	A1	A0		
2	AE/AF	1	0	1	0	1	1	1	X0	设置显示开关	X0=0，关闭显示； X0=1，开启显示
3	8D	1	0	0	0	1	1	0	1	设置电荷泵	A2=0，关闭电荷泵； A2=1，开启电荷泵
	A[7:0]	*	*	0	1	0	A2	0	0		
4	B0～B7	1	0	1	1	0	X2	X1	X0	设置页地址	X[2:0]=0～7 对应页 0～7
5	00～0F	0	0	0	0	X3	X2	X1	X0	设置列地址低 4 位	设置 8 位起始列地址的低 4 位
6	10～1F	0	0	0	1	X3	X2	X1	X0	设置列地址高 4 位	设置 8 位起始列地址的高 4 位

11.2.4　字模选项

字模选项包括点阵格式、取模走向和取模方式。其中，点阵格式分为阴码（1 表示亮，0 表示灭）和阳码（1 表示灭，0 表示亮）；取模走向包括逆向（低位在前）和顺向（高位在前）两种；取模方式包括逐列式、逐行式、列行式和行列式。

本实验的字模选项为“16×16 字体顺向逐列式（阴码）”，以图 11-5 所示的问号为例来说明。由于汉字是方块字，因此，16×16 字体的汉字像素为 16×16，而 16×16 字体的字符（如数字、标点符号、英文大写字母和英文小写字母）像素为 16×8。逐列式表示按照列进行取模，左上角的 8 个格子为第一字节，高位在前，即 0x00，左下角的 8 个格子为第二字节，即 0x00，第三字节为 0x0E，第四字节为 0x00，依次往下，分别是 0x12、0x00、0x10、0x0C、0x10、0x6C、0x10、0x80、0x0F、0x00、0x00、0x00。

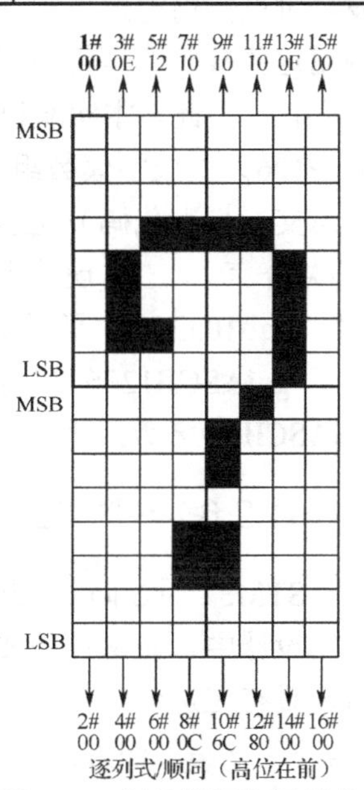

图 11-5　问号的顺向逐列式（阴码）取模示意图

可以看到，字符的取模过程较复杂。而在 OLED 显示中，常用的字符非常多，有数字、标点符号、英文大写字母、英文小写字母，还有汉字，而且字体和字宽有很多选择。因此，需要借助取模软件。在本书配套资料包的“02.相关软件”目录下的“PCtoLCD2002 完美版”文件夹中，找到并双击 PCtoLCD2002.exe。该软件的运行界面如图 11-6 左图所示，单击菜单栏中的“选项”按钮，按照图 11-6 右图所示选择“点阵格式”“取模走向”“自定义格式”“取模方式”和“输出数制”等，然后，在图 11-6 左图中间栏尝试输入 OLED12864，并单击“生成字模”，就可以使用最终生成的字模（数组格式）。

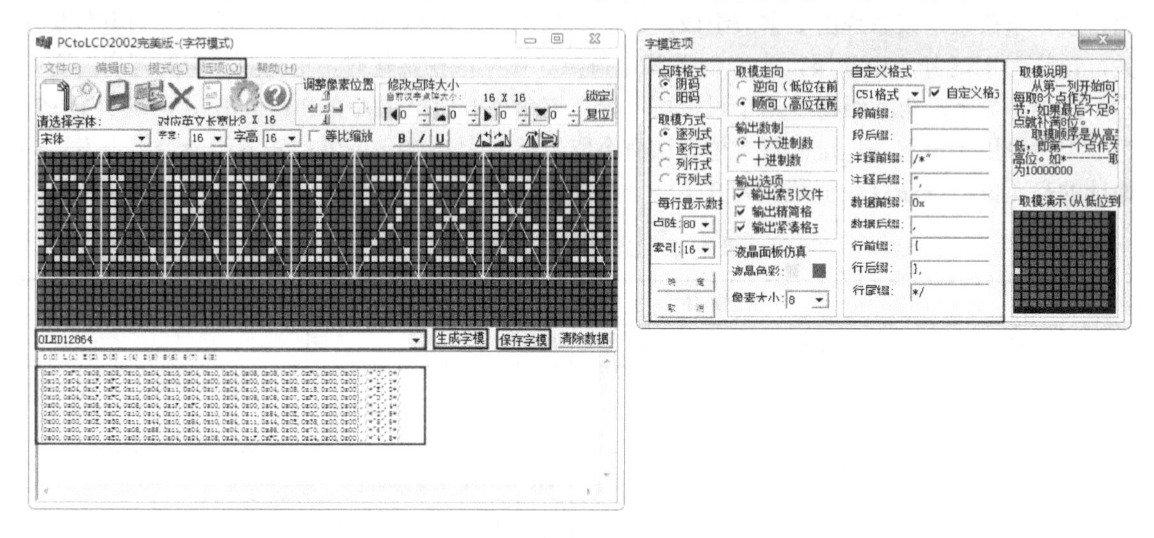

图 11-6　取模软件使用方法

11.2.5　ASCII 码表与取模工具

我们通常使用 OLED 显示数字、标点符号、英文大写字母和英文小写字母。为了便于开发，可以提前通过取模软件取出常用字符的字模，保存到数组，在 OLED 应用设计中，直接调用这些数组即可将对应字符显示到 OLED 显示屏上。由于 ASCII 码表几乎涵盖了最常使用的字符，因此，本实验以 ASCII 码表（详见附录 C）为基础，将其中 95 个字符（ASCII 值为 32～126）生成字模数组。ASCII（American Standard Code for Information Interchange，美国信息交换标准代码）是基于拉丁字母的一套计算机编码系统，主要用于显示现代英语和其他西欧语言，它是现今通用的计算机编码系统。在本书配套资料包的“04.例程资料\Material\10.OLED 显示实验\App\OLED”文件夹中的 OLEDFont.h 文件中，有 2 个数组，分别是 g_iASCII1206 和 g_iASCII1608，其中 g_iASCII1206 数组用于存放 12×6 字体字模，g_iASCII1608 数组用于存放 16×8 字体字模。

11.2.6　STM32 的 GRAM 与 SSD1306 的 GRAM

STM32 通过向 OLED 驱动芯片 SSD1306 的 GRAM 写入数据实现 OLED 显示。在 OLED 应用设计中，通常只需要更改某几个字符，比如，通过 OLED 显示时间，每秒只需要更新秒值，只有在进位时才会更新分钟值或小时值。为了确保之前写入的数据不被覆盖，可以采用“读→改→写”的方式，也就是将 SSD1306 的 GRAM 中原有的数据读取到 STM32 的 GRAM（实际上是内部 SRAM），然后对 STM32 的 GRAM 进行修改，最后再写入 SSD1306 的 GRAM，如图 11-7 所示。

"读→改→写"的方式要求 STM32 既能写 SSD1306，也能读 SSD1306，但是，医疗电子单片机高级开发系统只有写 OLED 显示模块的数据线（OLED_DIN），没有读 OLED 显示模块的数据线，因此不支持读 OLED 显示模块操作。推荐使用"改→写"的方式实现 OLED 显示，这种方式通过在 STM32 的内部建立一个 GRAM（128×8 字节，对应 128×64 像素），与 SSD1306 的 GRAM 对应，当需要更新显示时，只需修改 STM32 的 GRAM，然后一次性把 STM32 的 GRAM 写入 SSD1306 的 GRAM，如图 11-8 所示。

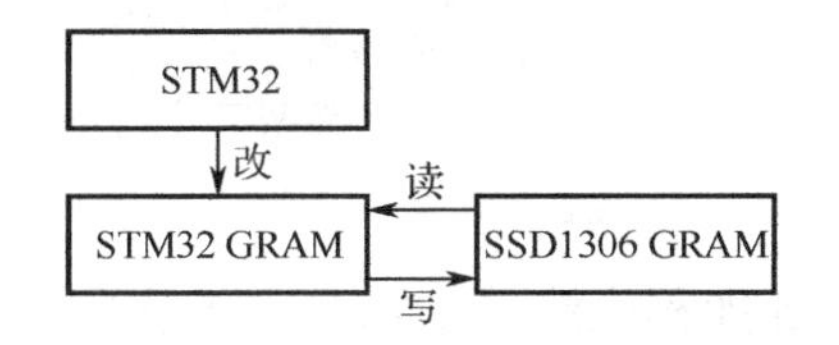

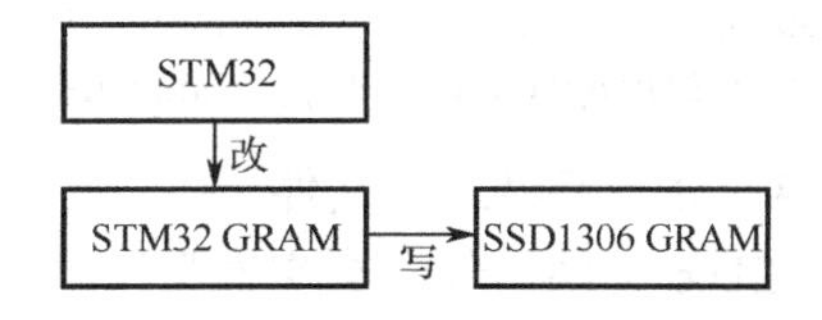

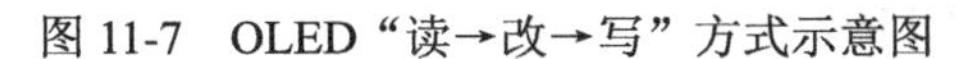

图 11-7　OLED"读→改→写"方式示意图　　图 11-8　OLED"改→写"方式示意图

11.2.7　OLED 显示模块显示流程

OLED 显示模块的显示流程如图 11-9 所示。首先，配置 OLED 相关的 GPIO；然后，将 OLED_RES 拉低 10ms 之后再将 OLED_RES 拉高，对 SSD1306 进行复位，接着，关闭显示，配置 SSD1306，再开启显示，并执行清屏操作；最后，写 STM32 的 GRAM，并将 STM32 的 GRAM 更新到 SSD1306 上。

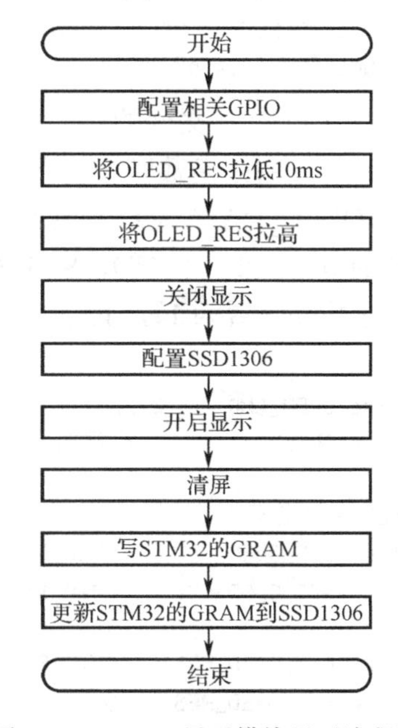

图 11-9　OLED 显示模块显示流程图

11.3　实验步骤

步骤 1：复制并编译原始工程

首先，将"D:\STM32KeilTest\Material\10.OLED 显示实验"文件夹复制到"D:\STM32KeilTest\Product"文件夹中。然后，双击运行"D:\STM32KeilTest\Product\10.OLED 显示实验\Project"文件夹中的 STM32KeilPrj.uvprojx，单击工具栏中的按钮。当 Build Output 栏中出现"FromELF：creating hex file..."时，表示已经成功生成.hex 文件，出现"0 Error(s), 0 Warnning(s)"，表示编译成功。最后，将.axf 文件下载到 STM32 的内部 Flash，观察医疗电子单片机高级开发系统上的 LD0 是否闪烁。如果 LD0 闪烁，串口正常输出字符串，则表示原始工程是正确的，可以进入下一步操作。

步骤 2：添加 OLED 文件对

首先，将"D:\STM32KeilTest\Product\10.OLED 显示实验\App\OLED"文件夹中的 OLED.c 添加到 App 分组中。然后，将"D:\STM32KeilTest\Product\10.OLED 显示实验\App\OLED"路径添加到 Include Paths 栏中。

步骤 3：完善 OLED.h 文件

单击按钮进行编译，编译结束后，在 Project 面板中，双击 OLED.c 下的 OLED.h 文件。在 OLED.h 文件的"包含头文件"区，添加代码#include "DataType.h"。

在 OLED.h 文件的"API 函数声明"区，添加如程序清单 11-1 所示的 API 函数声明代码。

程序清单 11-1

```
void  InitOLED(void);             //初始化 OLED 模块
void  OLEDDisplayOn(void);        //开启 OLED 显示
void  OLEDDisplayOff(void);       //关闭 OLED 显示
void  OLEDRefreshGRAM(void);      //将 STM32 的 GRAM 写入 SSD1306 的 GRAM

void  OLEDClear(void);  //清屏函数，清完屏整个屏幕是黑色的，和没点亮一样
void  OLEDShowChar(u8 x, u8 y, u8 chr, u8 size, u8 mode);   //在指定位置显示一个字符
void  OLEDShowNum(u8 x, u8 y, u32 num, u8 len, u8 size);    //在指定位置显示数字
void  OLEDShowString(u8 x, u8 y, const u8* p);              //在指定位置显示字符串
```

步骤 4：完善 OLED.c 文件

在 OLED.c 文件"包含头文件"区的最后，添加如程序清单 11-2 所示的代码。

程序清单 11-2

```
#include "stm32f4xx_conf.h"
#include "OLEDFont.h"
#include "SysTick.h"
```

在 OLED.c 文件的"宏定义"区，添加如程序清单 11-3 所示的宏定义代码。其中，OLEDWriteByte 函数既可以向 OLED 显示模块写数据，也可以写命令，OLED_CMD 表示写命令，OLED_DATA 表示写数据。CLR_OLED_CS()通过 GPIO_ResetBits 函数将 CS（OLED_CS）引脚的电平拉低（清零），SET_OLED_CS()通过 GPIO_SetBits 函数将 CS（OLED_CS）引脚的电平拉高（置为 1），其余 8 个宏定义与之类似，这里不再赘述。

程序清单 11-3

```
#define OLED_CMD      0 //命令
#define OLED_DATA     1 //数据

//OLED 端口定义
#define CLR_OLED_CS()    GPIO_ResetBits(GPIOB, GPIO_Pin_12)  //CS，片选
#define SET_OLED_CS()    GPIO_SetBits   (GPIOB, GPIO_Pin_12)

#define CLR_OLED_RES()   GPIO_ResetBits(GPIOB, GPIO_Pin_14)  //RES，复位
#define SET_OLED_RES()   GPIO_SetBits   (GPIOB, GPIO_Pin_14)

#define CLR_OLED_DC()    GPIO_ResetBits(GPIOB, GPIO_Pin_6)   //DC，命令数据标志（0-命令/1-数据）
#define SET_OLED_DC()    GPIO_SetBits   (GPIOB, GPIO_Pin_6)

#define CLR_OLED_SCK() GPIO_ResetBits(GPIOB, GPIO_Pin_13)    //SCK，时钟
#define SET_OLED_SCK() GPIO_SetBits   (GPIOB, GPIO_Pin_13)

#define CLR_OLED_DIN() GPIO_ResetBits(GPIOB, GPIO_Pin_15)    //DIN，数据
#define SET_OLED_DIN() GPIO_SetBits   (GPIOB, GPIO_Pin_15)
```

在 OLED.c 文件的"内部变量"区，添加内部变量的定义代码，如程序清单 11-4 所示。其中，s_iOLEDGRAM 是 STM32 的 GRAM，大小为 128×8 字节，与 SSD1306 上的 GRAM 对应。本实验先将需要显示到 OLED 显示模块上的数据写入 STM32 的 GRAM，再将 STM32 的 GRAM 写入 SSD1306 的 GRAM。

程序清单 11-4

```
static  u8  s_arrOLEDGRAM[128][8];     //OLED 显存缓冲区
```

在 OLED.c 文件的“内部函数声明”区，添加内部函数的声明代码，如程序清单 11-5 所示。

程序清单 11-5

```
static  void  ConfigOLEDGPIO(void);                //配置 OLED 相关的 GPIO
static  void  ConfigOLEDReg(void);                 //配置 OLED 的 SSD1306 寄存器

static  void  OLEDWriteByte(u8 dat, u8 cmd);       //向 SSD1306 写入一字节
static  void  OLEDDrawPoint(u8 x, u8 y, u8 t);     //在 OLED 屏指定位置画点

static  u32   CalcPow(u8 m, u8 n);                 //计算 m 的 n 次方
```

在 OLED.c 文件的“内部函数实现”区，添加 ConfigOLEDGPIO 函数的实现代码，如程序清单 11-6 所示。

程序清单 11-6

```
static  void  ConfigOLEDGPIO(void)
{
  GPIO_InitTypeDef  GPIO_InitStructure;

  //使能 RCC 相关时钟
  RCC_AHB1PeriphClockCmd(RCC_AHB1Periph_GPIOB, ENABLE); //使能 GPIOB 的时钟

  //配置 PB13（OLED_SCK）
  GPIO_InitStructure.GPIO_Pin   = GPIO_Pin_13;      //设置引脚
  GPIO_InitStructure.GPIO_Mode  = GPIO_Mode_OUT;    //设置模式
  GPIO_InitStructure.GPIO_Speed = GPIO_Speed_2MHz;  //设置 I/O 输出速度
  GPIO_InitStructure.GPIO_OType = GPIO_OType_PP;    //设置输出类型
  GPIO_InitStructure.GPIO_PuPd  = GPIO_PuPd_UP;     //设置上拉/下拉模式
  GPIO_Init(GPIOB, &GPIO_InitStructure);            //根据参数初始化 GPIO
  GPIO_SetBits(GPIOB, GPIO_Pin_13);                 //设置初始状态为高电平

  //配置 PB15（OLED_DIN）
  GPIO_InitStructure.GPIO_Pin   = GPIO_Pin_15;      //设置引脚
  GPIO_InitStructure.GPIO_Mode  = GPIO_Mode_OUT;    //设置模式
  GPIO_InitStructure.GPIO_Speed = GPIO_Speed_2MHz;  //设置 I/O 输出速度
  GPIO_InitStructure.GPIO_OType = GPIO_OType_PP;    //设置输出类型
  GPIO_InitStructure.GPIO_PuPd  = GPIO_PuPd_UP;     //设置上拉/下拉模式
  GPIO_Init(GPIOB, &GPIO_InitStructure);            //根据参数初始化 GPIO
  GPIO_SetBits(GPIOB, GPIO_Pin_15);                 //设置初始状态为高电平

  //配置 PB14（OLED_RES）
  GPIO_InitStructure.GPIO_Pin   = GPIO_Pin_14;      //设置引脚
  GPIO_InitStructure.GPIO_Mode  = GPIO_Mode_OUT;    //设置模式
  GPIO_InitStructure.GPIO_Speed = GPIO_Speed_2MHz;  //设置 I/O 输出速度
  GPIO_InitStructure.GPIO_OType = GPIO_OType_PP;    //设置输出类型
  GPIO_InitStructure.GPIO_PuPd  = GPIO_PuPd_UP;     //设置上拉/下拉模式
  GPIO_Init(GPIOB, &GPIO_InitStructure);            //根据参数初始化 GPIO
  GPIO_SetBits(GPIOB, GPIO_Pin_14);                 //设置初始状态为高电平

  //配置 PB12（OLED_CS）
  GPIO_InitStructure.GPIO_Pin   = GPIO_Pin_12;      //设置引脚
  GPIO_InitStructure.GPIO_Mode  = GPIO_Mode_OUT;    //设置模式
```

```
  GPIO_InitStructure.GPIO_Speed = GPIO_Speed_2MHz; //设置 I/O 输出速度
  GPIO_InitStructure.GPIO_OType = GPIO_OType_PP;   //设置输出类型
  GPIO_InitStructure.GPIO_PuPd  = GPIO_PuPd_UP;    //设置上拉/下拉模式
  GPIO_Init(GPIOB, &GPIO_InitStructure);           //根据参数初始化 GPIO
  GPIO_SetBits(GPIOB, GPIO_Pin_12);                //设置初始状态为高电平

  //配置 PB6（OLED_DC）
  GPIO_InitStructure.GPIO_Pin   = GPIO_Pin_6;      //设置引脚
  GPIO_InitStructure.GPIO_Mode  = GPIO_Mode_OUT;   //设置模式
  GPIO_InitStructure.GPIO_Speed = GPIO_Speed_2MHz; //设置 I/O 输出速度
  GPIO_InitStructure.GPIO_OType = GPIO_OType_PP;   //设置输出类型
  GPIO_InitStructure.GPIO_PuPd  = GPIO_PuPd_UP;    //设置上拉/下拉模式
  GPIO_Init(GPIOB, &GPIO_InitStructure);           //根据参数初始化 GPIO
  GPIO_SetBits(GPIOB, GPIO_Pin_6);                 //设置初始状态为高电平
}
```

说明：（1）由于本实验用到 PB12（OLED_CS）、PB14（OLED_RES）、PB6（OLED_DC）、PB13（OLED_SCK）和 PB15（OLED_DIN）引脚，因此需要通过 RCC_AHB1PeriphClockCmd 函数使能 GPIOB 和 GPIOC 时钟。

（2）通过 GPIO_Init 函数将 PB12、PB13、PB14、PB15 和 PB6 引脚配置为推挽输出模式，并通过 GPIO_SetBits 函数将这 5 个引脚的初始电平设置为高电平。

在 OLED.c 文件“内部函数实现”区的 ConfigOLEDGPIO 函数实现区后，添加 ConfigOLEDReg 函数的实现代码，如程序清单 11-7 所示。

程序清单 11-7

```
static  void  ConfigOLEDReg( void )
{
  OLEDWriteByte(0xAE, OLED_CMD); //关闭显示

  OLEDWriteByte(0xD5, OLED_CMD); //设置时钟分频系数，振荡频率
  OLEDWriteByte(0x50, OLED_CMD); //[3:0]为分频系数，[7:4]为振荡频率

  OLEDWriteByte(0xA8, OLED_CMD); //设置驱动路数
  OLEDWriteByte(0x3F, OLED_CMD); //默认 0x3F（1/64）

  OLEDWriteByte(0xD3, OLED_CMD); //设置显示偏移
  OLEDWriteByte(0x00, OLED_CMD); //默认为 0

  OLEDWriteByte(0x40, OLED_CMD); //设置显示开始行，[5:0]为行数

  OLEDWriteByte(0x8D, OLED_CMD); //设置电荷泵
  OLEDWriteByte(0x14, OLED_CMD); //bit2 用于设置开启（1）/关闭（0）

  OLEDWriteByte(0x20, OLED_CMD); //设置内存地址模式
  OLEDWriteByte(0x02, OLED_CMD); //[1:0]，00-列地址模式，01-行地址模式，10-页地址模式（默认值）

  OLEDWriteByte(0xA1, OLED_CMD); //设置段重定义,bit0 为 0,列地址 0->SEG0,bit0 为 1,列地址 0->SEG127

  OLEDWriteByte(0xC0, OLED_CMD); //设置 COM 扫描方向，bit3 为 0，普通模式，bit3 为 1，重定义模式

  OLEDWriteByte(0xDA, OLED_CMD); //设置 COM 硬件引脚配置
```

```
  OLEDWriteByte(0x12, OLED_CMD); //[5:4]为硬件引脚配置信息

  OLEDWriteByte(0x81, OLED_CMD); //设置对比度
  OLEDWriteByte(0xEF, OLED_CMD); //1～255，默认为 0x7F（亮度设置，数值越大越亮）

  OLEDWriteByte(0xD9, OLED_CMD); //设置预充电周期
  OLEDWriteByte(0xf1, OLED_CMD); //[3:0]为 PHASE1，[7:4]为 PHASE2

  OLEDWriteByte(0xDB, OLED_CMD); //设置 VCOMH 电压倍率
  OLEDWriteByte(0x30, OLED_CMD); //[6:4]，000-0.65*vcc，001-0.77*vcc，011-0.83*vcc

  OLEDWriteByte(0xA4, OLED_CMD); //全局显示开启，bit0 为 1，开启，bit0 为 0，关闭

  OLEDWriteByte(0xA6, OLED_CMD); //设置显示方式，bit0 为 1，反相显示，bit0 为 0，正常显示

  OLEDWriteByte(0xAF, OLED_CMD); //开启显示
}
```

说明：（1）ConfigOLEDReg 函数首先通过 OLEDWriteByte 函数向 SSD1306 写入 0xAE，关闭 OLED 显示。

（2）ConfigOLEDReg 函数主要通过写 SSD1306 的寄存器来配置 SSD1306，包括设置时钟分频系数、振荡频率、驱动路数、显示偏移、显示对比度、电荷泵等。读者可查阅 SSD1306 数据手册深入了解这些命令。

（3）ConfigOLEDReg 函数最后通过 OLEDWriteByte 函数向 SSD1306 写入 0xAF，开启 OLED 显示。

在 OLED.c 文件“内部函数实现”区的 ConfigOLEDReg 函数实现区后，添加 OLEDWriteByte 函数的实现代码，如程序清单 11-8 所示。

程序清单 11-8

```
static  void  OLEDWriteByte(u8 dat, u8 cmd)
{
  i16 i;

  //判断要写入数据还是写入命令
  if(OLED_CMD == cmd)         //如果标志 cmd 为写入命令时
  {
    CLR_OLED_DC();            //DC 输出低电平用来读写命令
  }
  else if(OLED_DATA == cmd) //如果标志 cmd 为写入数据时
  {
    SET_OLED_DC();            //DC 输出高电平用来读写数据
  }

  CLR_OLED_CS();              //CS 输出低电平为写入数据或命令做准备

  for(i = 0; i < 8; i++)      //循环 8 次，从高到低取出要写入的数据或命令的 8 个 bit
  {
    CLR_OLED_SCK();           //SCK 输出低电平为写入数据做准备

    if(dat & 0x80)            //判断要写入的数据或命令的最高位是 1 还是 0
    {
```

```
      SET_OLED_DIN();         //要写入的数据或命令的最高位是 1，DIN 输出高电平表示 1
    }
    else
    {
      CLR_OLED_DIN();         //要写入的数据或命令的最高位是 0，DIN 输出低电平表示 0
    }
    SET_OLED_SCK();           //SCK 输出高电平，DIN 的状态不再变化，此时写入数据线的数据

    dat <<= 1;                //左移一位，次高位移到最高位
  }

  SET_OLED_CS();              //OLED 的 CS 输出高电平，不再写入数据或命令
  SET_OLED_DC();              //OLED 的 DC 输出高电平
}
```

说明：（1）OLEDWriteByte 函数用于向 SSD1306 写入 1 字节，参数 dat 是要写入的数据或命令。参数 cmd 为 0，表示写入命令（宏定义 OLED_CMD 为 0），将 OLED_DC 引脚通过 CLR_OLED_DC()拉低；参数 cmd 为 1，表示写入数据（宏定义 OLED_DATA 为 1），将 OLED_DC 引脚通过 SET_OLED_DC()拉高。

（2）将 OLED_CS 引脚通过 CLR_OLED_CS()拉低，即将片选信号拉低，为写入数据或命令做准备。

（3）在 OLED_SCK 引脚的上升沿，分 8 次，通过 OLED_DIN 引脚向 SSD1306 写入数据或命令，OLED_DIN 引脚通过 CLR_OLED_DIN()被拉低，通过 SET_OLED_DIN()被拉高。OLED_SCK 引脚通过 CLR_OLED_SCK()被拉低，通过 SET_OLED_SCK()被拉高。

（4）写入数据或命令之后，将 OLED_CS 引脚通过 SET_OLED_CS()拉高。

在 OLED.c 文件“内部函数实现”区的 OLEDWriteByte 函数实现区后，添加 OLEDDrawPoint 函数的实现代码，如程序清单 11-9 所示。OLEDDrawPoint 函数有 3 个参数，分别是 x、y 坐标和 t（t 为 1，表示点亮 OLED 上的某一点，t 为 0，表示熄灭 OLED 上的某一点）。xy 坐标系的原点位于 OLED 显示屏的左上角，这是因为显存中的列编号与 OLED 显示屏的列编号是对应的，但显存中的行编号与 OLED 显示屏的行编号不对应（参见 11.2.2 节）。例如，OLEDDrawPoint(127, 63, 1)表示点亮 OLED 显示屏右下角对应的点，实际上是向 STM32 的 GRAM（与 SSD1306 的 GRAM 对应），即 s_iOLEDGRAM[127][0]的最低位写入 1。OLEDDrawPoint 函数体的前半部分实现 OLED 显示屏物理坐标到 SSD1306 显存坐标的转换，后半部分根据参数 *t* 向 SSD1306 显存的某一位写入 1 或 0。

程序清单 11-9

```
static  void  OLEDDrawPoint(u8 x, u8 y, u8 t)
{
  u8 pos;                       //存放点所在的页数
  u8 bx;                        //存放点所在的屏幕的行号
  u8 temp = 0;                  //用来存放画点位置相对于字节的位

  if(x > 127 || y > 63)         //如果指定位置超过额定范围
  {
    return;                     //返回空，函数结束
  }
```

```
  pos = 7 - y / 8;                    //求指定位置所在页数
  bx = y % 8;                         //求指定位置在上面求出页数中的行号
  temp = 1 << (7 - bx);               //（7-bx）求出相应 SSD1306 的行号，并在字节中相应的位置为 1

  if(t)                               //判断填充标志为 1 还是为 0
  {
    s_arrOLEDGRAM[x][pos] |= temp;    //如果填充标志为 1，指定点填充
  }
  else
  {
    s_arrOLEDGRAM[x][pos] &= ~temp;   //如果填充标志为 0，指定点清空
  }
}
```

在 OLED.c 文件“内部函数实现”区的 ConfigOLEDGPIO 函数实现区后，添加 CalcPow 函数的实现代码，如程序清单 11-10 所示。CalcPow 函数的参数为 m 和 n，最终返回值为 m 的 n 次幂的值。

程序清单 11-10

```
static  u32 CalcPow(u8 m, u8 n)
{
  u32 result = 1;         //定义用来存放结果的变量

  while(n--)              //随着每次循环，n 递减，直至为 0
  {
    result *= m;          //循环 n 次，相当于 n 个 m 相乘
  }

  return result;          //返回 m 的 n 次幂的值
}
```

在 OLED.c 文件的“API 函数实现”区，添加 InitOLED 函数的实现代码，如程序清单 11-11 所示。

说明：（1）ConfigOLEDGPIO 函数用于配置与 OLED 显示模块相关的 5 个 GPIO。

（2）将 OLED_RES 拉低 10ms，对 SSD1306 进行复位，再将 OLED_RES 拉高。

（3）OLED_RES 拉高 10ms 之后，通过 ConfigOLEDReg 函数配置 SSD1306。

程序清单 11-11

```
void  InitOLED(void)
{
  ConfigOLEDGPIO();       //配置 OLED 的 GPIO

  CLR_OLED_RES();
  DelayNms(10);
  SET_OLED_RES();         //RES 引脚务必拉高
  DelayNms(10);

  ConfigOLEDReg();        //配置 OLED 的寄存器

  OLEDClear();            //清除 OLED 屏内容
}
```

在 OLED.c 文件“API 函数实现”区的 InitOLED 函数实现区后，添加 OLEDDisplayOn 和 OLEDDisplayOff 函数的实现代码，如程序清单 11-12 所示。

程序清单 11-12

```
void  OLEDDisplayOn( void )
{
  //打开关闭电荷泵，第一字节为命令字，0x8D，第二字节设置值，0x10-关闭电荷泵，0x14-打开电荷泵
  OLEDWriteByte(0x8D, OLED_CMD);      //第一字节 0x8D 为命令
  OLEDWriteByte(0x14, OLED_CMD);      //0x14-打开电荷泵

  //设置显示开关，0xAE-关闭显示，0xAF-开启显示
  OLEDWriteByte(0xAF, OLED_CMD);      //开启显示
}

void  OLEDDisplayOff( void )
{
  //打开关闭电荷泵，第一字节为命令字，0x8D，第二字节设置值，0x10-关闭电荷泵，0x14-打开电荷泵
  OLEDWriteByte(0x8D, OLED_CMD);      //第一字节为命令字，0x8D
  OLEDWriteByte(0x10, OLED_CMD);      //0x10-关闭电荷泵

  //设置显示开关，0xAE-关闭显示，0xAF-开启显示
  OLEDWriteByte(0xAE, OLED_CMD); //关闭显示
}
```

说明：（1）开启 OLED 显示之前，要先打开电荷泵，因此，需要通过 OLEDWriteByte 函数向 SSD1306 写入 0x8D 和 0x14，然后通过 OLEDWriteByte 函数向 SSD1306 写入 0xAF，开启 OLED 显示。

（2）关闭 OLED 显示之前，要先关闭电荷泵，因此，需要通过 OLEDWriteByte 函数向 SSD1306 写入 0x8D 和 0x10，然后通过 OLEDWriteByte 函数向 SSD1306 写入 0xAE，关闭 OLED 显示。

在 OLED.c 文件“API 函数实现”区的 OLEDDisplayOff 函数实现区后，添加 OLEDRefreshGRAM 函数的实现代码，如程序清单 11-13 所示。OLED 显示屏有 128×64=8192 个像素点，对应于 SSD1306 显存的 8 页×128 字节/页，即 1024 字节。OLEDRefreshGRAM 函数执行 8 次大循环（按照从 PAGE0 到 PAGE7 的顺序），每次写 1 页，调用 OLEDWriteByte 函数，执行 128 次小循环（按照从 SEG0 到 SEG127 的顺序），每次写 1 字节，总共写 1024 字节，对应 8192 个点。OLEDRefreshGRAM 以页为单位将 STM32 的 GRAM 写入 SSD1306 的 GRAM，每页通过 OLEDWriteByte 函数分为 128 次向 SSD1306 的 GRAM 写入数据。因此，在进行页写入操作之前，需要通过 OLEDWriteByte 函数设置页地址和列地址，每次设置的页地址按照从 PAGE0 到 PAGE7 的顺序，而每次设置的列地址固定为 0x00。

程序清单 11-13

```
void  OLEDRefreshGRAM(void)
{
  u8 i;
  u8 n;

  for(i = 0; i < 8; i++)                     //遍历每一页
  {
    OLEDWriteByte(0xb0 + i, OLED_CMD);     //设置页地址（0～7）
```

```
    OLEDWriteByte(0x00, OLED_CMD);          //设置显示位置——列低地址
    OLEDWriteByte(0x10, OLED_CMD);          //设置显示位置——列高地址
    for(n = 0; n < 128; n++)                //遍历每一列
    {
      //通过循环将 STM32 的 GRAM 写入到 SSD1306 的 GRAM
      OLEDWriteByte(s_arrOLEDGRAM[n][i], OLED_DATA);
    }
  }
}
```

在 OLED.c 文件“API 函数实现”区的 OLEDRefreshGRAM 函数实现区后，添加 OLEDClear 函数的实现代码，如程序清单 11-14 所示。OLEDClear 函数用于清除 OLED 显示屏，先向 STM32 的 GRAM（即 s_iOLEDGRAM 的每字节）写入 0x00，然后将 STM32 的 GRAM 通过 OLEDRefreshGRAM 函数写入 SSD1306 的 GRAM。

程序清单 11-14

```
void  OLEDClear(void)
{
  u8 i;
  u8 n;

  for(i = 0; i < 8; i++)                    //遍历每一页
  {
    for(n = 0; n < 128; n++)                //遍历每一列
    {
      s_arrOLEDGRAM[n][i] = 0x00;           //将指定点清零
    }
  }

  OLEDRefreshGRAM();  //将 STM32 的 GRAM 写入 SSD1306 的 GRAM
}
```

在 OLED.c 文件“API 函数实现”区的 OLEDClear 函数实现区后，添加 OLEDShowChar 函数的实现代码，如程序清单 11-15 所示。OLEDShowChar 函数用于在指定位置显示一个字符，字符位置由参数 x、y 确定，待显示的字符以整数形式（ASCII 码）存放于参数 chr。参数 size 是字体选项，16 代表 16×16 字体（汉字像素为 16×16，字符像素为 16×8）；12 代表 12×12 字体（汉字像素为 12×12，字符像素为 12×6）。最后一个参数 mode 用于选择显示方式，mode 为 1 代表阴码显示（1 表示亮，0 表示灭），mode 为 0 代表阳码显示（1 表示灭，0 表示亮）。

由于本实验只对 ASCII 码表中的 95 个字符（参见 11.2.5 节）进行取模，12×6 字体字模存放于数组 g_iASCII1206，16×8 字体字模存放于数组 g_iASCII1608，这 95 个字符的第一个字符是 ASCII 码表的空格（空格的 ASCII 值为 32），而且所有字符的字模都按照 ASCII 码表顺序存放于数组 g_iASCII1206 和 g_iASCII1608，又由于 OLEDShowChar 函数的参数 chr 是字符型数据（以 ASCII 码存放），因此，需要将 chr 减去空格的 ASCII 值（32）得到 chr 在数组中的索引。

对于 16×16 字体的字符（实际像素是 16×8），每个字符由 16 字节组成，每 1 字节由 8 个有效位组成，每个有效位对应 1 个点，这里采用两个循环画点，其中，大循环执行 16 次，每次取出 1 字节，执行 8 次小循环，每次画 1 个点。类似地，对于 12×12 字体的字符（实际像素是 12×6），采用 12 个大循环和 6 个小循环画点。本实验的字模选项为“16×16 字体顺向

逐列式（阴码）”（见 11.2.4 节），因此，在向 STM32 的 GRAM 按照字节写入数据时，是按列写入的。

程序清单 11-15

```
void  OLEDShowChar(u8 x, u8 y, u8 chr, u8 size, u8 mode)
{
  u8  temp;                    //用来存放字符顺向逐列式的相对位置
  u8  t1;                      //循环计数器 1
  u8  t2;                      //循环计数器 2
  u8  y0 = y;                  //当前操作的行数

  chr = chr - ' ';             //得到相对于空格（ASCII 为 0x20）的偏移值，求出要 chr 在数组中的索引

  for(t1 = 0; t1 < size; t1++)         //循环逐列显示
  {
    if(size == 12)                     //判断字号大小，选择相对的顺向逐列式
    {
      temp = g_iASCII1206[chr][t1];    //取出字符在 g_iASCII1206 数组中的第 t1 列
    }
    else
    {
      temp = g_iASCII1608[chr][t1];    //取出字符在 g_iASCII1608 数组中的第 t1 列
    }

    for(t2 = 0; t2 < 8; t2++)          //在一个字符的第 t2 列的横向范围（8 个像素）内显示点
    {
      if(temp & 0x80)                  //取出 temp 的最高位，并判断为 0 还是为 1
      {
        OLEDDrawPoint(x, y, mode);     //如果 temp 的最高位为 1 填充指定位置的点
      }
      else
      {
        OLEDDrawPoint(x, y, !mode);    //如果 temp 的最高位为 0 清除指定位置的点
      }

      temp <<= 1;                      //左移一位，次高位移到最高位
      y++;                             //进入下一行

      if((y - y0) == size)             //如果显示完一列
      {
        y = y0;                        //行号回到原来的位置
        x++;                           //进入下一列
        break;                         //跳出上面带#的循环
      }
    }
  }
}
```

在 OLED.c 文件“API 函数实现”区的 OLEDShowChar 函数实现区后，添加 OLEDShowNum 和 OLEDShowString 函数的实现代码，如程序清单 11-16 所示。这两个函数调用 OLEDShowChar 实现数字和字符串的显示。

程序清单 11-16

```
void  OLEDShowNum(u8 x, u8 y, u32 num, u8 len, u8 size)
{
  u8 t;                                                   //循环计数器
  u8 temp;                                                //用来存放要显示数字的各位
  u8 enshow = 0;                                          //区分 0 是否为高位 0 标志位

  for(t = 0; t < len; t++)
  {
    temp = (num / CalcPow(10, len - t - 1) ) % 10;  //按从高到低取出要显示数字的各位，存到 temp 中
    if(enshow == 0 && t < (len - 1))                 //如果标记 enshow 为 0 并且还未取到最后一位
    {
      if(temp == 0 )                                  //如果 temp 等于 0
      {
        OLEDShowChar(x + (size / 2) * t, y, ' ', size, 1);   //此时的 0 在高位，用空格替代
        continue;                                     //提前结束本次循环，进入下一次循环
      }
      else
      {
        enshow = 1;                                   //否则将标记 enshow 置为 1
      }
    }
    OLEDShowChar(x + (size / 2) * t, y, temp + '0', size, 1);    //在指定位置显示得到的数字
  }
}

void  OLEDShowString(u8 x, u8 y, const u8* p)
{
#define MAX_CHAR_POSX 122                   //OLED 屏幕横向的最大范围
#define MAX_CHAR_POSY 58                    //OLED 屏幕纵向的最大范围

  while(*p != '\0')                         //指针不等于结束符时，循环进入
  {
    if(x > MAX_CHAR_POSX)                   //如果 x 超出指定最大范围，x 赋值为 0
    {
      x  = 0;
      y += 16;                              //显示到下一行左端
    }

    if(y > MAX_CHAR_POSY)                   //如果 y 超出指定最大范围，x 和 y 均赋值为 0
    {
      y = x = 0;                            //清除 OLED 屏幕内容
      OLEDClear();                          //显示到 OLED 屏幕左上角
    }

    OLEDShowChar(x, y, *p, 16, 1);          //指定位置显示一个字符

    x += 8;                                 //一个字符横向占 8 个像素点
    p++;                                    //指针指向下一个字符
  }
}
```

步骤 5：完善 OLED 显示实验应用层

在 Project 面板中，双击打开 Main.c 文件，在 Main.c 文件“包含头文件”区的最后，添加代码#include "OLED.h"。这样就可以在 Main.c 文件中调用 OLED 模块的宏定义和 API 函数，实现对 OLED 显示屏的控制。

在 Main.c 文件的 InitHardware 函数中，添加调用 InitOLED 函数的代码，如程序清单 11-17 所示，这样就实现了对 OLED 模块的初始化。

程序清单 11-17

```
static  void  InitHardware(void)
{
  SystemInit();         //系统初始化
  InitRCC();            //初始化 RCC 模块
  InitNVIC();           //初始化 NVIC 模块
  InitUART1(115200);    //初始化 UART 模块
  InitTimer();          //初始化 Timer 模块
  InitLED();            //初始化 LED 模块
  InitSysTick();        //初始化 SysTick 模块
  InitOLED();           //初始化 OLED 模块
}
```

在 Main.c 文件的 main 函数中，添加调用 OLEDShowString 函数的代码，如程序清单 11-18 所示。通过 4 次调用 OLEDShowString 函数，将待显示的数据写入 STM32 的 GRAM，即 s_iOLEDGRAM。

程序清单 11-18

```
int main(void)
{
  InitSoftware(); //初始化软件相关函数
  InitHardware(); //初始化硬件相关函数

  printf("Init System has been finished.\r\n" );  //打印系统状态

  OLEDShowString(8, 0, "STM32F429Board");
  OLEDShowString(24, 16, "2018-01-01");
  OLEDShowString(32, 32, "00-06-00");
  OLEDShowString(24, 48, "OLED IS OK!");

  while(1)
  {
    Proc2msTask();      //2ms 处理任务
    Proc1SecTask();     //1s 处理任务
  }
}
```

仅在 main 函数中调用 OLEDShowString 函数，还无法将这些字符串显示在 OLED 显示屏上，还要通过每秒调用一次 OLEDRefreshGRAM 函数，将 STM32 的 GRAM 中的数据写入 SSD1306 的 GRAM，才能实现 OLED 显示屏上的数据更新。在 Main.c 文件的 Proc1SecTask 函数中，添加调用 OLEDRefreshGRAM 函数的代码，如程序清单 11-19 所示，即每秒将 STM32 的 GRAM 中的数据写入 SSD1306 的 GRAM 一次。

程序清单 11-19

```
static  void  Proc1SecTask(void)
{
  if(Get1SecFlag())     //判断 1s 标志状态
  {
    //printf("This is the first STM32F429 Project, by Zhangsan\r\n");
    OLEDRefreshGRAM();
    Clr1SecFlag();      //清除 1s 标志
  }
}
```

步骤 6：编译及下载验证

代码编写完成后，单击▦按钮进行编译。编译结束后，Build Output 栏中出现“0 Error(s)，0 Warning(s)”，表示编译成功。然后，参见图 2-33，通过 Keil μVision5.20 软件将.axf 文件下载到医疗电子单片机高级开发系统。下载完成后，可以看到 OLED 显示屏上显示如图 11-10 所示的字符，同时，LD0 闪烁，表示实验成功。

图 11-10　OLED 显示实验结果

本 章 任 务

在本实验的基础上增加以下功能：（1）增加 RunClock 模块（位于“04.例程资料\Material\10.OLED 显示实验\App\RunClock”文件夹）；（2）通过 InitRunClock 函数初始化 RunClock 模块；（3）通过 RunClockPer2Ms 函数实现时钟的运行；（4）通过 SetTimeVal 函数设置时间值；（5）通过 GetTimeVal 函数获取时间值；（6）通过 OLED 显示模块动态显示时间，格式如图 11-11 所示。

0	8	16	24	32	40	48	56	64	72	80	88	96	104	112	120
	S	T	M	3	2	F	4	2	9	B	o	a	r	d	
			2	0	1	8	-	0	1	-	0	1			
				2	3	-	5	9	-	5	0				
			Z	H	A	N	G			S	A	N			

图 11-11　显示结果

本 章 习 题

1．简述 OLED 显示原理。

2．简述 SSD1306 芯片的工作原理。

3．简述 SSD1306 芯片控制 OLED 显示的原理。

4．基于 F103 微控制器 OLED 驱动的 API 函数包括 InitOLED、OLEDDisplayOn、OLEDDisplayOff、OLEDRefreshGRAM、OLEDClear、OLEDShowNum、OLEDShowChar、OLEDShowString，简述这些函数的功能。

第 12 章 实验 11——读写内部 Flash

存储器是微控制器的重要组成部分，用于存储程序代码和数据，有了存储器，微控制器才具有记忆功能。存储器按其存储介质特性可分为易失性存储器和非易失性存储器两大类。STM32 的内部 SRAM 是易失性存储器，Flash 是非易失性存储器。在微控制器设计中，有些数据要求在掉电的情况下仍被存储，这些数据通常被存放在内部或外部 EEPROM 中，由于医疗电子单片机高级开发系统不带外部 EEPROM，而且 STM32 内部也不带 EEPROM，因此可以将这些数据存储在 STM32 内部 Flash 中。医疗电子单片机高级开发系统基于 STM32F429IGT6 芯片，该芯片属于大容量产品，内部 Flash 的容量为 1MB，内部 SRAM 的容量为 256KB。本章首先讲解内部 Flash，以及相关寄存器和固件库函数，然后通过一个读写内部 Flash 实验，帮助读者掌握内部 Flash 的操作流程。

12.1 实验内容

按下按键 Key1，向 STM32 的内部 Flash 起始地址为 0x08020000 的存储空间写入“0xFFFFFFFF，0xFFFFFFFF”，合计 8 字节；按下按键 Key2，向起始地址为 0x08020000 的存储空间写入“0x76543210，0x89ABCDEF”，合计 8 字节；按下按键 Key3，读取起始地址为 0x08020000 的存储空间中的数据，依次读取出 8 字节数据。图 12-1 所示的是向 STM32 的内部 Flash 起始地址为 0x08020000 的存储空间写入“0x76543210，0x89ABCDEF”的示意图。

地址	数据
0x08020000	10
0x08020001	32
0x08020002	54
0x08020003	76
0x08020004	EF
0x08020005	CD
0x08020006	AB
0x08020007	89

图 12-1 内部 Flash 数据存储示意图

12.2 实验原理

12.2.1 STM32 内部 Flash 和 SRAM

STM32 片内自带 Flash 和 SRAM，Flash 主要用于存储程序，SRAM 主要用于存储程序运行过程中的中间变量，通常不同型号的 STM32 的 Flash 和 SRAM 大小是不相同的。

Flash 存储器又称为闪存，它与 EEPROM 都是掉电后数据不丢失的存储器，但是 Flash 的存储容量普遍大于 EEPROM 的。Flash 的编程原理是写 1 时保持该位为 1 不变，写 0 时将原先的 1 改写为 0，因此，编程之前必须将对应的块擦除，而擦除的过程就是向该块的所有位写 1。EEPROM 可以按照单字节进行读写。

SRAM 是静态随机存取存储器，它是一种具有静止存取功能的内存，读写速度比 Flash 快，但是掉电后数据会丢失，而且价格比 Flash 高。

12.2.2 STM32 内部 Flash 简介

STM32 的内部 Flash 的起始地址为 0x08000000，结束地址为 0x08000000 加上 Flash 容量大小，不同的芯片内部 Flash 的容量大小不尽相同。医疗电子单片机高级开发系统使用的 STM32 芯片型号为 STM32F429IGT6，其内部 Flash 容量为 1MB（0x100000B）。因此，该芯片内部 Flash 的地址范围为 0x08000000～0x080FFFFF，其中，扇区 0～3 均为 16KB，扇区 4 为 64KB，扇区 5～11 均为 128KB。表 12-1 是 STM32F42x 和 STM32F43x 系列微控制器的内部 Flash 构成。

表 12-1　内部 Flash 构成（STM32F42x 和 STM32F43x）

块	名　称	块 基 址	大　小
主存储器	扇区 0	0x0800 0000～0x0800 3FFF	16KB
	扇区 1	0x0800 4000～0x0800 7FFF	16KB
	扇区 2	0x0800 8000～0x0800 BFFF	16KB
	扇区 3	0x0800 C000～0x0800 FFFF	16KB
	扇区 4	0x0801 0000～0x0801 FFFF	64KB
	扇区 5	0x0802 0000～0x0803 FFFF	128KB
	扇区 6	0x0804 0000～0x0805 FFFF	128KB
	⋮	⋮	⋮
	扇区 11	0x080E 0000～0x080F FFFF	128KB
	扇区 12	0x0810 0000～0x0810 3FFF	16KB
	扇区 13	0x0810 4000～0x0810 7FFF	16KB
	扇区 14	0x0810 8000～0x0810 BFFF	16KB
	扇区 15	0x0810 C000～0x0810 FFFF	16KB
	扇区 16	0x0811 0000～0x0811 FFFF	64KB
	扇区 17	0x0812 0000～0x0813 FFFF	128KB
	扇区 18	0x0814 0000～0x0815 FFFF	128KB
	⋮	⋮	⋮
	扇区 23	0x081E 0000～0x081F FFFF	128KB
系统存储器		0x1FFF 0000～0x1FFF 77FF	30KB
OTP		0x1FFF 7800～0x1FFF 7A0F	528B
选项字节		0x1FFF C000～0x1FFF C00F	16B
		0x1FFE C000～0x1FFE C007	16B

STM32 的内部 Flash 由主存储器、系统存储器、OTP 和选项字节组成。

主存储器除了可以存储程序，还可以存储常数类型的数据，也可以存储掉电后用户依然需要使用的数据，但是存储地址须安排在程序存储区之后，否则将改变内部 Flash 中的代码区，产生意想不到的后果，甚至导致整个 STM32 系统崩溃。

系统存储器用于存放在系统存储器自举模式下的启动程序代码(BootLoader)，当使用 ISP 方式下载程序时，就是由这个程序执行的，该区域由芯片厂写入 BootLoader，然后锁死，用户无法改变该区域。

OTP 由 512 个一次性可编程字节和 16 个额外字节组成，其中，512 个一次性可编程字节用于存储用户数据，16 个额外字节用于锁定对应的 OTP 数据块。

选项字节用于配置读写保护、BOR 级别、软件/硬件看门狗，以及器件处于待机或停止模式下的复位。

12.2.3　Flash 编程过程

Flash 编程过程如图 12-2 所示，下面详细说明。

（1）读 FLASH_CR 的 LOCK 位，并判断 LOCK 位是否为 1。

（2）如果 LOCK 位为 1，表示 Flash 已上锁，通过向 FLASH->KEYR 依次写入 0x45670123 和 0xCDEF89AB 执行解锁操作。

（3）如果 LOCK 位为 0，表示 Flash 未上锁，可执行写 Flash 操作。

（4）检查上一次操作是否完成。如果未完成，继续等待；如果已完成，则向下执行。

（5）在执行写 Flash 操作之前，还需要将 FLASH_CR 的 PG 位置为 1，该位相当于编程操作使能位。

（6）在指定的地址写入字（32 位）。

（7）检查上一次操作是否完成。

（8）如果上一次操作未完成，继续等待。

（9）如果上一次操作已完成，则将 FLASH_CR 的 PG 位清零。

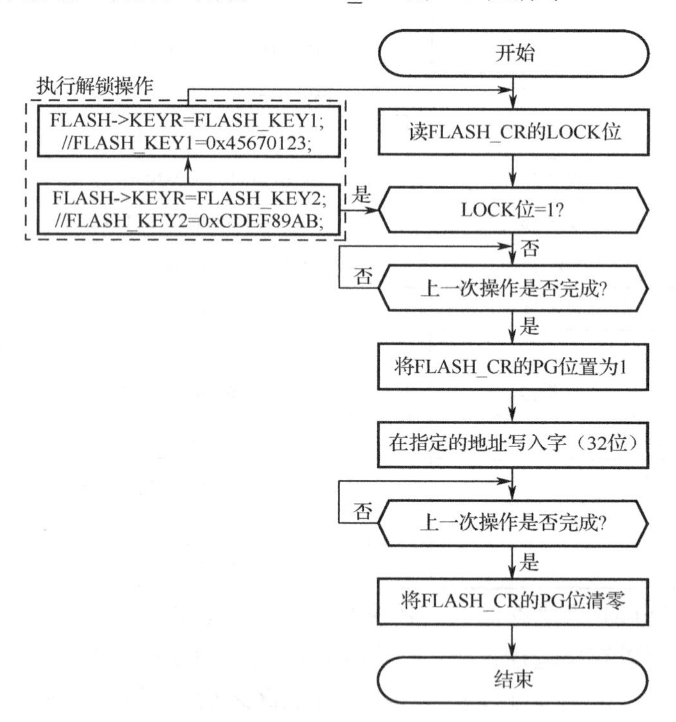

图 12-2　Flash 编程（按字）过程

12.2.4　Flash 扇区擦除过程

Flash 扇区擦除过程如图 12-3 所示，下面详细说明。

（1）读 FLASH_CR 的 LOCK 位，并判断 LOCK 位是否为 1。

（2）如果 LOCK 位为 1，表示 Flash 已上锁，通过向 FLASH->KEYR 依次写入 0x45670123 和 0xCDEF89AB 执行解锁操作。

（3）如果 LOCK 位为 0，表示 Flash 未上锁，接着就可以执行 Flash 扇区擦除操作。

（4）检查上一次操作是否完成。如果未完成，继续等待；如果已完成，则向下执行。

（5）在执行 Flash 扇区擦除操作之前，还需要将 FLASH_CR 的 SER 位置为 1，该位相当于扇区擦除操作的使能位。

（6）设置扇区编号寄存器 SNB，选择要擦除的扇区。

（7）将 FLASH_CR 的 STRT 位置为 1，即执行一次擦除操作。

（8）检查上一次操作是否完成。

（9）如果上一次操作未完成，继续等待。

（10）如果上一次操作已完成，则将 FLASH_CR 的 SER 位清零。

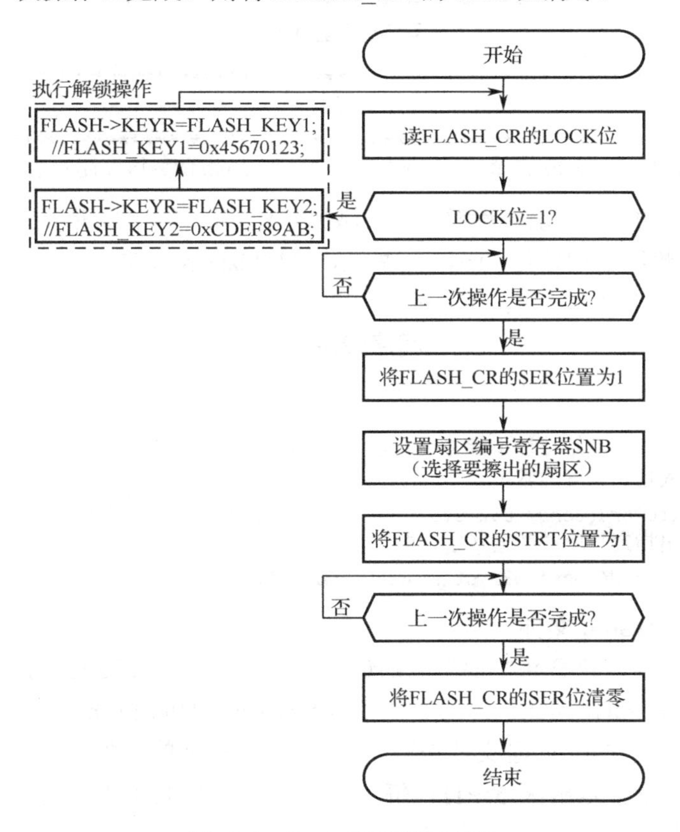

图 12-3　Flash 扇区擦除过程

12.3　实验步骤

步骤 1：复制并编译原始工程

首先，将“D:\STM32KeilTest\Material\11.读写内部 Flash 实验”文件夹复制到“D:\STM32KeilTest\Product”文件夹中。然后，双击运行“D:\STM32KeilTest\Product\11.读写内部 Flash 实验\Project”文件夹中的 STM32KeilPrj.uvprojx，单击工具栏中的按钮。当 Build Output 栏出现“FromELF: creating hex file...”时，表示已经成功生成.hex 文件，出现“0 Error(s), 0 Warnning(s)”表示编译成功。最后，将.axf 文件下载到 STM32 的内部 Flash，观察医疗电子单片机高级开发系统上的 LD0 是否闪烁。如果 LD0 闪烁，串口正常输出字符串，表示原始工程是正确的，可以进入下一步操作。

步骤 2：添加 Flash 文件对

首先，将“D:\STM32KeilTest\Product\11.读写内部 Flash 实验\HW\Flash”文件夹中的 Flash.c 添加到 HW 分组中。然后，将“D:\STM32KeilTest\Product\11.读写内部 Flash 实验\HW\Flash”路径添加到 Include Paths 栏中。

步骤 3：完善 Flash.h 文件

单击按钮进行编译，编译结束后，在 Project 面板中，双击 Flash.c 下的 Flash.h 文件。在 Flash.h 文件的“包含头文件”区，添加代码#include "DataType.h"。然后，在 Flash.h 文件的“宏定义区”添加 Flash 起始地址宏定义的代码，如程序清单 12-1 所示。

程序清单 12-1

```
/*********************************************************************************************
*                                           宏定义
*********************************************************************************************/
#define STM32_FLASH_SECTOR5_BASE 0x08020000  //STM32 Flash 的扇区 5 起始地址
```

在 Flash.h 文件的“API 函数声明”区，添加如程序清单 12-2 所示的 API 函数声明代码。其中，InitFlash 函数用于初始化 Flash 模块，STM32FlashWriteWord 函数用于写内部 Flash，STM32FlashReadWord 用于读内部 Flash。

程序清单 12-2

```
void  InitFlash(void);  //初始化 Flash 模块

//需要注意字对齐地址，且起始地址不能与代码区重叠，这样可能导致系统崩溃
//从指定地址开始写入指定长度的数据（字，即 32 位）
void  STM32FlashWriteWord(const u32 startAddr, u32* pBuf, u16 numToWrite);
//从指定地址开始读出指定长度的数据（字，即 32 位）
void  STM32FlashReadWord(const u32 startAddr, u32* pBuf, u16 numToRead);
```

步骤 4：完善 Flash.c 文件

在 Flash.c 文件的“包含头文件”区的最后，添加代码#include "stm32f4xx_conf.h"；由于模块还使用了 printf，因此还需要添加代码#include "UART1.h"。

在 Flash.c 文件的“宏定义”区，添加如程序清单 12-3 所示的宏定义代码。FLASH_SECTOR_SIZE 是扇区 5～11，每个扇区的大小为 128KB，用十进制表示是 131072 字节，用十六进制表示是 0x20000 字节。

程序清单 12-3

```
//扇区 5～扇区 11，每个扇区大小为 128KB
#define FLASH_SECTOR_SIZE ((u32)0x20000)  //十进制为 131072（128*1024），十六进制为 0x20000
```

在 Flash.c 文件的“内部变量”区，添加内部变量的定义代码，如程序清单 12-4 所示。s_arrFlashBuf 数组用于存放 1 个扇区数据，这里以字（32 位）为单位，因此，s_arrFlashBuf 的数组大小为 131072/4=32768。

程序清单 12-4

```
static u32 s_arrFlashBuf[FLASH_SECTOR_SIZE / 4];  //大小为 128K 字节，128K/4 字（即 32 位）
```

在 Flash.c 文件的“内部函数声明”区，添加内部函数的声明代码，如程序清单 12-5 所示。其中，ReadWord 函数用于读取内部 Flash 指定地址的数据，WriteWordNoCheck 函数用于向内部 Flash 写入数据，这两个函数的数据均以字为单位。

程序清单 12-5

```
static u32  ReadWord(const u32 addr);    //读取指定地址的字（即 32 位）
//不检查的写入字（即 32 位)格式的数据
static void WriteWordNoCheck(const u32 startAddr, u32 *pBuf, u16 numToWrite);
```

在 Flash.c 文件的“内部函数实现”区，添加内部函数的实现代码，如程序清单 12-6 所示。Flash.c 文件的内部静态函数有两个，其中，（1）vu32 等效于 volatile unsigned int，在 addr 前加(vu32*)，可强制将 addr 转换为指向以字（4 字节）为单位的数据的地址，因此，ReadWord 函数的参数 addr 必须是 4 的倍数。*(vu32*)addr 表示取出 addr 地址存放的数据，该数据以字为单位，长度为 4 字节。变量前带 volatile 关键字，可以确保对该地址的稳定访问，比如第一条指令刚刚从 addr 地址读取过数据，如果后面的指令又要读取 addr 地址存放的数据，编译器优化代码之后就有可能只在第一条指令位置读取一次，而添加 volatile 之后，编译器就不会对 addr 的代码进行优化，每次都会读取 addr 地址存放的数据。（2）通过 FLASH_ProgramWord 函数向内部 Flash 写入以字（4 字节）为单位的数据，参数 startAddr 是内部 Flash 待写入区域的起始地址，pBuf 是存放待写入数据数组的起始地址，numToWrite 是待写入数据的数量。WriteWordNoCheck 函数不带自检查功能，因此，使用该函数只能向同一个扇区写入数据。

程序清单 12-6

```
static u32 ReadWord(const u32 addr)
{
  return *(vu32*)addr;
}

static void WriteWordNoCheck(const u32 startAddr, u32 *pBuf, u16 numToWrite)
{
  u16 i;
  u32 addr;

  addr = startAddr;     //将起始地址赋给 addr，addr 在 Flash 进行写的时候递增

  for(i = 0; i < numToWrite; i++)
  {
    FLASH_ProgramWord(addr, pBuf[i]);
    addr += 4;          //由于是字（32 位），故地址增加 4
  }
}
```

在 Flash.c 文件的“API 函数实现”区，添加 InitFlash 函数的实现代码，如程序清单 12-7 所示。InitFlash 函数用于初始化 Flash 模块，因为没有需要初始化的内容，这里的函数体留空，如果后续升级版有需要初始化的代码，直接填入即可。注意，用户在使用该模块时，要养成初始化 Flash 模块的习惯，即在 InitHardware 函数中调用 InitFlash。

程序清单 12-7

```
void InitFlash(void)
{

}
```

在 Flash.c 文件“API 函数实现”区的 InitFlash 函数实现区后，添加 STM32FlashWriteWord 函数的实现代码，如程序清单 12-8 所示。STM32FlashWriteWord 函数从指定地址开始写入指

定长度的数据，其中，参数 startAddr 是起始地址，该地址必须是 4 的倍数；pBuf 是待写入内部 Flash 的数据存放的地址；numToWrite 是需要写入的以字为单位的数据个数。下面对 STM32FlashWriteWord 函数进行解释说明。

（1）由于医疗电子单片机高级开发系统使用的是 STM32F429IGT6 芯片，其内部 Flash 容量为 1MB（0x20000B），扇区 5～11 的大小均为 128KB，考虑到在扇区大小相等的区域进行写操作时，程序设计较简单，因此，起始地址必须在 0x08020000～0x080FFFFC 范围内。

（2）通过 STM32FlashWriteWord 函数写内部 Flash，需要调用 FLASH_ProgramWord 函数对内部 Flash 进行编程，调用 FLASH_EraseSector 函数对内部 Flash 进行扇区擦除，编程和擦除操作都要先通过 FLASH_Unlock 函数进行解锁操作；编程和擦除操作结束之后，还需要通过 FLASH_Lock 函数进行上锁操作。

（3）通过 STM32FlashReadWord 函数读取出全部扇区内容，并判断该扇区的每一位是否为 1，如果有的位为 0，则需要先通过 FLASH_ErasePage 函数擦除该扇区，再通过 WriteWordNoCheck 写数据到内部 Flash，如果该扇区的所有位都为 1，则不需要擦除该扇区，直接写数据到内部 Flash 即可。

（4）如果内部 Flash 某扇区已经被擦除，那么向该扇区的某部分存储空间写入新数据时，可直接调用 WriteWordNoCheck 函数。但是，如果该扇区已经有数据，假设该扇区由 A 区域和 B 区域组成，需要向 A 区域写入新数据，那么需要通过 STM32FlashReadWord 函数读取出全部扇区数据到 s_arrFlashBuf 数组（实际上是 STM32 的 SRAM），再将新数据写入 SRAM 的 A 区域，B 区域的数据保持不变。注意，将更新之后的 SRAM 写入该扇区之前，要先通过 FLASH_EraseSector 函数进行扇区擦除操作，执行完操作后，再将更新之后的 SRAM 通过 WriteWordNoCheck 函数写入该扇区。

（5）STM32FlashWriteWord 函数还具有跨扇区（只限于扇区 5～11）写数据功能，通过变量 sectorPos 指定当前写入扇区的编号。

程序清单 12-8

```
void  STM32FlashWriteWord(const u32 startAddr, u32* pBuf, u16 numToWrite)
{
  u16 i;
  u32 sectorPos;          //扇区地址，即起始地址 startAddr 所在的扇区地址
  u16 sectorOff;          //扇区内偏移地址（32 位计算），即起始地址 startAddr 所在的扇区的偏移地址
  u16 sectorResidue;      //扇区内剩余空间大小（32 位计算）
  u32 offAddr;            //去掉 0x08000000 后的地址
  u32 addr;               //写地址，字（32 位）为单位
  u16 numToWriteResidue;      //待写入的字（32 位）的剩余数

  addr = startAddr;       //将起始地址赋给 addr，addr 在 Flash 进行写的时候递增
  numToWriteResidue = numToWrite;  //numToWrite 是形参，将其复制给动态改变的 numToWriteResidue

  if(addr < STM32_FLASH_SECTOR5_BASE || (addr >= (STM32_FLASH_SECTOR5_BASE + 7 * 128 * 1024 - 4)))
  {
    printf("error\r\n");
    return;
        //如果起始地址小于 Flash 的基地址，或起始地址超过 Flash 的范围，即为非法地址，直接退出
  }

  FLASH_Unlock();         //解锁
```

```
  offAddr      = addr - STM32_FLASH_SECTOR5_BASE;
                                      //实际偏移地址，即起始地址 startAddr 在 Flash 中的偏移地址
  sectorPos    = offAddr / FLASH_SECTOR_SIZE;   //扇区地址
  sectorOff    = (offAddr % FLASH_SECTOR_SIZE) / 4;        //在扇区内的偏移地址（32 位计算）
  sectorResidue = FLASH_SECTOR_SIZE / 4 - sectorOff;     //扇区内剩余空间大小（32 位计算）

  if(numToWriteResidue <= sectorResidue)        //如果需要写入的字数不大于该扇区剩余空间大小
  {
    sectorResidue = numToWriteResidue;          //直接将需要写入的字数大小赋给扇区剩余空间大小
  }

  while(1)
  {
    //读出整个扇区的内容
    STM32FlashReadWord(sectorPos * FLASH_SECTOR_SIZE + STM32_FLASH_SECTOR5_BASE, s_arrFlashBuf,
FLASH_SECTOR_SIZE / 4);

    for(i = 0; i < sectorResidue; i++)     //校验数据
    {
      if(s_arrFlashBuf[sectorOff + i] != 0xFFFFFFFF)
                                      //判断待写入的区域是否已经被擦除，为 0xFFFFFFFF 则已被擦除
      {
        break;                        //如果待写入的区域有数据，需要擦除，则跳出 for 循环
      }
    }

    if(i < sectorResidue)             //待写入的区域有数据，需要擦除
    {
      FLASH_EraseSector(sectorPos * 8 + FLASH_Sector_5, VoltageRange_3);  //擦除这个扇区

      for(i = 0; i < sectorResidue; i++)
                                      //将需要写入的数据复制到缓冲区中，起始地址之前的保持不变
      {
        s_arrFlashBuf[sectorOff + i] = pBuf[i];
      }

      //写入整个扇区
      WriteWordNoCheck(sectorPos * FLASH_SECTOR_SIZE + STM32_FLASH_SECTOR5_BASE, s_arrFlashBuf,
FLASH_SECTOR_SIZE / 4);
    }
    else
    {
      WriteWordNoCheck(addr, pBuf, sectorResidue);//待写入区域已经被擦除，直接写入扇区剩余区间
    }

    if(numToWriteResidue == sectorResidue)
    {
      break;                        //表示写入已经结束
    }
    else                            //表示写入尚未结束
    {
```

```
      sectorPos++;                    //扇区地址增 1，即转移到相邻的下一个扇区
      sectorOff = 0;                  //偏移位置为 0
      pBuf += sectorResidue;          //指针偏移，字（32 位）为单位
      addr += sectorResidue * 4;
                         //扇区内写地址，即转移到相邻的下一个扇区的起始地址，以字（32 位）为单位
      numToWriteResidue -= sectorResidue;                 //减去已经写入的字数

      if(numToWriteResidue > (FLASH_SECTOR_SIZE / 4))     //除以 4 是因为是以字（32 位）为单位
      {
        sectorResidue = FLASH_SECTOR_SIZE / 4;            //下一个扇区还是写不完
      }
      else
      {
        sectorResidue = numToWriteResidue;                //下一个扇区可以写完了
      }
    }
  }

  FLASH_Lock();                                           //上锁
}
```

在 Flash.c 文件“API 函数实现”区的 STM32FlashWriteWord 函数实现区后，添加 STM32FlashReadWord 函数的实现代码，如程序清单 12-9 所示。STM32FlashReadWord 函数从指定地址开始读取指定长度的数据，其中参数 startAddr 是起始地址，该地址必须是 4 的倍数；pBuf 是读取到的数据存放的地址；numToRead 是需要读取的以字为单位的数据个数。

程序清单 12-9

```
void  STM32FlashReadWord(const u32 startAddr, u32* pBuf, u16 numToRead)
{
  u16 i;
  u32 addr;

  addr = startAddr;                 //将起始地址赋给 addr，addr 在 Flash 进行写的时候递增

  for(i = 0; i < numToRead; i++)
  {
    pBuf[i] = ReadWord(addr);       //读取字（32 位）
    addr += 4;                      //由于是字（32 位），故地址增加 4
  }
}
```

步骤 5：完善 ProcKeyOne.c 文件

在 ProcKeyOne.c“包含头文件”区的最后，添加代码#include "Flash.h"。

在 ProcKeyOne.c“宏定义”区添加宏定义的代码，如程序清单 12-10 所示。MAX_WR_LEN 为数据最大写入长度，FLASH_START_ADDR1 为读写内部 Flash 的起始地址，BUF_SIZE 为数组长度，将其定义为 8 字节。

程序清单 12-10

```
#define MAX_WR_LEN 100          //最大的写入长度
#define FLASH_START_ADDR1   0x08020000    //取扇区 5 的起始地址，测试范围为扇区 5～11
#define BUF_SIZE 8              //数组长度
```

在 ProcKeyOne.c“内部变量”区定义两个数组，分别为 BUF0_U32 和 BUF1_U32，第一

个数组用于存放 0xFFFFFFFF 和 0xFFFFFFFF，第二个数组用于存放 0x76543210 和 0x89ABCDEF，这两个数组分别通过 Key1 和 Key2 写入内部 Flash，如程序清单 12-11 所示。

程序清单 12-11

```
const u32 BUF0_U32[]={0xFFFFFFFF, 0xFFFFFFFF};
const u32 BUF1_U32[]={0x76543210, 0x89ABCDEF};
```

注释掉 ProcKeyOne.c 文件中的所有 printf 语句，然后，在 ProcKeyDownKey1、ProcKeyDownKey2 和 ProcKeyDownKey3 函数中增加相应的处理程序，如程序清单 12-12 所示。

说明：（1）ProcKeyDownKey1 函数用于处理按键 Key1 按下事件，该函数调用 STM32FlashWriteWord 函数，向起始地址为 0x08020000 的存储空间写入“0xFFFFFFFF，0xFFFFFFFF”共 8 字节。

（2）ProcKeyDownKey2 函数处理按键 Key2 按下事件，调用 STM32FlashWriteWord 函数向起始地址为 0x08020000 的存储空间写入“0x76543210，0x89ABCDEF”，共 8 字节。

（3）ProcKeyDownKey3 函数用于处理按键 Key3 按下事件，调用 STM32FlashReadWord 函数读取 STM32 的内部 Flash 起始地址为 0x08020000 的存储空间中的数据，依次读取 8 字节数据，并通过 printf 打印这些数据，打印结果通过计算机上的串口助手显示。

程序清单 12-12

```
void  ProcKeyDownKey1(void)
{
  STM32FlashWriteWord(FLASH_START_ADDR1, (u32*)BUF0_U32, BUF_SIZE / 4);
  printf("Write Flash:0xFFFFFFFF, 0xFFFFFFFF\r\n");
  //printf("Key1 PUSH DOWN\r\n");     //打印按键状态
}

void  ProcKeyDownKey2(void)
{
  STM32FlashWriteWord(FLASH_START_ADDR1, (u32*)BUF1_U32, BUF_SIZE / 4);
  printf("Write Flash:0x76543210, 0x89ABCDEF\r\n");
  //printf("Key2 PUSH DOWN\r\n");     //打印按键状态
}

void  ProcKeyDownKey3(void)
{
  i16 i;
  u32 arr[MAX_WR_LEN];

  printf("Read Flash:");

  STM32FlashReadWord(FLASH_START_ADDR1, arr, BUF_SIZE / 4);

  for(i = 0; i < BUF_SIZE / 4; i++)
  {
    printf("%08x", arr[i]);
  }
  printf("\r\n");

  //printf("Key3 PUSH DOWN\r\n");     //打印按键状态
```

```
}
```

步骤 6：完善读写内部 Flash 实验应用层

在 Project 面板中，双击打开 Main.c 文件，在 Main.c 文件“包含头文件”区的最后，添加代码#include "Flash.h"。这样就可以在 Main.c 文件中调用 Flash 模块的 API 函数，实现对 Flash 模块的操作。

在 Main.c 文件的 InitHardware 函数中，添加调用 InitFlash 函数的代码，如程序清单 12-13 所示，这样就实现了对 Flash 模块的初始化。

程序清单 12-13

```
static  void  InitHardware(void)
{
  SystemInit();          //系统初始化
  InitRCC();             //初始化 RCC 模块
  InitNVIC();            //初始化 NVIC 模块
  InitUART1(115200);     //初始化 UART 模块
  InitTimer();           //初始化 Timer 模块
  InitSysTick();         //初始化 SysTick 模块
  InitLED();             //初始化 LED 模块
  InitKeyOne();          //初始化 KeyOne 模块
  InitProcKeyOne();      //初始化 ProcKeyOne 模块
  InitFlash();           //初始化 Flash 模块
}
```

最后，在 Proc2msTask 函数中添加调用 ScanKeyOne 函数的代码，如程序清单 12-14 所示。本实验通过计算机上的串口助手打印读写内部 Flash 的信息，因此，还需要在 Proc1SecTask 函数中注释掉 printf 语句。

程序清单 12-14

```
static  void  Proc2msTask(void)
{
  static i16 s_iCnt5 = 0;

  if(Get2msFlag())      //判断 2ms 标志状态
  {
    LEDFlicker(250);    //调用闪烁函数

    if(s_iCnt5 >= 4)
    {
      ScanKeyOne(KEY_NAME_KEY1, ProcKeyUpKey1, ProcKeyDownKey1);
      ScanKeyOne(KEY_NAME_KEY2, ProcKeyUpKey2, ProcKeyDownKey2);
      ScanKeyOne(KEY_NAME_KEY3, ProcKeyUpKey3, ProcKeyDownKey3);

      s_iCnt5 = 0;
    }
    else
    {
      s_iCnt5++;
    }

    Clr2msFlag();       //清除 2ms 标志
  }
}
```

步骤 7：编译及下载验证

代码编写完成后，单击按钮进行编译。编译结束后，Build Output 栏中出现“0 Error(s)，0 Warning(s)”，表示编译成功。然后，参见图 2-33，通过 Keil μVision5.20 软件将.axf 文件下载到医疗电子单片机高级开发系统。下载完成后，打开 sscom 串口助手，按下按键 Key1 向内部 Flash 指定位置写入“0xFFFFFFFF，0xFFFFFFFF”；按下按键 Key3 从内部 Flash 指定位置读出数据；按下按键 Key2 将向内部 Flash 指定位置写入“0x76543210，0x89ABCDEF”；再次按下按键 Key3 读取修改后的数据。

本 章 任 务

基于医疗电子单片机高级开发系统，编写程序实现密码解锁功能，具体如下：微控制器的初始密码为 0x12345678，该密码通过 STM32FlashWriteWord 函数写入内部 Flash（切勿写入代码区），通过按下按键 Key1 模拟输入密码为 0x12345678，按下按键 Key2 模拟输入密码为 0x87654321，按下按键 Key3 进行密码匹配。如果密码正确，则在 OLED 上显示“Success！”；如果密码不正确，则显示“Failure！”。

本 章 习 题

1．微控制器的内部 Flash 和内部 SRAM 有什么区别？
2．STM32 采用的是大端存储模式还是小端存储模式？
3．程序是存放在内部 Flash 还是内部 SRAM 中？
4．使用写内部 Flash 函数修改内存地址 0x08000000 的内容会有什么后果？并解释原因。
5．简述 Flash.c 中的内部静态函数 STM32FlashWriteWord 进行内部 Flash 写操作的流程。

第 13 章　实验 12——DAC

DAC 是 Digital to Analog Converter 的缩写，即数/模转换器。STM32F429IGT6 芯片属于大容量产品，内嵌两个 12 位数字输入、电压输出型 DAC，可以配置为 8 位或 12 位模式，也可以与 DMA（Direct Memory Access）控制器配合使用。DAC 工作在 12 位模式时，数据可以设置为左对齐或右对齐。DAC 有两个输出通道，每个通道都有单独的转换器。在双 DAC 模式下，两个通道可以独立转换，也可以同时转换并同步更新两个通道的输出。DAC 可以通过引脚输入参考电压 V_{REF+}以获得更精确的转换结果。本章首先介绍 DAC，以及相关寄存器和固件库函数，然后通过一个 DAC 实验演示如何进行数/模转换。

13.1　实验内容

将 STM32F429IGT6 芯片的 PA4 引脚配置为 DAC 输出端口，编写程序实现以下功能：（1）通过医疗电子单片机高级开发系统的 UART1 接收和处理信号采集工具（参见本书配套资料包的“08.软件资料\信号采集工具.V1.0”）发送的波形类型切换指令；（2）根据波形类型切换指令，控制 DAC1 对应的 PA4 引脚输出对应的正弦波、三角波或方波；（3）将 PA4 引脚连接到示波器探头，通过示波器查看输出的波形是否正确。

如果没有示波器，也可以将 PA4 引脚连接到 PA5 引脚，通过信号采集工具查看输出的波形是否正确。因为本书配套资料包的“04.例程资料\Material”文件夹中的“12.DAC 实验”已经实现了以下功能：（1）通过 ADC1 对 PA5 引脚的模拟信号进行采样和模/数转换；（2）将转换后的数字量按照 PCT 通信协议进行打包；（3）通过 UART1 将打包后的数据包实时发送至计算机，通过信号采集工具动态显示接收到的波形。

13.2　实验原理

13.2.1　DAC 功能框图

图 13-1 所示是 DAC 的功能框图，下面依次介绍 DAC 引脚、DAC 触发源、DHRx 到 DORx 寄存器的数据传输、数/模转换器。

1. DAC 引脚

DAC 的引脚说明如表 13-1 所示，其中，V_{REF+}是正模拟参考电压，由于 STM32F429IGT6 芯片的 V_{REF+}引脚在芯片内部与 V_{DDA} 引脚相连接，V_{DDA} 引脚的电压为 3.3V，因此，V_{REF+}引脚的电压也为 3.3V。DAC 引脚上的输出电压满足以下关系：

$$\text{DAC 输出} = V_{REF+} \times (\text{DOR}/4095) = 3.3 \times (\text{DOR}/4095)$$

其中，DOR 为数据输出寄存器的值，如图 13-1 所示。

STM32F429IGT6 芯片内部有两个 DAC，每个 DAC 对应 1 个输出通道，其中 DAC1 通过 DAC_OUT1 通道（与 PA4 引脚相连接）输出，DAC2 通过 DAC_OUT2 通道（与 PA5 引脚相连接）输出。一旦使能 DACx 通道，相应的 GPIO 引脚（PA4 或 PA5 引脚）就会自动与 DAC 的模拟输出相连（DAC_OUTx）。为了避免寄生的干扰和额外的功耗，在使用之前，应将 PA4 或 PA5 引脚配置为模拟输入（AIN）。

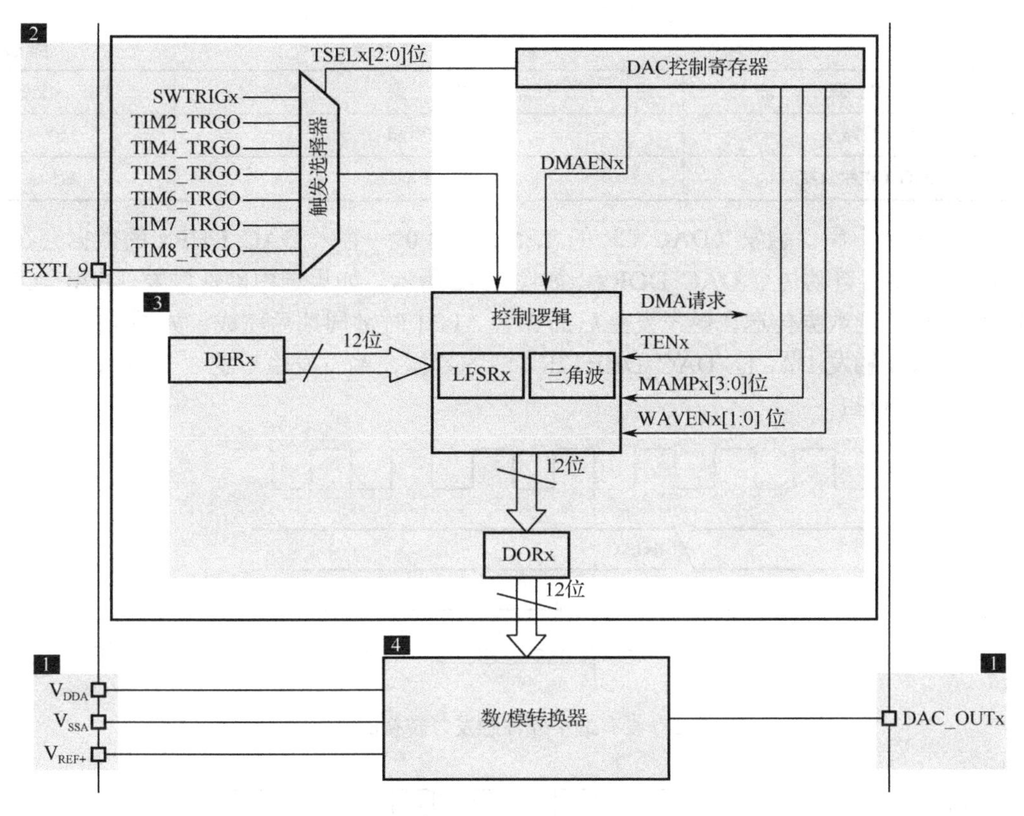

图 13-1　DAC 功能框图

表 13-1　DAC 引脚说明

引 脚 名 称	信 号 类 型	注　释
V_{REF+}	输入，正模拟参考电压	DAC 高/正参考电压，1.8V≤V_{REF+}≤V_{DDA}
V_{DDA}	输入，模拟电源	模拟电源
V_{SSA}	输入，模拟电源地	模拟电源接地
DAC_OUTx	模拟输出信号	DAC 通道 x 模拟输出

2. DAC 触发源

DAC 有 8 个外部触发源，如表 13-2 所示。如果 DAC_CR 的 TENx 被置为 1，则 DAC 可以由某外部事件触发（定时器、外部中断线）。将 DAC_CR 的 TSELx[2:0]配置为可以选择 8 个触发事件之一触发 DAC。

表 13-2　DAC 外部触发源

触 发 源	类　型	TSELx[2:0]
TIM6 TRGO 事件	片上定时器的内部信号	000
TIM8 TRGO 事件		001
TIM7 TRGO 事件		010
TIM5 TRGO 事件		011
TIM2 TRGO 事件		100
TIM4 TRGO 事件		101

续表

触　发　源	类　　型	TSELx[2:0]
EXTI 线路 9	外部引脚	110
SWTRIG（软件触发）	软件控制位	111

如果没有选中硬件触发（DAC_CR 的 TENx 置为 0），存入 DAC_DHRx 的数据会在 1 个 APB1 时钟周期后自动传至 DAC_DORx，如图 13-2 所示。如果选中硬件触发（DAC_CR1 的 TENx 置为 1），则数据传送在触发发生后的 3 个 APB1 时钟周期后完成，如图 13-3 所示。本实验通过 TIM4 触发 DAC1，DAC_DHR12R1 中的数据在触发发生后的 3 个 APB1 时钟周期后传至 DAC_DOR1。

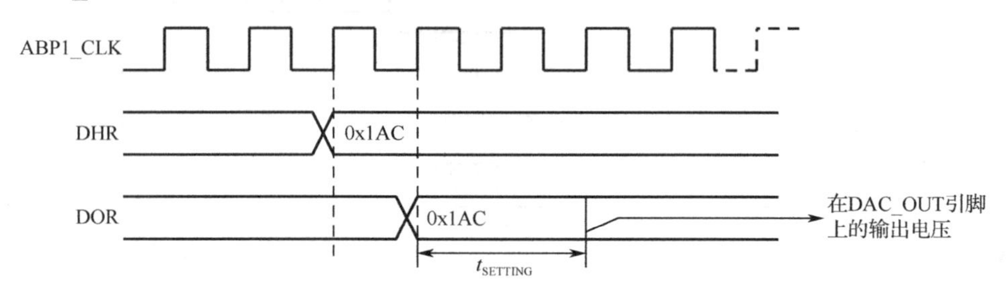

图 13-2　没有选中硬件触发时转换的时序图

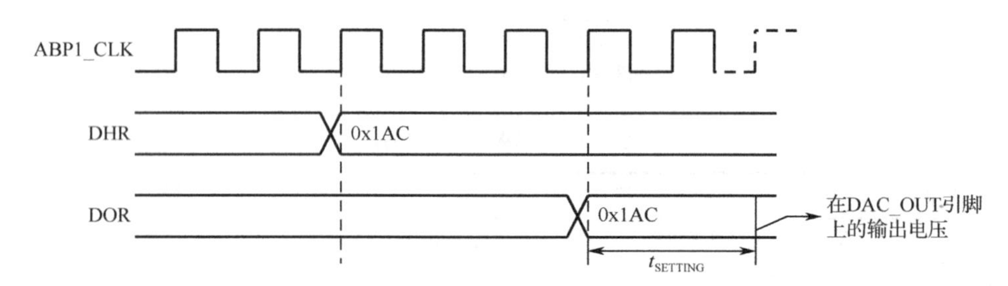

图 13-3　选中硬件触发时转换的时序图

3. DHRx 到 DORx 寄存器的数据传输

从图 13-1 中可以看出，DAC 输出受 DORx 直接控制，但是不能直接向 DORx 中写入数据，而是通过 DHRx 间接地传给 DORx，从而实现对 DAC 输出的控制。STM32 的 DAC 支持 8 位和 12 位模式，8 位模式采用右对齐方式，12 位模式既可以采用左对齐模式，也可以采用右对齐模式。

单 DAC 通道模式有 3 种数据格式：8 位数据右对齐、12 位数据左对齐、12 位数据右对齐，如图 13-4 和表 13-3 所示。

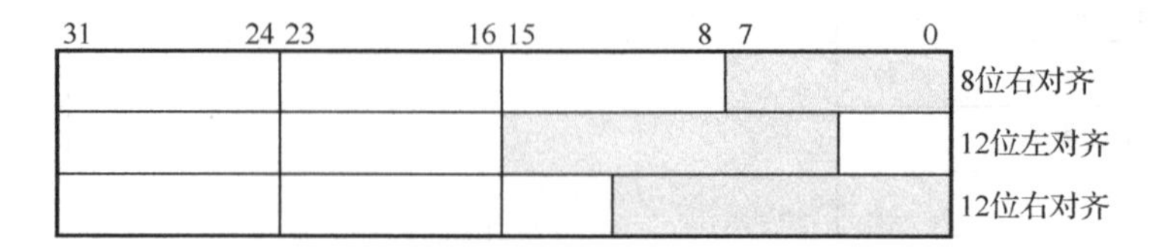

图 13-4　单 DAC 通道模式的数据寄存器

表 13-3　单 DAC 通道模式的 3 种数据格式

对齐方式	寄存器	注释
8 位数据右对齐	DAC_DHR8Rx[7:0]	实际存入 DHRx[11:4]位
12 位数据左对齐	DAC_DHR12Lx[15:4]	实际存入 DHRx[11:0]位
12 位数据右对齐	DAC_DHR12Rx[11:0]	实际存入 DHRx[11:0]位

双 DAC 通道模式也有 3 种数据格式：8 位数据右对齐、12 位数据左对齐、12 位数据右对齐，如图 13-5 和表 13-4 所示。

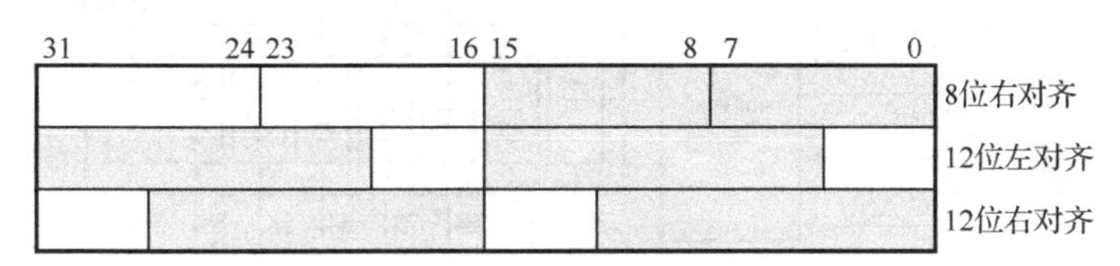

图 13-5　双 DAC 通道模式的数据寄存器

表 13-4　双 DAC 通道模式的 3 种数据格式

对齐方式	寄存器	注释
8 位数据右对齐	DAC_DHR8RD[7:0]	实际存入 DHR1[11:4]位
	DAC_DHR8RD[15:8]	实际存入 DHR2[11:4]位
12 位数据左对齐	DAC_DHR12LD[15:4]	实际存入 DHR1[11:0]位
	DAC_DHR12LD[31:20]	实际存入 DHR2[11:0]位
12 位数据右对齐	DAC_DHR12RD[11:0]	实际存入 DHR1[11:0]位
	DAC_DHR12RD[27:16]	实际存入 DHR2[11:0]位

任意一个 DAC 通道都有 DMA 功能。如果 DMAENx 位置为 1，一旦有外部触发（不是软件触发）发生，则产生一个 DMA 请求，然后 DAC_DHRx 的数据被传送到 DAC_DORx。

4．数/模转换器

一旦数据从 DAC_DHRx 传至 DAC_DORx，经过时间 $t_{SETTING}$ 后，数/模转换器即完成数字量到模拟量的转换，DAC_OUTx 输出有效，$t_{SETTING}$ 的大小依电源电压和模拟输出负载的不同会有所变化。

13.2.2　DMA 功能框图

图 13-6 所示是 DMA 的功能框图，下面依次介绍通道选择、仲裁器、FIFO，以及存储器、外设和编程端口。

1．通道选择

STM32F4xx 系列产品有两个 DMA 控制器，每个 DMA 控制器又有 8 个数据流，每个数据流对应 8 个外设请求。每个数据流具体选择哪个外设作为 DMA 的源地址或目标地址，由 DMA 数据流 x 配置寄存器 DMA_SxCR（x 对应 8 个数据流，x=0, …, 7）的 CHSEL[2:0]位决定。DMA1 和 DMA2 请求映射分别如表 13-5 和表 13-6 所示。比如，当 DMA1 的 DMA_S5CR 的 CHSEL[2:0]位为 111 时，将 DAC1 作为 DMA1 数据流 5 的源地址或目标地址；当 DMA2 的 DMA_S0CR 的 CHSEL[2:0]位为 000 时，将 ADC1 作为 DMA2 数据流 0 的源地址或目标地址。

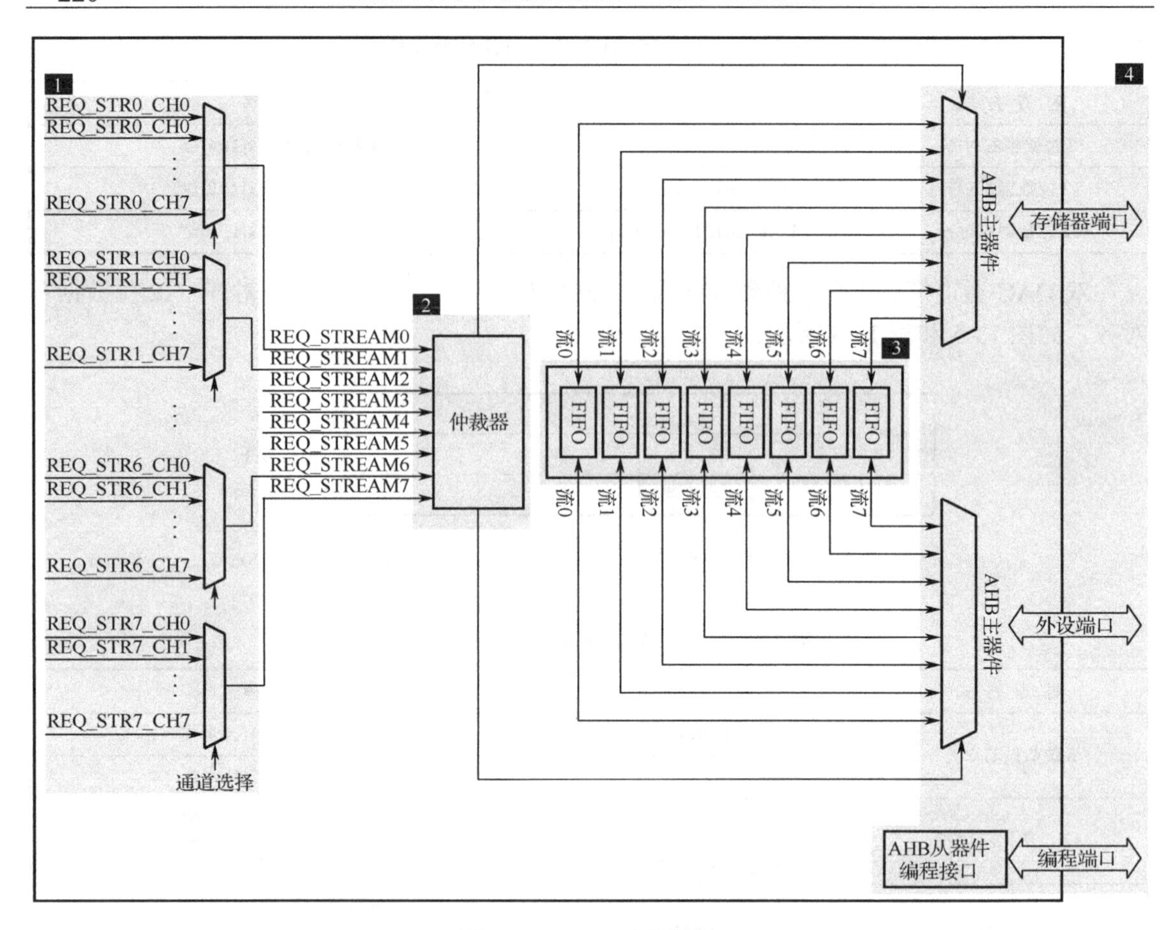

图 13-6　DMA 功能框图

表 13-5　DMA1 请求映射

外设请求	数据流 0	数据流 1	数据流 2	数据流 3	数据流 4	数据流 5	数据流 6	数据流 7
通道 0	SPI3_RX		SPI3_RX	SPI2_RX	SPI2_TX	SPI3_TX		SPI3_TX
通道 1	I2C1_RX		TIM7_UP		TIM7_UP	I2C1_RX	I2C1_TX	I2C1_TX
通道 2	TIM4_CH1		I2S3_EXT_RX	TIM4_CH2	I2S2_EXT_TX	I2S3_EXT_TX	TIM4_UP	TIM4_CH3
通道 3	I2S3_EXT_RX	TIM2_UP TIM2_CH3	I2C3_RX	I2S2_EXT_RX	I2C3_TX	TIM2_CH1	TIM2_CH2 TIM2_CH4	TIM2_UP TIM2_CH4
通道 4	UART5_RX	USART3_RX	UART4_RX	USART3_TX	UART4_TX	USART2_RX	USART2_TX	UART5_TX
通道 5	UART8_TX	UART7_TX	TIM3_CH4 TIM3_UP	UART7_RX	TIM3_CH1 TIM3_TRIG	TIM3_CH2	UART8_RX	TIM3_CH3
通道 6	TIM5_CH3 TIM5_UP	TIM5_CH4 TIM5_TRIG	TIM5_CH1	TIM5_CH4 TIM5_TRIG	TIM5_CH2		TIM5_UP	
通道 7		TIM6_UP	I2C2_RX	I2C2_RX	USART3_TX	DAC1	DAC2	I2C2_TX

表 13-6　DMA2 请求映射

外设请求	数据流 0	数据流 1	数据流 2	数据流 3	数据流 4	数据流 5	数据流 6	数据流 7
通道 0	ADC1		TIM8_CH1 TIM8_CH2 TIM8_CH3		ADC1		TIM1_CH1 TIM1_CH2 TIM1_CH3	
通道 1		DCMI	ADC2	ADC2		SPI6_TX	SPI6_RX	DCMI
通道 2	ADC3	ADC3		SPI5_RX	SPI5_TX	CRYP_OUT	CRYP_IN	HASH_IN
通道 3	SPI1_RX		SPI1_RX	SPI1_TX		SPI1_TX		
通道 4	SPI4_RX	SPI4_TX	USART1_RX	SDIO		USART1_RX	SDIO	USART1_TX
通道 5		USART6_RX	USART6_RX	SPI4_RX	SPI4_TX		USART6_TX	USART6_TX
通道 6	TIM1_TRIG	TIM1_CH1	TIM1_CH2	TIM1_CH1	TIM1_CH4 TIM1_TRIG TIM1_COM	TIM1_UP	TIM1_CH3	
通道 7		TIM8_UP	TIM8_CH1	TIM8_CH2	TIM8_CH3	SPI5_RX	SPI5_TX	TIM8_CH4 TIM8_TRIG TIM8_COM

2. 仲裁器

DMA 控制器包含 DMA1 控制器和 DMA2 控制器，其中，DMA1 和 DMA2 均有 8 个数据流，每个数据流会选择一个外设作为源地址或目标地址。如果同时有多个 DMA 请求，则最终的请求响应顺序由仲裁器决定。通过 DMA 数据流 x 配置寄存器 DMA_SxCR 的 PL[1:0] 位可以将各个数据流的优先级设置为低、中、高或非常高，如果几个数据流的优先级相同，则最终的请求响应顺序取决于数据流编号，数据流编号越小，优先级越高。

3. FIFO

每个数据流有单独的四级 32 位 FIFO（First Input First Output，先进先出存储器缓冲区）。DMA 传输可以配置为 FIFO 模式，也可以配置为直接模式。在 FIFO 模式下，可通过 DMA_SxFCR（x=0, …, 7）的 FTH[1:0]位将阈值级别选取为 FIFO 容量的 1/4、1/2、3/4 或 FIFO 完整容量。在直接模式下，每个 DMA 请求会立即启动对存储器的传输，当 DMA 请求配置为以存储器到外设模式传输数据时，DMA 仅将一个数据从存储器预加载到内部 FIFO，从而确保外设触发 DMA 请求时立即传输数据。

4. 存储器、外设和编程端口

DMA 数据传输支持外设到存储器、存储器到外设、存储器到存储器的传输。存储器端口用于连接存储器，外设端口用于连接外设，编程端口用于对 DMA 控制器进行编程（仅支持 32 位访问）。注意，只有 DMA2 数据流能够执行存储器到存储器的传输。

13.2.3　DAC 实验逻辑图分析

图 13-7 所示是 DAC 实验逻辑框图。在本实验中，正弦波、方波和三角波分别存放在 Wave.c 文件的 s_arrSineWave100Point、s_arrRectWave100Point、s_arrTriWave100Point 数组中，每个数组有 100 个元素，即每个波形的一个周期由 100 个离散点组成，可以分别通过 GetSineWave100PointAddr、GetRectWave100PointAddr、GetTriWave100PointAddr 函数获取三个存放波形数组的首地址。波形变量存放在 SRAM 中，DAC 先读取存放在 SRAM 中的数字

量，再将其转换为模拟量，因此，为了提高 DAC 的工作效率，可以通过 DMA1 的通道 7 将 SRAM 中的数据传输到 DAC 的 DAC_DHR12R1。TIM4 设置为触发输出，每 8ms 产生一个触发输出，一旦有触发产生，DAC_DHR12R1 的数据将被传输到 DAC_DOR1，同时产生一个 DMA 请求，DMA1 控制器把 SRAM 中的下一个波形数据搬移至 DAC_DHR12R1。一旦数据从 DAC_DHR12R1 传入 DAC_DOR1，经时间 $t_{SETTING}$ 后，数/模转换器就会将 DAC_DOR1 中的数据转换为模拟量输出到 PA4 引脚，$t_{SETTING}$ 因电源电压和模拟输出负载的不同而不同。图 13-7 中灰色部分的代码已由本书配套资料包提供，本实验只需要完成 DAC 输出部分即可。

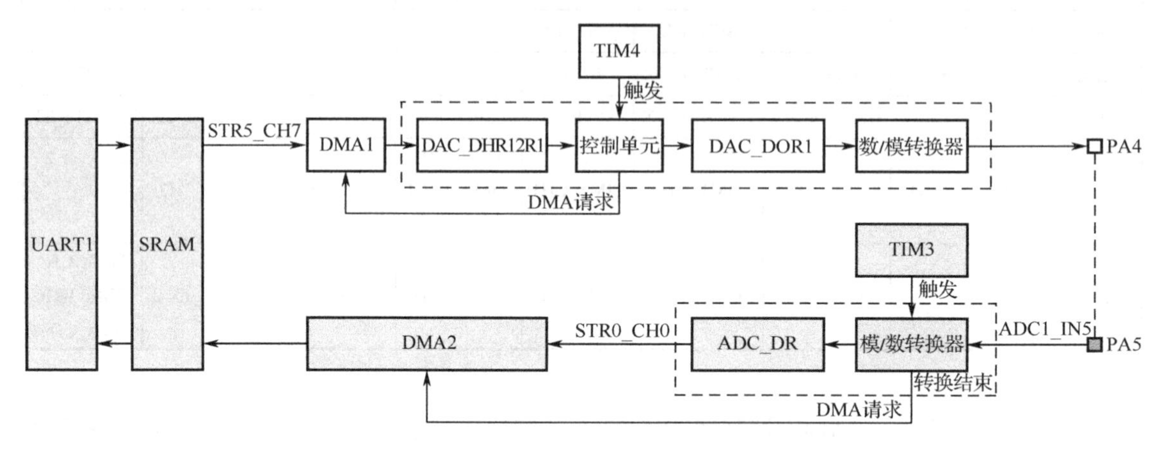

图 13-7　DAC 实验逻辑框图

13.2.4　PCT 通信协议

从机常常被用作执行单元，处理一些具体的事务；主机（如 Window、Linux、Android 和 emWin 平台等）则用于与从机进行交互，向从机发送命令，或处理来自从机的数据，如图 13-8 所示。

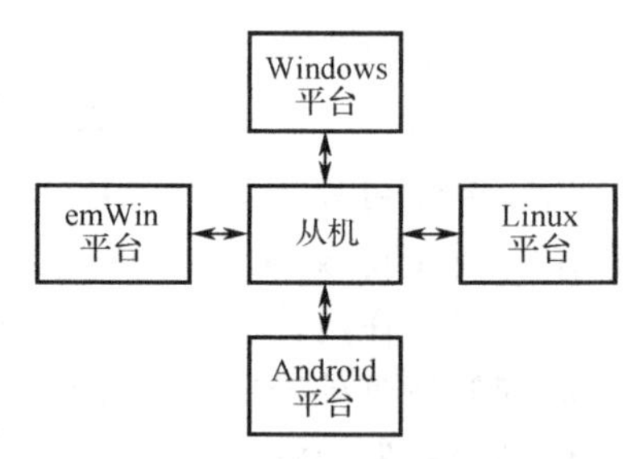

图 13-8　主机与从机的交互

主机与从机之间的通信过程如图 13-9 所示。

主机向从机发送命令的具体过程是：（1）主机对待发命令进行打包；（2）主机通过通信设备（串口、蓝牙、Wi-Fi 等）将打包好的命令发送出去；（3）从机接收到命令后，对命令进行解包；（4）从机按照相应的命令执行任务。

从机向主机发送数据的具体过程是：（1）从机对待发数据进行打包；（2）从机通过通信设备（串口、蓝牙、Wi-Fi 等）将打包好的数据发送出去；（3）主机接收到数据后，对数据进行解包；（4）主机对接收到的数据进行处理，如计算、显示等。

1．PCT 通信协议格式

在通信过程中，主机和从机有一个共同的模块，即打包解包模块（PackUnpack），该模块必须遵照某种通信协议。通信协议有很多种，下面介绍一种 PCT 通信协议，该协议由本书作者设计，其数据包格式如图 13-10 所示。

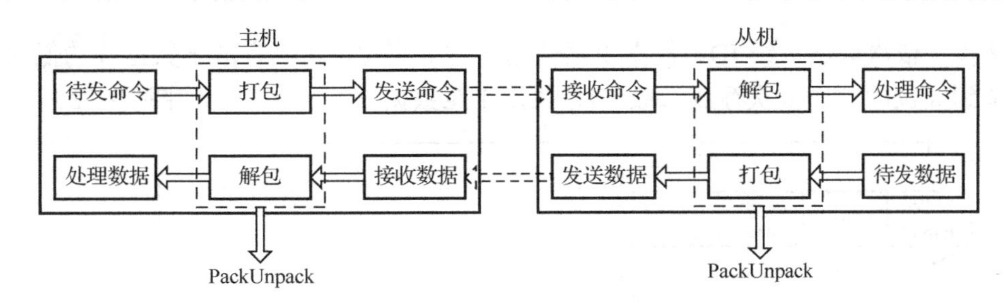

图 13-9　主机与从机之间的通信过程

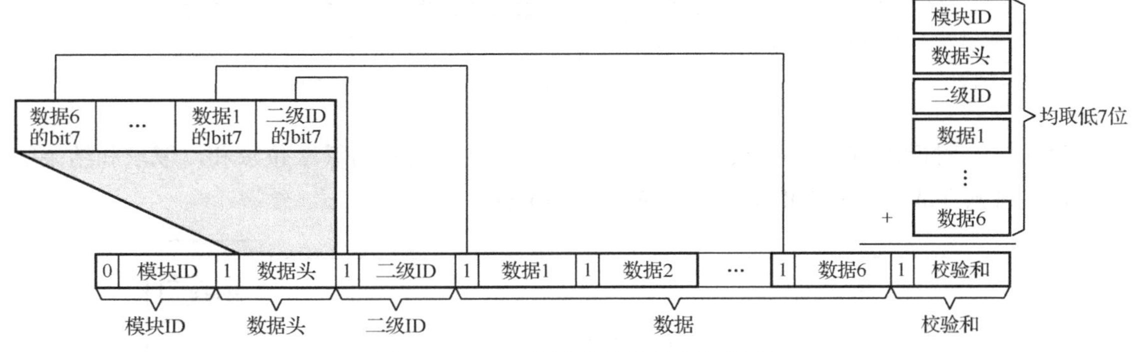

图 13-10　PCT 通信协议的数据包格式

协议规定：

（1）数据包由 1 字节模块 ID、1 字节数据头、1 字节二级 ID、6 字节数据、1 字节校验和构成，共计 10 字节。

（2）数据包中有 6 个数据，每个数据为 1 字节。

（3）模块 ID 的最高位（bit7）固定为 0。

（4）模块 ID 的取值范围为 0x00～0x7F，最多有 128 种类型。

（5）数据头的最高位（bit7）固定为 1，数据头的低 7 位按照从低位到高位的顺序，依次存放二级 ID 的最高位、数据 1 至数据 6 的最高位。

（6）二级 ID、数据 1 至数据 6 的最高位存放于数据头。

（7）校验和的低 7 位为模块 ID+数据头+二级 ID+数据 1+数据 2+…+数据 6 的结果（取低 7 位）。

（8）二级 ID、数据 1 至数据 6 及校验和的最高位固定为 1。

2. PCT 通信协议打包过程

协议的打包过程分为 4 步。

第 1 步，准备原始数据，原始数据由模块 ID（0x00～0x7F）、二级 ID、数据 1 至数据 6 组成，如图 13-11 所示。其中，模块 ID 的取值范围为 0x00～0x7F，二级 ID 和数据的取值范围为 0x00～0xFF。

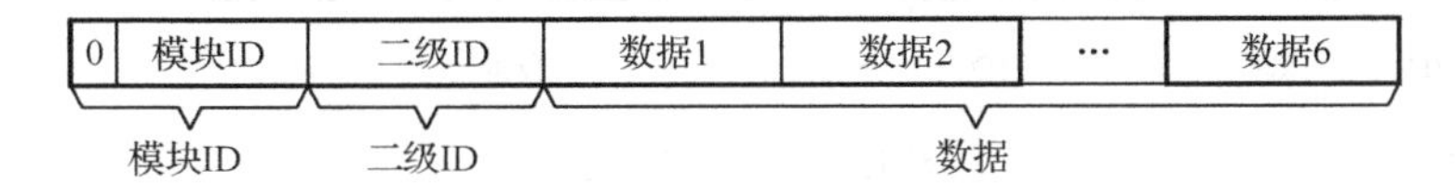

图 13-11　打包第 1 步

第 2 步，依次取出二级 ID、数据 1 至数据 6 的最高位，将其存放于数据头的低 7 位，按照从低位到高位的顺序依次存放二级 ID、数据 1 至数据 6 的最高位，如图 13-12 所示。

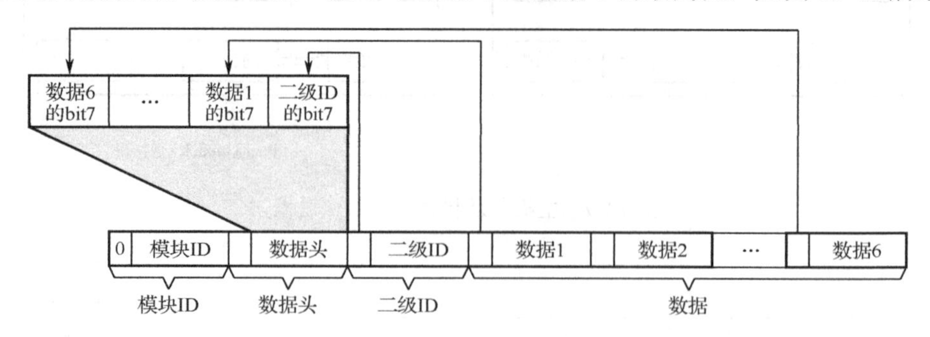

图 13-12　打包第 2 步

第 3 步，对模块 ID、数据头、二级 ID、数据 1 至数据 6 的低 7 位求和，取求和结果的低 7 位，将其存放于校验和的低 7 位，如图 13-13 所示。

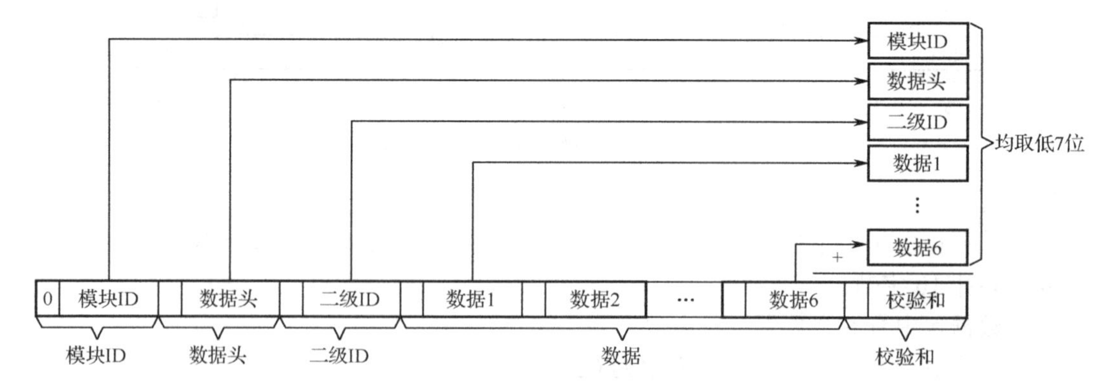

图 13-13　打包第 3 步

第 4 步，将数据头、二级 ID、数据 1 至数据 6 和校验和的最高位置为 1，如图 13-14 所示。

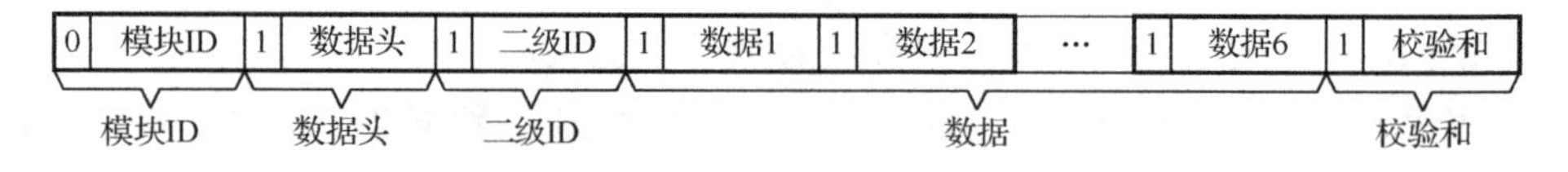

图 13-14　打包第 4 步

3. PCT 通信协议解包过程

协议的解包过程也分为 4 步。

第 1 步，准备解包前的数据包，原始数据包由模块 ID、数据头、二级 ID、数据 1 至数据 6 组成，如图 13-15 所示。其中，模块 ID 的最高位为 0，其余字节的最高位均为 1。

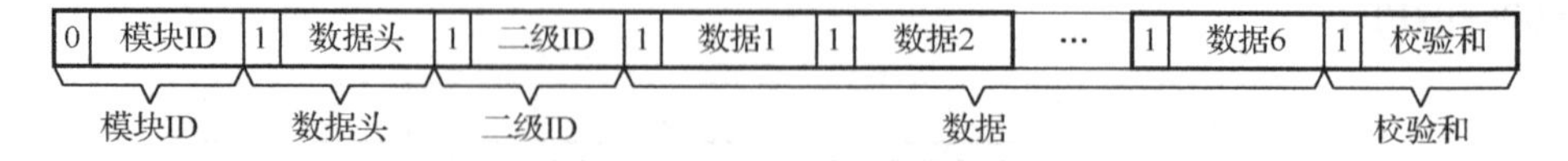

图 13-15　解包第 1 步

第 2 步，对模块 ID、数据头、二级 ID、数据 1 至数据 6 的低 7 位求和，如图 13-16 所示，取求和结果的低 7 位与数据包的校验和低 7 位进行对比，如果两个值相等，则说明校验正确。

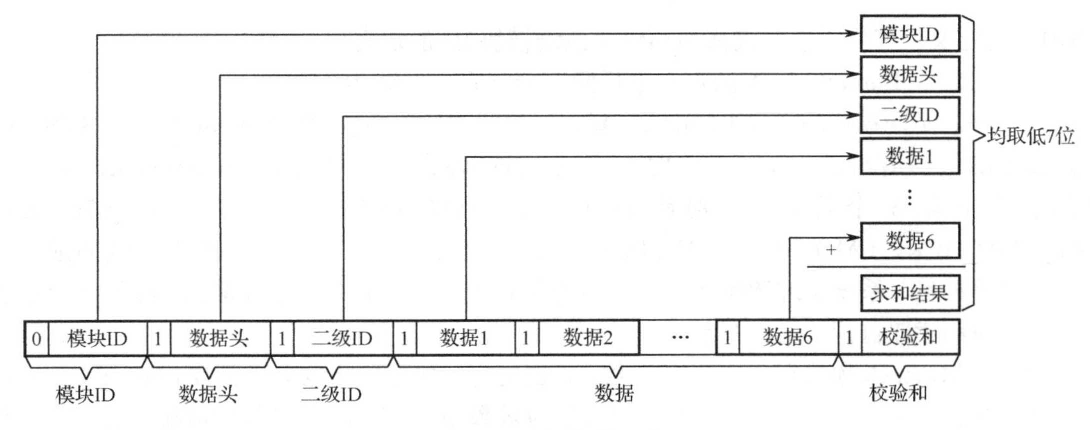

图 13-16　解包第 2 步

第 3 步，数据头的最低位（bit0）与二级 ID 的低 7 位拼接后作为最终的二级 ID，数据头的 bit1 与数据 1 的低 7 位拼接后作为最终的数据 1，数据头的 bit2 与数据 2 的低 7 位拼接后作为最终的数据 2，以此类推，如图 13-17 所示。

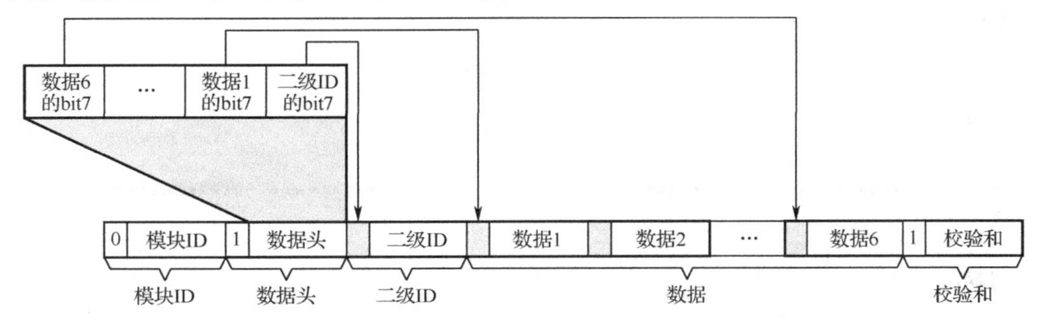

图 13-17　解包第 3 步

第 4 步，图 13-18 所示即为解包后的结果，由模块 ID、二级 ID、数据 1 至数据 6 组成。其中，模块 ID 的取值范围为 0x00～0x7F，二级 ID 和数据的取值范围为 0x00～0xFF。

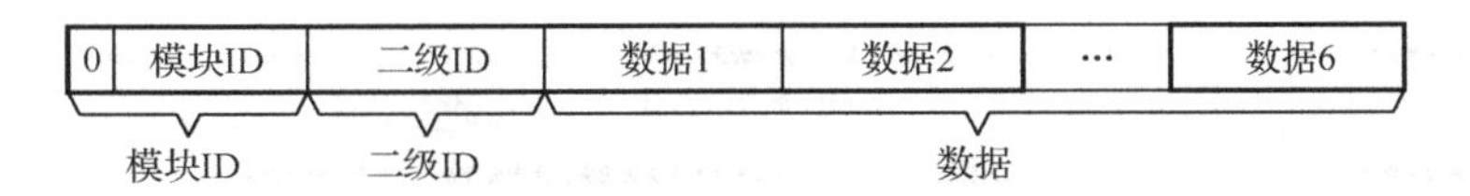

图 13-18　解包第 4 步

4．PCT 通信协议的实现

PCT 通信协议既可以使用面向过程语言（如 C 语言）实现，也可以使用面向对象语言（如 C++或 C#语言）实现，还可以用硬件描述语言（Verilog HDL 或 VHDL）实现。

下面以 C 语言为实现载体，介绍 PackUnpack 模块的 PackUnpack.h 文件。该文件的全部代码如程序清单 13-1 所示，下面按照顺序对这些语句进行解释说明。

（1）在“枚举结构体定义区”，结构体 StructPackType 有 5 个成员，分别是 packModuleId、packHead、packSecondId、arrData、checkSum，与图 13-10 中的模块 ID、数据头、二级 ID、数据、校验和一一对应。

（2）枚举 EnumPackID 中的元素是对模块 ID 的定义，模块 ID 的范围为 0x00～0x7F，且不可重复。初始状态下，EnumPackID 中只有一个模块 ID 的定义，即系统模块 MODULE_SYS

（0x01）的定义，任何通信协议都必须包含系统模块 ID 的定义。

（3）在枚举 EnumPackID 的定义之后紧跟着一系列二级 ID 的定义，二级 ID 的范围为 0x00～0xFF，不同模块的二级 ID 可以重复。初始状态下，模块 ID 只有 MODULE_SYS，因此，二级 ID 也只有与之对应的二级 ID 枚举 EnumSysSecondID 的定义。EnumSysSecondID 在初始状态下有 6 个元素，分别是 DAT_RST、DAT_SYS_STS、DAT_SELF_CHECK、DAT_CMD_ACK、CMD_RST_ACK 和 CMD_GET_POST_RSLT，这些二级 ID 分别对应系统复位信息数据包、系统状态数据包、系统自检结果数据包、命令应答数据包、模块复位信息应答命令包和读取自检结果命令包。

（4）PackUnpack 模块有 4 个 API 函数，分别是初始化打包解包模块函数 InitPackUnpack、对数据进行打包函数 PackData、对数据进行解包函数 UnPackData，以及读取解包后数据包函数 GetUnPackRslt。

程序清单 13-1

```
/*********************************************************************************************
* 模块名称：PackUnpack.h
* 摘    要：PackUnpack 模块
* 当前版本：1.0.0
* 作    者：SZLY(COPYRIGHT 2018 - 2020 SZLY. All rights reserved.)
* 完成日期：2020 年 01 月 01 日
* 内    容：
* 注    意：
**********************************************************************************************
* 取代版本：
* 作    者：
* 完成日期：
* 修改内容：
* 修改文件：
*********************************************************************************************/
#ifndef _PACK_UNPACK_H_
#define _PACK_UNPACK_H_

/*********************************************************************************************
*                                          包含头文件
*********************************************************************************************/
#include "DataType.h"
#include "UART1.h"

/*********************************************************************************************
*                                          宏定义
*********************************************************************************************/

/*********************************************************************************************
*                                          枚举结构体定义
*********************************************************************************************/
//包类型结构体
typedef struct
{
  u8 packModuleId;                //模块包 ID
  u8 packHead;                    //数据头
```

```
  u8 packSecondId;                //二级 ID
  u8 arrData[6];                  //包数据
  u8 checkSum;                    //校验和
}StructPackType;

//枚举定义，定义模块 ID，0x00～0x7F，不可以重复
typedef enum
{
  MODULE_SYS     = 0x01,          //系统信息

  MODULE_WAVE    = 0x71,          //wave 模块信息

  MAX_MODULE_ID  = 0x80
}EnumPackID;

//定义二级 ID，0x00～0xFF，因为是分属于不同模块的 ID，所以二级 ID 可以重复
//系统模块的二级 ID
typedef enum
{
  DAT_RST           = 0x01,       //系统复位信息
  DAT_SYS_STS       = 0x02,       //系统状态
  DAT_SELF_CHECK    = 0x03,       //系统自检结果
  DAT_CMD_ACK       = 0x04,       //命令应答

  CMD_RST_ACK       = 0x80,       //模块复位信息应答
  CMD_GET_POST_RSLT = 0x81,       //读取自检结果
}EnumSysSecondID;


/*********************************************************************************************
*                                      API 函数声明
*********************************************************************************************/
void  InitPackUnpack(void);                    //初始化 PackUnpack 模块
u8    PackData(StructPackType* pPT);           //对数据进行打包，1-打包成功，0-打包失败
u8    UnPackData(u8 data);                     //对数据进行解包，1-解包成功，0-解包失败

StructPackType  GetUnPackRslt(void);           //读取解包后数据包

#endif
```

13.2.5　PCT 通信协议应用

13.2.4 节已详细介绍了 PCT 通信协议及其实现，无论是本章的 DAC 实验，还是第 14 章的 ADC 实验，都涉及该协议。DAC 实验和 ADC 实验的流程图如图 13-19 所示。在 DAC 实验中，从机（医疗电子单片机高级开发系统）接收来自主机（计算机上的信号采集工具）的生成波形命令包，对接收到的命令包进行解包，根据解包后的命令（生成正弦波命令、三角波命令或方波命令），调用 OnGenWave 函数控制 DAC 输出对应的波形。在 ADC 实验中，从机通过 ADC 接收波形信号，并进行模/数转换，再将转换后的波形数据进行打包处理，最后将打包后的波形数据包发送至主机。

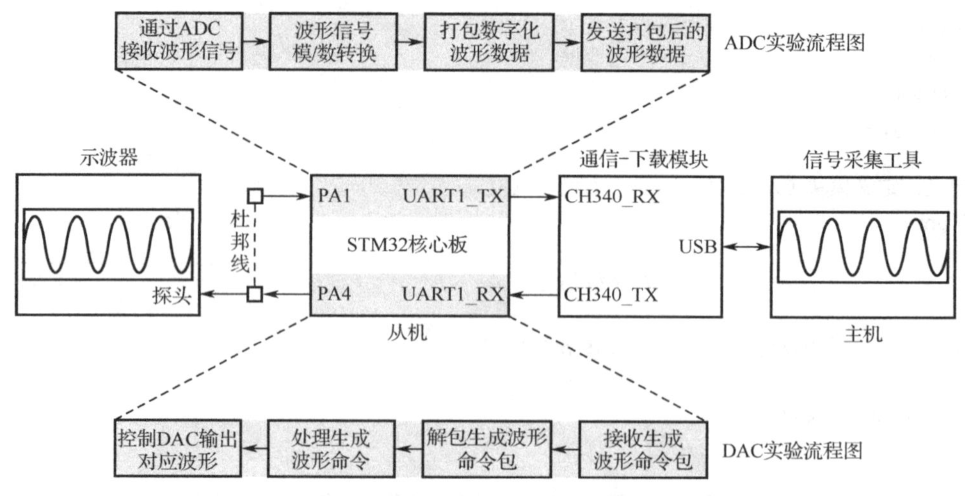

图 13-19　DAC 实验和 ADC 实验流程图

信号采集工具界面如图 13-20 所示，该工具用于控制医疗电子单片机高级开发系统输出不同波形，并接收和显示医疗电子单片机高级开发系统发送到计算机的波形数据。通过左下方的“波形选择”下拉菜单控制输出不同的波形，右侧黑色区显示从医疗电子单片机高级开发系统接收到的波形数据，串口参数可以通过左侧栏设置，串口状态可以通过状态栏查看（图中显示“串口已关闭”）。

图 13-20　信号采集工具界面

信号采集工具在 DAC 实验和 ADC 实验中扮演主机角色，医疗电子单片机高级开发系统扮演从机角色，主机和从机之间的通信采用 PCT 通信协议。下面介绍这两个实验采用的 PCT 通信协议。

主机到从机有一个生成波形的命令包，从机到主机有一个波形数据包，两个数据包属于同一个模块，将其定义为 wave 模块，wave 模块的模块 ID 取值为 0x71。

wave 模块的生成波形命令包的二级 ID 取值为 0x80，该命令包的定义如图 13-21 所示。

模块ID	HEAD	二级ID	DAT1	DAT2	DAT3	DAT4	DAT5	DAT6	CHECK
71H	数据头	80H	波形类型	保留	保留	保留	保留	保留	校验和

图 13-21　wave 模块生成波形命令包的定义

波形类型的定义如表 13-7 所示。注意，复位后，波形类型取值为 0x00。

表 13-7 波形类型的定义

位	定 义
7:0	波形类型：0x00-正弦波，0x01-三角波，0x02-方波

wave 模块的波形数据包的二级 ID 为 0x01，该数据包的定义如图 13-22 所示，一个波形数据包包含 5 个连续的波形数据，对应波形上连续的 5 个点。波形数据包每 8ms 由从机发送给主机一次。

模块ID	HEAD	二级ID	DAT1	DAT2	DAT3	DAT4	DAT5	DAT6	CHECK
71H	数据头	01H	波形数据1	波形数据2	波形数据3	波形数据4	波形数据5	保留	校验和

图 13-22 wave 模块波形数据包的定义

从机接收到主机发送的命令后，向主机发送命令应答数据包，图 13-23 所示为命令应答数据包的定义。

模块ID	HEAD	二级ID	DAT1	DAT2	DAT3	DAT4	DAT5	DAT6	CHECK
01H	数据头	04H	模块ID	二级ID	应答消息	保留	保留	保留	校验和

图 13-23 命令应答数据包的定义

应答消息的定义如表 13-8 所示。

表 13-8 应答消息的定义

位	定 义
7:0	应答消息：0-命令成功，1-校验和错误，2-命令包长度错误，3-无效命令，4-命令参数数据错误，5-命令不接受

主机和从机的 PCT 通信协议明确之后，接下来介绍该协议在 DAC 实验和 ADC 实验中的应用。按照模块 ID 和二级 ID 的定义，分两步更新 PackUnpack.h 文件。

（1）在枚举 EnumPackID 的定义中，将 wave 模块对应的元素定义为 MODULE_WAVE，该元素取值为 0x71，将新增的 MODULE_WAVE 元素添加至 EnumPackID 中，如程序清单 13-2 所示。

程序清单 13-2

```
//枚举定义，定义模块 ID，0x00～0x7F，不可以重复
typedef enum
{
MODULE_SYS      = 0x01,           //系统信息
MODULE_WAVE     = 0x71,           //wave 模块信息

  MAX_MODULE_ID  = 0x80
}EnumPackID;
```

（2）添加完模块 ID 的枚举定义，还需要进一步添加二级 ID 的枚举定义。wave 模块包含一个波形数据包和一个生成波形命令包，这里将数据包元素定义为 DAT_WAVE_WDATA，该元素取值为 0x01；将命令包元素定义为 CMD_GEN_WAVE，该元素取值为 0x80。最后，将 DAT_WAVE_WDATA 和 CMD_GEN_WAVE 元素添加至 EnumWaveSecondID 中，如程序清单 13-3 所示。

程序清单 13-3

```
//Wave 模块的二级 ID
typedef enum
{
  DAT_WAVE_WDATA = 0x01,          //波形数据

  CMD_GEN_WAVE   = 0x80,          //生成波形命令
}EnumWaveSecondID;
```

PackUnpack 模块的 PackUnpack.c 和 PackUnpack.h 文件位于本书配套资料包的“04.例程资料\Material”文件夹中的“12.DAC 实验”和“13.ADC 实验”中，建议读者深入分析该模块的实现与应用。

13.2.6 DAC 部分寄存器

本实验涉及的DAC寄存器包括控制寄存器(DAC_CR)、软件触发寄存器(DAC_SWTRIGR)、通道 1 的 12 位右对齐数据保持寄存器(DAC_DHR12R1)、通道 1 数据输出寄存器(DAC_DOR1)、通道 2 数据输出寄存器（DAC_DOR2）。

1. 控制寄存器（DAC_CR）

DAC_CR 的结构、偏移地址和复位值如图 13-24 所示，对部分位的解释说明如表 13-9 所示。

偏移地址：0x00
复位值：0x0000 0000

31	30	29	28	27	26	25	24	23	22	21	20	19	18	17	16
保留			DMAEN2	MAMP2[3:0]				WAVE2[1:0]		TSEL2[2:0]			TEN2	BOFF2	EN2
			rw	rw	rw	rw	rw	rw	rw	rw	rw	rw	rw	rw	rw

15	14	13	12	11	10	9	8	7	6	5	4	3	2	1	0
保留			DMAEN1	MAMP1[3:0]				WAVE1[1:0]		TSEL1[2:0]			TEN1	BOFF1	EN1
			rw	rw	rw	rw	rw	rw	rw	rw	rw	rw	rw	rw	rw

图 13-24　DAC_CR 的结构、偏移地址和复位值

表 13-9　DAC_CR 部分位的解释说明

位 12	DMAEN1：DAC1 通道 DMA 使能（DAC channel1 DMA enable）。 由软件置 1 和清零。 0：禁止 DAC1 通道 DMA 模式；1：使能 DAC1 通道 DMA 模式
位 11:8	MAMP1[3:0]：DAC1 通道掩码/振幅选择器（DAC channel1 mask/amplitude selector）。 由软件写入，用于在生成噪声波模式下选择掩码，或者在生成三角波模式下选择振幅。 0000：不屏蔽 LFSR 的位 0/三角波振幅等于 1；　0001：不屏蔽 LFSR 的位[1:0]/三角波振幅等于 3； 0010：不屏蔽 LFSR 的位[2:0]/三角波振幅等于 7；　0011：不屏蔽 LFSR 的位[3:0]/三角波振幅等于 15； 0100：不屏蔽 LFSR 的位[4:0]/三角波振幅等于 31；　0101：不屏蔽 LFSR 的位[5:0]/三角波振幅等于 63； 0110：不屏蔽 LFSR 的位[6:0]/三角波振幅等于 127；　0111：不屏蔽 LFSR 的位[7:0]/三角波振幅等于 255； 1000：不屏蔽 LFSR 的位[8:0]/三角波振幅等于 511；　1001：不屏蔽 LFSR 的位[9:0]/三角波振幅等于 1023； 1010：不屏蔽 LFSR 的位[10:0]/三角波振幅等于 2047；　1011：不屏蔽 LFSR 的位[11:0]/三角波振幅等于 4095
位 7:6	WAVE1[1:0]：DAC1 通道噪声/三角波生成使能（DAC channel1 noise/triangle wave generation enable）。 由软件置 1 和清零。 00：禁止生成波；01：使能生成噪声波；1x：使能生成三角波。 注意，只在 TEN1=1（使能 DAC1 通道触发）时使用

续表

位 5:3	TSEL1[2:0]：DAC1 通道触发器选择（DAC channel1 trigger selection）。 用于选择 DAC1 通道的外部触发事件。 000：定时器 6TRGO 事件；　001：定时器 8TRGO 事件；　010：定时器 7TRGO 事件； 011：定时器 5TRGO 事件；　100：定时器 2TRGO 事件；　101：定时器 4TRGO 事件； 110：外部中断线 9；　111：软件触发。 注意，只在 TEN1=1（使能 DAC1 通道触发）时使用
位 2	TEN1：DAC1 通道触发使能（DAC channel1 trigger enable）。 由软件置 1 和清零，以使能/禁止 DAC1 通道触发。 0：禁止 DAC1 通道触发，写入 DAC_DHRx 寄存器的数据在一个 APB1 时钟周期之后转移到 DAC_DOR1 寄存器； 1：使能 DAC1 通道触发，DAC_DHRx 寄存器的数据在三个 APB1 时钟周期之后转移到 DAC_DOR1 寄存器。 注意，如果选择软件触发，DAC_DHRx 寄存器的内容只需一个 APB1 时钟周期即可转移到 DAC_DOR1 寄存器
位 1	BOFF1：DAC1 通道输出缓冲器禁止（DAC channel1 output buffer disable）。 由软件置 1 和清零，以使能/禁止 DAC1 通道输出缓冲器。 0：使能 DAC1 通道输出缓冲器；　1：禁止 DAC1 通道输出缓冲器
位 0	EN1：DAC1 通道使能（DAC channel1 enable）。 由软件置 1 和清零，以使能/禁止 DAC1 通道。 0：禁止 DAC1 通道；　1：使能 DAC1 通道

2．软件触发寄存器（DAC_SWTRIGR）

DAC_SWTRIGR 的结构、偏移地址和复位值如图 13-25 所示，对部分位的解释说明如表 13-10 所示。

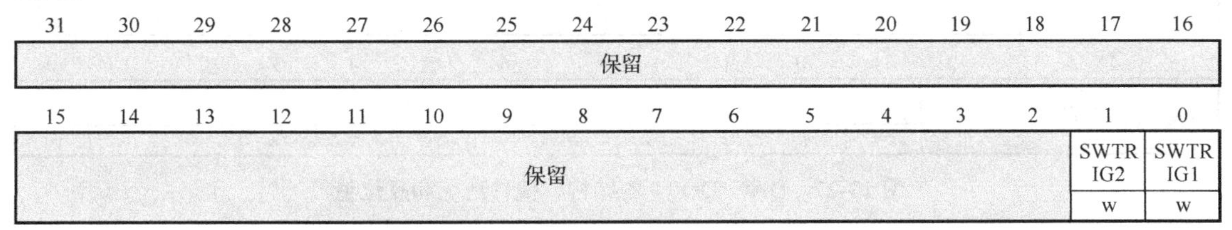

图 13-25　DAC_SWTRIGR 的结构、偏移地址和复位值

表 13-10　DAC_SWTRIGR 部分位的解释说明

位 31:2	保留，必须保持复位值
位 1	SWTRIG2：DAC2 通道软件触发（DAC channel2 software trigger）。 由软件置 1 和清零，以使能/禁止软件触发。 0：禁止软件触发；　1：使能软件触发。 注意，一旦 DAC_DHR2 寄存器值加载到 DAC_DOR2 寄存器中，该位即由硬件清零（一个 APB1 时钟周期之后）
位 0	SWTRIG1：DAC1 通道软件触发（DAC channel1 software trigger）。 由软件置 1 和清零，以使能/禁止软件触发。 0：禁止软件触发；　1：使能软件触发。 注意，一旦 DAC_DHR1 寄存器值加载到 DAC_DOR1 寄存器中，该位即由硬件清零（一个 APB1 时钟周期之后）

3．通道 1 的 12 位右对齐数据保持寄存器（DAC_DHR12R1）

DAC_DHR12R1 的结构、偏移地址和复位值如图 13-26 所示，对部分位的解释说明如表 13-11 所示。

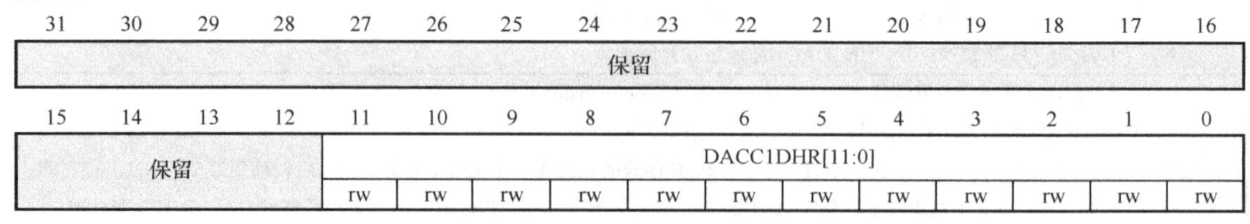

图 13-26　DAC_DHR12R1 的结构、偏移地址和复位值

表 13-11　DAC_DHR12R1 部分位的解释说明

位	说明
位 31:12	保留，必须保持复位值
位 11:0	DACC1DHR[11:0]：DAC1 通道 12 位右对齐数据（DAC channel1 12-bit right-aligned data）。 由软件写入，用于为 DAC1 通道指定 12 位数据

4．通道 1 数据输出寄存器（DAC_DOR1）

DAC_DOR1 的结构、偏移地址和复位值如图 13-27 所示，对部分位的解释说明如表 13-12 所示。

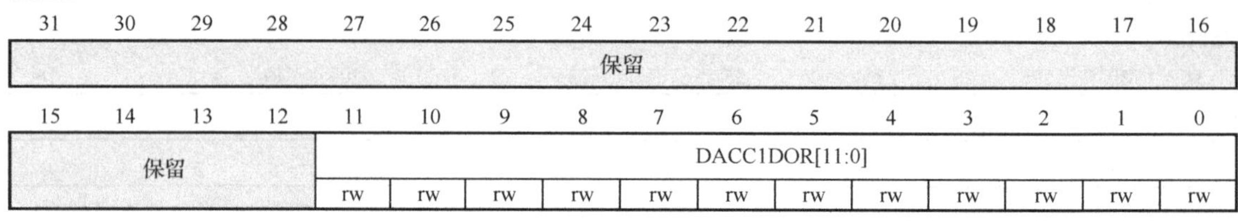

图 13-27　DAC_DOR1 的结构、偏移地址和复位值

表 13-12　DAC_DOR1 部分位的解释说明

位	说明
位 31:12	保留，必须保持复位值
位 11:0	DACC1DOR[11:0]：DAC1 通道数据输出（DAC channel1 dataoutput）。 只读，其中包含 DAC1 通道的数据输出

5．通道 2 数据输出寄存器（DAC_DOR2）

DAC_DOR2 的结构、偏移地址和复位值如图 13-28 所示，对部分位的解释说明如表 13-13 所示。

偏移地址：0x30
复位值：0x0000 0000

31	30	29	28	27	26	25	24	23	22	21	20	19	18	17	16
保留															

15	14	13	12	11	10	9	8	7	6	5	4	3	2	1	0
保留				DACC2DOR[11:0]											
				rw	rw	rw	rw	rw	rw	rw	rw	rw	rw	rw	rw

图 13-28　DAC_DOR2 的结构、偏移地址和复位值

表 13-13 DAC_DOR2 部分位的解释说明

位 31:12	保留，必须保持复位值
位 11:0	DACC2DOR[11:0]：DAC2 通道数据输出（DAC channel2 data output）。 只读，其中包含 DAC2 通道的数据输出

13.2.7 DAC 部分固件库函数

本实验涉及的 DAC 固件库函数包括 DAC_Init、DAC_DMACmd、DAC_SetChannel1Data、DAC_Cmd。这些函数在 stm32f4xx_dac.h 文件中声明，在 stm32f4xx_dac.c 文件中实现。所有固件库版本均为 V1.5.1。

1. DAC_Init

DAC_Init 函数的功能是根据 DAC_InitStruct 指定的参数初始化 DAC，通过向 DAC->CR 写入参数来实现，具体描述如表 13-14 所示。

表 13-14 DAC_Init 函数的描述

函数名	DAC_Init
函数原形	void DAC_Init(uint32_t DAC_Channel, DAC_InitTypeDef* DAC_InitStruct)
功能描述	依照 DAC_InitStruct 指定的参数初始化 DAC
输入参数 1	DAC_Channel：选择 DAC 通道
输入参数 2	DAC_InitStruct：指向将要被初始化的 DAC_InitTypeDef 结构体指针
输出参数	无
返回值	void

DAC_InitTypeDef 结构体定义在 stm32f4xx_dac.h 文件中，内容如下：

```
typedef struct
{
uint32_t DAC_Trigger;
uint32_t DAC_WaveGeneration;
uint32_t DAC_LFSRUnmask_TriangleAmplitude;
uint32_t DAC_OutputBuffer;
}DAC_InitTypeDef;
```

参数 DAC_Trigger 用于选择 DAC 触发模式，可取值如表 13-15 所示。

表 13-15 参数 DAC_Trigger 的可取值

可取值	实际值	描述
DAC_Trigger_None	0x00000000	关闭 DAC 通道触发
DAC_Trigger_T6_TRGO	0x00000004	TIM6TRGO 事件
DAC_Trigger_T8_TRGO	0x0000000C	TIM8TRGO 事件
DAC_Trigger_T7_TRGO	0x00000014	TIM7TRGO 事件
DAC_Trigger_T5_TRGO	0x0000001C	TIM5TRGO 事件
DAC_Trigger_T2_TRGO	0x00000024	TIM2TRGO 事件
DAC_Trigger_T4_TRGO	0x0000002C	TIM4TRGO 事件

续表

可 取 值	实 际 值	描　述
DAC_Trigger_Ext_IT9	0x00000034	外部中断线 9
DAC_Trigger_Software	0x0000003C	使能 DAC 通道软件触发

参数 DAC_WaveGeneration 用于使能或禁止 DAC 通道噪声波形/三角波发生器，可取值如表 13-16 所示。

表 13-16　参数 DAC_WaveGeneration 的可取值

可 取 值	实 际 值	描　述
DAC_WaveGeneration_None	0x00000000	关闭波形生成
DAC_WaveGeneration_Noise	0x00000040	使能噪声波形发生器
DAC_WaveGeneration_Triangle	0x00000080	使能三角波发生器

参数 DAC_LFSRUnmask_TriangleAmplitude 用于设置 DAC 通道屏蔽/幅值选择器，可取值如表 13-17 所示。

表 13-17　参数 DAC_LFSRUnmask_TriangleAmplitude 的可取值

可 取 值	实 际 值	描　述
DAC_LFSRUnmask_Bit0	0x00000000	对噪声波屏蔽 DAC 通道 LFSR 位 0
DAC_LFSRUnmask_Bits1_0	0x00000100	对噪声波屏蔽 DAC 通道 LFSR 位[1:0]
DAC_LFSRUnmask_Bits2_0	0x00000200	对噪声波屏蔽 DAC 通道 LFSR 位[2:0]
DAC_LFSRUnmask_Bits3_0	0x00000300	对噪声波屏蔽 DAC 通道 LFSR 位[3:0]
DAC_LFSRUnmask_Bits4_0	0x00000400	对噪声波屏蔽 DAC 通道 LFSR 位[4:0]
DAC_LFSRUnmask_Bits5_0	0x00000500	对噪声波屏蔽 DAC 通道 LFSR 位[5:0]
DAC_LFSRUnmask_Bits6_0	0x00000600	对噪声波屏蔽 DAC 通道 LFSR 位[6:0]
DAC_LFSRUnmask_Bits7_0	0x00000700	对噪声波屏蔽 DAC 通道 LFSR 位[7:0]
DAC_LFSRUnmask_Bits8_0	0x00000800	对噪声波屏蔽 DAC 通道 LFSR 位[8:0]
DAC_LFSRUnmask_Bits9_0	0x00000900	对噪声波屏蔽 DAC 通道 LFSR 位[9:0]
DAC_LFSRUnmask_Bits10_0	0x00000A00	对噪声波屏蔽 DAC 通道 LFSR 位[10:0]
DAC_LFSRUnmask_Bits11_0	0x00000B00	对噪声波屏蔽 DAC 通道 LFSR 位[11:0]
DAC_TriangleAmplitude_1	0x00000000	设置三角波振幅为 1
DAC_TriangleAmplitude_3	0x00000100	设置三角波振幅为 3
DAC_TriangleAmplitude_7	0x00000200	设置三角波振幅为 7
DAC_TriangleAmplitude_15	0x00000300	设置三角波振幅为 15
DAC_TriangleAmplitude_31	0x00000400	设置三角波振幅为 31
DAC_TriangleAmplitude_63	0x00000500	设置三角波振幅为 63
DAC_TriangleAmplitude_127	0x00000600	设置三角波振幅为 127
DAC_TriangleAmplitude_255	0x00000700	设置三角波振幅为 255
DAC_TriangleAmplitude_511	0x00000800	设置三角波振幅为 511
DAC_TriangleAmplitude_1023	0x00000900	设置三角波振幅为 1023

续表

可 取 值	实 际 值	描　述
DAC_TriangleAmplitude_2047	0x00000A00	设置三角波振幅为 2047
DAC_TriangleAmplitude_4095	0x00000B00	设置三角波振幅为 4095

参数 DAC_OutputBuffer 用于使能或禁止 DAC 通道的输出缓存，可取值如表 13-18 所示。

表 13-18　参数 DAC_OutputBuffer 的可取值

可 取 值	实 际 值	描　述
DAC_OutputBuffer_Enable	0x00000000	使能 DAC 通道输出缓存
DAC_OutputBuffer_Disable	0x00000002	禁止 DAC 通道输出缓存

2. DAC_DMACmd

DAC_DMACmd 函数的功能是使能或禁止指定的 DAC 通道的 DMA 请求，通过向 DAC->CR 写入参数来实现，具体描述如表 13-19 所示。

表 13-19　DAC_DMACmd 函数的描述

函 数 名	DAC_DMACmd
函数原形	void DAC_DMACmd(uint32_t DAC_Channel, FunctionalState NewState)
功能描述	使能或禁止指定的 DAC 通道的 DMA 请求
输入参数 1	DAC_Channel：选择 DAC 通道
输入参数 2	NewState：DAC 通道的状态，可取 ENALB 或 DISABLE
输出参数	无
返回值	Void

参数 DAC_Channel 用于选择 DAC 通道，可取值如表 13-20 所示。

表 13-20　参数 DAC_Channel 的可取值

可 取 值	实 际 值	描　述
DAC_Channel_1	0x00000000	DAC 通道 1
DAC_Channel_2	0x00000010	DAC 通道 2

例如，使能 DAC 通道 1 的 DMA 请求，代码如下：

```
DAC_DMACmd(DAC_Channel_1, ENABLE);
```

3. DAC_SetChannel1Data

DAC_SetChannel1Data 函数的功能是设置 DAC 通道 1 指定的数据保持寄存器，具体描述如表 13-21 所示。

表 13-21　DAC_SetChannel1Data 函数的描述

函 数 名	DAC_SetChannel1Data
函数原形	void DAC_SetChannel1Data(uint32_t DAC_Align, uint16_t Data)
功能描述	设置 DAC 通道 1 指定的数据保持寄存器

续表

输入参数 1	DAC_Align：DAC 通道 1 指定的数据对齐，该参数可以选择下列值之一： DAC_Align_8b_R：选择 8 位数据右对齐； DAC_Align_12b_L：选择 12 位数据左对齐； DAC_Align_12b_R：选择 12 位数据右对齐
输入参数 2	Data：装入选择的数据保持寄存器的数据
输出参数	无
返回值	Void

例如，12 位右对齐数据格式设置 DAC 值，代码如下：

```
DAC_SetChannel1Data(DAC_Align_12b_R, 0);
```

4. DAC_Cmd

DAC_Cmd 函数的功能是设置 DAC 通道 1 指定的数据保持寄存器，通过向 DAC->CR 写入参数来实现，具体描述如表 13-22 所示。

表 13-22　DAC_Cmd 函数的描述

函 数 名	DAC_Cmd
函数原形	void DAC_Cmd(uint32_t DAC_Channel, FunctionalState NewState)
功能描述	使能或禁止指定的 DAC 通道
输入参数 1	DAC_Channel：选择的 DAC 通道
输入参数 2	NewState：DAC 通道的新状态。该参数可以是 ENABLE 或 DISABLE
输出参数	无
返回值	Void

例如，使能 DAC 的通道 1，代码如下：

```
DAC_Cmd (DAC_Channel_1, ENABLE);
```

13.2.8　DMA 部分寄存器

本实验涉及的 DMA 寄存器包括 DMA 低中断状态寄存器（DMA_LISR)、DMA 高中断状态寄存器（DMA_HISR)、DMA 低中断标志清零寄存器（DMA_LIFCR)、DMA 高中断标志清零寄存器（DMA_HIFCR)、DMA 数据流 x 配置寄存器（DMA_SxCR)、DMA 数据流 x 数据项数寄存器（DMA_SxNDTR)、DMA 数据流 x 外设地址寄存器（DMA_SxPAR)、DMA 数据流 x 存储器 0 地址寄存器（DMA_SxM0AR)、DMA 数据流 x FIFO 控制寄存器（DMA_SxFCR)。

1. DMA 低中断状态寄存器（DMA_LISR）

DMA_LISR 的结构、偏移地址和复位值如图 13-29 所示，对部分位的解释说明如表 13-23 所示。

偏移地址：0x00
复位值：0x0000 0000

31	30	29	28	27	26	25	24	23	22	21	20	19	18	17	16
保留				TCIF3	HTIF3	TEIF3	DMEIF3	保留	FEIF3	TCIF2	HTIF2	TEIF2	DMEIF2	保留	FEIF2
				r	r	r	r		r	r	r	r	r		r

15	14	13	12	11	10	9	8	7	6	5	4	3	2	1	0
保留				TCIF1	HTIF1	TEIF1	DMEIF1	保留	FEIF1	TCIF0	HTIF0	TEIF0	DMEIF0	保留	FEIF0
				r	r	r	r		r	r	r	r	r		r

图 13-29　DMA_LISR 的结构、偏移地址和复位值

表 13-23　DMA_LISR 部分位的解释说明

位	说明
位 31:28、15:12	保留，必须保持复位值
位 27、21、11、5	TCIFx：数据流 x 传输完成中断标志（Stream x transfer complete interrupt flag）（x = 3,…,0）。 此位将由硬件置 1，由软件清零，软件只需将 1 写入 DMA_LIFCR 寄存器的相应位。 0：数据流 x 上无传输完成事件；　　1：数据流 x 上发生传输完成事件
位 26、20、10、4	HTIFx：数据流 x 半传输中断标志（Stream x half transfer interrupt flag）（x = 3,…,0）。 此位将由硬件置 1，由软件清零，软件只需将 1 写入 DMA_LIFCR 寄存器的相应位。 0：数据流 x 上无半传输事件　　1：数据流 x 上发生半传输事件
位 25、19、9、3	TEIFx：数据流 x 传输错误中断标志（Stream x transfer error interrupt flag）（x=3,…,0）。 此位将由硬件置 1，由软件清零，软件只需将 1 写入 DMA_LIFCR 寄存器的相应位。 0：数据流 x 上无传输错误；　　1：数据流 x 上发生传输错误
位 24、18、8、2	DMEIFx：数据流 x 直接模式错误中断标志（Stream x direct mode error interrupt flag）（x=3,…,0）。 此位将由硬件置 1，由软件清零，软件只需将 1 写入 DMA_LIFCR 寄存器的相应位。 0：数据流 x 上无直接模式错误；　　1：数据流 x 上发生直接模式错误
位 23、17、7、1	保留，必须保持复位值
位 22、16、6、0	FEIFx：数据流 x FIFO 错误中断标志（Stream x FIFO error interrupt flag）（x=3,…,0）。 此位将由硬件置 1，由软件清零，软件只需将 1 写入 DMA_LIFCR 寄存器的相应位。 0：数据流 x 上无 FIFO 错误事件；　　1：数据流 x 上发生 FIFO 错误事件

2. DMA 高中断状态寄存器（DMA_HISR）

DMA_HISR 的结构、偏移地址和复位值如图 13-30 所示，对部分位的解释说明如表 13-24 所示。

偏移地址：0x04
复位值：0x0000 0000

31	30	29	28	27	26	25	24	23	22	21	20	19	18	17	16
保留				TCIF7	HTIF7	TEIF7	DMEIF7	保留	FEIF7	TCIF6	HTIF6	TEIF6	DMEIF6	保留	FEIF6
				r	r	r	r		r	r	r	r	r		r

15	14	13	12	11	10	9	8	7	6	5	4	3	2	1	0
保留				TCIF5	HTIF5	TEIF5	DMEIF5	保留	FEIF5	TCIF4	HTIF4	TEIF4	DMEIF4	保留	FEIF4
				r	r	r	r		r	r	r	r	r		r

图 13-30　DMA_HISR 的结构、偏移地址和复位值

表 13-24　DMA_HISR 部分位的解释说明

位	说明
位 31:28、15:12	保留，必须保持复位值
位 27、21、11、5	TCIFx：数据流 x 传输完成中断标志（Stream x transfer complete interrupt flag）（x = 7,…,4）。 此位将由硬件置 1，由软件清零，软件只需将 1 写入 DMA_LIFCR 寄存器的相应位。 0：数据流 x 上无传输完成事件；　　1：数据流 x 上发生传输完成事件
位 26、20、10、4	HTIFx：数据流 x 半传输中断标志（Stream x half transfer interrupt flag）（x = 7,…,4）。 此位将由硬件置 1，由软件清零，软件只需将 1 写入 DMA_LIFCR 寄存器的相应位。 0：数据流 x 上无半传输事件　　1：数据流 x 上发生半传输事件
位 25、19、9、3	TEIFx：数据流 x 传输错误中断标志（Stream x transfer error interrupt flag）（x=7,…,4）。 此位将由硬件置 1，由软件清零，软件只需将 1 写入 DMA_LIFCR 寄存器的相应位。 0：数据流 x 上无传输错误；　　1：数据流 x 上发生传输错误
位 24、18、8、2	DMEIFx：数据流 x 直接模式错误中断标志（Stream x direct mode error interrupt flag）（x=7,…,4）。 此位将由硬件置 1，由软件清零，软件只需将 1 写入 DMA_LIFCR 寄存器的相应位。 0：数据流 x 上无直接模式错误；　　1：数据流 x 上发生直接模式错误
位 23、17、7、1	保留，必须保持复位值
位 22、16、6、0	FEIFx：数据流 x FIFO 错误中断标志（Stream x FIFO error interrupt flag）（x=7,…,4）。 此位将由硬件置 1，由软件清零，软件只需将 1 写入 DMA_LIFCR 寄存器的相应位。 0：数据流 x 上无 FIFO 错误事件；　　1：数据流 x 上发生 FIFO 错误事件

3．DMA 低中断标志清零寄存器（DMA_LIFCR）

DMA_LIFCR 的结构、偏移地址和复位值如图 13-31 所示，对部分位解释说明如表 13-25 所示。

偏移地址：0x08
复位值：0x0000 0000

31	30	29	28	27	26	25	24	23	22	21	20	19	18	17	16
保留				CTCIF3	CHTIF3	CTEIF3	CDMEIF3	保留	CFEIF3	CTCIF2	CHTIF2	CTEIF2	CDMEIF2	保留	CFEIF2
				r	r	r	r		r	r	r	r	r		r

15	14	13	12	11	10	9	8	7	6	5	4	3	2	1	0
保留				CTCIF1	CHTIF1	CTEIF1	CDMEIF1	保留	CFEIF1	CTCIF0	CHTIF0	CTEIF0	CDMEIF0	保留	CFEIF0
				r	r	r	r		r	r	r	r	r		r

图 13-31　DMA_LIFCR 的结构、偏移地址和复位值

表 13-25　DMA_LIFCR 部分位的解释说明

位	说明
位 31:28、15:12	保留，必须保持复位值
位 27、21、11、5	CTCIFx：数据流 x 传输完成中断标志清零（Stream x clear transfer complete interrupt flag）（x=3,…,0）。 将 1 写入此位时，DMA_LISR 寄存器中相应的 TCIFx 标志将清零
位 26、20、10、4	CHTIFx：数据流 x 半传输中断标志清零（Stream x clear half transfer interrupt flag）（x=3,…,0）。 将 1 写入此位时，DMA_LISR 寄存器中相应的 HTIFx 标志将清零
位 25、19、9、3	CTEIFx：数据流 x 传输错误中断标志清零（Stream x clear transfer error interrupt flag）（x=3,…,0）。 将 1 写入此位时，DMA_LISR 寄存器中相应的 TEIFx 标志将清零
位 24、18、8、2	CDMEIFx：数据流 x 直接模式错误中断标志清零（Stream x clear direct mode error interrupt flag）（x=3,…,0）。 将 1 写入此位时，DMA_LISR 寄存器中相应的 DMEIFx 标志将清零
位 23、17、7、1	保留，必须保持复位值
位 22、16、6、0	CFEIFx：数据流 xFIFO 错误中断标志清零（Stream x clear FIFO error interrupt flag）（x = 3,…,0）。 将 1 写入此位时，DMA_LISR 寄存器中相应的 CFEIFx 标志将清零

4. DMA 高中断标志清零寄存器（DMA_HIFCR）

DMA_HIFCR 的结构、偏移地址和复位值如图 13-32 所示，对部分位解释说明如表 13-26 所示。

偏移地址：0x0C
复位值：0x0000 0000

31	30	29	28	27	26	25	24	23	22	21	20	19	18	17	16
保留				CTCIF7	CHTIF7	CTEIF7	CDMEIF7	保留	CFEIF7	CTCIF6	CHTIF6	CTEIF6	CDMEIF6	保留	CFEIF6
				r	r	r	r		r	r	r	r	r		r

15	14	13	12	11	10	9	8	7	6	5	4	3	2	1	0
保留				CTCIF5	CHTIF5	CTEIF5	CDMEIF5	保留	CFEIF5	CTCIF4	CHTIF4	CTEIF4	CDMEIF4	保留	CFEIF4
				r	r	r	r		r	r	r	r	r		r

图 13-32 DMA_HIFCR 的结构、偏移地址和复位值

表 13-26 DMA_HIFCR 部分位的解释说明

位	说明
位 31:28、15:12	保留，必须保持复位值
位 27、21、11、5	CTCIFx：数据流 x 传输完成中断标志清零（Stream x clear transfer complete interrupt flag）（x=7,…,4）。 将 1 写入此位时，DMA_LISR 寄存器中相应的 TCIFx 标志将清零
位 26、20、10、4	CHTIFx：数据流 x 半传输中断标志清零（Stream x clear half transfer interrupt flag）（x=7,…,4）。 将 1 写入此位时，DMA_LISR 寄存器中相应的 HTIFx 标志将清零
位 25、19、9、3	CTEIFx：数据流 x 传输错误中断标志清零（Stream x clear transfer error interrupt flag）（x=7,…,4）。 将 1 写入此位时，DMA_LISR 寄存器中相应的 TEIFx 标志将清零
位 24、18、8、2	CDMEIFx：数据流 x 直接模式错误中断标志清零（Stream x clear direct mode error interrupt flag）（x=7,…,4）。 将 1 写入此位时，DMA_LISR 寄存器中相应的 DMEIFx 标志将清零
位 23、17、7、1	保留，必须保持复位值
位 22、16、6、0	CFEIFx：数据流 xFIFO 错误中断标志清零（Stream x clear FIFO error interrupt flag）（x=7,…,4）。 将 1 写入此位时，DMA_LISR 寄存器中相应的 CFEIFx 标志将清零

5. DMA 数据流 x 配置寄存器（DMA_SxCR）

DMA_SxCR（x=0, …, 7）的结构、偏移地址和复位值如图 13-33 所示，对部分位的解释说明如表 13-27 所示。

偏移地址：0x10+0x18×数据流编号
复位值：0x0000 0000

31	30	29	28	27	26	25	24	23	22	21	20	19	18	17	16
保留				CHSEL[2:0]			MBURST[1:0]		PBURST[1:0]		保留	CT	DBM 或保留	PL[1:0]	
				rw	rw	rw	rw	rw	rw	rw		rw	rw	rw	rw

15	14	13	12	11	10	9	8	7	6	5	4	3	2	1	0
PINCOS	MSIZE[1:0]		PSIZE[1:0]		MINC	PINC	CIRC	DIR[1:0]		PFCTRL	TCIE	HTIE	TEIE	DMEIE	EN
rw	rw	rw	rw	rw	rw	rw	rw	rw	rw	rw	rw	rw	rw	rw	rw

图 13-33 DMA_SxCR 的结构、偏移地址和复位值

表 13-27　DMA_SxCR 部分位的解释说明

位 27:25	CHSEL[2:0]：通道选择（Channel selection）。由软件置 1 和清零。 000：选择通道 0；　001：选择通道 1；　010：选择通道 2； 011：选择通道 3；　100：选择通道 4；　101：选择通道 5； 110：选择通道 6；　111：选择通道 7。 受保护，只有 EN 为 0 时才可以写入
位 24:23	MBURST[1:0]：存储器突发传输配置（Memory burst transfer configuration）。由软件置 1 和清零。 00：单次传输；　01：INCR4（4 个节拍的增量突发传输）； 10：INCR8（8 个节拍的增量突发传输）；　11：INCR16（16 个节拍的增量突发传输）。 受保护，只有 EN 为 0 时才可以写入。在直接模式中，当 EN=1 时，这些位由硬件强制清零
位 22:21	PBURST[1:0]：外设突发传输配置（Peripheral burst transfer configuration）。由软件置 1 和清零。 00：单次传输；　01：INCR4（4 个节拍的增量突发传输）； 10：INCR8（8 个节拍的增量突发传输）；　11：INCR16（16 个节拍的增量突发传输）。 受保护，只有 EN 为 0 时才可以写入。在直接模式下，这些位由硬件强制清零
位 17:16	PL[1:0]：优先级（Priority level）。由软件置 1 和清零。 00：低；　01：中；　10：高；　11：非常高。 受保护，只有 EN 为 0 时才可以写入
位 14:13	MSIZE[1:0]：存储器数据大小（Memory data size）。由软件置 1 和清零。 00：字节（8 位）；　01：半字（16 位）；　10：字（32 位）；　11：保留。 这些位受到保护，只有 EN 为 0 时才可以写入。 在直接模式下，当位 EN=1 时，MSIZE 位由硬件强制置为 PSIZE 的值
位 12:11	PSIZE[1:0]：外设数据大小（Peripheral data size）。由软件置 1 和清零。 00：字节（8 位）；　01：半字（16 位）； 10：字（32 位）；　11：保留。 受保护，只有 EN 为 0 时才可以写入
位 10	MINC：存储器递增模式（Memory increment mode）。由软件置 1 和清零。 0：存储器地址指针固定；　1：每次数据传输后，存储器地址指针递增（增量为 MSIZE 值）。 受保护，只有 EN 为 0 时才可以写入
位 9	PINC：外设递增模式（Peripheral increment mode）。由软件置 1 和清零。 0：外设地址指针固定；　1：每次数据传输后，外设地址指针递增（增量为 PSIZE 值）。 受保护，只有 EN 为 0 时才可以写入
位 8	CIRC：循环模式（Circular mode）。由软件置 1 和清零，并可由硬件清零。 0：禁止循环模式；　1：使能循环模式。 如果外设为流控制器（位 PFCTRL=1）且使能数据流（位 EN=1），此位由硬件自动强制清零。 如果 DBM 位置 1，当使能数据流（位 EN=1）时，此位由硬件自动强制置 1
位 7:6	DIR[1:0]：数据传输方向（Data transfer direction）。由软件置 1 和清零。 00：外设到存储器；　01：存储器到外设；　10：存储器到存储器；　11：保留。 受保护，只有 EN 为 0 时才可以写入
位 4	TCIE：传输完成中断使能（Transfer complete interrupt enable）。此位由软件置 1 和清零。 0：禁止 TC 中断；　1：使能 TC 中断
位 0	EN：通道开启（Channel enable）。该位由软件设置和清除。 0：通道不工作；　1：通道开启

6. DMA 数据流 x 数据项数寄存器（DMA_SxNDTR）

DMA_SxNDTR（x=0, …, 7）的结构、偏移地址和复位值如图 13-34 所示，对部分位的解释说明如表 13-28 所示。

偏移地址：0x14+0x18×数据流编号
复位值：0x0000 0000

31	30	29	28	27	26	25	24	23	22	21	20	19	18	17	16
保留															

15	14	13	12	11	10	9	8	7	6	5	4	3	2	1	0
NDT[15:0]															
rw	rw	rw	rw	rw	rw	rw	rw	rw	rw	rw	rw	rw	rw	rw	rw

图 13-34　DMA_SxNDTR 的结构、偏移地址和复位值

表 13-28　DMA_SxNDTR 部分位的解释说明

位	说明
位 31:16	保留，必须保持复位值
位 15:0	NDT[15:0]：要传输的数据项数目（Number of data items to transfer）。 要传输的数据项数目（0～65535）。只有在禁止数据流时，才能向此寄存器执行写操作。 使能数据流后，此寄存器为只读，用于指示要传输的剩余数据项数。每次 DMA 传输后，此寄存器将递减。 传输完成后，此寄存器保持为零（数据流处于正常模式时），或者在以下情况下自动以先前编程的值重载： ● 以循环模式配置数据流时； ● 通过将 EN 位置 1 来重新使能数据流时，如果该寄存器的值为零，则即使使能数据流，也无法完成任何事务

7. DMA 数据流 x 外设地址寄存器（DMA_SxPAR）

DMA_SxPAR（x=0, …, 7）的结构、偏移地址和复位值如图 13-35 所示，对部分位的解释说明如表 13-29 所示。

偏移地址：0x18+0x18×数据流编号
复位值：0x0000 0000

31	30	29	28	27	26	25	24	23	22	21	20	19	18	17	16
PAR[31:16]															
rw	rw	rw	rw	rw	rw	rw	rw	rw	rw	rw	rw	rw	rw	rw	rw

15	14	13	12	11	10	9	8	7	6	5	4	3	2	1	0
PAR[15:0]															
rw	rw	rw	rw	rw	rw	rw	rw	rw	rw	rw	rw	rw	rw	rw	rw

图 13-35　DMA_SxPAR 的结构、偏移地址和复位值

表 13-29　DMA_SxPAR 部分位的解释说明

位	说明
位 31:0	PAR[31:0]：外设地址（Peripheral address）。 读/写数据的外设数据寄存器的基址。 受写保护，只有 DMA_SxCR 寄存器中的 EN 为 0 时才可以写入

8. DMA 数据流 x 存储器 0 地址寄存器（DMA_SxM0AR）

DMA_SxM0AR（x=0, …, 7）的结构、偏移地址和复位值如图 13-36 所示，对部分位的解释说明如表 13-30 所示。

偏移地址：0x1C+0x18×数据流编号
复位值：0x0000 0000

31	30	29	28	27	26	25	24	23	22	21	20	19	18	17	16
M0A[31:16]															
rw	rw	rw	rw	rw	rw	rw	rw	rw	rw	rw	rw	rw	rw	rw	rw

15	14	13	12	11	10	9	8	7	6	5	4	3	2	1	0
M0A[15:0]															
rw	rw	rw	rw	rw	rw	rw	rw	rw	rw	rw	rw	rw	rw	rw	rw

图 13-36　DMA_SxM0AR 的结构、偏移地址和复位值

表 13-30　DMA_SxM0AR 部分位的解释说明

位	说明
位 31:0	M0A[31:0]：存储器 0 地址（Memory 0 address）。读/写数据的存储区 0 的基址。 受写保护，只有在以下情况下才可以写入： ● 禁止数据流（DMA_SxCR 寄存器中的 EN=0）； ● 使能数据流（DMA_SxCR 寄存器中的 EN=1）并且 DMA_SxCR 寄存器中的 CT=1（在双缓冲区模式下）

9. DMA 数据流 x FIFO 控制寄存器（DMA_SxFCR）

DMA_SxFCR（x=0, …, 7）的结构、偏移地址和复位值如图 13-37 所示，对部分位的解释说明如表 13-31 所示。

偏移地址：0x24+0x24×数据流编号
复位值：0x0000 0021

31	30	29	28	27	26	25	24	23	22	21	20	19	18	17	16
保留															

15	14	13	12	11	10	9	8	7	6	5	4	3	2	1	0
保留								FEIE	保留	FS[2:0]			DMDIS	FTH[1:0]	
								rw		r	r	r	rw	rw	rw

图 13-37　DMA_SxFCR 的结构、偏移地址和复位值

表 13-31　DMA_SxFCR 部分位的解释说明

位	说明
位 2	DMDIS：直接模式禁止（Direct mode disable）。由软件置 1 和清零；也可由硬件置 1。 0：使能直接模式；　　1：禁止直接模式。 受保护，只有 EN 为 0 时才可以写入。 如果选择存储器到存储器模式（DMA_SxCR 中的 DIR 位为 10），并且 DMA_SxCR 寄存器中的 EN 为 1，则此位由硬件置 1，因为在存储器到存储器配置不能使用直接模式
位 1:0	FTH[1:0]：FIFO 阈值选择（FIFO threshold selection）。由软件置 1 和清零。 00：FIFO 容量的 1/4；　　01：FIFO 容量的 1/2； 10：FIFO 容量的 3/4；　　11：FIFO 完整容量。 在直接模式（DMDIS 值为零）下，不使用这些位。 受保护，只有 EN 为 1 时才可以写入

13.2.9　DMA 部分固件库函数

本书涉及的 DMA 固件库函数包括 DMA_DeInit、DMA_Init、DMA_ITConfig、DMA_Cmd、DMA_GetITStatus、DMA_ClearITPendingBit。这些函数在 stm32f4xx_dma.h 文件中声明，在 stm32f4xx_dma.c 文件中实现。

1. DMA_DeInit

DMA_DeInit 函数的功能是将外设 RCC 寄存器重设为默认值，通过向 DMAy_Streamx->CR、DMAy_Streamx->NDTR、DMAy_Streamx->PAR、DMAy_Streamx->M0AR、DMAy_Streamx->M1AR、DMAy_Streamx->FCR、DMAy_Streamx->LIFCR、DMAy_Streamx->HIFCR 写入参数来实现，具体描述如表 13-32 所示。

表 13-32　DMA_DeInit 函数的描述

函　数　名	DMA_DeInit
函数原型	void DMA_DeInit(DMA_Stream_TypeDef* DMAy_Streamx)
功能描述	DMAy 的数据流 x 相关的寄存器重设为默认值
输入参数	DMAy_Streamx：y 可以是 1 或 2，用于选择 DMA1 或 DMA2；x=0, …, 7，用于选择 DMA 数据流 x
输出参数	无
返回值	void

例如，设置 DMA1 数据流 5 为初始状态，代码如下：

```
DMA_DeInit(DMA1_Stream5);
```

2. DMA_Init

DMA_Init 函数的功能是根据 DMA_InitStruct 中指定的参数初始化 DMA 的通道 x 寄存器，通过向 DMAy_Streamx->CR、DMAy_Streamx->NDTR、DMAy_Streamx->PAR、DMAy_Streamx->M0AR、DMAy_Streamx->FCR 写入参数来实现，具体描述如表 13-33 所示。

表 13-33　DMA_Init 函数的描述

函　数　名	DMA_Init
函数原形	void DMA_Init(DMA_Stream_TypeDef* DMAy_Streamx, DMA_InitTypeDef* DMA_InitStruct)
功能描述	根据 DMA_InitStruct 中指定的参数初始化 DMA 的数据流 x 相关的寄存器
输入参数 1	DMAy_Streamx：y 可以是 1 或 2，用于选择 DMA1 或 DMA2，x=0, …, 7，用于选择 DMA 数据流 x
输入参数 2	DMA_InitStruct：指向结构体 DMA_InitTypeDef 的指针，包含了 DMA 通道 x 的配置信息
输出参数	无
返回值	void

DMA_InitTypeDef 结构体定义在 stm32f4xx_dma.h 文件中，内容如下：

```
typedef struct
{
  uint32_t DMA_Channel;
  uint32_t DMA_PeripheralBaseAddr;
  uint32_t DMA_Memory0BaseAddr;
  uint32_t DMA_DIR;
  uint32_t DMA_BufferSize;
  uint32_t DMA_PeripheralInc;
  uint32_t DMA_MemoryInc;
  uint32_t DMA_PeripheralDataSize;
  uint32_t DMA_MemoryDataSize;
  uint32_t DMA_Mode;
```

```
    uint32_t DMA_Priority;
    uint32_t DMA_FIFOMode;
    uint32_t DMA_FIFOThreshold;
    uint32_t DMA_MemoryBurst;
    uint32_t DMA_PeripheralBurst;
}DMA_InitTypeDef;
```

参数 DMA_Channel 用于定义 DMA 的通道选择，参数 DMA_PeripheralBaseAddr 用于定义 DMA 外设基地址，参数 DMA_Memory0BaseAddr 用于定义 DMA 存储器 0 基地址。

参数 DMA_DIR 用于规定数据传输的方向，可取值如表 13-34 所示。

表 13-34　参数 DMA_DIR 的可取值

可　取　值	实　际　值	描　　述
DMA_DIR_PeripheralToMemory	0x00000000	外设到存储器
DMA_DIR_MemoryToPeripheral	0x00000040	存储器到外设
DMA_DIR_MemoryToMemory	0x00000080	存储器到存储器

参数 DMA_BufferSize 用于定义指定 DMA 要传输的数据项数目，单位为数据单位。数据单位等于结构体的参数 DMA_PeripheralDataSize 或 DMA_MemoryDataSize 的值。

参数 DMA_PeripheralInc 用于设定外设地址寄存器递增与否，可取值如表 13-35 所示。

表 13-35　参数 DMA_PeripheralInc 的可取值

可　取　值	实　际　值	描　　述
DMA_PeripheralInc_Enable	0x00000200	外设地址寄存器递增
DMA_PeripheralInc_Disable	0x00000000	外设地址寄存器不变

参数 DMA_MemoryInc 用于设定存储器地址寄存器递增与否，可取值如表 13-36 所示。

表 13-36　参数 DMA_MemoryInc 的可取值

可　取　值	实　际　值	描　　述
DMA_MemoryInc_Enable	0x00000400	内存地址寄存器递增
DMA_MemoryInc_Disable	0x00000000	内存地址寄存器不变

参数 DMA_PeripheralDataSize 用于设定外设数据宽度，可取值如表 13-37 所示。

表 13-37　参数 DMA_PeripheralDataSize 的可取值

可　取　值	实　际　值	描　　述
DMA_PeripheralDataSize_Byte	0x00000000	数据宽度为 8 位
DMA_PeripheralDataSize_HalfWord	0x00000800	数据宽度为 16 位
DMA_PeripheralDataSize_Word	0x00001000	数据宽度为 32 位

参数 DMA_MemoryDataSize 用于设定存储器数据宽度，可取值如表 13-38 所示。

表 13-38　参数 DMA_MemoryDataSize 的可取值

可 取 值	实 际 值	描　　述
DMA_MemoryDataSize_Byte	0x00000000	数据宽度为 8 位
DMA_MemoryDataSize_HalfWord	0x00002000	数据宽度为 16 位
DMA_MemoryDataSize_Word	0x00004000	数据宽度为 32 位

参数 DMA_Mode 用于设置 DMA 的工作模式，可取值如表 13-39 所示。

表 13-39　参数 DMA_Mode 的可取值

可 取 值	实 际 值	描　　述
DMA_Mode_Normal	0x00000000	工作在正常缓存模式
DMA_Mode_Circular	0x00000020	工作在循环缓存模式

参数 DMA_Priority 用于设定 DMA 数据流 x 的软件优先级，可取值如表 13-40 所示。

表 13-40　参数 DMA_Priority 的可取值

可 取 值	实 际 值	描　　述
DMA_Priority_Low	0x00000000	低优先级
DMA_Priority_Medium	0x00010000	中优先级
DMA_Priority_High	0x00020000	高优先级
DMA_Priority_VeryHigh	0x00030000	非常高优先级

参数 DMA_FIFOMode 用于使能或禁止直接模式，可取值如表 13-41 所示。

表 13-41　参数 DMA_FIFOMode 的可取值

可 取 值	实 际 值	描　　述
DMA_FIFOMode_Disable	0x00000000	禁止直接模式
DMA_FIFOMode_Enable	0x00000004	使能直接模式

参数 DMA_FIFOThreshold 用于设置 FIFO 阈值，可取值如表 13-42 所示。

表 13-42　参数 DMA_FIFOThreshold 的可取值

可 取 值	实 际 值	描　　述
DMA_FIFOThreshold_1QuarterFull	0x00000000	FIFO 容量的 1/4
DMA_FIFOThreshold_HalfFull	0x00000001	FIFO 容量的 1/2
DMA_FIFOThreshold_3QuartersFull	0x00000002	FIFO 容量的 3/4
DMA_FIFOThreshold_Full	0x00000003	FIFO 完整容量

参数 DMA_MemoryBurst 用于配置存储器突发传输，可取值如表 13-43 所示。

表 13-43　参数 DMA_MemoryBurst 的可取值

可 取 值	实 际 值	描　　述
DMA_MemoryBurst_Single	0x00000000	单次传输

续表

可 取 值	实 际 值	描　述
DMA_MemoryBurst_INC4	0x00800000	4 个节拍的增量突发传输
DMA_MemoryBurst_INC8	0x01000000	8 个节拍的增量突发传输
DMA_MemoryBurst_INC16	0x01800000	16 个节拍的增量突发传输

参数 DMA_PeripheralBurst 用于配置外设突发传输，可取值如表 13-44 所示。

表 13-44　参数 DMA_PeripheralBurst 的可取值

可 取 值	实 际 值	描　述
DMA_PeripheralBurst_Single	0x00000000	单次传输
DMA_PeripheralBurst_INC4	0x00200000	4 个节拍的增量突发传输
DMA_PeripheralBurst_INC8	0x00400000	8 个节拍的增量突发传输
DMA_PeripheralBurst_INC16	0x00600000	16 个节拍的增量突发传输

3. DMA_ITConfig

DMA_ITConfig 函数的功能是使能或禁止指定的数据流 x 中断，通过向 DMAy_Streamx->CR、DMAy_Streamx->FCR 写入参数来实现，具体描述如表 13-45 所示。

表 13-45　DMA_ITConfig 函数的描述

函 数 名	DMA_ITConfig
函数原形	void DMA_ITConfig(DMA_Stream_TypeDef* DMAy_Streamx, uint32_t DMA_IT, FunctionalState NewState)
功能描述	使能或禁止指定的数据流 x 中断
输入参数 1	DMAy_Streamx：y=1 或 2，用于选择 DMA1 或 DMA2；x=0, …, 7，用于选择 DMA 数据流 x
输入参数 2	DMA_IT：待使能或禁止的 DMA 中断源，使用操作符“|”可以同时选中多个 DMA 中断源
输入参数 3	NewState：DMA 数据流 x 中断的新状态 可取值：ENABLE 或 DISABLE
输出参数	无
返回值	Void

参数 DMA_IT 用于使能或禁止 DMA 数据流 x 的中断，可取值如表 13-46 所示，还可以使用操作符“|”选择多个值，如 DMA_IT_TC | DMA_IT_HT。

表 13-46　参数 DMA_IT 的可取值

可 取 值	实 际 值	描　述
DMA_IT_TC	0x00000010	传输完成中断屏蔽
DMA_IT_HT	0x00000008	传输过半中断屏蔽
DMA_IT_TE	0x00000004	传输错误中断屏蔽
DMA_IT_DME	0x00000002	直接模式错误中断屏蔽
DMA_IT_FE	0x00000080	FIFO 错误中断屏蔽

例如，使能 DMA1 数据流 5 的传输完成中断，代码如下：

```
DMA_ITConfig(DMA1_Stream5, DMA_IT_TC, ENABLE);
```

4. DMA_Cmd

DMA_Cmd 函数的功能是使能或禁止指定的通道 x，通过向 DMAy_Streamx->CR 写入参数来实现，具体描述如表 13-47 所示。

表 13-47　DMA_Cmd 函数的描述

函　数　名	DMA_Cmd
函数原形	void DMA_Cmd(DMA_Stream_TypeDef* DMAy_Streamx, FunctionalState NewState)
功能描述	使能或禁止指定的通道 x
输入参数 1	DMAy_Streamx：y=1 或 2，用于选择 DMA1 或 DMA2；x=0, …, 7，用于选择 DMA 数据流 x
输入参数 2	NewState：DMA 数据流 x 的新状态 可取值：ENABLE 或 DISABLE
输出参数	无
返回值	Void

例如，使能 DMA1 数据流 5，代码如下：

```
DMA_Cmd(DMA1_Stream5, ENABLE);
```

5. DMA_GetITStatus

DMA_GetITStatus 函数的功能是检查指定的 DMA 中断发生与否，通过读取并判断 DMAy_Streamx->CR、DMAy_Streamx->FCR、DMAy_Streamx->LISR 和 DMAy_Streamx->HISR 来实现，具体描述如表 13-48 所示。

表 13-48　DMA_GetITStatus 函数的描述

函　数　名	DMA_GetITStatus
函数原形	ITStatus DMA_GetITStatus(DMA_Stream_TypeDef* DMAy_Streamx, uint32_t DMA_IT)
功能描述	检查指定的 DMA 中断发生与否
输入参数 1	DMAy_Streamx：y=1 或 2，用于选择 DMA1 或 DMA2；x=0,…, 7，用于选择 DMA 数据流 x
输入参数 2	DMA_IT：待检查的 DMA 中断源
输出参数	无
返回值	DMA_IT 的新状态

例如，检查 DMA1 数据流 5 的传输完成中断，代码如下：

```
ITStatus TCITStatus;
TCITStatus = DMA_GetITStatus(DMA1_Stream5, DMA_IT_TCIF5);
```

6. DMA_ClearITPendingBit

DMA_ClearITPendingBit 函数的功能是清除 DMA 数据流 x 的中断待处理标志位，通过向 DMAy_Streamx->LIFCR 或 DMAy_Streamx->HIFCR 写入参数来实现，具体描述如表 13-49 所示。

表 13-49　DMA_ClearITPendingBit 函数的描述

函　数　名	DMA_ClearITPendingBit
函数原形	void DMA_ClearITPendingBit(DMA_Stream_TypeDef* DMAy_Streamx, uint32_t DMA_IT)
功能描述	清除 DMA 数据流 x 的中断待处理标志位
输入参数 1	DMAy_Streamx：y=1 或 2，用于选择 DMA1 或 DMA2；x=0,…, 7，用于选择 DMA 数据流 x
输入参数 2	DMA_IT：待清除的 DMA 中断源
输出参数	无
返回值	Void

例如，清除 DMA1 数据流 5 传输完成中断标志位，代码如下：

```
DMA_ClearITPendingBit(DMA1_Stream5, DMA_IT_TCIF5);//清除 DMA1_Stream5 传输完成中断标志
```

13.3　实验步骤

步骤 1：复制并编译原始工程

首先，将“D:\STM32KeilTest\Material\12.DAC 实验”文件夹复制到“D:\STM32KeilTest\Product”文件夹中。然后，双击运行“D:\STM32KeilTest\Product\12.DAC 实验\Project”文件夹中的 STM32KeilPrj.uvprojx，单击工具栏中的按钮。当 Build Output 栏出现“FromELF: creating hex file...”时，表示已经成功生成.hex 文件，出现“0 Error(s), 0 Warnning(s)”表示编译成功。最后，将.axf 文件下载到 STM32 的内部 Flash，观察 LD0 是否闪烁。如果 LD0 闪烁，继续勾选串口助手的“HEX 显示”项，串口连续输出十六进制的“71 XX XX XX XX XX XX XX XX XX”，表示原始工程是正确的，可以进入下一步操作。

步骤 2：添加 DAC 文件对和 Wave 文件对

首先，将“D:\STM32KeilTest\Product\12.DAC 实验\HW\DAC”文件夹中的 DAC.c 和 Wave.c 文件添加到 HW 分组中。然后，将“D:\STM32KeilTest\Product\12.DAC 实验\HW\DAC”路径添加到 Include Paths 栏中。

步骤 3：完善 DAC.h 文件

单击按钮进行编译，编译结束后，在 Project 面板中，双击 DAC.c 下的 DAC.h 文件。在 DAC.h 文件的“包含头文件”区，添加代码#include "DataType.h"。

在 DAC.h 文件的“枚举结构体定义”区，添加如程序清单 13-4 所示的结构体定义代码。该结构体的 waveBufAddr 成员用于指定波形的地址，waveBufSize 成员用于指定波形的点数。

程序清单 13-4

```
typedef struct
{
  u32 waveBufAddr;   //波形地址
  u32 waveBufSize;   //波形点数
}StructDACWave;
```

在 DAC.h 文件的“API 函数声明”区，添加如程序清单 13-5 所示的 API 函数声明代码。

程序清单 13-5

```
void  InitDAC(void);  //初始化 DAC 模块
void  SetDACWave(StructDACWave wave);  //设置 DAC 波形属性，包括波形地址和点数
```

步骤 4：完善 DAC.c 文件

在 DAC.c 文件“包含头文件”区的最后，添加代码#include "Wave.h"和#include "stm32f4xx_conf.h"。

在 DAC.c 文件的“宏定义”区，添加如程序清单 13-6 所示的宏定义代码，该宏定义表示 DAC1 的地址。其中，宏定义 DAC_DHR12R1_ADDR 是 DAC1 的 12 位右对齐数据寄存器的地址，可参见图 13-26 和表 13-11。

程序清单 13-6

```
#define DAC_DHR12R1_ADDR    ((u32)0x40007408)   //DAC1 的地址（12 位右对齐）
```

在 DAC.c 文件的“内部变量”区，添加如程序清单 13-7 所示的内部变量定义代码。其中，结构体变量 s_strDAC1WaveBuf 用于存储波形的地址和点数。

程序清单 13-7

```
static StructDACWave s_strDAC1WaveBuf;  //存储 DAC1 波形属性，包括波形地址和点数
```

在 DAC.c 文件的“内部函数声明”区，添加内部函数的声明代码，如程序清单 13-8 所示。

程序清单 13-8

```
static  void ConfigTimer4(u16 arr, u16 psc);                    //配置 TIM4
static  void ConfigDAC1(void);                                  //配置 DAC1
static  void ConfigDMA1Ch7ForDAC1(StructDACWave wave);          //配置 DMA1 通道 7
```

在 DAC.c 文件的“内部函数实现”区，添加 ConfigTimer4 函数的实现代码，如程序清单 13-9 所示。

程序清单 13-9

```
static  void ConfigTimer4(u16 arr, u16 psc)
{
  TIM_TimeBaseInitTypeDef TIM_TimeBaseStructure;  //TIM_TimeBaseStructure 用于存放定时器的参数

  //使能 RCC 相关时钟
  RCC_APB1PeriphClockCmd(RCC_APB1Periph_TIM4, ENABLE);          //使能定时器的时钟

  //配置 TIM4
  TIM_TimeBaseStructure.TIM_Period        = arr;                //设置自动重装载值
  TIM_TimeBaseStructure.TIM_Prescaler     = psc;                //设置预分频器值
  TIM_TimeBaseStructure.TIM_ClockDivision = TIM_CKD_DIV1;       //设置时钟分割：tDTS = tCK_INT
  TIM_TimeBaseStructure.TIM_CounterMode   = TIM_CounterMode_Up;  //设置向上计数模式
  TIM_TimeBaseInit(TIM4, &TIM_TimeBaseStructure);               //根据参数初始化定时器

  TIM_SelectOutputTrigger(TIM4, TIM_TRGOSource_Update);         //选择更新事件为触发输入

  TIM_Cmd(TIM4, ENABLE);  //使能定时器
}
```

说明：（1）将 TIM4 设置为 DAC1 的触发源，因此，需要通过 RCC_APB1PeriphClockCmd 函数使能 TIM4 的时钟。

（2）通过 TIM_TimeBaseInit 函数对 TIM4 进行配置，该函数涉及 TIM4_CR1 的 DIR、CMS[1:0]、CKD[1:0]，以及 TIM4_ARR、TIM4_PSC 和 TIM4_EGR 的 UG。DIR 用于设置计数器的计数方向，CMS[1:0]用于选择中央对齐模式，CKD[1:0]用于设置时钟分频系数，可参见图 6-2 和表 6-1。本实验中，将 TIM4 设置为边沿对齐模式，计数器向上计数。TIM4_ARR

和 TIM4_PSC 用于设置计数器的自动重装载值和预分频器的值，可参见图 6-8、图 6-9，以及表 6-7 和表 6-8，本实验中的这 2 个值由 ConfigTimer4 函数的参数 arr 和 psc 决定。UG 用于产生更新事件，可参见图 6-6 和表 6-5，本实验中将该值设置为 1，用于重新初始化计数器，并产生一个更新事件。

（3）通过 TIM_SelectOutputTrigger 函数将 TIM4 的更新事件作为 DAC1 的触发输入，该函数涉及 TIM4_CR2 的 MMS[2:0]。MMS[2:0]用于选择在主模式下送到从定时器的同步信息（TRGO），可参见图 6-3 和表 6-2。

（4）通过 TIM_Cmd 函数使能 TIM4，该函数涉及 TIM4_CR1 的 CEN。

在 DAC.c 文件“内部函数实现”区的 ConfigTimer4 函数实现区后，添加 ConfigDAC1 函数的实现代码，如程序清单 13-10 所示。

说明：（1）DAC 通道 1 通过 PA4 引脚输出，因此还需要通过 RCC_AHB1PeriphClockCmd 函数使能 GPIOA 时钟，通过 RCC_APB1PeriphClockCmd 使能 DAC 时钟。

（2）一旦使能 DAC 通道 1，PA4 引脚自动与 DAC 通道 1 的模拟输出相连，为了避免寄生的干扰和额外的功耗，应先通过 GPIO_Init 函数将 PA4 引脚设置成模拟输入。

（3）通过 DAC_Init 函数对 DAC 通道 1 进行配置，该函数涉及 DAC_CR 的 MAMP1[3:0]、WAVE1[1:0]、TSEL1[2:0]和 BOFF1。MAMP1[3:0]是 DAC 通道 1 掩码/振幅选择器，由软件设置，用来在生成噪声波模式下选择掩码，或在生成三角波模式下选择振幅；WAVE1[1:0]是 DAC 通道 1 噪声/三角波生成使能；TSEL1[2:0]是 DAC 通道 1 触发器选择，用于选择 DAC 通道 1 的外部触发事件；BOFF1 用于使能/禁止 DAC 通道 1 的输出缓冲器，可参见图 13-24 和表 13-9。本实验中，DAC 通道 1 的外部触发事件选择 TIM4_TROG，输出缓冲器设置为使能，噪声/三角波选择器设置为禁止。

（4）通过 DAC_DMACmd 函数启用 DMA 传输，该函数涉及 DAC_CR 的 DMAEN1。

（5）DAC 通道 1 在正常工作之前，还需要设置 DAC 通道 1 的初始输出值。本实验中，DHRx 配置的是 DAC 通道 1 的 12 位右对齐数据寄存器（DAC_DHR12R1），因此，通过 DAC_SetChannel1Data 向该寄存器写入 0，对应的 PA4 引脚可输出约为 0V 的电压。

（6）通过 DAC_Cmd 函数使能 DAC 通道 1，该函数涉及 DAC_CR 的 EN1。

程序清单 13-10

```
static  void ConfigDAC1(void)
{
  GPIO_InitTypeDef  GPIO_InitStructure;   //GPIO_InitStructure 用于存放 GPIO 的参数
  DAC_InitTypeDef   DAC_InitStructure;   //DAC_InitStructure 用于存放 DAC 的参数

  //使能 RCC 相关时钟
  RCC_AHB1PeriphClockCmd(RCC_AHB1Periph_GPIOA, ENABLE); //使能 GPIOA 的时钟
  RCC_APB1PeriphClockCmd(RCC_APB1Periph_DAC, ENABLE);   //使能 DAC 的时钟

  //配置 DAC1 的 GPIO
  GPIO_InitStructure.GPIO_Pin   = GPIO_Pin_4;            //设置引脚
  GPIO_InitStructure.GPIO_Speed = GPIO_Speed_50MHz;      //设置 I/O 输出速度
  GPIO_InitStructure.GPIO_Mode  = GPIO_Mode_AIN;         //设置输入类型
  GPIO_Init(GPIOA, &GPIO_InitStructure);                 //根据参数初始化 GPIO

  //配置 DAC1
  DAC_InitStructure.DAC_Trigger = DAC_Trigger_T4_TRGO;  //设置 DAC 触发
```

```
  DAC_InitStructure.DAC_WaveGeneration = DAC_WaveGeneration_None;      //关闭波形发生器
  DAC_InitStructure.DAC_LFSRUnmask_TriangleAmplitude = DAC_LFSRUnmask_Bit0;
                                                          //不屏蔽 LSFR 位 0/三角波幅值等于 1
  DAC_InitStructure.DAC_OutputBuffer = DAC_OutputBuffer_Enable;       //使能 DAC 输出缓存
  DAC_Init(DAC_Channel_1, &DAC_InitStructure);                        //初始化 DAC 通道 1

  DAC_DMACmd(DAC_Channel_1, ENABLE);                                  //使能 DAC 通道 1 的 DMA 模式

  DAC_SetChannel1Data(DAC_Align_12b_R, 0);                            //设置为 12 位右对齐数据格式

  DAC_Cmd(DAC_Channel_1, ENABLE);                                     //使能 DAC 通道 1
}
```

在 DAC.c 文件“内部函数实现”区的 ConfigDAC1 函数实现区后，添加 ConfigDMA1Ch7ForDAC1 函数的实现代码，如程序清单 13-11 所示。

说明：（1）本实验通过 DMA1 数据流 5 将 SRAM 中的波形数据传送到 DAC_DHR12R1，因此，还需要通过 RCC_AHB1PeriphClockCmd 函数使能 DMA1 的时钟。

（2）通过 DMA_DeInit 函数将 DMA1 数据流 5 相关的寄存器重设为默认值。

（3）通过 DMA_Init 函数对 DMA1 数据流 5 进行配置，该函数涉及 DMA_S5CR 的 CHSEL[2:0]、MBURST[1:0]、PBURST[1:0]、PL[1:0]、MSIZE[1:0]、PSIZE[1:0]、MINC、PINC、CIRC、DIR[1:0]，还涉及 DMA_S5NDTR、DMA_S5PAR、DMA_S5M0AR，以及 DMA_S5FCR 的 DMDIS 和 FTH[1:0]。本实验中，DMA1 数据流 5 将 SRAM 中的数据传送到 DAC 通道 1 的 DAC_DHR12R1，因此，将 CHSEL[2:0]设置为 111 用于选择通道 7，存储器和外设均采用单次传输模式，通道优先级设置为高，存储器和外设数据宽度均为半字，外设为非递增模式，存储器为递增模式，传输方向从存储器到外设。对 DMA_S5PAR 写入 DAC_DHR12R1_ADDR，即 DAC 通道 1 的 12 位右对齐数据保持寄存器 DAC_DHR12R1 的地址；对 DMA_S5M0AR 写入 wave.waveBufAddr，即 ConfigDMA1Ch7ForDAC1 函数的参数 wave 的成员变量，wave 是一个结构体变量，用于指定某一类型的波形，而 waveBufAddr 用于指定波形的地址；对 DMA_S5CNDTR 写入 wave.waveBufSize，waveBufSize 也是 wave 结构体变量的成员，用于指定波形的点数。DMDIS 用于使能或禁止直接模式，FTH[1:0]用于设置直接模式下的 FIFO 容量。本实验禁用了 FIFO，即禁止直接模式，在这种模式下设置的 FIFO 容量不起作用。

（4）通过 NVIC_Init 函数使能 DMA1 数据流 5 的中断，同时设置抢占优先级为 0，子优先级为 0。

（5）通过 DMA_ITConfig 函数使能 DMA1 数据流 5 的传输完成中断，该函数涉及 DMA_S5CR 的 TCIE。

（6）通过 DMA_Cmd 函数使能 DMA1 数据流 5，该函数涉及 DMA_S5CR 的 EN。

程序清单 13-11

```
static void ConfigDMA1Ch7ForDAC1(StructDACWave wave)
{
  DMA_InitTypeDef   DMA_InitStructure;    //DMA_InitStructure 用于存放 DMA 的参数
  NVIC_InitTypeDef  NVIC_InitStructure;   //NVIC_InitStructure 用于存放 NVIC 的参数

  //使能 RCC 相关时钟
  RCC_AHB1PeriphClockCmd(RCC_AHB1Periph_DMA1, ENABLE);   //使能 DMA1 的时钟
```

```
  //配置 DMA1_Stream5
  DMA_DeInit(DMA1_Stream5);
  DMA_InitStructure.DMA_Channel            = DMA_Channel_7;        //设置通道
  DMA_InitStructure.DMA_PeripheralBaseAddr = (uint32_t)DAC_DHR12R1_ADDR;  //设置外设地址
  DMA_InitStructure.DMA_Memory0BaseAddr    = wave.waveBufAddr;    //设置存储器 0 地址
  DMA_InitStructure.DMA_DIR                = DMA_DIR_MemoryToPeripheral;  //设置为存储器到外设
                                                                               模式
  DMA_InitStructure.DMA_BufferSize         = wave.waveBufSize;    //设置要传输的数据项数目
  DMA_InitStructure.DMA_PeripheralInc      = DMA_PeripheralInc_Disable; //设置外设为非递增模式
  DMA_InitStructure.DMA_MemoryInc          = DMA_MemoryInc_Enable;     //设置存储器为递增模式
  DMA_InitStructure.DMA_PeripheralDataSize = DMA_PeripheralDataSize_HalfWord;
                                                         //设置外设数据长度为半字
  DMA_InitStructure.DMA_MemoryDataSize     = DMA_MemoryDataSize_HalfWord;
                                                         //设置存储器数据长度为半字
  DMA_InitStructure.DMA_Mode               = DMA_Mode_Circular;            //设置为循环模式
  DMA_InitStructure.DMA_Priority           = DMA_Priority_High;            //设置为高优先级
  DMA_InitStructure.DMA_FIFOMode           = DMA_FIFOMode_Disable;         //禁用 FIFO
  DMA_InitStructure.DMA_FIFOThreshold      = DMA_FIFOThreshold_HalfFull;   //设置 FIFO 阈值
  DMA_InitStructure.DMA_MemoryBurst        = DMA_MemoryBurst_Single;  //设置存储器为单次传输
  DMA_InitStructure.DMA_PeripheralBurst    = DMA_PeripheralBurst_Single;  //设置外设为单次传输
  DMA_Init(DMA1_Stream5, &DMA_InitStructure); //根据参数初始化 DMA1_Stream5

  //配置 NVIC
  NVIC_InitStructure.NVIC_IRQChannel = DMA1_Stream5_IRQn;    //中断通道号
  NVIC_InitStructure.NVIC_IRQChannelPreemptionPriority = 0; //设置抢占优先级
  NVIC_InitStructure.NVIC_IRQChannelSubPriority = 0;        //设置子优先级
  NVIC_InitStructure.NVIC_IRQChannelCmd = ENABLE;           //使能中断
  NVIC_Init(&NVIC_InitStructure);                           //根据参数初始化 NVIC

  DMA_ITConfig(DMA1_Stream5, DMA_IT_TC, ENABLE);         //使能 DMA1_Stream5 的传输完成中断

  DMA_Cmd(DMA1_Stream5, ENABLE);  //使能 DMA1_Stream5
}
```

在 DAC.c 文件“内部函数实现”区的 ConfigDAC1 函数实现区后，添加 DMA1_Stream5_IRQHandler 中断服务函数的实现代码，如程序清单 13-12 所示。

说明：（1）本实验中，DMA_S5CR 的 TCIE 为 1，表示使能传输完成中断。当 DMA1 数据流 5 传输完成时，DMA_HISR 的 TCIF5 由硬件置为 1，并产生传输完成中断，执行 DMA1_Stream5_IRQHandler 函数。

（2）在 DMA1_Stream5_IRQHandler 函数中，通过 NVIC_ClearPendingIRQ 函数向中断挂起清除寄存器（ICPR）对应位写入 1，清除中断挂起。

（3）通过 DMA_ClearITPendingBit 函数清除 DMA1 数据流 5 的传输完成标志 TCIF5。该函数涉及 DMA_HIFCR 的 CTCIF5。

（4）通过 ConfigDMA1Ch7ForDAC1 函数重新配置 DMA1 数据流 5 的参数。主要是将 s_strDAC1WaveBuf 的成员变量 waveBufAddr 和 waveBufSize 分别写入 DMA_S5M0AR 和 DMA_S5NDTR，其他参数保持不变。

程序清单 13-12

```
void DMA1_Stream5_IRQHandler(void)
```

```
{
  if(DMA_GetITStatus(DMA1_Stream5, DMA_IT_TCIF5))        //判断DMA1_Stream5传输完成中断是否发生
  {
    NVIC_ClearPendingIRQ(DMA1_Stream5_IRQn);             //清除 DMA1_Stream5 中断挂起
    DMA_ClearITPendingBit(DMA1_Stream5, DMA_IT_TCIF5);   //清除 DMA1_Stream5 传输完成中断标志

    ConfigDMA1Ch7ForDAC1(s_strDAC1WaveBuf);              //配置 DMA1 通道 7
  }
}
```

在 DAC.c 文件的“API 函数实现”区添加 InitDAC 函数的实现代码，如程序清单 13-13 所示。

说明：（1）通过 GetSineWave100PointAddr 函数获取正弦波数组 s_arrSineWave100Point 的地址，并将该地址赋值给 s_strDAC1WaveBuf 的成员变量 waveBufAddr，将 s_strDAC1WaveBuf 的另一个成员变量 waveBufSize 赋值为 100。

（2）ConfigDAC1 函数用于配置 DAC1。

（3）ConfigTimer4 函数用于配置 TIM4，每 8ms 触发一次 DAC 通道 1 的转换。

（4）ConfigDMA1Ch7ForDAC1 函数用于配置 DMA1 数据流 5。

程序清单 13-13

```
void InitDAC(void)
{
  s_strDAC1WaveBuf.waveBufAddr  = (u32)GetSineWave100PointAddr();     //波形地址
  s_strDAC1WaveBuf.waveBufSize  = 100;                                //波形点数

  ConfigDAC1(); //配置 DAC1
  ConfigTimer4(799, 899); //90MHz/(899+1)=100kHz(对应 10us), 0 计数到 799 为 8ms
  ConfigDMA1Ch7ForDAC1(s_strDAC1WaveBuf); //配置 DMA1 通道 7
}
```

在 DAC.c 文件“API 函数实现”区的 InitDAC 函数实现区后，添加 SetDACWave 函数的实现代码，如程序清单 13-14 所示。SetDACWave 函数用于设置波形属性，包括波形的地址和点数。本实验中，调用该函数来切换不同的波形通过 DAC 通道 1 输出。

程序清单 13-14

```
void SetDACWave(StructDACWave wave)
{
  s_strDAC1WaveBuf = wave;  //根据 wave 设置 DAC 波形属性
}
```

步骤 5：添加 ProcHostCmd 文件对

首先，将“D:\STM32KeilTest\Product\12.DAC 实验\App\ProcHostCmd”文件夹中的 ProcHostCmd.c 添加到 App 分组中。然后，将“D:\STM32KeilTest\Product\ 12.DAC 实验\App\ProcHostCmd”路径添加到 Include Paths 栏中。

将 ProcHostCmd.c 添加到 App 分组之后，在 Project 面板中，双击打开 ProcHostCmd.c 文件，在 ProcHostCmd.c 文件的“包含头文件”区添加代码`#include "ProcHostCmd.h"`。然后单击按钮进行编译，编译结束后，ProcHostCmd.c 目录下会出现 ProcHostCmd.h，表示成功包含 ProcHostCmd.h 头文件。

步骤 6：完善 ProcHostCmd.h 文件

单击按钮进行编译，编译结束后，在 Project 面板中，双击 ProcHostCmd.c 下的 ProcHostCmd.h 文件。在 ProcHostCmd.h 文件的“包含头文件”区，添加代码`#include "DataType.h"`。

在 ProcHostCmd.h 文件的“枚举结构体定义”区，添加如程序清单 13-15 所示的枚举定义代码。从机在接收到主机发送的命令后，会向主机发送应答消息，该枚举的元素即为应答消息，定义如表 13-8 所示。

程序清单 13-15

```
//应答消息定义
typedef enum{
  CMD_ACK_OK,             //0 命令成功
  CMD_ACK_CHECKSUM,       //1 校验和错误
  CMD_ACK_LEN,            //2 命令包长度错误
  CMD_ACK_BAD_CMD,        //3 无效命令
  CMD_ACK_PARAM_ERR,      //4 命令参数数据错误
  CMD_ACK_NOT_ACC         //5 命令不接受
}EnumCmdAckType;
```

在 ProcHostCmd.h 文件的“API 函数声明”区，添加如程序清单 13-16 所示的 API 函数声明代码。

程序清单 13-16

```
void  InitProcHostCmd(void);        //初始化 ProcHostCmd 模块
void  ProcHostCmd(u8 recData);      //处理主机命令
```

步骤 7：完善 ProcHostCmd.c 文件

在 ProcHostCmd.c 文件“包含头文件”区的最后，添加如程序清单 13-17 所示的代码。

程序清单 13-17

```
#include "PackUnpack.h"
#include "SendDataToHost.h"
#include "DAC.h"
#include "Wave.h"
```

在 ProcHostCmd.c 文件的“内部函数声明”区，添加内部函数的声明代码，如程序清单 13-18 所示。

程序清单 13-18

```
static u8  OnGenWave(u8* pMsg);  //生成波形的响应函数
```

在 ProcHostCmd.c 文件的“内部函数实现”区，添加 OnGenWave 函数的实现代码，如程序清单 13-19 所示。

说明：(1) 定义一个 StructDACWave 类型的结构体变量 wave，用于存放波形的地址和点数。

(2) OnGenWave 函数的参数 pMsg 包含了待生成波形的类型信息。当 pMsg[0]为 0x00 时，表示从机接收到生成正弦波的命令，通过 GetSineWave100PointAddr 函数获取正弦波地址，并赋值给 wave.waveBufAddr；当 pMsg[0]为 0x01 时，表示从机收到生成三角波的命令，通过 GetTriWave100PointAddr 函数获取三角波地址，并赋值给 wave.waveBufAddr；当 pMsg[0]为 0x02 时，表示从机收到生成方波的命令，通过 GetRectWave100PointAddr 函数获取方波地址，并赋值给 wave.waveBufAddr，可参见表 13-7。

（3）无论是正弦波、三角波，还是方波，待生成波形的点数均为 100，因此，将 wave 的成员变量 waveBufSize 赋值为 100。

（4）根据结构体变量 wave 的成员变量 waveBufAddr 和 waveBufSize，通过 SetDACWave 函数设置 DAC 待输出的波形参数。

（5）枚举元素 CMD_ACK_OK 作为 OnGenWave 函数的返回值，表示从机接收并处理主机命令成功。

程序清单 13-19

```
static u8 OnGenWave(u8* pMsg)
{
  StructDACWave wave;   //DAC 波形属性

  if(pMsg[0] == 0x00)
  {
    wave.waveBufAddr  = (u32)GetSineWave100PointAddr();      //获取正弦波数组的地址
  }
  else if(pMsg[0] == 0x01)
  {
    wave.waveBufAddr  = (u32)GetTriWave100PointAddr();       //获取三角波数组的地址
  }
  else if(pMsg[0] == 0x02)
  {
    wave.waveBufAddr  = (u32)GetRectWave100PointAddr();      //获取方波数组的地址
  }

  wave.waveBufSize  = 100;  //波形一个周期点数为 100

  SetDACWave(wave);         //设置 DAC 波形属性

  return(CMD_ACK_OK);       //返回命令成功
}
```

在 ProcHostCmd.c 文件的“API 函数实现”区，添加 InitProcHostCmd 和 ProcHostCmd 函数的实现代码，如程序清单 13-20 所示。InitProcHostCmd 函数用于初始化 ProcHostCmd 模块，这里没有需要初始化的内容，因此函数体留空。下面按照顺序对 ProcHostCmd 函数中的语句进行解释说明。

（1）定义一个 StructPackType 类型的结构体变量 pack，用于存放解包后的命令包。

（2）UnPackData 函数解包接收到的命令包。

（3）GetUnPackRslt 函数获取解包结果，并将解包结果赋值给结构体变量 pack。

（4）OnGenWave 函数根据 pack 的成员变量 packModuleId 生成不同的波形。

（5）SendAckPack 函数向主机发送响应消息包。

程序清单 13-20

```
void  InitProcHostCmd(void)
{

}

void ProcHostCmd(u8 recData)
```

```
{
  u8 ack;                         //存储应答消息
  StructPackType pack;            //包结构体变量

  while(UnPackData(recData))      //解包成功
  {
    pack = GetUnPackRslt();       //获取解包结果

    switch(pack.packModuleId)     //模块 ID
    {
      case MODULE_WAVE:           //波形信息
        ack = OnGenWave(pack.arrData);                       //生成波形
        SendAckPack(MODULE_WAVE, CMD_GEN_WAVE, ack);        //发送命令应答消息包
        break;
      default:
        break;
    }
  }
}
```

步骤 8：完善 DAC 实验应用层

在 Project 面板中，双击打开 Main.c 文件，在 Main.c 文件“包含头文件”区的最后，添加代码#include "DAC.h"、#include "Wave.h"、#include "ProcHostCmd.h"。

在 Main.c 文件的 InitSoftware 函数中，添加调用 InitProcHostCmd 函数的代码，如程序清单 13-21 所示，这样就实现了对 ProcHostCmd 模块的初始化。

程序清单 13-21

```
static  void  InitSoftware(void)
{
  InitPackUnpack();     //初始化 PackUnpack 模块
  InitSendDataToHost(); //初始化 SendDataToHost 模块
  InitProcHostCmd();    //初始化 ProcHostCmd 模块
}
```

在 Main.c 文件的 InitHardware 函数中，添加调用 InitDAC 函数的代码，如程序清单 13-22 所示，这样就实现了对 DAC 模块的初始化。

程序清单 13-22

```
static  void  InitHardware(void)
{
  SystemInit();         //系统初始化
  InitRCC();            //初始化 RCC 模块
  InitNVIC();           //初始化 NVIC 模块
  InitUART1(115200);    //初始化 UART 模块
  InitTimer();          //初始化 Timer 模块
  InitLED();            //初始化 LED 模块
  InitSysTick();        //初始化 SysTick 模块
  InitADC();            //初始化 ADC 模块
  InitDAC();            //初始化 DAC 模块
}
```

在 Main.c 文件的 Proc2msTask 函数中，添加调用 ReadUART1 和 ProcHostCmd 函数的代码，以及 uart1RecData 变量的定义代码，如程序清单 13-23 所示。其中，ReadUART1 函数读取主机发送给从机的命令，ProcHostCmd 函数用于处理接收到的主机命令。

程序清单 13-23

```
static  void  Proc2msTask(void)
{
  u16 adcData;          //队列数据
  u8  waveData;         //波形数据
  u8  uart1RecData;     //串口数据

  static u8 s_iCnt4 = 0;               //计数器
  static u8 s_iPointCnt = 0;           //波形数据包的点计数器
  static u8 s_arrWaveData[5] = {0};    //初始化数组

  if(Get2msFlag())                     //判断 2ms 标志状态
  {
    if(ReadUART1(&uart1RecData, 1))    //读串口接收数据
    {
      ProcHostCmd(uart1RecData);       //处理命令
    }

    s_iCnt4++;                         //计数增加

    if(s_iCnt4 >= 4)                   //达到 8ms
    {
      if(ReadADCBuf(&adcData))         //从缓存队列中取出 1 个数据
      {
        waveData = (adcData * 127) / 4095;          //计算获取点的位置
        s_arrWaveData[s_iPointCnt] = waveData;      //存放到数组
        s_iPointCnt++;                 //波形数据包的点计数器加 1 操作

        if(s_iPointCnt >= 5)           //接收到 5 个点
        {
          s_iPointCnt = 0;             //计数器清零
          SendWaveToHost(s_arrWaveData);            //发送波形数据包
        }
      }
      s_iCnt4 = 0;                     //准备下次的循环
    }

    LEDFlicker(250);                   //调用闪烁函数
    Clr2msFlag();                      //清除 2ms 标志
  }
}
```

步骤 9：编译及下载验证

代码编写完成后，单击按钮进行编译。编译结束后，Build Output 栏中显示“0 Error(s), 0 Warning(s)”，表示编译成功。然后，参见图 2-33，通过 Keil μVision5.20 软件将.axf 文件下载到医疗电子单片机高级开发系统。下载完成后，将 PA4 引脚分别连接到 PA5 引脚和示波器探头，并通过通信-下载模块将医疗电子单片机高级开发系统连接到计算机，在计算机上打开

信号采集工具（位于本书配套资料包的“08.软件资料”文件夹中），DAC 实验硬件连接图如图 13-38 所示。

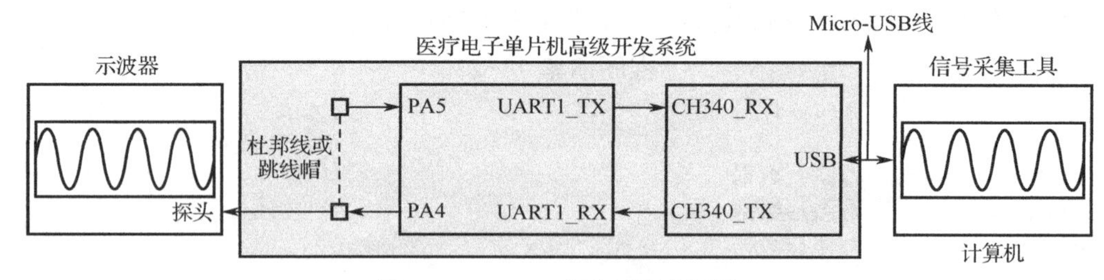

图 13-38　DAC 实验硬件连接图

在信号采集工具窗口中，单击左侧的“扫描”按钮，选择通信-下载模块对应的串口号（提示：每台机器的 COM 编号可能不同）。将“波特率”设置为 115200，“数据位”设置为 8，“停止位”设置为 1，“校验位”设置为 NONE，然后单击“打开”按钮（单击之后，按钮名称将切换为“关闭”），信号采集工具的状态栏显示“COM3 已打开，115200，8，One，None”；同时，在波形显示区可以实时观察到正弦波，如图 13-39 所示。

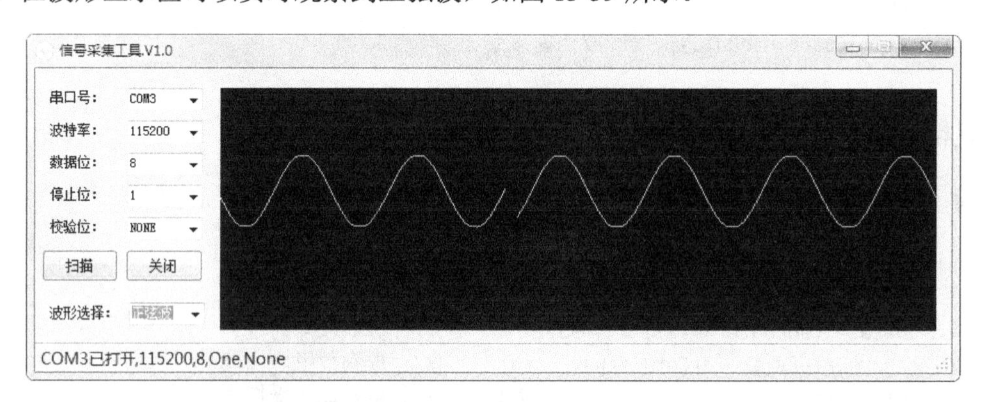

图 13-39　波形采集工具实测图——正弦波

在示波器上也可以观察到正弦波，如图 13-40 所示。

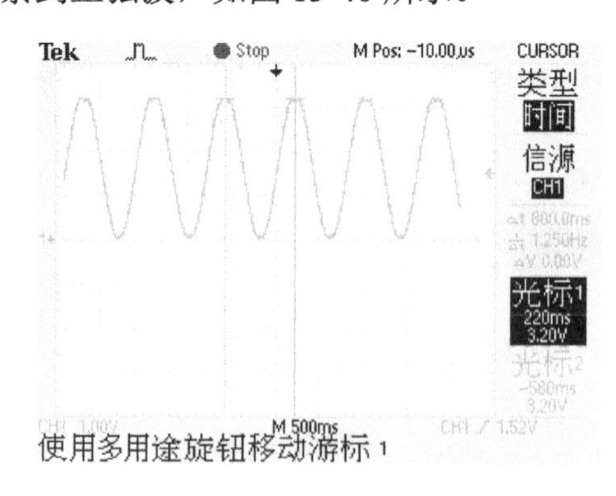

图 13-40　示波器实测图——正弦波

在信号采集工具窗口左下方的“波形选择”下拉框中选择三角波，可以在波形显示区实时观察到三角波，如图 13-41 所示。

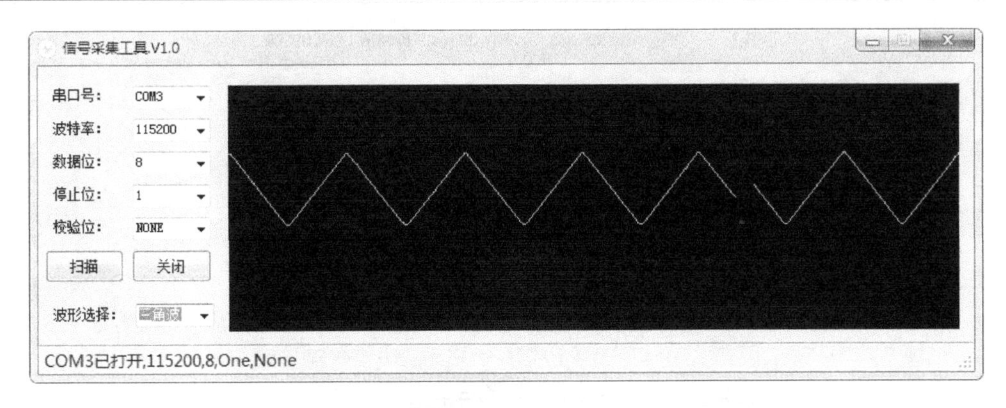

图 13-41　波形采集工具实测图——三角波

在示波器上观察到的三角波如图 13-42 所示。

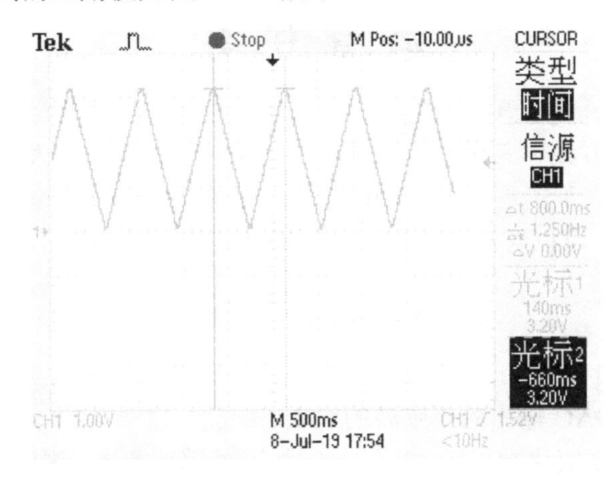

图 13-42　示波器实测图——三角波

选择方波，可以在波形显示区实时观察到方波，如图 13-43 所示。

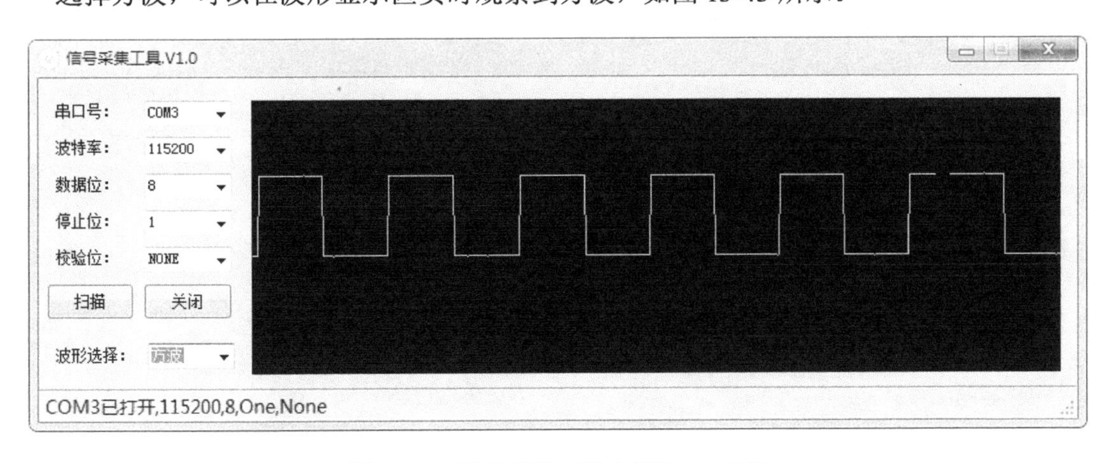

图 13-43　波形采集工具实测图——方波

在示波器上观察到的方波如图 13-44 所示。

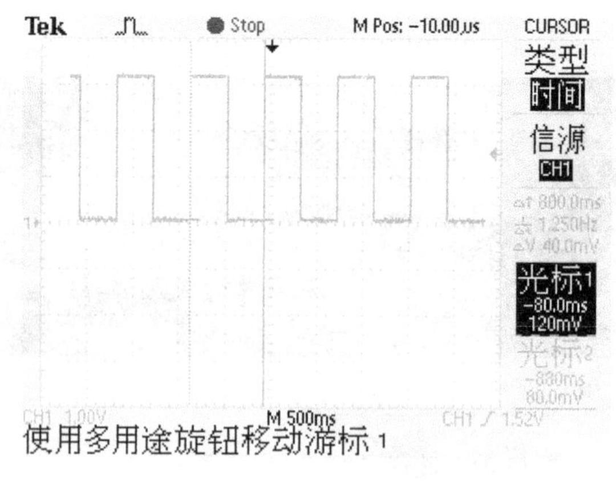

图 13-44　示波器实测图——方波

本 章 任 务

基于医疗电子单片机高级开发系统编写程序，使用 PA5 引脚作为 DAC 输出，输出的波形应至少包含正弦波、方波和三角波；通过医疗电子单片机高级开发系统上的按键 Key1 可以切换波形类型，并将波形类型显示在 OLED 上；通过按键 Key2 可以对波形的幅值进行递增调节；通过按键 Key3 可以对波形的幅值进行递减调节。

本 章 习 题

1．简述本实验中的 DAC 工作原理。

2．计算本实验中 DAC 输出的正弦波的周期。

3．本实验中的 DAC 模块配置为 12 位电压输出数/模转换器，这里的“12 位”代表什么？如果将 DAC 输出数据设置为 4095，则引脚输出的电压是多少？如果将 DAC 配置为 8 位模式，如何让引脚输出 3.3V 电压？两种模式有什么区别？

第14章　实验13——ADC

ADC是英文Analog to Digital Converter的缩写，即模/数转换器。STM32F429IGT6芯片内嵌3个12位逐次逼近型ADC，每个ADC公用多达18个外部通道，可以实现单次或多次扫描转换。各通道的A/D转换可以单次、连续、扫描或间断模式执行，ADC的结果以左对齐或右对齐方式存储在16位数据寄存器中。本章首先介绍ADC及其相关寄存器和固件库函数，然后通过实验介绍如何通过ADC进行模/数转换。

14.1　实验内容

将STM32F429IGT6芯片的PA5引脚配置为ADC1输入端口，编写程序实现以下功能：（1）将PA4引脚通过杜邦线连接到PA5引脚；（2）通过ADC1对PA5引脚的模拟信号量进行采样和模/数转换；（3）将转换后的数字量按照PCT通信协议进行打包；（4）通过医疗电子单片机高级开发系统的UART1将打包后的数据实时发送至计算机；（5）通过计算机上的信号采集工具（位于本书配套资料包的“08.软件资料\信号采集工具.V1.0”文件夹中）动态显示接收到的波形。

14.2　实验原理

14.2.1　ADC功能框图

图14-1所示是ADC的功能框图，该框图涵盖的内容非常全面，而绝大多数应用只涉及其中一部分，本实验也不例外。下面依次介绍ADC的电源与参考电压、ADC时钟及其转换时间、ADC输入通道、ADC触发源、模/数转换器、数据寄存器。

1．ADC的电源与参考电压

ADC的输入在V_{REF-}至V_{REF+}之间，V_{DDA}和V_{SSA}引脚分别是ADC的电源端和地端。

ADC的参考电压也称为基准电压，如果没有基准电压，就无法确定被测信号的准确幅值。例如，基准电压为5V，分辨率为8位的ADC，当被测信号电压达到5V时，ADC输出满量程读数，即255，就代表被测信号的电压等于5V；如果ADC输出127，则代表被测信号的电压等于2.5V。ADC的参考电压可以是外接基准，或内置基准，或外接基准和内置基准并用，但外接基准优先于内置基准。

表14-1是STM32的ADC参考电压，V_{DDA}、V_{SSA}引脚建议分别与V_{DD}、V_{SS}引脚连接。STM32的参考电压负极需要接地，即V_{REF-}=0V。参考电压正极的范围为2.4V≤V_{REF+}≤3.6V，所以STM32的ADC不能直接测量负电压，而且其输入的电压信号的范围为$V_{REF-}≤V_{IN}≤V_{REF+}$。当需要测量负电压或被测电压信号超出范围时，需要先经过运算电路进行抬高，或利用电阻进行分压。需要注意的是，医疗电子单片机高级开发系统上的STM32F429IGT6芯片的V_{REF+}引脚通过内部连接到V_{DDA}引脚，V_{REF-}引脚通过内部连接到V_{SSA}引脚。医疗电子单片机高级开发系统的V_{DDA}=3.3V，V_{SSA}=0V，因此，V_{REF+}=3.3V，V_{REF-}=0V。

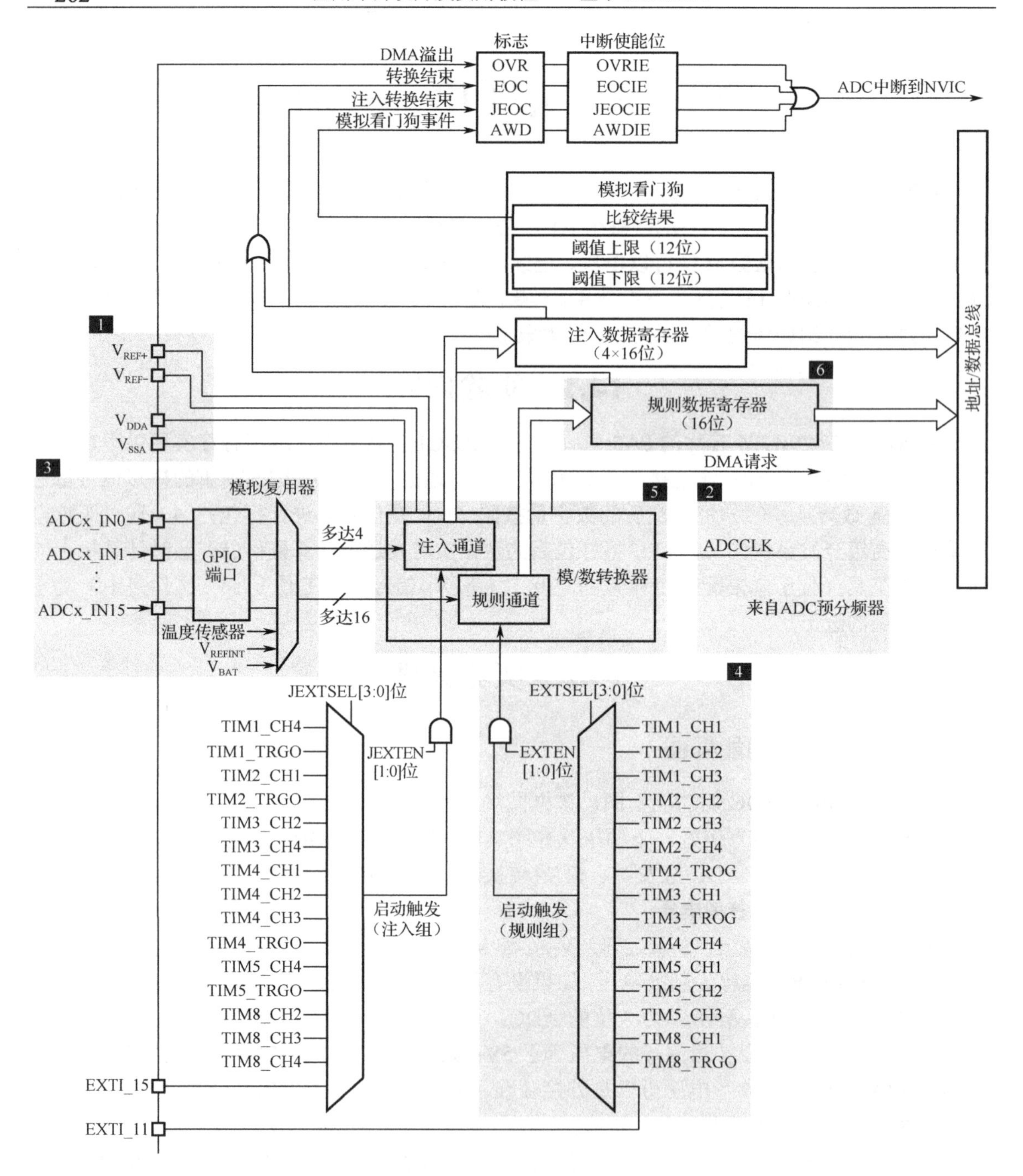

图 14-1　ADC 功能框图

表 14-1　ADC 参考电压

引 脚 名 称	信 号 类 型	注　　释
V_{REF+}	输入，模拟参考正极	ADC 使用的高端/正极参考电压，$2.4V \leqslant V_{REF+} \leqslant V_{DDA}$
V_{DDA}	输入，模拟电源	等效于 V_{DD} 的模拟电源，且 $2.4V \leqslant V_{DDA} \leqslant V_{DD}$（3.6V）
V_{REF-}	输入，模拟参考负极	ADC 使用的低端/负极参考电压，$V_{REF-} \leqslant V_{SSA}$
V_{SSA}	输入，模拟地	等效于 V_{SS} 的模拟地
ADCx_IN[15:0]	模拟输入信号	16 个模拟输入通道

2. ADC 时钟及其转换时间

（1）ADC 时钟

STM32 的 ADC 输入时钟 ADC_CLK 由 PCLK2 经过分频产生。本实验中，PCLK2 为 90MHz，ADC_CLK 为 PCLK2 的 2 分频，因此，ADC 输入时钟为 45MHz。ADC_CLK 的时钟分频系数可以由 ADC_CCR 寄存器更改。

（2）ADC 转换时间

ADC 使用若干 ADC_CLK 周期对输入电压进行采样，采样周期的数目可由 ADC_SMPR1 和 ADC_SMPR2 中的 SMPx[2:0]位配置，也可由 ADC_RegularChannelConfig 函数进行更改。每个通道可以用不同的时间采样。

ADC 的总转换时间可以根据如下公式计算：

$$T_{\mathrm{CONV}} = \text{采样时间} + 12\text{个 ADC 时钟周期}$$

其中，采样时间可配置为 3、15、28、56、84、112、144、480 个 ADC 时钟周期。

本实验的 ADC 输入时钟是 12MHz，即 ADC_CLK=45MHz，采样时间为 3 个 ADC 时钟周期，计算 ADC 的总转换时间为

$$\begin{aligned} T_{\mathrm{CONV}} &= 3\text{个ADC时钟周期} + 12\text{个ADC时钟周期} \\ &= 15\text{个ADC时钟周期} \\ &= 5 \times 1/45\mu\mathrm{s} \\ &= 1/3\mu\mathrm{s} \end{aligned}$$

3. ADC 输入通道

STM32 的 ADC 有多达 18 个通道，可以测量 16 个外部通道（ADCx_IN0～ADCx_IN15）和 2 个内部通道（温度传感器和 V_{REFINT}）。本实验使用到外部通道 ADC1_IN5，该通道与 PA5 引脚相连接。

4. ADC 触发源

STM32 的 ADC 支持外部事件触发转换，包括内部定时器触发和外部 I/O 触发。本实验使用 TIM3 进行触发，该触发源通过 ADC 控制寄存器 2（即 ADC_CR2 的 EXTSEL[2:0]位）进行选择，选择好该触发源后，还需要通过 ADC_CR2 的 EXTTRIG 对触发源进行使能。

5. 模/数转换器

模/数转换器是 ADC 的核心单元，模拟量在该单元被转换为数字量。模/数转换器有 2 个通道组，分别是规则通道组和注入通道组。规则通道相当于正常运行的程序，而注入通道相当于中断。本实验仅使用规则通道组，未使用注入通道组。

6. 数据寄存器

模拟量转换成数字量之后，规则通道组的数据存放在 ADC_DR 中，注入组的数据存放在 ADC_JDRx 中。ADC_DR 是一个 32 位的寄存器，只有低 16 位有效，由于 ADC 的分辨率为 12 位，因此，转换后的数字量既可以按照左对齐方式存储，也可以按照右对齐方式存储，具体按照哪种方式，需要通过 ADC_CR2 的 ALIGN 进行设置。

前文讲过，规则通道最多可以对 16 个信号源进行转换，而用于存放规则通道组的 ADC_DR 只有 1 个，如果对多个通道进行转换，旧的数据就会被新的数据覆盖，因此，每完成一次转换都需要立刻将该数据取走，或开启 DMA 模式，把数据转存至 SRAM 中。本实验

只对外部通道 ADC1_IN5（与引脚 PA5 相连）进行采样和转换，每次转换完之后，都通过 DMA1 的通道 1 将数据转存到 SRAM（即 s_arrADC1Data 变量）中，TIM3 的中断服务函数再将 s_arrADC1Data 变量写入 ADC 缓冲区（即 s_structADCCirQue 循环队列），应用层根据需要从 ADC 缓冲区读取转换后的数字量。

14.2.2 逻辑框图分析

图 14-2 所示是 ADC 实验逻辑框图，其中，TIM3 设置为 ADC1 的触发源，每 8ms 触发一次，用于对 ADC1_IN5 的模拟信号量进行模/数转换，每次转换结束后，DMA 控制器将 ADC_DR 中的数据通过 DMA1 传送到 SRAM（s_arrADC1Data 变量）。TIM3 每 8ms 通过中断服务函数 WriteADCBuf 将 s_arrADC1Data 变量值存入 s_structADCCirQue 缓冲区，该缓冲区是一个循环队列，应用层通过函数 ReadADCBuf 读取其中的数据。图 14-2 中灰色部分的代码已由本书配套的资料包提供，本实验只需要完成 ADC 采样和处理部分。

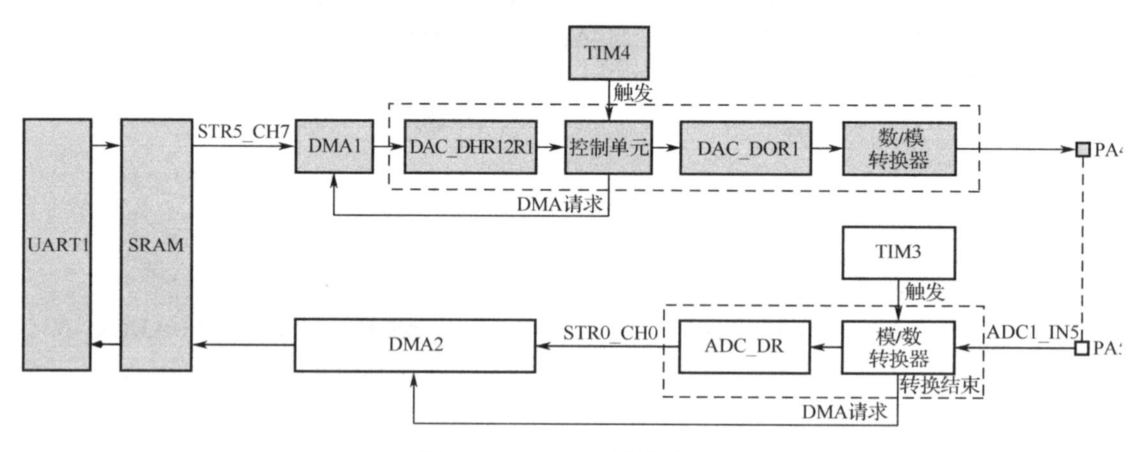

图 14-2　ADC 实验逻辑框图

14.2.3 ADC 缓冲区

如图 14-3 所示，写 ADC 缓冲区实际上是间接调用 EnU16Queue 函数实现，读 ADC 缓冲区实际上是间接调用 DeUtsch6Queue 函数实现。ADC 缓冲区的大小由 ADC1_BUF_SIZE 决定，本实验中，ADC1_BUF_SIZE 取 100，该缓冲区的变量类型为 unsigned short 型。

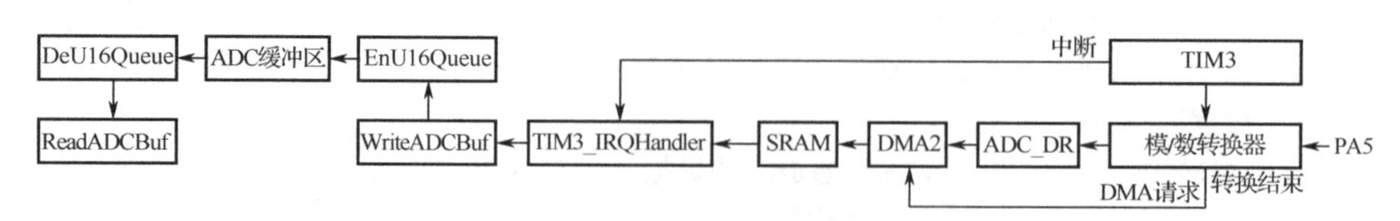

图 14-3　ADC 缓冲区及其数据通路

14.2.4 ADC 部分寄存器

ADC1、ADC2 和 ADC3 的边界地址如表 3-1 所示。ADC 全局寄存器映射如表 14-2 所示，通过计算可以得出：ADC1 的起始绝对地址为 0x4001 2000；ADC2 的起始绝对地址为 0x4001

2100；ADC3 的起始绝对地址为 0x4001 2200；ADC 通用寄存器的起始绝对地址为 0x4001 2300。

表 14-2　ADC 全局寄存器映射

偏　移	寄 存 器	偏　移	寄 存 器
0x000～0x04C	ADC1	0x200～0x24C	ADC3
0x050～0x0FC	保留	0x250～0x2FC	保留
0x100～0x14C	ADC2	0x300～0x308	通用寄存器
0x118～0x1FC	保留		

本实验涉及的 ADC 寄存器包括控制寄存器 1（ADC_CR1）、控制寄存器 2（ADC_CR2）、采样时间寄存器 1（ADC_SMPR1）、采样时间寄存器 2（ADC_SMPR2）、规则序列寄存器 1（ADC_SQR1）、规则序列寄存器 2（ADC_SQR2）和规则序列寄存器 3（ADC_SQR3），以及通用控制寄存器（ADC_CCR）。

1. 控制寄存器 1（ADC_CR1）

ADC_CR1 的结构、偏移地址和复位值如图 14-4 所示，部分位的解释说明如表 14-3 所示。

偏移地址：0x04
复位值：0x0000 0000

31	30	29	28	27	26	25	24	23	22	21	20	19	18	17	16
保留					OVRIE	RES[1:0]		AWD EN	JAWD EN	保留					
					rw	rw	rw	rw	rw						

15	14	13	12	11	10	9	8	7	6	5	4	3	2	1	0
DISCNUM[2:0]			JDISC EN	DISC EN	JAUTO	AWD SGL	SCAN	JEOC IE	AWDIE	EOCIE	AWDCH[4:0]				
rw	rw	rw	rw	rw	rw	rw	rw	rw	rw	rw	rw	rw	rw	rw	rw

图 14-4　ADC_CR1 的结构、偏移地址和复位值

表 14-3　ADC_CR1 部分位的解释说明

位 25:24	RES[1:0]：分辨率（Resolution）。通过软件写入这些位，可选择转换的分辨率。 00：12 位（15 个 ADCCLK 周期）；　01：10 位（13 个 ADCCLK 周期）； 10：8 位（11 个 ADCCLK 周期）；　11：6 位（9 个 ADCCLK 周期）
位 8	SCAN：扫描模式（Scan mode）。该位由软件设置和清除，用于开启或关闭扫描模式。在扫描模式中，转换由 ADC_SQRx 或 ADC_JSQRx 选中的通道。 0：关闭扫描模式；1：使用扫描模式。 注意，如果分别设置了 EOCIE 或 JEOCIE 位，只在最后一个通道转换完毕后才会产生 EOC 或 JEOC 中断

2. 控制寄存器 2（ADC_CR2）

ADC_CR2 的结构、偏移地址和复位值如图 14-5 所示，部分位的解释说明如表 14-4 所示。

3. 采样时间寄存器 1（ADC_SMPR1）

ADC_SMPR1 的结构、偏移地址和复位值如图 14-6 所示，部分位的解释说明如表 14-5 所示。

偏移地址：0x08
复位值：0x0000 0000

31	30	29	28	27	26	25	24	23	22	21	20	19	18	17	16
保留	SWSTART	EXTEN		EXSEL[3:0]				保留	JSWSTART	JEXTEN		JEXTSEL[3:0]			
	rw	rw	rw	rw	rw	rw	rw		rw	rw	rw	rw	rw	rw	rw

15	14	13	12	11	10	9	8	7	6	5	4	3	2	1	0
保留				ALIGN	EOCS	DDS	DMA	保留						CONT	ADON
				rw	rw	rw	rw							rw	rw

图 14-5　ADC_CR2 的结构、偏移地址和复位值

表 14-4　ADC_CR2 部分位的解释说明

位	说明
位 29:28	EXTEN：规则通道的外部触发使能（External trigger enable for regular channels）。 通过软件将这些位置 1 或清零，可选择外部触发极性和使能规则组的触发。 00：禁止触发检测；　01：上升沿上的触发检测； 10：下降沿上的触发检测；　11：上升沿和下降沿上的触发检测
位 27:24	EXTSEL[3:0]：为规则组选择外部事件（External event select for regular group）。这些位可选择用于触发规则组转换的外部事件。 0000：定时器 1 的 CC1 事件；　0001：定时器 1 的 CC2 事件； 0010：定时器 1 的 CC3 事件；　0011：定时器 2 的 CC2 事件； 0100：定时器 2 的 CC3 事件；　0101：定时器 2 的 CC4 事件； 0110：定时器 2 的 TRGO 事件；　0111：定时器 3 的 CC1 事件； 1000：定时器 3 的 TRGO 事件；　1001：定时器 4 的 CC4 事件； 1010：定时器 5 的 CC1 事件；　1011：定时器 5 的 CC2 事件； 1100：定时器 5 的 CC3 事件；　1101：定时器 8 的 CC1 事件； 1110：定时器 8 的 TRGO 事件；　1111：EXTI 线 11
位 11	ALIGN：数据对齐（Data alignment）[DMA disable selection（for single ADC mode）]。此位由软件置 1 和清零。 0：右对齐；1：左对齐
位 9	DDS：DMA 禁止选择（对于单一 ADC 模式）[DMA disable selection（for single ADC mode）]。此位由软件置 1 和清零。 0：最后一次传输后不发出新的 DMA 请求（在 DMA 控制器中进行配置）； 1：只要发生数据转换且 DMA=1，便会发出 DMA 请求
位 8	DMA：直接存储器访问模式（对于单一 ADC 模式）[Direct memory access mode（for single ADC mode）]。此位由软件置 1 和清零。 0：禁止 DMA 模式；1：使能 DMA 模式
位 1	CONT：连续转换（Continuous conversion）。此位由软件置 1 和清零。该位置 1 时，转换将持续进行，直到该位清零。 0：单次转换模式；1：连续转换模式
位 0	ADON：ADC 开启/关闭（ADC ON/OFF）。此位由软件置 1 和清零。 0：禁止 ADC 转换并转至掉电模式；1：使能 ADC

偏移地址：0x0C
复位值：0x0000 0000

31	30	29	28	27	26	25	24	23	22	21	20	19	18	17	16
保留					SMP18[2:0]			SMP17[2:0]			SMP16[2:0]			SMP15[2:1]	
					rw	rw	rw	rw	rw	rw	rw	rw	rw	rw	rw

15	14	13	12	11	10	9	8	7	6	5	4	3	2	1	0
SMP15[0]	SMP14[2:0]			SMP13[2:0]			SMP12[2:0]			SMP11[2:0]			SMP10[2:0]		
rw	rw	rw	rw	rw	rw	rw	rw	rw	rw	rw	rw	rw	rw	rw	rw

图 14-6　ADC_SMPR1 的结构、偏移地址和复位值

表 14-5　ADC_SMPR1 部分位的解释说明

位 31:27	保留，必须保持为 0
位 26:0	SMPx[2:0]：通道 x 采样时间选择（Channel x sampling time selection）。 通过软件写入这些位可分别为各个通道选择采样时间。在采样周期期间，通道选择位必须保持不变。 000：3 个周期；　001：15 个周期；　010：28 个周期；　011：56 个周期； 100：84 个周期；　101：112 个周期；　110：144 个周期；　111：480 个周期

4．采样时间寄存器 2（ADC_SMPR2）

ADC_SMPR2 的结构、偏移地址和复位值如图 14-7 所示，部分位的解释说明如表 14-6 所示。

偏移地址：0x10
复位值：0x0000 0000

31	30	29	28	27	26	25	24	23	22	21	20	19	18	17	16
保留		SMP9[2:0]			SMP8[2:0]			SMP7[2:0]			SMP6[2:0]			SMP5[2:1]	
		rw	rw	rw	rw	rw	rw	rw	rw	rw	rw	rw	rw	rw	rw

15	14	13	12	11	10	9	8	7	6	5	4	3	2	1	0
SMP5[0]	SMP4[2:0]			SMP3[2:0]			SMP2[2:0]			SMP1[2:0]			SMP0[2:0]		
rw	rw	rw	rw	rw	rw	rw	rw	rw	rw	rw	rw	rw	rw	rw	rw

图 14-7　ADC_SMPR2 的结构、偏移地址和复位值

表 14-6　ADC_SMPR2 部分位的解释说明

位 31:30	保留，必须保持为 0
位 29:0	SMPx[2:0]：通道 x 采样时间选择（Channel x sampling time selection）。 通过软件写入这些位可分别为各个通道选择采样时间。在采样周期期间，通道选择位必须保持不变。 000：3 个周期；001：15 个周期；010：28 个周期；011：56 个周期；100：84 个周期；101：112 个周期； 110：144 个周期；111：480 个周期

5．规则序列寄存器 1（ADC_SQR1）

ADC_SQR1 的结构、偏移地址和复位值如图 14-8 所示，部分位的解释说明如表 14-7 所示。

偏移地址：0x2C
复位值：0x0000 0000

31	30	29	28	27	26	25	24	23	22	21	20	19	18	17	16
保留								L[3:0]				SQ16[4:1]			
								rw	rw	rw	rw	rw	rw	rw	rw

15	14	13	12	11	10	9	8	7	6	5	4	3	2	1	0
SQ16[0]	SQ15[4:0]					SQ14[4:0]					SQ13[4:0]				
rw	rw	rw	rw	rw	rw	rw	rw	rw	rw	rw	rw	rw	rw	rw	rw

图 14-8　ADC_SQR1 的结构、偏移地址和复位值

表 14-7　ADC_SQR1 部分位的解释说明

位 31:24	保留，必须保持复位值
位 23:20	L[3:0]：规则通道序列长度（Regular channel sequence length）。通过软件写入这些位，可定义规则通道转换序列中的转换总数。 0000：1 次转换；0001：2 次转换；…；1111：16 次转换

续表

位 19:15	SQ16[4:0]：规则序列中的第 16 次转换 通过软件写入这些位，并将通道编号（0～18）分配为转换序列中的第 16 次转换
位 14:10	SQ15[4:0]：规则序列中的第 15 次转换
位 9:5	SQ14[4:0]：规则序列中的第 14 次转换
位 4:0	SQ13[4:0]：规则序列中的第 13 次转换

6．规则序列寄存器 2（ADC_SQR2）

ADC_SQR2 的结构、偏移地址和复位值如图 14-9 所示，对部分位的解释说明如表 14-8 所示。

偏移地址：0x30
复位值：0x0000 0000

31	30	29	28	27	26	25	24	23	22	21	20	19	18	17	16
保留		SQ12[4:0]					SQ11[4:0]					SQ10[4:1]			
		rw	rw	rw	rw	rw	rw	rw	rw	rw	rw	rw	rw	rw	rw

15	14	13	12	11	10	9	8	7	6	5	4	3	2	1	0
SQ10[0]	SQ9[4:0]					SQ8[4:0]					SQ7[4:0]				
rw	rw	rw	rw	rw	rw	rw	rw	rw	rw	rw	rw	rw	rw	rw	rw

图 14-9　ADC_SQR2 的结构、偏移地址和复位值

表 14-8　ADC_SQR2 部分位的解释说明

位 31:30	保留，必须保持复位值
位 29:25	SQ12[4:0]：规则序列中的第 12 次转换 通过软件写入这些位，并将通道编号（0～18）分配为转换序列中的第 12 次转换
位 24:20	SQ11[4:0]：规则序列中的第 11 次转换
位 19:15	SQ10[4:0]：规则序列中的第 10 次转换
位 14:10	SQ9[4:0]：规则序列中的第 9 次转换
位 9:5	SQ8[4:0]：规则序列中的第 8 次转换
位 4:0	SQ7[4:0]：规则序列中的第 7 次转换

7．规则序列寄存器 3（ADC_SQR3）

ADC_SQR3 的结构、偏移地址和复位值如图 14-10 所示，部分位的解释说明如表 14-9 所示。

偏移地址：0x34
复位值：0x0000 0000

31	30	29	28	27	26	25	24	23	22	21	20	19	18	17	16
保留		SQ6[4:0]					SQ5[4:0]					SQ4[4:1]			
		rw	rw	rw	rw	rw	rw	rw	rw	rw	rw	rw	rw	rw	rw

15	14	13	12	11	10	9	8	7	6	5	4	3	2	1	0
SQ4[0]	SQ3[4:0]					SQ2[4:0]					SQ1[4:0]				
rw	rw	rw	rw	rw	rw	rw	rw	rw	rw	rw	rw	rw	rw	rw	rw

图 14-10　ADC_SQR3 的结构、偏移地址和复位值

表 14-9　ADC_SQR3 部分位的解释说明

位	说明
位 31:30	保留，必须保持复位值
位 29:25	SQ6[4:0]：规则序列中的第 6 次转换 通过软件写入这些位，并将通道编号（0～18）分配为转换序列中的第 6 次转换
位 24:20	SQ5[4:0]：规则序列中的第 5 次转换
位 19:15	SQ4[4:0]：规则序列中的第 4 次转换
位 14:10	SQ3[4:0]：规则序列中的第 3 次转换
位 9:5	SQ2[4:0]：规则序列中的第 2 次转换
位 4:0	SQ1[4:0]：规则序列中的第 1 次转换

8．通用控制寄存器（ADC_CCR）

ADC_CCR 的结构、偏移地址和复位值如图 14-11 所示，部分位的解释说明如表 14-10 所示。

偏移地址：0x04（该偏移地址与ADC1基地址+0x300相关）
复位值：0x0000 0000

31	30	29	28	27	26	25	24	23	22	21	20	19	18	17	16
保留								TSVREFE	VBATE	保留				ADCPRE[1:0]	
								rw	rw					rw	rw

15	14	13	12	11	10	9	8	7	6	5	4	3	2	1	0
DMA[1:0]		DDS	保留	DELAY[3:0]				保留			MULTI[4:0]				
rw	rw	rw		rw	rw	rw	rw				rw	rw	rw	rw	rw

图 14-11　ADC_CCR 的结构、偏移地址和复位值

表 14-10　ADC_CCR 部分位的解释说明

位	说明
位 17:16	ADCPRE[1:0]：ADC 预分频器（ADC prescaler）。 这些位由软件置 1 和清零，以选择 ADC 的时钟频率。该时钟为所有 ADC 所共用。 注意，00：PCLK22 分频；01：PCLK24 分频；10：PCLK26 分频；11：PCLK28 分频
位 15:14	DMA[1:0]：直接存储器访问模式（对于多个 ADC 模式）（Direct memory access mode for multi ADC mode）。 这些位由软件置 1 和清零。 00：禁止 DMA 模式； 01：使能 DMA 模式 1（依次 2/3 半字-1、2、3 依次进行）； 10：使能 DMA 模式 2（成对 2/3 半字-2 和 1、1 和 3、3 和 2 依次进行）； 11：使能 DMA 模式 3（成对 2/3 字节-2 和 1、1 和 3、3 和 2 依次进行）
位 11:8	DELAY[3:0]：2 个采样阶段之间的延时（Delay between 2 sampling phases）。 这些位由软件置 1 和清零。这些位在双重或三重交错模式下使用。 0000：5×TADCCLK；0001：6×TADCCLK；0010：7×TADCCLK；…；1111：20×TADCCLK
位 4:0	MULTI[4:0]：多重 ADC 模式选择（Multi-ADC mode selection）。通过软件写入这些位，可选择操作模式。 —所有 ADC 均独立。 00000：独立模式。 —00001 到 01001：双重模式，ADC1 和 ADC2 一起工作，ADC3 独立。 00001：规则同时+注入同时组合模式；　00010：规则同时+交替触发组合模式； 00011：保留；　00101：仅注入同时模式； 00110：仅规则同时模式；　01001：仅交替触发模式。 —10001 到 11001：三重模式：ADC1、ADC2 和 ADC3 一起工作。 10001：规则同时+注入同时组合模式；　10010：规则同时+交替触发组合模式； 10011：保留；　10101：仅注入同时模式； 10110：仅规则同时模式；　11001：仅交替触发模式。 其他所有组合均需保留且不允许编程。注意，在多重模式下，更改通道配置会生成中止，进而导致同步丢失。 建议在更改配置前禁用多重 ADC 模式

14.2.5　ADC 部分固件库函数

本实验涉及的 ADC 固件库函数包括 ADC_Init、ADC_RegularChannelConfig、ADC_DMARequestAfterLastTransferCmd、ADC_DMACmd、ADC_Cmd。这些函数在 stm32f4xx_adc.h 文件中声明，在 stm32f4xx_adc.c 文件中实现。

1．ADC_Init

ADC_Init 函数的功能是根据 ADC_InitStruct 中指定的参数初始化外设 ADCx 的寄存器，通过向 ADCx->CR1、ADCx->CR2、ADCx->SQR1 写入参数来实现。具体描述如表 14-11 所示。

表 14-11　ADC_Init 函数的描述

函数名	ADC_Init
函数原形	void ADC_Init(ADC_TypeDef* ADCx, ADC_InitTypeDef* ADC_InitStruct)
功能描述	根据 ADC_InitStruct 中指定的参数初始化外设 ADCx 的寄存器
输入参数 1	ADCx：x 可以是 1、2 或 3 来选择 ADC 外设 ADC1、ADC2 或 ADC3
输入参数 2	ADC_InitStruct：指向结构 ADC_InitTypeDef 的指针，包含了指定外设 ADC 的配置信息
输出参数	无
返回值	void

ADC_InitTypeDef 结构体定义在 stm32f4xx_adc.h 文件中，内容如下：

```
typedef struct
{
  uint32_t ADC_Resolution;
  FunctionalState ADC_ScanConvMode;
  FunctionalState ADC_ContinuousConvMode;
  uint32_t ADC_ExternalTrigConvEdge;
  uint32_t ADC_ExternalTrigConv;
  uint32_t ADC_DataAlign;
  uint8_t  ADC_NbrOfConversion;
}ADC_InitTypeDef;
```

参数 ADC_Resolution 用于设置 ADC 的分辨率，可取值如表 14-12 所示。

表 14-12　参数 ADC_Resolution 的可取值

可　取　值	实　际　值	描　　述
ADC_Resolution_12b	0x00000000	12 位分辨率
ADC_Resolution_10b	0x01000000	10 位分辨率
ADC_Resolution_8b	0x02000000	8 位分辨率
ADC_Resolution_6b	0x03000000	6 位分辨率

参数 ADC_ScanConvMode 用于设置扫描模式，可取值为 ENABLE 或 DISABLE。参数 ADC_ContinuousConvMode 规定了模/数转换工作在连续或单次模式下，可取值为 ENABLE 或 DISABLE。

参数 ADC_ExternalTrigConvEdge 用于使能或禁止规则通道的外部触发检测，可取值如表 14-13 所示。

表 14-13　参数 ADC_ExternalTrigConvEdge 的可取值

可 取 值	实 际 值	描　述
ADC_ExternalTrigConvEdge_None	0x00000000	禁止触发检测
ADC_ExternalTrigConvEdge_Rising	0x10000000	上升沿上的触发检测
ADC_ExternalTrigConvEdge_Falling	0x20000000	下降沿上的触发检测
ADC_ExternalTrigConvEdge_RisingFalling	0x30000000	上升沿和下降沿上的触发检测

参数 ADC_ExternalTrigConv 用于选择规则组外部事件，可取值如表 14-14 所示。

表 14-14　参数 ADC_ExternalTrigConv 的可取值

可 取 值	实 际 值	描　述
ADC_ExternalTrigConv_T1_CC1	0x00000000	定时器 1 的 CC1 事件
ADC_ExternalTrigConv_T1_CC2	0x01000000	定时器 1 的 CC2 事件
ADC_ExternalTrigConv_T1_CC3	0x02000000	定时器 1 的 CC3 事件
ADC_ExternalTrigConv_T2_CC2	0x03000000	定时器 2 的 CC2 事件
ADC_ExternalTrigConv_T2_CC3	0x04000000	定时器 2 的 CC3 事件
ADC_ExternalTrigConv_T2_CC4	0x05000000	定时器 2 的 CC4 事件
ADC_ExternalTrigConv_T2_TRGO	0x06000000	定时器 2 的 TRGO 事件
ADC_ExternalTrigConv_T3_CC1	0x07000000	定时器 3 的 CC1 事件
ADC_ExternalTrigConv_T3_TRGO	0x08000000	定时器 3 的 TRGO 事件
ADC_ExternalTrigConv_T4_CC4	0x09000000	定时器 4 的 CC4 事件
ADC_ExternalTrigConv_T5_CC1	0x0A000000	定时器 5 的 CC1 事件
ADC_ExternalTrigConv_T5_CC2	0x0B000000	定时器 5 的 CC2 事件
ADC_ExternalTrigConv_T5_CC3	0x0C000000	定时器 5 的 CC3 事件
ADC_ExternalTrigConv_T8_CC1	0x0D000000	定时器 8 的 CC1 事件
ADC_ExternalTrigConv_T8_TRGO	0x0E000000	定时器 8 的 TRGO 事件
ADC_ExternalTrigConv_Ext_IT11	0x0F000000	EXTI 线 11

参数 ADC_DataAlign 规定了 ADC 数据对齐方式，可取值如表 14-15 所示。

表 14-15　参数 ADC_DataAlign 的可取值

可 取 值	实 际 值	描　述
ADC_DataAlign_Right	0x00000000	ADC 数据右对齐
ADC_DataAlign_Left	0x00000800	ADC 数据左对齐

参数 ADC_NbrOfConversion 规定了顺序进行规则转换的 ADC 通道数目，可取值范围为 1～16。

2．ADC_RegularChannelConfig

ADC_RegularChannelConfig 函数的功能是设置指定 ADC 的规则组通道，设置它们的转换顺序和采样时间，通过向 ADCx->SMPR1 或 ADCx->SMPR2，以及 ADCx->SQR1、ADCx->SQR2 或 ADCx->SQR3 写入参数来实现。具体描述如表 14-16 所示。

表 14-16　ADC_RegularChannelConfig 函数的描述

函数名	ADC_RegularChannelConfig
函数原形	void ADC_RegularChannelConfig(ADC_TypeDef* ADCx, uint8_t ADC_Channel, uint8_t Rank, uint8_t ADC_SampleTime)
功能描述	设置指定 ADC 的规则组通道，设置它们的转换顺序和采样时间
输入参数 1	ADCx：x 可以是 1、2 或 3，用于选择 ADC 外设 ADC1、ADC2 或 ADC3
输入参数 2	ADC_Channel：被设置的 ADC 通道
输入参数 3	Rank：规则组采样顺序。取值范围为 1～16
输入参数 4	ADC_SampleTime：指定 ADC 通道的采样时间值
输出参数	无
返回值	void

参数 ADC_Channel 用于指定调用 ADC_RegularChannelConfig 函数来设置 ADC 通道，可取值如表 14-17 所示。

表 14-17　参数 ADC_Channel 的可取值

可 取 值	实 际 值	描　述
ADC_Channel_0	0x00	选择 ADC 通道 0
ADC_Channel_1	0x01	选择 ADC 通道 1
⋮	⋮	⋮
ADC_Channel_18	0x12	选择 ADC 通道 18

参数 ADC_SampleTime 用于设定选中通道的 ADC 采样时间，可取值如表 14-18 所示。

表 14-18　函数 ADC_Init 的描述

可 取 值	实 际 值	描　述
ADC_SampleTime_3Cycles	0x00	采样时间为 3 周期
ADC_SampleTime_15Cycles	0x01	采样时间为 15 周期
ADC_SampleTime_28Cycles	0x02	采样时间为 28 周期
ADC_SampleTime_56Cycles	0x03	采样时间为 56 周期
ADC_SampleTime_84Cycles	0x04	采样时间为 84 周期
ADC_SampleTime_112Cycles	0x05	采样时间为 112 周期
ADC_SampleTime_144Cycles	0x06	采样时间为 144 周期
ADC_SampleTime_480Cycles	0x07	采样时间为 480 周期

3．ADC_DMARequestAfterLastTransferCmd

ADC_DMARequestAfterLastTransferCmd 函数的功能是，在最后一次转换后使能或禁止 ADC 的 DMA 请求，通过向 ADCx->CR2 写入参数来实现。具体描述如表 14-19 所示。

表 14-19　ADC_DMA RequestAfterLastTransferCmd 函数的描述

函数名	ADC_DMARequestAfterLastTransferCmd
函数原形	void ADC_DMARequestAfterLastTransferCmd(ADC_TypeDef* ADCx, FunctionalState NewState)
功能描述	最后一次转换后使能或禁止 ADC 的 DMA 请求（单 ADC 模式）
输入参数 1	ADCx：x 可以是 1、2 或 3，用于选择 ADC 外设 ADC1、ADC2 或 ADC3
输入参数 2	NewState：最后一次转换后 ADC 的 DMA 请求的新状态。 这个参数可以取 ENABLE 或 DISABLE
输出参数	无
返回值	void

4. ADC_DMACmd

ADC_DMACmd 函数的功能是使能或禁止指定的 ADC 的 DMA 请求，通过向 ADCx->CR2 写入参数来实现。具体描述如表 14-20 所示。

表 14-20　ADC_DMACmd 函数的描述

函数名	ADC_DMACmd
函数原形	ADC_DMACmd(ADC_TypeDef* ADCx, FunctionalState NewState)
功能描述	使能或禁止指定的 ADC 的 DMA 请求
输入参数 1	ADCx：x 可以是 1、2 或 3，用于选择 ADC 外设 ADC1、ADC2 或 ADC3
输入参数 2	NewState：ADC 的 DMA 传输的新状态。 这个参数可以取 ENABLE 或 DISABLE
输出参数	无
返回值	void

例如，使能 ADC2 的 DMA 传输，代码如下：

```
ADC_DMACmd(ADC2, ENABLE);
```

5. ADC_Cmd

ADC_Cmd 函数的功能是使能或禁止指定的 ADC，通过向 ADCx->CR2 写入参数来实现，具体描述如表 14-21 所示。注意，ADC_Cmd 只能在其他 ADC 设置函数之后被调用。

表 14-21　ADC_Cmd 函数的描述

函数名	ADC_Cmd
函数原形	void ADC_Cmd(ADC_TypeDef* ADCx, FunctionalState NewState)
功能描述	使能或禁止指定的 ADC
输入参数 1	ADCx：x 可以是 1、2 或 3，用于选择 ADC 外设 ADC1、ADC2 或 ADC3
输入参数 2	NewState：外设 ADCx 的新状态。 这个参数可以取 ENABLE 或 DISABLE
输出参数	无
返回值	void

例如，使能 ADC1，代码如下：

```
ADC_Cmd(ADC1, ENABLE);
```

14.3　实验步骤

步骤 1：复制并编译原始工程

首先，将“D:\STM32KeilTest\Material\13.ADC 实验”文件夹复制到“D:\STM32KeilTest\Product”文件夹中。然后，双击运行“D:\STM32KeilTest\Product\13.ADC 实验\Project”文件夹中的 STM32KeilPrj.uvprojx，接着，单击工具栏中的按钮。当 Build Output 栏中出现“FromELF：creating hex file...”时，表示已经成功生成.hex 文件；出现“0 Error(s), 0 Warnning(s)”，表示编译成功。最后，将.axf 文件下载到 STM32 的内部 Flash，观察 LD0 是否闪烁，如果 LD0 闪烁，则可以进入下一步操作。

步骤 2：添加 ADC 和 U16Queue 文件对

首先，将“D:\STM32KeilTest\Product\13.ADC 实验\HW\ADC”文件夹中的 ADC.c 和 U16Queue.c 文件添加到 HW 分组中，然后，将“D:\STM32KeilTest\Product\13.ADC 实验\HW\ADC”路径添加到 Include Paths 栏中。

步骤 3：完善 ADC.h 文件

单击按钮进行编译，编译结束后，在 Project 面板中，双击 ADC.c 下的 ADC.h 文件。在 ADC.h 文件的“包含头文件”区，添加代码`#include "DataType.h"`。

在 ADC.h 文件的“宏定义”区，添加如程序清单 14-1 所示的宏定义代码。该宏定义用于设置 ADC 缓冲区的大小。

程序清单 14-1

```
#define ADC1_BUF_SIZE 100                    //设置缓冲区的大小
```

在 ADC.h 文件的“API 函数声明”区，添加如程序清单 14-2 所示的 API 函数声明代码。

程序清单 14-2

```
void InitADC(void);                          //初始化 ADC 模块

u8   WriteADCBuf(u16 d);                     //向 ADC 缓冲区写入数据
u8   ReadADCBuf(u16 *p);                     //从 ADC 缓冲区读取数据
```

步骤 4：完善 ADC.c 文件

在 ADC.c 文件“包含头文件”区的最后，添加如程序清单 14-3 所示的代码。

程序清单 14-3

```
#include "stm32f4xx_conf.h"
#include "U16Queue.h"
```

在 ADC.c 文件的“内部变量”区，添加如程序清单 14-4 所示的内部变量定义代码。其中，数组 s_arrADC1Data 为图 14-3 中的 SRAM，结构体变量 s_structADCCirQue 为 ADC 循环队列。数组 s_arrADCBuf 为 ADC 循环队列的缓冲区，该数组的大小 ADC1_BUF_SIZE 为缓冲区的大小。

程序清单 14-4

```
static u16 s_arrADC1Data;                                        //存放 ADC 转换结果数据
static StructU16CirQue  s_structADCCirQue;                       //ADC 循环队列
static u16              s_arrADCBuf[ADC1_BUF_SIZE];              //ADC 循环队列的缓冲区
```

在 ADC.c 文件的“内部函数声明”区，添加内部函数的声明代码，如程序清单 14-5 所示。

程序清单 14-5

```
static void ConfigADC1(void);                              //配置 ADC1
static void ConfigDMA2Ch0(void);                           //配置 DMA2 通道 0
static void ConfigTimer3(u16 arr, u16 psc);                //配置 TIM3
```

在 ADC.c 文件的“内部函数实现”区，添加 ConfigADC1 函数的实现代码，如程序清单 14-6 所示。下面按照顺序对 ConfigADC1 函数中的语句进行解释说明。

（1）本实验通过 ADC1 对 PA5 引脚的信号量进行模/数转换，因此，需要通过 RCC_AHB1PeriphClockCmd 函数使能 GPIOA 时钟，通过 RCC_APB2PeriphClockCmd 函数使能 ADC1 时钟。

（2）GPIO_Init 函数将 PA5 配置为模拟输入模式。

（3）ADC_CommonInit 函数对 ADC 的 CCR 进行配置，该函数涉及 ADC_CCR 的 ADCPRE[1:0]、DMA[1:0]、DELAY[3:0]、MULTI[4:0]。ADCPRE[1:0]用于设置 ADC 的时钟分频系数，DMA[1:0]用于设置直接存储访问模式（对于多个 ADC 模式），DELAY[3:0]用于设置 2 个采样阶段之间的延时，MULTI[4:0]用于选择多重 ADC 模式。本实验中，PCLK2 为 90MHz，经过 2 分频后，ADC 的输入时钟为 45MHz，2 个采样阶段之间的延时设置为 $5\times T_{ADCCLK}$。

（4）ADC_Init 函数对 ADC1 进行配置，该函数涉及 ADC_CR1 的 RES[1:0]、SCAN，以及 ADC_CR2 的 EXTEN[1:0]、EXTSEL[3:0]、ALIGN、CONT，ADC_SQR1 的 L[3:0]。RES[1:0]用于设置 ADC 的分辨率，SCAN 用于设置扫描模式。本实验中，ADC1 的分辨率设置为 12 位，且禁止使用扫描模式。EXTEN[1:0]用于使能或禁止规则通道的外部触发，EXTSEL[3:0]用于选择规则组外部事件，ALIGN 用于设置数据对齐方式， CONT 用于设置是否进行连续转换。本实验中，通过 TIM3 TRGO 事件触发 ADC1，且在上升沿进行触发检测，采用右对齐方式，转换模式为连续转换。L[3:0]用于存储规则通道序列的长度，本实验中，ADC1 只对 PA5 引脚的模拟信号量进行模/数转换，即需要进行规则转换的 ADC 通道总数为 1。

（5）ADC_RegularChannelConfig 函数设置规则序列 1 中的通道、采样顺序和采样周期，该函数涉及 ADC_SMPR2 的 SMP5 [2:0]和 ADC_SQR3 的 SQ1[4:0]。SMP1[2:0]用于选择通道 5 的采样时间。本实验中，ADC1 通道 5 的采样时间设置为 3 个周期。SQ1[4:0]用于设置规则序列中的第 1 个转换，本实验只使用通道 5 作为采样通道，因此，第 1 个转换即为通道 5。

（6）ADC_DMARequestAfterLastTransferCmd 函数的功能是，只要发生数据转换且 ADC_CR2 的 DMA 为 1，就产生 DMA 请求，该函数涉及 ADC_CR2 的 DDS。

（7）ADC_DMACmd 函数使能 DMA 模式，该函数涉及 ADC_CR2 的 DMA。

（8）ADC_Cmd 函数使能 ADC1，该函数涉及 ADC_CR2 的 ADON。

程序清单 14-6

```
static void ConfigADC1(void)
{
  ADC_InitTypeDef        ADC_InitStructure;          //ADC_InitStructure 用于存放 ADC 的参数
  ADC_CommonInitTypeDef  ADC_CommonInitStructure;    //ADC_CommonInitStructure 用于存放 ADC 的参数
  GPIO_InitTypeDef       GPIO_InitStructure;         //GPIO_InitStructure 用于存放 GPIO 的参数

  //使能 RCC 相关时钟
  RCC_AHB1PeriphClockCmd(RCC_AHB1Periph_GPIOA, ENABLE);              //使能 GPIOA 的时钟
  RCC_APB2PeriphClockCmd(RCC_APB2Periph_ADC1, ENABLE);               //使能 ADC1 的时钟
```

```
  //配置 ADC1 的 GPIO
  GPIO_InitStructure.GPIO_Pin  = GPIO_Pin_5;                        //设置引脚
  GPIO_InitStructure.GPIO_Mode = GPIO_Mode_AN;                      //设置输入类型
  GPIO_InitStructure.GPIO_PuPd = GPIO_PuPd_NOPULL;                  //设置上拉/下拉模式
  GPIO_Init(GPIOA, &GPIO_InitStructure);                            //根据参数初始化 GPIO

  //配置 ADC 的 CCR
  ADC_CommonInitStructure.ADC_Mode             = ADC_Mode_Independent;    //设置为独立模式
  ADC_CommonInitStructure.ADC_Prescaler        = ADC_Prescaler_Div2;      //设置 ADC 的时钟为
                                                                            PCLK2 的 2 分频
  ADC_CommonInitStructure.ADC_DMAAccessMode    = ADC_DMAAccessMode_Disabled;   //禁止 DMA 模式
                                                                           （多个 ADC 模式）
  ADC_CommonInitStructure.ADC_TwoSamplingDelay = ADC_TwoSamplingDelay_5Cycles;//设置为 5 个周期
  ADC_CommonInit(&ADC_CommonInitStructure);                         //根据参数初始化 ADC 的 CCR

  //配置 ADC1
  ADC_InitStructure.ADC_Resolution           = ADC_Resolution_12b;  //设置 ADC 的分辨率为 12 位
  ADC_InitStructure.ADC_ScanConvMode         = DISABLE;             //禁止扫描模式
  ADC_InitStructure.ADC_ContinuousConvMode   = ENABLE;              //设置为连续转换模式
  ADC_InitStructure.ADC_ExternalTrigConvEdge = ADC_ExternalTrigConvEdge_Rising;
                                                                    //设置为上升沿的触发检测
  ADC_InitStructure.ADC_ExternalTrigConv     = ADC_ExternalTrigConv_T3_TRGO;  //使用 TIM3 触发
  ADC_InitStructure.ADC_DataAlign            = ADC_DataAlign_Right;//设置为右对齐
  ADC_InitStructure.ADC_NbrOfConversion      = 1;                   //设置 ADC 的通道数目
  ADC_Init(ADC1, &ADC_InitStructure);

  ADC_RegularChannelConfig(ADC1, ADC_Channel_5, 1, ADC_SampleTime_3Cycles);
                                                                    //设置采样时间为 3 个周期

  ADC_DMARequestAfterLastTransferCmd(ADC1, ENABLE);
  //设置为只要发生数据转换且 ADC_CR2 的 DMA 为 1，就产生 DMA 请求

  ADC_DMACmd(ADC1, ENABLE);                                 //使能 ADC1 的 DMA

  ADC_Cmd(ADC1, ENABLE);                                    //使能 ADC1
}
```

在 ADC.c 文件“内部函数实现”区的 ConfigADC1 函数实现区后，添加 ConfigDMA2Ch0 函数的实现代码，如程序清单 14-7 所示。

程序清单 14-7

```
static void ConfigDMA2Ch0(void)
{
  DMA_InitTypeDef DMA_InitStructure;                   //DMA_InitStructure 用于存放 DMA 的参数

  //使能 RCC 相关时钟
  RCC_AHB1PeriphClockCmd(RCC_AHB1Periph_DMA2, ENABLE);  //使能 DMA2 的时钟

  //配置 DMA2_Stream0
  DMA_InitStructure.DMA_Channel            = DMA_Channel_0;            //设置通道
  DMA_InitStructure.DMA_PeripheralBaseAddr = (uint32_t)&(ADC1->DR);    //设置外设地址
  DMA_InitStructure.DMA_Memory0BaseAddr    = (uint32_t)&s_arrADC1Data; //设置存储器 0 地址
```

```
  DMA_InitStructure.DMA_DIR                     = DMA_DIR_PeripheralToMemory;
                                                                   //设置为外设到存储器模式
  DMA_InitStructure.DMA_BufferSize              = 1;                //设置要传输的数据项数目
  DMA_InitStructure.DMA_PeripheralInc           = DMA_PeripheralInc_Disable; //设置外设为非递增模式
  DMA_InitStructure.DMA_MemoryInc               = DMA_MemoryInc_Disable;    //设置存储器为非递增模式
  DMA_InitStructure.DMA_PeripheralDataSize = DMA_PeripheralDataSize_HalfWord;
                                                                   //设置外设数据长度为半字
  DMA_InitStructure.DMA_MemoryDataSize          = DMA_MemoryDataSize_HalfWord;
                                                                   //设置存储器数据长度为半字
  DMA_InitStructure.DMA_Mode                    = DMA_Mode_Circular;        //设置为循环模式
  DMA_InitStructure.DMA_Priority                = DMA_Priority_High;        //设置为高优先级
  DMA_InitStructure.DMA_FIFOMode                = DMA_FIFOMode_Disable;     //禁用 FIFO
  DMA_InitStructure.DMA_FIFOThreshold           = DMA_FIFOThreshold_HalfFull;    //设置 FIFO 阈值
  DMA_InitStructure.DMA_MemoryBurst             = DMA_MemoryBurst_Single;   //设置存储器为单次传输
  DMA_InitStructure.DMA_PeripheralBurst         = DMA_PeripheralBurst_Single;  //设置外设为单次传输
  DMA_Init(DMA2_Stream0, &DMA_InitStructure);                     //根据参数初始化 DMA2_Stream0

  DMA_Cmd(DMA2_Stream0, ENABLE);                                  //使能 DMA2_Stream0
}
```

说明：（1）本实验通过 DMA2 数据流 0 将 ADC_DR 中的数据传至 SRAM，因此，需要通过 RCC_AHB1PeriphClockCmd 函数使能 DMA2 的时钟。

（2）DMA_Init 函数对 DMA2 数据流 0 进行配置，该函数涉及 DMA_S0CR 的 CHSEL[3:0]、MBURST[1:0]、PBURST[1:0]、PL[1:0]、MSIZE[1:0]、PSIZE[1:0]、MINC、PINC、CIRC、DIR[1:0]，还涉及 DMA_S0NDTR、DMA_S0PAR、DMA_S0M0AR，以及 DMA_S0FCR 的 DMDIS 和 FTH[1:0]。CHSEL[3:0]用于选择通道，MBURST[1:0]用于配置存储器突发传输，PBURST[1:0]用于配置外设突发传输，PL[1:0]用于设置优先级，MSIZE[1:0]用于设置存储器数据宽度，PSIZE[1:0]用于设置外设数据宽度，MINC 用于设置存储器地址增量模式，PINC 用于设置外设地址增量模式，CIRC 用于设置循环模式，DIR[1:0]用于设置数据传输方向。本实验中，DMA2 数据流 0 将外设 ADC1 的数据传输到存储器 SRAM，因此，将 CHSEL[3:0]设置为 000，用于选择通道 0，存储器和外设均采用单次传输模式，通道优先级设置为高，存储器和外设数据宽度均为半字，外设和存储器均为非递增模式，传输方向为外设到从存储器。DMA_S0NDTR 是 DMA 数据流 0 数据项数寄存器，DMA_S0PAR 是 DMA 数据流 0 外设地址寄存器，DMA_S0M0AR 是 DMA 数据流 0 存储区 0 地址寄存器。本实验中，向 DMA_S0PAR 写入 ADC1->DR 的地址，向 DMA_S0M0AR 写入 s_arrADC1Data 的地址，向 DMA_S0NDTR 写入 1。DMDIS 用于使能或禁止直接模式，FTH[1:0]用于设置直接模式下的 FIFO 容量。本实验禁用了 FIFO，即禁止直接模式，这种模式下，设置的 FIFO 容量不起作用。

（3）DMA_Cmd 函数使能 DMA2 数据流 0，该函数涉及 DMA_S0CR 的 EN。

在 ADC.c 文件"内部函数实现"区的 ConfigDMA2Ch0 函数实现区后，添加 ConfigTimer3 函数的实现代码，如程序清单 14-8 所示。

程序清单 14-8

```
static void ConfigTimer3(u16 arr, u16 psc)
{
  TIM_TimeBaseInitTypeDef  TIM_TimeBaseStructure;
                                        //TIM_TimeBaseStructure，用来配置定时器 TIM3 的参数
  NVIC_InitTypeDef NVIC_InitStructure;          //NVIC_InitStructure，用来配置中断 NVIC 的参数
```

```
  //使能 RCC 相关时钟
  RCC_APB1PeriphClockCmd(RCC_APB1Periph_TIM3, ENABLE);                    //使能 TIM3 的时钟

  //配置 TIM3
  TIM_TimeBaseStructure.TIM_Period        = arr;                          //设置自动重装载值
  TIM_TimeBaseStructure.TIM_Prescaler     = psc;                          //设置预分频器值
  TIM_TimeBaseStructure.TIM_ClockDivision = TIM_CKD_DIV1;                 //设置时钟分割：tDTS = tCK_INT
  TIM_TimeBaseStructure.TIM_CounterMode   = TIM_CounterMode_Up;           //设置向上计数模式
  TIM_TimeBaseInit(TIM3, &TIM_TimeBaseStructure);                         //根据参数初始化定时器

  TIM_ARRPreloadConfig(TIM3, ENABLE);                                     //使能自动重装载预装载

  TIM_SelectOutputTrigger(TIM3, TIM_TRGOSource_Update);                   //选择更新事件为触发输入

  TIM_ITConfig(TIM3, TIM_IT_Update, ENABLE);                              //使能定时器的更新中断

  //配置 NVIC
  NVIC_InitStructure.NVIC_IRQChannel        = TIM3_IRQn;                  //中断通道号
  NVIC_InitStructure.NVIC_IRQChannelPreemptionPriority = 1;               //设置抢占优先级
  NVIC_InitStructure.NVIC_IRQChannelSubPriority        = 1;               //设置子优先级
  NVIC_InitStructure.NVIC_IRQChannelCmd     = ENABLE;                     //使能中断
  NVIC_Init(&NVIC_InitStructure);                                         //根据参数初始化 NVIC

  TIM_Cmd(TIM3, ENABLE);                                                  //使能定时器
}
```

说明：（1）本实验将通用定时器 TIM3 设置为 ADC1 的触发源，且每隔 10ms 产生一次中断触发，因此，需要通过 RCC_APB1PeriphClockCmd 函数使能 TIM3 的时钟。

（2）TIM_TimeBaseInit 函数对 TIM3 进行配置，该函数涉及 TIM3_CR1 的 DIR、CMS[1:0]、CKD[1:0]，TIM3_ARR，TIM3_PSC，以及 TIM3_EGR 的 UG。DIR 用于设置计数器的计数方向，CMS[1:0]用于选择中央对齐模式，CKD[1:0]用于设置时钟分频系数。本实验中，TIM3 设置为边沿对齐模式，计数器向上计数。TIM3_ARR 和 TIM3_PSC 用于设置计数器的自动重装载值和预分频器的值，这两个值由 ConfigTimer3 函数的参数 arr 和 psc 决定。UG 用于产生更新事件，本实验将该值设置为 1，用于初始化计数器，并产生一个更新事件。

（3）TIM_SelectOutputTrigger 函数将 TIM3 的更新事件选为 ADC1 的触发输入，该函数涉及 TIM3_CR2 的 MMS[2:0]。MMS[2:0]用于选择在主模式下送到从定时器的同步信息（TRGO）。

（4）TIM_ARRPreloadConfig 函数使能 TIM3 的自动重装载预装载，该函数涉及 TIM3_CR1 的 ARPE。

（5）TIM_ITConfig 函数使能 TIM3 的更新中断，该函数涉及 TIM3_DIER 的 UIE。UIE 用于禁止和允许更新中断。本实验中，将该值设置为 1，实现每 8ms 产生一次中断，在中断服务函数中，通过 WriteADCBuf 函数将 s_arrADC1Data 变量值存放至 s_structADCCirQue 缓冲区。

（6）NVIC_Init 函数使能 TIM3 的中断，并设置抢占优先级为 1，子优先级为 1。

（7）TIM_Cmd 函数使能 TIM3，该函数涉及 TIM3_CR1 的 CEN。在本实验中，TIM3 的

参数配置完之后，就需要通过该函数使能 TIM3。

在 ADC.c 文件“内部函数实现”区的 ConfigTimer3 函数实现区后，添加 TIM3_IRQHandler 中断服务函数的实现代码，如程序清单 14-9 所示。

程序清单 14-9

```
void TIM3_IRQHandler(void)
{
  if (TIM_GetITStatus(TIM3, TIM_IT_Update) != RESET)           //判断定时器更新中断是否发生
  {
    TIM_ClearITPendingBit(TIM3, TIM_FLAG_Update);              //清除定时器更新中断标志
  }

  WriteADCBuf(s_arrADC1Data);                                  //向 ADC 缓冲区写入数据
}
```

说明：（1）TIM_GetITStatus 函数获取 TIM3 更新中断标志，该函数涉及 TIM3_DIER 的 UIE 和 TIM3_SR 的 UIF。本实验中，UIE 为 1，表示使能更新中断，当 TIM3 向上计数产生溢出时，UIF 由硬件置为 1，并产生更新中断，执行 TIM3_IRQHandler 函数，因此，在 TIM3_IRQHandler 函数中需要通过 TIM_ClearITPendingBit 函数将 UIF 清零。

（2）本实验中，TIM3_IRQHandler 函数每 8ms 进入一次，即每 8ms 产生一次中断，在中断服务函数中，通过 WriteADCBuf 函数将 s_arrADC1Data 变量值存放至 ADC 的缓冲区。

在 ADC.c 文件的“API 函数实现”区，添加 API 函数的实现代码，如程序清单 14-10 所示。ADC.c 文件的 API 函数有 3 个，分别解释如下。

（1）在 InitADC 函数中，ConfigTimer3 函数配置 TIM3，ConfigADC1 函数配置 ADC1，ConfigDMA2Ch0 函数配置 DMA2 的通道 0，InitU16Queue 函数对 ADC 的缓冲区进行初始化。

（2）WriteADCBuf 函数调用入队函数 EnU16Queue，将数据写入 ADC 缓冲区。

（3）ReadADCBuf 函数调用出队函数 DeU16Queue，从 ADC 缓冲区将数据读出。

程序清单 14-10

```
void InitADC(void)
{
  ConfigTimer3(799, 899);   //90MHz/(899+1)=100KHz(对应 10us)，0 计数到 799 为 8ms
  ConfigADC1();             //配置 ADC1
  ConfigDMA2Ch0();          //配置 DMA2 的通道 0

  InitU16Queue(&s_structADCCirQue, s_arrADCBuf, ADC1_BUF_SIZE);  //初始化 ADC 缓冲区
}

u8 WriteADCBuf(u16 d)
{
  u8 ok = 0;                //将读取成功标志位的值设置为 0

  ok = EnU16Queue(&s_structADCCirQue, &d, 1);                    //入队

  return ok;                //返回读取成功标志位的值
}

u8 ReadADCBuf(u16* p)
{
```

```
  u8 ok = 0;                    //将读取成功标志位的值设置为0

  ok = DeU16Queue(&s_structADCCirQue, p, 1);                          //出队

  return ok;                    //返回读取成功标志位的值
}
```

步骤 5：添加 SendDataToHost 文件对

首先，将“D:\STM32KeilTest\Product\13.ADC 实验\App\SendDataToHost”文件夹中的 SendDataToHost.c 添加到 App 分组中。然后，将“D:\STM32KeilTest\Product\ 13.ADC 实验\App\SendDataToHost”路径添加到 Include Paths 栏中。

步骤 6：完善 SendDataToHost.h 文件

单击按钮进行编译，编译结束后，在 Project 面板中，双击 SendDataToHost.c 下的 SendDataToHost.h 文件。在 SendDataToHost.h 文件的“包含头文件”区，添加代码`#include "DataType.h"`。

在 SendDataToHost.h 文件的“API 函数声明”区，添加如程序清单 14-11 所示的 API 函数声明代码。

程序清单 14-11

```
void  InitSendDataToHost(void);                                //初始化SendDataToHost模块
void  SendAckPack(u8 moduleId, u8 secondId, u8 ackMsg);        //发送命令应答数据包

void  SendWaveToHost(u8* pWaveData);                   //发送波形数据包到主机，一次性发送5个点
```

步骤 7：完善 SendDataToHost.c 文件

在 SendDataToHost.c 文件“包含头文件”区的最后，添加如程序清单 14-12 所示的代码。

程序清单 14-12

```
#include "PackUnpack.h"
#include "UART1.h"
```

在 SendDataToHost.c 文件的“内部函数声明”区，添加内部函数的声明代码，如程序清单 14-13 所示。SendPackToHost 函数将打包之后的数据包发送到主机。

程序清单 14-13

```
static  void  SendPackToHost(StructPackType* pPackSent);       //打包数据，并将数据发送到主机
```

在 SendDataToHost.c 文件的“内部函数实现”区，添加 SendPackToHost 函数的实现代码，如程序清单 14-14 所示。

程序清单 14-14

```
static  void  SendPackToHost(StructPackType* pPackSent)
{
  u8  packValid = 0;                         //打包正确标志位，默认值为0

  packValid = PackData(pPackSent);           //打包数据

  if(0 < packValid)                          //如果打包正确
  {
    WriteUART1((u8*)pPackSent, 10);          //写数据到串口
  }
}
```

说明：（1）PackData 函数将参数 pPackSent 指向的打包前数据包（包含模块 ID、二级 ID 和数据）进行打包，打包之后的结果仍保存于 pPackSent 指向的结构体变量中。

（2）如果 PackData 函数的返回值大于 0，表示打包成功，则调用 WriteUART1 函数将打包之后的数据包通过 UART1 发送出去。注意，pPackSent 是结构体指针变量，而 WriteUART1 函数的第一个参数是指向 u8 类型变量的指针变量，因此需要通过“(u8*)”将 pPackSent 强制转换为指向 u8 类型变量的指针变量。

在 SendDataToHost.c 文件的“API 函数实现”区，添加 InitSendDataToHost、SendAckPack、SendWaveToHost 函数的实现代码，如程序清单 14-15 所示。InitSendDataToHost 函数用于初始化 SendDataToHost 模块，这里没有需要初始化的内容，如果后续升级版有需要初始化的代码，直接填入即可。下面按照顺序对 SendAckPack 和 SendWaveToHost 函数中的语句进行解释说明。

（1）定义一个 StructPackType 类型的结构体变量 pt，用于存放打包前的数据包。

（2）SendAckPack 函数将 MODULE_SYS 和 DAT_CMD_ACK 分别赋值给 pt.packModuleId 和 pt.packSecondId，将参数 moduleId、secondId 和 ackMsg 分别赋值给 pt.arrData[0]、pt.arrData[1] 和 pt.arrData[2]，再将 pt.arrData[3]～pt.arrData[5]均赋值为 0，最后调用 SendPackToHost 函数对结构体变量 pt 进行打包，并将打包之后的结果发送到主机。

（3）SendWaveToHost 函数将 MODULE_WAVE 和 DAT_WAVE_WDATA 分别赋值给 pt.packModuleId 和 pt.packSecondId，将参数 pWaveData 指向的前 5 个 u8 类型变量依次赋值给 pt.arrData[0]～pt.arrData[4]，再将 pt.arrData[5]赋值为 0，最后调用 SendPackToHost 函数对结构体变量 pt 进行打包，并将打包之后的结果发送到主机。

程序清单 14-15

```
void  InitSendDataToHost(void)
{

}

void SendAckPack(u8 moduleId, u8 secondId, u8 ackMsg)
{
  StructPackType pt;                          //包结构体变量

  pt.packModuleId = MODULE_SYS;               //系统信息模块的模块 ID
  pt.packSecondId = DAT_CMD_ACK;              //系统信息模块的二级 ID
  pt.arrData[0] = moduleId;                   //模块 ID
  pt.arrData[1] = secondId;                   //二级 ID
  pt.arrData[2] = ackMsg;                     //应答消息
  pt.arrData[3] = 0;                          //保留
  pt.arrData[4] = 0;                          //保留
  pt.arrData[5] = 0;                          //保留

  SendPackToHost(&pt);                        //打包数据，并将数据发送到主机
}

void  SendWaveToHost(u8* pWaveData)
{
  StructPackType  pt;                         //包结构体变量
```

```
  pt.packModuleId = MODULE_WAVE;          //wave 模块的模块 ID
  pt.packSecondId = DAT_WAVE_WDATA;       //wave 模块的二级 ID
  pt.arrData[0] = pWaveData[0];           //波形数据 1
  pt.arrData[1] = pWaveData[1];           //波形数据 2
  pt.arrData[2] = pWaveData[2];           //波形数据 3
  pt.arrData[3] = pWaveData[3];           //波形数据 4
  pt.arrData[4] = pWaveData[4];           //波形数据 5
  pt.arrData[5] = 0;                      //保留

  SendPackToHost(&pt);                    //打包数据，并将数据发送到主机
}
```

步骤 8：完善 ProcHostCmd.c 文件

在 ProcHostCmd.c 文件“包含头文件”区的最后，添加代码#include "SendDataToHost.h"。

在 ProcHostCmd.c 文件的“API 函数实现”区，先定义 ack 变量，并将 OnGenWave 函数的返回值赋值给 ack，然后在 OnGenWave 函数之后，添加调用 SendAckPack 函数的代码，如程序清单 14-16 所示。OnGenWave 函数根据变量 pack 生成不同的波形，返回值为生成波形命令响应消息，SendAckPack 函数将该响应消息发送到主机。

程序清单 14-16

```
void ProcHostCmd(u8 recData)
{
  StructPackType pack;                                         //包结构体变量
  u8 ack;                                                      //存储应答消息

  while(UnPackData(recData))                                   //解包成功
  {
    pack = GetUnPackRslt();                                    //获取解包结果

    switch(pack.packModuleId)                                  //模块 ID
    {
      case MODULE_WAVE:                                        //波形信息
        ack = OnGenWave(pack.arrData);                         //生成波形
        SendAckPack(MODULE_WAVE, CMD_GEN_WAVE, ack);           //发送命令应答消息包
        break;
      default:
        break;
    }
  }
}
```

步骤 9：完善 ADC 实验应用层

在 Project 面板中，双击打开 Main.c 文件，在 Main.c 文件“包含头文件”区的最后，添加如程序清单 14-17 所示的代码。

程序清单 14-17

```
#include "SendDataToHost.h"
#include "ADC.h"
```

在 Main.c 文件的 InitSoftware 函数中，添加调用 InitSendDataToHost 函数的代码，如程序清单 14-18 所示，这样就实现了对 SendDataToHost 模块的初始化。

程序清单 14-18

```
static  void  InitSoftware(void)
{
  InitPackUnpack();          //初始化 PackUnpack 模块
  InitProcHostCmd();         //初始化 ProcHostCmd 模块
  InitSendDataToHost();      //初始化 SendDataToHost 模块
}
```

在 Main.c 文件的 InitHardware 函数中，添加调用 InitADC 函数的代码，如程序清单 14-19 所示，这样就实现了对 ADC 模块的初始化。

程序清单 14-19

```
static  void  InitHardware(void)
{
  SystemInit();              //系统初始化
  InitRCC();                 //初始化 RCC 模块
  InitNVIC();                //初始化 NVIC 模块
  InitUART1(115200);         //初始化 UART 模块
  InitTimer();               //初始化 Timer 模块
  InitLED();                 //初始化 LED 模块
  InitSysTick();             //初始化 SysTick 模块
  InitDAC();                 //初始化 DAC 模块
  InitADC();                 //初始化 ADC 模块
}
```

在 Main.c 文件的 Proc2msTask 函数中，添加如程序清单 14-20 所示的代码，实现读取 ADC 缓冲区的波形数据，并将波形数据发送到主机的功能。

程序清单 14-20

```
static  void  Proc2msTask(void)
{
  u8  uart1RecData;                              //串口数据
  u16 adcData;                                   //队列数据
  u8  waveData;                                  //波形数据

  static u8 s_iCnt4 = 0;                         //计数器
  static u8 s_iPointCnt = 0;                     //波形数据包的点计数器
  static u8 s_arrWaveData[5] = {0};              //初始化数组

  if(Get2msFlag())                               //判断 2ms 标志状态
  {
    if(ReadUART1(&uart1RecData, 1))              //读串口接收数据
    {
      ProcHostCmd(uart1RecData);                 //处理命令
    }

    s_iCnt4++;                                   //计数增加

    if(s_iCnt4 >= 4)                             //达到 8ms
    {
      if(ReadADCBuf(&adcData))                   //从缓存队列中取出 1 个数据
      {
        waveData = (adcData * 127) / 4095;       //计算获取点的位置
        s_arrWaveData[s_iPointCnt] = waveData;   //存放到数组
```

```
        s_iPointCnt++;                              //波形数据包的点计数器加 1 操作

        if(s_iPointCnt >= 5)                        //接收到 5 个点
        {
          s_iPointCnt = 0;                          //计数器清零
          SendWaveToHost(s_arrWaveData);            //发送波形数据包
        }
      }
      s_iCnt4 = 0;                                  //准备下次的循环
    }

    LEDFlicker(250);                                //调用闪烁函数
    Clr2msFlag();                                   //清除 2ms 标志
  }
}
```

说明：（1）在 Proc2msTask 函数中，每 8ms 通过 ReadADCBuf 函数读取一次 ADC 缓冲区的波形数据，然后将波形数据范围从 0～4095 压缩到 0～127，因为计算机上的“信号采集工具”显示范围为 0～127，而 STM32 的 ADC 模块转换输出的数据范围为 0～4095。

（2）在 PCT 通信协议中，一个波形数据包（模块 ID 为 0x71，二级 ID 为 0x01）包含 5 个连续的波形数据，对应波形上的 5 个点，因此还需要通过 s_iPointCnt 计数，当计数到 5 时，调用 SendWaveToHost 函数将数据包发送给计算机上的“信号采集工具”。

步骤 10：编译及下载验证

代码编写完成后，单击按钮进行编译。编译结束后，Build Output 栏中出现“0 Error(s), 0 Warning(s)”，表示编译成功。然后，参见图 2-33，通过 Keil μVision5.20 软件将.axf 文件下载到医疗电子单片机高级开发系统。下载完成后，按照图 13-38，先通过 Micro-USB 将系统连接到计算机，再将 PA4 引脚通过杜邦线或跳线帽连接到 PA5 引脚，最后将 PA4 引脚连接到示波器探头。可以通过计算机上的“信号采集工具”和示波器观察到与实验 12 相同的现象。

本 章 任 务

将 PA4 引脚通过杜邦线连接到 PA5 引脚，PA4 引脚依然作为 DAC 输出正弦波、方波和三角波，在实验 12 的基础上，重新修改程序，通过 ADC2 将 PA5 引脚的模拟信号量转换为数字量，并将转换后的数字量按照 PCT 通信协议进行打包，通过 UART1 将打包后的数据实时发送至计算机，通过计算机上的“信号采集工具”动态显示接收到的波形。

本 章 习 题

1．简述本实验中 ADC 的工作原理。

2．输入信号幅度超过 ADC 参考电压范围将有什么后果？

3．如何通过 STM32 的 ADC 检测 7.4V 锂电池的电压？

4．计算 ADC_CCR 的绝对地址。

第 15 章　实验 14——体温测量与显示

从本章开始，将通过体温测量与显示、呼吸监测与显示、心电监测与显示、血氧监测与显示和血压测量与显示 5 个实验，介绍常见的人体生理参数（体温、呼吸、心电、血氧和血压）的测量与显示。这些实验涉及独立按键、串口通信、定时器、七段数码管显示、OLED 显示、ADC 和 DAC 等模块，既用到 LY-ST429M 型医疗电子单片机高级开发系统，还用到 LY-M501 型人体生理参数监测系统。这 5 个实验与生物医学工程和医疗器械工程专业密切相关。

15.1　实验内容

通过医疗电子单片机高级开发系统读取人体生理参数监测系统（使用说明见附录 A）发送来的体温数据包，解包后将体温数据显示在七段数码管上，实验原理框图如图 15-1 所示。人体生理参数监测系统测量的体温值为连接到该系统的体温探头 1 和体温探头 2 感应到的温度值。

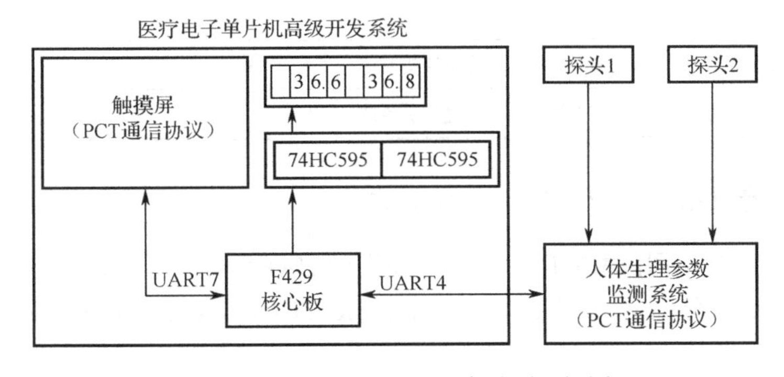

图 15-1　体温测量与显示实验原理框图

为了进行实验对照，还需要实现如下功能：（1）通过 UART4 接收人体生理参数监测系统的数据包，并将接收到的数据包通过 UART7 发送至触摸屏；（2）通过 UART7 接收触摸屏的命令包，并将接收到的命令包通过 UART4 发送至人体生理参数监测系统。这样，就可以通过对比触摸屏（“体温测量与显示实验”界面）上显示的数值与七段数码管显示的数值，验证实验是否正确。

本实验需要将 UART4 接收到的体温数据包进行解包处理，并将解包后的体温通道 1 的体温值显示在七段数码管的左侧，如图 15-2 所示。

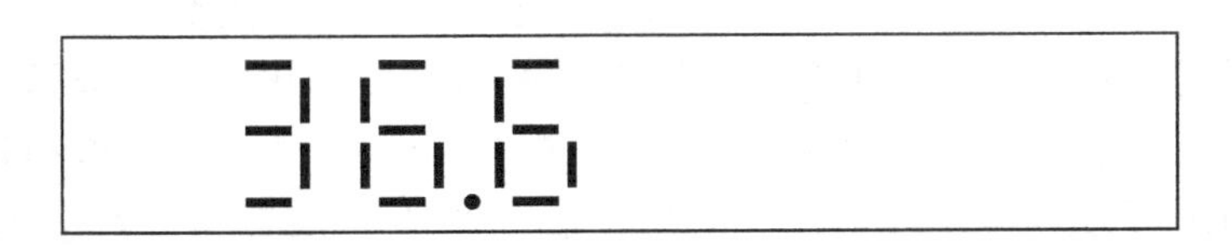

图 15-2　体温测量与显示实验结果

15.2 实验原理

15.2.1 体温数据包的 PCT 通信协议

体温数据包是由从机向主机发送的双通道体温值和探头信息，图 15-3 给出了体温数据包的描述。

模块ID	HEAD	二级ID	DAT1	DAT2	DAT3	DAT4	DAT5	DAT6	CHECK
12H	数据头	02H	体温探头状态	体温通道1高字节	体温通道1低字节	体温通道2高字节	体温通道2低字节	保留	校验和

图 15-3　体温数据包

体温探头状态的解释说明如表 15-1 所示，需要注意的是，体温数据为 16 位有符号数，有效数据范围为 0～500，数据扩大 10 倍，单位是摄氏度（℃）。例如，368 表示 36.8℃，-100 为无效数据。体温数据包每秒发送 1 次。

表 15-1　体温探头状态的解释说明

位	解 释 说 明
7:2	保留
1	体温通道 2：0-体温探头接上；1-体温探头脱落
0	体温通道 1：0-体温探头接上；1-体温探头脱落

15.2.2 基于 DMA 的 UART 模块函数

与前面 13 个实验不同，本书后 5 个实验使用的 UART 模块基于 DMA，该 UART 模块包括 5 个 API 函数，分别是 InitUART、ProcUARTxTimerTask、WriteUART、ReadUART、TestUSARTx。

1. InitUART

InitUART 函数的功能是初始化 UART 模块，STM32F429IGT6 芯片有 8 个串口，每个实验或项目所用到的串口可能不同，具体初始化哪个串口需要由 UART.h 文件中的宏定义 USART_COMx_EN 使能。另外，每个串口的波特率也可以通过 UART.h 文件中的宏定义 USART_COMx_BAUD 更改。具体描述如表 15-2 所示。

表 15-2　InitUART 函数的描述

函数名	InitUART
函数原型	void InitUART(void)
功能描述	初始化 UART 模块
输入参数	无
输出参数	无
返回值	void

2. ProcUARTxTimerTask

ProcUARTxTimerTask 函数的功能是检查串口发送缓冲区中的数据是否发送完成，并将未发送完成的数据发送出去，建议该函数每毫秒调用一次，具体描述如表 15-3 所示。注意，本书后 5 个实验中，ProcUARTxTimerTask 函数在 TIM2_IRQHandler 函数中调用，由于 TIM2 的中断服务函数每毫秒执行一次，因此，ProcUARTxTimerTask 函数也是每毫秒执行一次。

表 15-3　ProcUARTxTimerTask 函数的描述

函数名	ProcUARTxTimerTask
函数原型	void ProcUARTxTimerTask (void)
功能描述	检查串口缓冲区数据是否发送完成，并将未发送完成的数据发送出去
输入参数	无
输出参数	无
返回值	void

3．WriteUART

WriteUART 函数的功能是写串口，即将待发送的数据通过某一串口发送出去，具体描述如表 15-4 所示。

表 15-4　WriteUART 函数的描述

函数名	WriteUART
函数原型	void WriteUART (EnumUARTPortComx UARTComx, u8* pBuf, u8 len)
功能描述	写串口，即写数据到相应的串口
输入参数 1	UARTComx：串口号
输入参数 2	pBuf：待写入的数据存放的起始地址
输入参数 3	len：要写入的长度，即待写入串口数据的个数
输出参数	无
返回值	成功写入串口数据的个数

参数 UARTComx 为待写入串口的串口号，可取值如表 15-5 所示，也可取多个可取值的组合作为该参数的值。

表 15-5　参数 UARTComx 的可取值

可　取　值	实　际　值	描　　述
USART_PORT_COM1	0	UART1 端口号
USART_PORT_COM2	1	UART2 端口号
⋮	⋮	⋮
USART_PORT_COM8	7	UART8 端口号

4．ReadUART

ReadUART 函数的功能是读串口，即读取某一串口接收到的数据，具体描述表 15-6 所示。

表 15-6　ReadUART 函数的描述

函数名	ReadUART
函数原型	u8 ReadUART(EnumUARTPortComx UARTComx, u8* pBuf, u8 len)
功能描述	读串口，即读取取相应串口 FIFO 中的数据
输入参数 1	UARTComx：串口号
输入参数 2	pBuf：读取的数据存放的起始地址
输入参数 3	len：期望读出的数据的个数

续表

输出参数	pBuf：读取的数据存放的起始地址
返回值	成功读出串口数据的个数

5. TestUARTx

TestUARTx 函数的功能是测试某一串口的收发功能，建议以 4ms 或更短的时间间隔调用，具体描述表 15-7 所示。

表 15-7　TestUARTx 函数的描述

函数名	TestUARTx
函数原型	void TestUARTx (EnumUARTPortComx UARTComx)
功能描述	测试某一串口的收发功能
输入参数 1	UARTComx：串口号
输出参数	无
返回值	无

15.2.3　UART4 与 UART7 数据传输流程

图 15-1 中 F429 核心板的 UART4 与人体生理参数监测系统相连接，UART7 与医疗电子单片机高级开发系统上的触摸屏相连接。

F429 核心板通过 UART4 接收来自人体生理参数监测系统发送的数据包，首先进行解包，然后，对解包结果进行打包，最后，将打包之后的数据包通过 UART7 发送至触摸屏，如图 15-4 所示。这个过程将在 ProcTemp 模块的 UART4ToUART7 函数中实现。

F429 核心板通过 UART7 接收来自触摸屏发送的数据（即命令包），并将接收到的数据通过 UART4 发送至人体生理参数监测系统，如图 15-5 所示。这个过程将在 ProcTemp 模块的 UART7ToUART4 函数中实现。

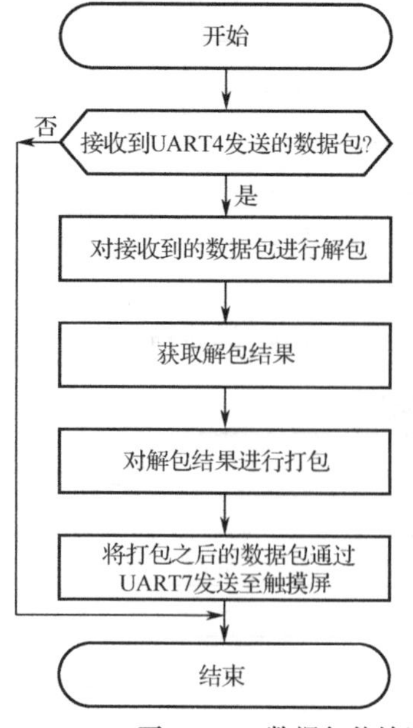

图 15-4　UART4 至 UART7 数据包传输流程图

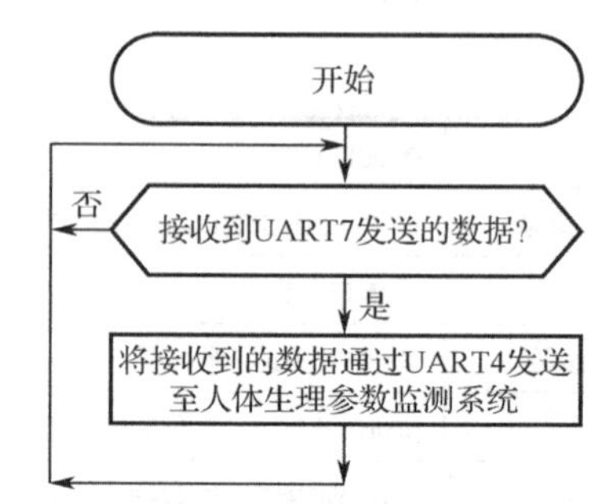

图 15-5　UART7 至 UART4 命令包传输流程图

15.2.4　解包结果处理流程

本实验要求在图 15-4 所示的 UART4 至 UART7 数据包传输流程基础上，进一步对解包结果进行处理。当接收到体温数据包时，将体温通道 1 数据保存至 s_iTemp1 变量，将体温通道 2 数据保存至 s_iTemp2 变量，如图 15-6 所示。对解包结果进行处理的流程将在 ProcTemp 模块的 UART4ToUART7 函数中实现。

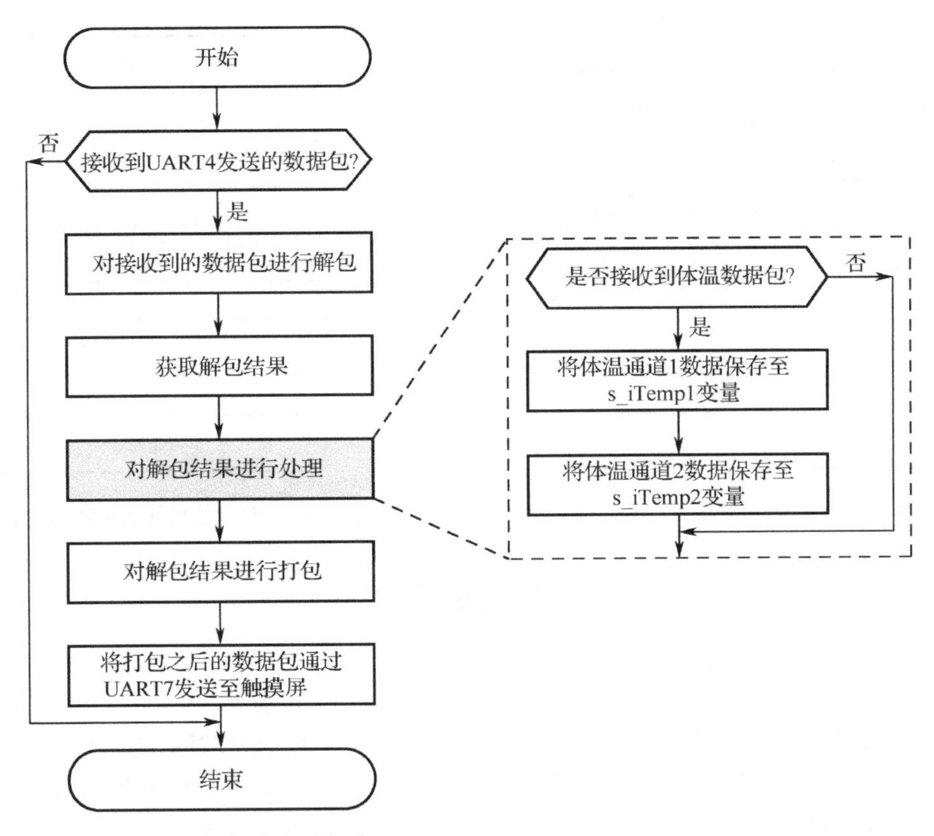

图 15-6　解包结果处理流程图

15.2.5　七段数码管显示体温参数

在 Seg7DigitalLED 模块中，通过调用 ProcTemp 模块的 GetTempData 函数读取 s_iTemp1 和 s_iTemp2 变量，并将 s_iTemp1 的最高位赋值给 t1HighBit，中间位赋值给 t1MidBit，最低位赋值给 t1LowBit；然后分 8 次将体温通道 1 的体温值（t1HighBit、t1MidBit 和 t1LowBit 共 3 位）显示在七段数码管上，七段数码管的其他 5 位不显示任何字符，如图 15-7 所示。该流程将在 Seg7DigitalLED 模块中的 Seg7DispTemp 函数中实现。

Seg7DispTemp 函数每调用一次，只能在七段数码管的一个位上显示字符，因此，只需要每 2ms 调用一次该函数，即在 Main.c 文件的 Proc2msTask 函数中调用 Seg7DispTemp 函数，就可以实现将体温通道 1 数据显示在七段数码管上，如图 15-8 所示。

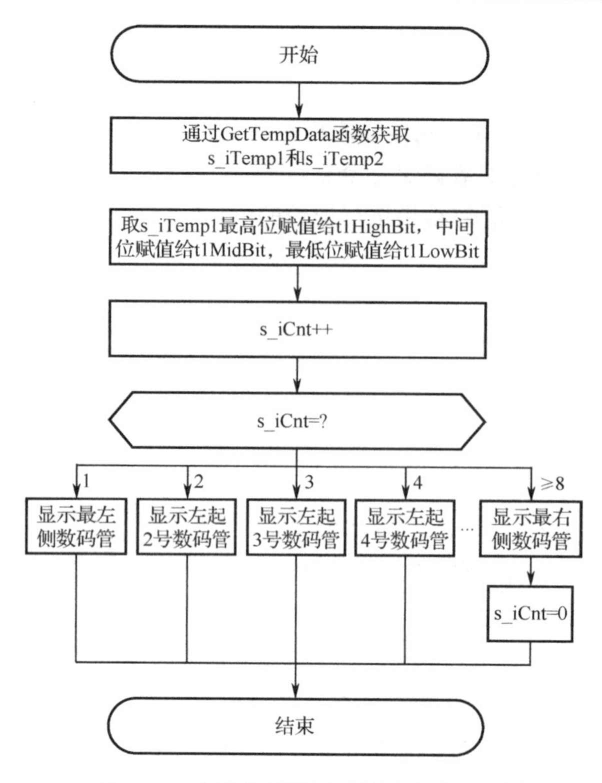

图 15-7　七段数码管显示体温参数流程图 1

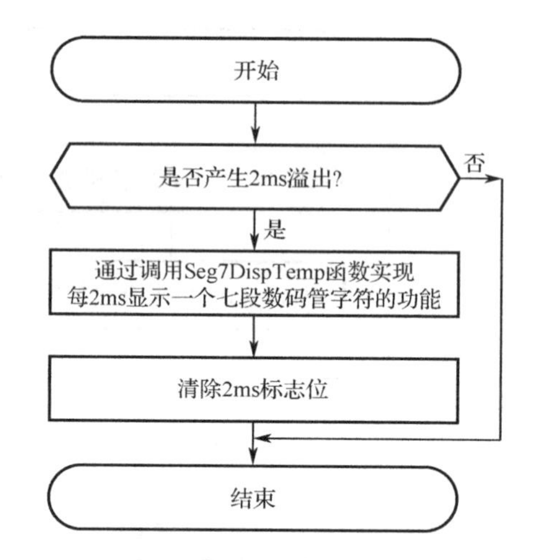

图 15-8　七段数码管显示体温参数流程图 2

15.3　实验步骤

步骤 1：复制并编译原始工程

首先，将“D:\STM32KeilTest\Material\14.体温测量与显示实验”文件夹复制到“D:\STM32KeilTest\Product”文件夹中。然后，双击运行“D:\STM32KeilTest\Product\14.体温测量与显示实验\Project”文件夹中的 STM32KeilPrj.uvprojx，单击工具栏中的按钮。当 Build Output 栏出现“FromELF：creating hex file...”时，表示已经成功生成.hex 文件，出现“0 Error(s), 0 Warnning(s)”，表示编译成功。最后，将.axf 文件下载到 STM32 的内部 Flash，观察 LD0 是否闪烁。如果 LD0 闪烁，串口正常输出字符串，则表示原始工程是正确的，可以进入下一步操作。

步骤 2：添加 ProcTemp 文件对

首先，将“D:\STM32KeilTest\Product\14.体温测量与显示实验\App\ProcTemp”文件夹中的 ProcTemp.c 添加到 App 分组中。然后，将“D:\STM32KeilTest\Product\14.体温测量与显示实验\App\ProcTemp”路径添加到 Include Paths 栏中。

步骤 3：完善 ProcTemp.h 文件

单击按钮进行编译，编译结束后，在 Project 面板中，双击 ProcTemp.c 中的 ProcTemp.h 文件。在 ProcTemp.h 文件“包含头文件”区的最后，添加如程序清单 15-1 所示的代码。

程序清单 15-1

```
#include "DataType.h"
#include "PackUnpack.h"
```

在 ProcTemp.h 文件的“API 函数声明”区，添加如程序清单 15-2 所示的 API 函数声明代码。其中，InitProcTemp 函数用于初始化 ProcTemp 模块；UART4ToUART7 函数用于接收人体生理参数监测系统的数据，并将这些数据发送至触摸屏；UART7ToUART4 函数用于接收触摸屏的数据，并将数据发送至人体生理参数监测系统；GetTempData 函数用于获取体温数据。

程序清单 15-2

```
void  InitProcTemp(void);                           //初始化 ProcTemp 模块
void  UART4ToUART7(void);                           //接收到下位机串口的数据，转发给触摸屏的串口
void  UART7ToUART4(void);                           //接收到触摸屏串口的数据转发到下位机串口
void  GetTempData(u16* pT1, u16* pT2);              //获取体温数据
```

步骤 4：完善 ProcTemp.c 文件

在 ProcTemp.c 文件“包含头文件”区的最后，添加如程序清单 15-3 所示的代码。

程序清单 15-3

```
#include "PackUnpack.h"
#include "UART.h"
```

在 ProcTemp.c 文件的“内部变量”区，添加如程序清单 15-4 所示的内部变量定义代码。其中，s_iTemp1、s_iTemp2 分别保存体温通道 1、通道 2 的体温值，这两个体温值均为原始值乘以 10，即，如体温通道 1 的原始体温值为 36.5，s_iTemp1 则为 365。

程序清单 15-4

```
static u16 s_iTemp1;
static u16 s_iTemp2;
```

在 ProcTemp.c 文件的“API 函数实现”区，添加 API 函数的实现代码，如程序清单 15-5 所示。ProcTemp.c 文件有 4 个 API 函数，下面按照顺序对这 4 个函数中的语句进行解释说明。

（1）在 InitProcTemp 函数中，通过对 s_iTemp1 和 s_iTemp2 赋值 0，初始化 ProcTemp 模块。

（2）UART4ToUART7 函数通过 ReadUART 函数读取人体生理参数监测系统的数据，接着通过 UnPackData 函数对接收到的数据进行解包，然后通过 GetUnPackRslt 获取解包结果，如果解包结果是体温数据，则将体温通道 1 和体温通道 2 的数据分别保存于 s_iTemp1 和 s_iTemp2 变量，最后通过 PackData 函数对解包数据进行打包，并将打包结果通过 WriteUART 函数发送至触摸屏。

（3）UART7ToUART4 函数通过 ReadUART 函数读取触摸屏的数据，然后将这些数据通过 WriteUART 函数发送至人体生理参数监测系统。

（4）GetTempData 函数用于获取体温通道 1 和体温通道 2 的数据。

程序清单 15-5

```
void  InitProcTemp(void)
{
  s_iTemp1 = 0;
  s_iTemp2 = 0;
}

void  UART4ToUART7(void)
{
  u8 arrTemp[80];              //4ms 周期，在 115200 的模式下最多会有 40 字节，取双倍余量
  i32 len = 0;
```

```
  i32 i = 0;

  StructPackType pt;

  len = ReadUART(UART_PORT_COM4, arrTemp, 10);

  for(i = 0; i < len; i++)
  {
    if(UnPackData(arrTemp[i]))
    {
      pt = GetUnPackRslt();

      if(pt.packModuleId == MODULE_TEMP && pt.packSecondId == DAT_TEMP_DATA)
      {
        s_iTemp1 = MAKEHWORD(pt.arrData[1], pt.arrData[2]);
        s_iTemp2 = MAKEHWORD(pt.arrData[3], pt.arrData[4]);
      }

      PackData(&pt);

      WriteUART(UART_PORT_COM7, (u8*)&pt, 10);
    }
  }
}

void  UART7ToUART4(void)
{
  u8 arrTemp[80];            //4ms 周期，在 115200 的模式下最多会有 40 字节，取双倍余量
  i32 len = 0;

  len = ReadUART(UART_PORT_COM7, arrTemp, 10);

  if(len > 0)
  {
    WriteUART(UART_PORT_COM4, arrTemp, len);
  }
}

void  GetTempData(u16* pT1, u16* pT2)
{
  *pT1 = s_iTemp1;
  *pT2 = s_iTemp2;
}
```

步骤 5：完善 Seg7DigitalLED.h 文件

在 Seg7DigitalLED.h 文件“API 函数声明”区的最后，添加 Seg7DispTemp 函数声明代码 void Seg7DispTemp(void)。Seg7DispTemp 函数用于在七段数码管显示两路体温值。

步骤 6：完善 Seg7DigitalLED.c 文件

在 Seg7DigitalLED.c 文件“包含头文件”区的最后，添加如程序清单 15-6 所示的代码。

程序清单 15-6

```
#include "UART.h"
#include "ProcTemp.h"
```

在 Seg7DigitalLED.c 文件“API 函数实现”区的最后，添加 Seg7DispTemp 函数的实现代码，如程序清单 15-7 所示。

程序清单 15-7

```
void Seg7DispTemp(void)
{
  u16 t1 = 365;
  u16 t2 = 333;

  u8 t1HighBit, t1MidBit, t1LowBit;

  static  i16 s_iCnt = 0;

  GetTempData(&t1, &t2);

  t1HighBit =  t1 / 100;
  t1MidBit  = (t1 % 100) / 10;
  t1LowBit  = (t1 % 100) % 10;

  s_iCnt++;

  if(1 == s_iCnt)
  {
    Seg7WrSelData(0, 0x11, 0);           //显示在七段数码管的最左侧
  }
  else if(2 == s_iCnt)
  {
    Seg7WrSelData(1, t1HighBit, 0);
  }
  else if(3 == s_iCnt)
  {
    Seg7WrSelData(2, t1MidBit, 1);
  }
  else if(4 == s_iCnt)
  {
    Seg7WrSelData(3, t1LowBit, 0);
  }
  else if(5 == s_iCnt)
  {
    Seg7WrSelData(4, 0x11, 0);
  }
  else if(6 == s_iCnt)
  {
    Seg7WrSelData(4, 0x11, 0);
  }
  else if(7 == s_iCnt)
  {
    Seg7WrSelData(4, 0x11, 0);
```

```
  }
  else if(8 <= s_iCnt)
  {
    Seg7WrSelData(4, 0x11, 0);
    s_iCnt = 0;
  }
}
```

说明：（1）t1 和 t2 变量用于保存人体生理参数监测系统发送到医疗电子单片机高级开发系统的两路体温值（原始值乘以 10）。人体体温值一般在 35～42 之间，误差为 0.1，七段数码管需要用 3 位来显示体温值。因此，需要定义 3 个变量，t1HighBit、t1MidBit、t1LowBit 分别用于保存体温值的最高位、中间位、最低位。

（2）七段数码管共有 8 位，每次只能显示 1 位，显示间隔为 2ms。因此，需要定义 s_iCnt 变量，Seg7DispTemp 函数每执行一次，该变量执行一次加 1 操作，s_iCnt 变量计数范围为 1～8。

（3）Seg7WrSelData 函数的功能是在七段数码管的指定位置显示字符，参数 addr 是地址（addr 为 0 表示向最左侧写字符，addr 为 7 表示向最右侧写字符）；参数 data 是待显示的字符；参数 pointFlag 是有无小数点标志（pointFlag 为 0 表示无小数点，pointFlag 为 1 表示有小数点）。当 s_iCnt 为 1 时，通过调用 Seg7WrSelData 函数向最左侧的七段数码管显示一个字符，依次类推，当 s_iCnt 为 8 时，通过调用 Seg7WrSelData 函数向最右侧的七段数码管显示一个字符。

步骤 7：完善 Timer.c 文件

在 Timer.c 文件“包含头文件”区的最后，添加如程序清单 15-8 所示的代码。

程序清单 15-8

```
#include "UART.h"
#include "ProcTemp.h"
```

在 Timer.c 文件“内部函数实现”区的 TIM2_IRQHandler 函数实现代码中，添加 ProcUARTxTimerTask 函数的调用代码，如程序清单 15-9 所示。由于 TIM2_IRQHandler 函数每毫秒执行一次，因此，ProcUARTxTimerTask 函数同样每毫秒执行一次。

程序清单 15-9

```
void TIM2_IRQHandler(void)
{
  static  u16 s_iCnt2 = 0;                              //定义一个静态变量 s_iCnt2 作为 2ms 计数器

  if(TIM_GetITStatus(TIM2, TIM_IT_Update) != RESET)       //判断定时器更新中断是否发生
  {
    TIM_ClearITPendingBit(TIM2, TIM_FLAG_Update);         //清除定时器更新中断标志
  }

  ProcUARTxTimerTask();

  s_iCnt2++;                                              //2ms 计数器的计数值加 1

  if(s_iCnt2 >= 2)                                        //2ms 计数器的计数值大于或等于 2
  {
    s_iCnt2 = 0;                                          //重置 2ms 计数器的计数值为 0
    s_i2msFlag = TRUE;                                    //将 2ms 标志位的值设置为 TRUE
  }
}
```

在 Timer.c 文件"内部函数实现"区的 TIM4_IRQHandler 函数实现代码中，添加 UART7ToUART4 和 UART4ToUART7 函数的调用代码，如程序清单 15-10 所示。同样，UART7ToUART4 和 UART4ToUART7 函数每毫秒执行一次。

程序清单 15-10

```
void TIM4_IRQHandler(void)
{
  if(TIM_GetITStatus(TIM4, TIM_IT_Update) != RESET)      //检查 TIMx 更新中断发生与否
  {
    TIM_ClearITPendingBit(TIM4, TIM_FLAG_Update);        //清除 TIMx 更新中断标志
  }

  UART7ToUART4();                                    //接收到液晶屏串口的数据转发到下位机串口
  UART4ToUART7();                                    //接收到下位机串口的数据，转发给液晶屏的串口
}
```

步骤 8：完善体温测量与显示实验应用层

在 Project 面板中，双击打开 Main.c 文件，在 Main.c 文件"包含头文件"区的最后，添加代码#include "ProcTemp.h"。

在 Main.c 文件的 InitSoftware 函数中，添加调用 InitProcTemp 函数的代码，如程序清单 15-11 所示，这样就实现了对 ProcTemp 模块的初始化。

程序清单 15-11

```
static  void  InitSoftware(void)
{
  InitPackUnpack();             //初始化 PackUnpack 模块
  InitProcTemp();               //初始化 ProcTemp 模块
}
```

在 Main.c 文件的 Proc2msTask 函数中，添加调用 Seg7DispTemp 函数的代码，实现七段数码管每 2ms 显示一个字符的功能，如程序清单 15-12 所示。由于 Proc1SecTask 函数中的 printf 语句执行时间约为 4.4ms，导致七段数码管显示字符时出现闪烁的现象，因此，需要注释掉 Proc1SecTask 函数中的 printf 语句。

程序清单 15-12

```
static  void  Proc2msTask(void)
{
  if(Get2msFlag())              //判断 2ms 标志状态
  {
    Seg7DispTemp();
    LEDFlicker(250);            //调用闪烁函数
    Clr2msFlag();               //清除 2ms 标志
  }
}
```

步骤 9：编译及下载验证

代码编写完成后，单击按钮进行编译。编译结束后，Build Output 栏中出现"0 Error(s)，0 Warning(s)"，表示编译成功。然后，参见图 2-33，通过 Keil μVision5.20 软件将.axf 文件下载到医疗电子单片机高级开发系统。

下载完成后，将人体生理参数监测系统通过 USB 连接线连接到医疗电子单片机高级开发

图 15-9　体温测量与显示实验结果

系统右侧的 USB 接口，确保 J42 的 PC10 与 PARX 相连接，PC11 与 PATX 相连接。将人体生理参数监测系统的“数据模式”设置为“演示模式”，将“通信模式”设置为 UART，将“参数模式”设置为“五参”或“体温”。

可以观察到七段数码管上显示体温通道 1 的体温值（36.6），如图 15-9 所示，同时，将触摸屏切换到“体温测量与显示实验”界面，可以看到，触摸屏上的体温数值与七段数码管上的一致，表示实验成功。读者也可以将人体生理参数监测系统的“数据模式”设置为“实时模式”，通过体温探头测量模拟器的体温值。

本 章 任 务

在本实验的基础上增加以下功能：（1）在 ProcTemp 模块的 UART4ToUART7 函数中，如果解包结果是体温探头状态，则将体温探头 1 和体温探头 2 的状态信息分别保存于 s_iSensSts1 和 s_iSensSts2 变量；（2）在 ProcTemp 模块中，通过 GetTempSensSts 函数获取体温探头 1 和体温探头 2 的状态信息；（3）在 Seg7DigitalLED 模块中，通过 Seg7DispTemp 函数显示体温通道 1 和体温通道 2 的体温值或探头脱落信息；（4）当两路体温探头相连接时，七段数码管显示正常的体温值，如图 15-10 左图所示；（5）当两路体温探头未连接时，七段数码管显示如图 15-10 右图所示。注意，本章任务需要将人体生理参数监测系统的“数据模式”由“演示模式”切换到“实时模式”，切换方式参见附录 A。

36.6　36.8　　　　--- ---

图 15-10　本章任务结果效果图

本 章 习 题

1. 本实验采用热敏电阻法测量人体体温，除此之外，是否有其他方法可以测量人体体温？

2. 如果体温通道 1 和体温通道 2 的探头均为连接状态，而且体温通道 1 和体温通道 2 的体温分别为 36.0℃和 36.2℃，按照图 15-3 定义的体温数据包应该是什么？

3. PackUnpack 模块的 UnPackData 和 GetUnPackRslt 函数的功能分别是什么？

4. 简述 ProcTemp 模块的 UART4ToUART7 和 UART7ToUART4 函数的功能。为什么需要在 Timer 模块中调用这两个函数？

5. 为什么需要在 Timer 模块中调用 ProcUARTxTimerTask 函数？

6. 人体生理参数监测系统发送到医疗电子单片机高级开发系统的体温数据包在哪个函数中进行解包处理？

7. 本实验中，Seg7DispTemp 函数每 2ms 调用一次，能否更改为每 2.5ms 或每 4ms 调用一次？并解释原因。

第 16 章　实验 15——呼吸监测与显示

本实验的设计思路是，由医疗电子单片机高级开发系统上的 F429 核心板对人体生理参数监测系统获取的呼吸率数据包进行解包，然后通过七段数码管显示呼吸率值（见图 16-1）。本实验要求在七段数码管上按照“RESP 20”的格式显示，如果导联脱落，则呼吸率数据包中的呼吸率为无效值，即“-100”，应按照“RESP　--”的格式显示。

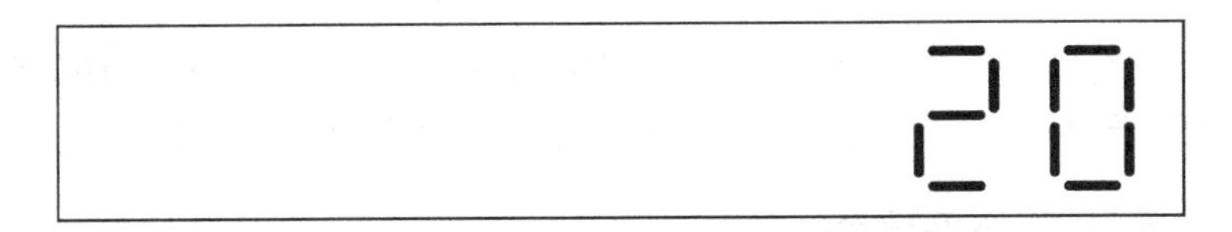

图 16-1　呼吸监测与显示实验结果

16.1　实验内容

呼吸监测与显示实验的原理框图如图 16-2 所示。该实验的数据源是人体生理参数监测系统，该系统在“演示模式”下，呼吸率为 20bpm；在“实时模式”下，需要将心电线缆的一端连接到系统的 ECG/RESP 接口，另一端连接到人体生理参数模拟器，才可以实时监测人体生理参数模拟器的呼吸信号。注意，在呼吸监测与显示实验中，禁止将心电线缆与人体相连。

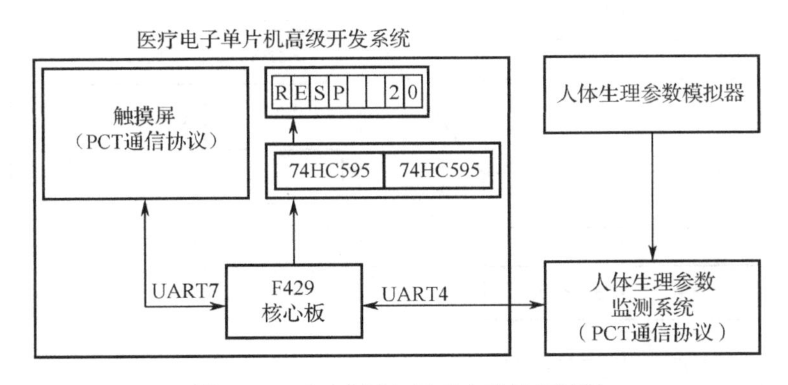

图 16-2　呼吸监测与显示实验原理框图

为了进行实验对照，还需要实现如下功能：（1）通过 UART4 接收人体生理参数监测系统的数据包，并将接收到的数据包通过 UART7 发送至触摸屏；（2）通过 UART7 接收触摸屏的命令包，并将接收到的命令包通过 UART4 发送至人体生理参数监测系统。这样，就可以通过对比触摸屏（“呼吸监测与显示实验”界面）上显示的数值与七段数码管显示的数值，验证实验是否正确。

16.2 实验原理

16.2.1 呼吸数据包的 PCT 通信协议

本实验涉及的呼吸数据包仅包含呼吸率数据包（其他呼吸数据包可参见附录 B）。呼吸率数据包中的数据是由从机向主机发送的呼吸率，图 16-3 给出了呼吸率数据包的定义。

模块ID	HEAD	二级ID	DAT1	DAT2	DAT3	DAT4	DAT5	DAT6	CHECK
11H	数据头	03H	呼吸率高字节	呼吸率低字节	保留	保留	保留	保留	校验和

图 16-3 呼吸率数据包

呼吸率为 16 位有符号数，有效数据范围为 0～120[①]，单位为 bpm。-100 代表无效值，导联脱落时呼吸率等于-100，窒息时呼吸率为 0。呼吸率数据包每秒发送 1 次。

16.2.2 解包结果处理流程

本实验要求在图 15-4 所示的 UART4 至 UART7 数据包传输流程基础上，进一步对解包结果进行处理。接收到呼吸率数据包后，将呼吸率数据保存至 s_iRespRate 变量，如图 16-4 所示。对解包结果进行处理的流程将在 ProcResp 模块的 UART4ToUART7 函数中实现。

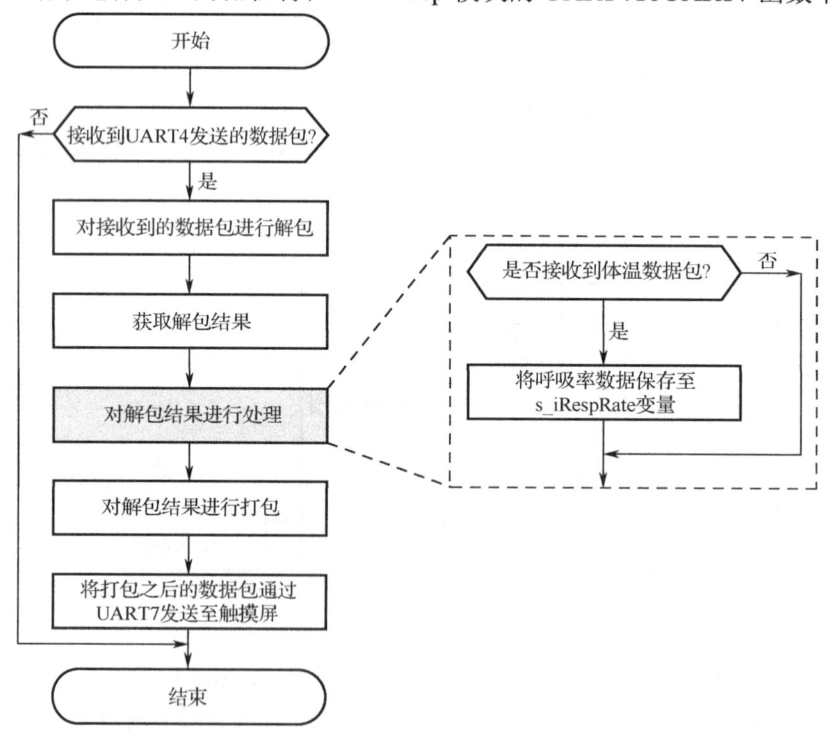

图 16-4 呼吸监测与显示实验对解包结果进行处理流程图

16.2.3 七段数码管显示呼吸数据流程

七段数码管显示呼吸数据流程如图 16-5 所示。在 Seg7DigitalLED 模块中，通过调用

① 正常人的呼吸率值一般不超过 100，为留有一定的余量，PCT 通信协议将有效数据范围设为 0～120。

ProcResp 模块中的 GetRespRate 函数读取 s_iRespRate 变量，并将 s_iRespRate 的最高位赋值给 rrHighBit，最低位赋值给 rrLowBit；然后，分 8 次将呼吸率值（rrHighBit、rrLowBit 共 2 位）显示在七段数码管上，七段数码管的其余 6 位不显示字符。该流程将在 Seg7DigitalLED 模块的 Seg7DispRespRate 函数中实现。

Seg7DispTemp 函数每次被调用，只能在七段数码管的一个位上显示字符，因此，只需要每 2ms 调用一次 Seg7DispRespRate 函数，就可以实现在七段数码管上显示呼吸率数据，如图 16-6 所示。

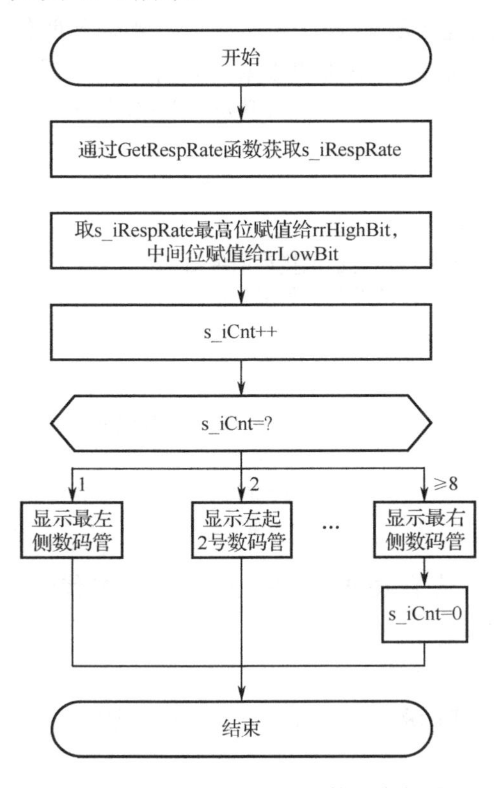

图 16-5　七段数码管显示呼吸数据流程图 1

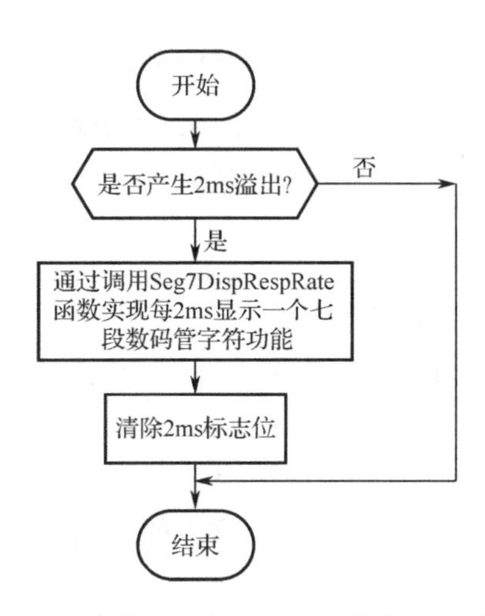

图 16-6　七段数码管显示呼吸数据流程图 2

16.3　实验步骤

步骤 1：复制并编译原始工程

首先，将“D:\STM32KeilTest\Material\15.呼吸监测与显示实验”文件夹复制到“D:\STM32KeilTest\Product”文件夹中。然后，双击运行“D:\STM32KeilTest\Product\15.呼吸监测与显示实验\Project”文件夹中的 STM32KeilPrj.uvprojx，单击工具栏中的按钮。当 Build Output 栏中显示“FromELF：creating hex file...”时，表示已经成功生成.hex 文件，显示“0 Error(s), 0 Warnning(s)”，表示编译成功。最后，将.axf 文件下载到 STM32 的内部 Flash，观察 LD0 是否闪烁。如果 LD0 闪烁，串口正常输出字符串，则表示原始工程是正确的，可以进入下一步操作。

步骤 2：添加 ProcResp 文件对

首先，将“D:\STM32KeilTest\Product\15.呼吸监测与显示实验\App\ProcResp”文件夹中的 ProcResp.c 添加到 App 分组中。然后，将“D:\STM32KeilTest\Product\15.呼吸监测与显示

实验\App\ProcResp”路径添加到 Include Paths 栏中。

步骤 3：完善 ProcResp.h 文件

单击按钮进行编译，编译结束后，在 Project 面板中，双击 ProcResp.c 中的 ProcResp.h 文件。在 ProcResp.h 文件“包含头文件”区的最后，添加如程序清单 16-1 所示的代码。

程序清单 16-1

```
#include "DataType.h"
#include "PackUnpack.h"
```

在 ProcResp.h 文件的“API 函数声明”区，添加如程序清单 16-2 所示的 API 函数声明代码。其中，UART4ToUART7 函数用于接收人体生理参数监测系统的数据，并将这些数据发送至触摸屏；UART7ToUART4 函数用于接收触摸屏的数据，并将这些数据发送至人体生理参数监测系统。

程序清单 16-2

```
void  InitProcResp(void);                    //初始化 ProcResp 模块
void  UART4ToUART7(void);                    //接收下位机串口的数据，转发给触摸屏的串口
void  UART7ToUART4(void);                    //接收触摸屏串口的数据，转发到下位机串口
void  GetRespRate(i16* pRR);                 //获取呼吸率
```

步骤 4：完善 ProcResp.c 文件

在 ProcResp.c 文件的“包含头文件”区的最后，添加如程序清单 16-3 所示的代码。

程序清单 16-3

```
#include "PackUnpack.h"
#include "UART.h"
```

在 ProcResp.c 文件的“内部变量”区，添加如程序清单 16-4 所示的内部变量定义代码。

程序清单 16-4

```
static i16 s_iRespRate;                      //保存呼吸率值
```

在 ProcResp.c 文件的“API 函数实现”区，添加 API 函数的实现代码，如程序清单 16-5 所示。

程序清单 16-5

```
void  InitProcResp(void)
{
  s_iRespRate = 0;
}

void  UART4ToUART7(void)
{
  u8 arrTemp[80];       //4ms 周期，在 115200 的模式下最多有 40 字节，取双倍余量
  i32 len = 0;

  i32 i = 0;

  StructPackType pt;

  len = ReadUART(UART_PORT_COM4, arrTemp, 10);
```

```
  for(i = 0; i < len; i++)
  {
    if(UnPackData(arrTemp[i]))
    {
      pt = GetUnPackRslt();

      if(pt.packModuleId == MODULE_RESP && pt.packSecondId == DAT_RESP_RR)
      {
        s_iRespRate = MAKEHWORD(pt.arrData[0], pt.arrData[1]);
      }

      PackData(&pt);

      WriteUART(UART_PORT_COM7, (u8*)&pt, 10);
    }
  }
}

void  UART7ToUART4(void)
{
  u8 arrTemp[80];         //4ms 周期，在 115200 的模式下最多有 40 字节，取双倍余量
  i32 len = 0;

  len = ReadUART(UART_PORT_COM7, arrTemp, 10);

  if(len > 0)
  {
    WriteUART(UART_PORT_COM4, arrTemp, len);
  }
}

void  GetRespRate(i16* pRR)
{
  *pRR = s_iRespRate;
}
```

说明：（1）在 InitProcResp 函数中，通过对 s_iRespRate 赋值 0 初始化 ProcResp 模块。

（2）UART4ToUART7 函数通过 ReadUART 函数读取人体生理参数监测系统的数据，通过 UnPackData 函数对接收到的数据进行解包；然后，通过 GetUnPackRslt 函数获取解包结果，如果解包结果是呼吸率数据，则将该数据保存于 s_iRespRate 变量；最后，通过 PackData 函数对解包数据进行打包，并将打包结果通过 WriteUART 函数发送至触摸屏。

（3）UART7ToUART4 函数通过 ReadUART 函数读取触摸屏的数据，再将这些数据通过 PackData 函数打包，最后将打包结果发送至人体生理参数监测系统。

（4）GetRespRate 函数用于获取呼吸率数据。

步骤 5：完善 Seg7DigitalLED.h 文件

在 Seg7DigitalLED.h 文件的“API 函数声明”区，添加如程序清单 16-6 所示的 Seg7DispRespRate 函数声明代码。该函数用于在七段数码管中显示呼吸率值。

程序清单 16-6

```
void Seg7DispRespRate(void);                              //七段数码管显示呼吸率
```

步骤 6：完善 Seg7DigitalLED.c 文件

在 Seg7DigitalLED.c 文件“包含头文件”区的最后，添加如程序清单 16-7 所示的代码。

程序清单 16-7

```
#include "UART.h"
#include "ProcResp.h"
```

在 Seg7DigitalLED.c 文件“API 函数实现”区的最后，添加 Seg7DispRespRate 函数的实现代码，如程序清单 16-8 所示。

程序清单 16-8

```
void Seg7DispRespRate(void)
{
  i16 rr = 0;

  u8 rrHighBit, rrLowBit;

  static  i16 s_iCnt = 0;

  GetRespRate(&rr);

  rrHighBit = rr / 10;
  rrLowBit  = rr % 10;

  s_iCnt++;

  if(1 == s_iCnt)
  {
    Seg7WrSelData(0, 0x11, 0);          //显示在七段数码管的最左侧
  }
  else if(2 == s_iCnt)
  {
    Seg7WrSelData(1, 0x11, 0);
  }
  else if(3 == s_iCnt)
  {
    Seg7WrSelData(2, 0x11, 0);
  }
  else if(4 == s_iCnt)
  {
    Seg7WrSelData(3, 0x11, 0);
  }
  else if(5 == s_iCnt)
  {
    Seg7WrSelData(4, 0x11, 0);
  }
  else if(6 == s_iCnt)
  {
    Seg7WrSelData(5, 0x11, 0);
  }
  else if(7 == s_iCnt)
  {
```

```
    Seg7WrSelData(6, rrHighBit, 0);
  }
  else if(8 <= s_iCnt)
  {
    Seg7WrSelData(7, rrLowBit, 0);
    s_iCnt = 0;
  }
}
```

说明：（1）rr 变量用于保存人体生理参数监测系统发送到医疗电子单片机高级开发系统的呼吸率值。七段数码管需要用两位显示呼吸率值，因此，需要定义两个变量，rrHighBit 变量用于保存呼吸率值的高位，rrLowBit 变量用于保存呼吸率值的低位。

（2）医疗电子单片机高级开发系统上的七段数码管共有 8 位，每次只能显示一位，显示间隔为 2ms。因此，还需要定义 s_iCnt 变量，Seg7DispTemp 函数每执行一次，该变量执行一次加 1 操作，s_iCnt 变量计数范围为 1～8。

（3）Seg7WrSelData 函数的功能是在七段数码管的指定位置显示字符，参数 addr 是地址（addr 为 0，向最左侧写字符，addr 为 7，向最右侧写字符），参数 data 是待显示的字符，参数 pointFlag 是有无小数点标志（pointFlag 为 0 表示无小数点，pointFlag 为 1 表示有小数点）。当 s_iCnt 为 1 时，通过调用 Seg7WrSelData 函数向最左侧的七段数码管显示一个字符，依次类推，当 s_iCnt 为 8 时，通过调用 Seg7WrSelData 函数向最右侧的七段数码管显示一个字符。

步骤 7：完善 Timer.c 文件

在 Timer.c 文件的“包含头文件”区的最后，添加如程序清单 16-9 所示的代码。

程序清单 16-9

```
#include "UART.h"
#include "ProcResp.h"
```

在 Timer.c 文件“内部函数实现”区的 TIM2_IRQHandler 函数实现代码中，添加 ProcUARTxTimerTask 函数的调用代码，可参见程序清单 15-9。

在 Timer.c 文件“内部函数实现”区的 TIM4_IRQHandler 函数实现代码中，添加 UART7ToUART4 和 UART4ToUART7 函数的调用代码，可参见程序清单 15-10。

步骤 8：完善呼吸监测与显示实验应用层

在 Project 面板中，双击打开 Main.c 文件，在 Main.c 文件“包含头文件”区的最后，添加代码#include "ProcResp.h"。

在 Main.c 文件的 InitSoftware 函数中，添加调用 InitProcTemp 函数的代码，如程序清单 16-10 所示，即可实现对 ProcTemp 模块的初始化。

程序清单 16-10

```
static  void  InitSoftware(void)
{
  InitPackUnpack();            //初始化 PackUnpack 模块
InitProcResp();                //初始化 ProcResp 模块
}
```

在 Main.c 文件的 Proc2msTask 函数中，添加调用 Seg7DispTemp 函数的代码，实现每 2ms 显示一个七段数码管字符的功能，如程序清单 16-11 所示。为避免闪烁现象，需要注释掉 Proc1SecTask 函数中的 printf 语句。

程序清单 16-11

```
static  void  Proc2msTask(void)
{
  if(Get2msFlag())          //判断 2ms 标志状态
  {
Seg7DispRespRate();
LEDFlicker(250);            //调用闪烁函数
    Clr2msFlag();           //清除 2ms 标志
  }
}
```

步骤 9：编译及下载验证

代码编写完成后，单击按钮进行编译。编译结束后，Build Output 栏中出现“0 Error(s), 0 Warning(s)”，表示编译成功。然后，参见图 2-33，通过 Keil μVision5.20 软件将.axf 文件下载到医疗电子单片机高级开发系统。

下载完成后，将人体生理参数监测系统通过 USB 连接线连接到医疗电子单片机高级开发系统右侧的 USB 接口，确保 J42 的 PC10 与 PARX 相连接，PC11 与 PATX 相连接。另外，将人体生理参数监测系统的“数据模式”设置为“演示模式”，将“通信模式”设置为“UART”，将“参数模式”设置为“五参”或“呼吸”。

可以观察到，七段数码管上显示的呼吸率值（20）如图 16-7 所示，同时，将触摸屏切换到“呼吸监测与显示实验”界面，可以观察到触摸屏上显示的呼吸率值与七段数码管显示的一致，表示实验成功。读者也可以将人体生理参数监测系统的“数据模式”设置为“实时模式”，通过心电线缆测量模拟器的呼吸率。

图 16-7　呼吸监测与显示实验结果

本 章 任 务

在本实验的基础上增加以下功能：（1）在 Seg7DigitalLED 模块中，通过 GetRespRate 函数获取呼吸率值，呼吸率值不为-100 时，七段数码管显示正常的呼吸率值，如图 16-8 左图所示，LD0 保持熄灭状态；（2）当呼吸率值为-100 时，七段数码管显示“RESP　--”，如图 16-8 右图所示，同时 LD0 每 500ms 闪烁一次。注意，需要将人体生理参数监测系统的“数据模式”由“演示模式”切换到“实时模式”，切换方式参见附录 A，并通过心电线缆将人体生理参数监测系统连接到人体生理参数模拟器。

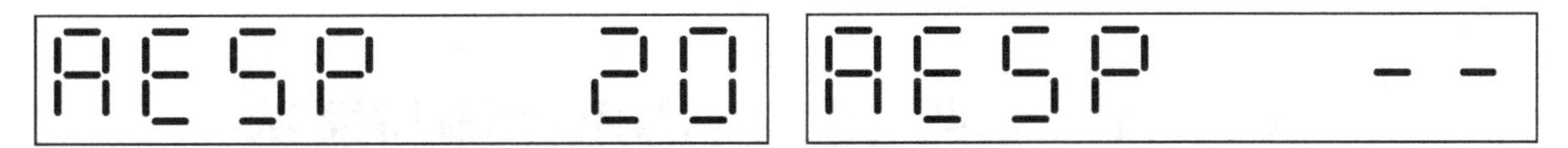

图 16-8　本章任务结果效果图

本 章 习 题

1．如何更改 Seg7DigitalLED 模块的驱动，使得导联脱落时显示“RESP OFF”，导联连接时显示“RESP ON”？

2．呼吸率的单位是 bpm，解释该单位的含义。

3．正常成人呼吸率的取值范围是多少？正常新生儿呼吸率的取值范围是多少？

4．如果呼吸率为 25bpm，按照图 16-3 定义的呼吸率数据包应该是什么？

5．本实验采用阻抗法测呼吸，通过人体生理参数模拟器验证人体生理参数监测系统采用的是 RA-LA 导联连接方式，还是 RA-LL 导联连接方式。

6．除了阻抗法测呼吸，还有哪些方法可以测量呼吸？

7．什么是腹式呼吸？什么是胸式呼吸？

第 17 章　实验 16——心电监测与显示

本实验的设计思路是医疗电子单片机高级开发系统上的 F429 核心板对人体生理参数监测系统发送的心率和心电导联信息数据包进行解包，然后将心率值和 RA 导联信息显示到 OLED 显示屏上。心率按照“HR：60”格式显示，如果心率为无效值（-100 代表无效值），则显示“HR：---”；导联脱落时，显示“RA: OFF”，导联连接时，显示“RA: ON”。本章任务要求在 OLED 显示屏上显示出所有导联脱落信息和心率值。

17.1　实验内容

心电监测与显示实验原理如图 17-1 所示。该实验的数据源是人体生理参数监测系统，该系统在“演示模式”下工作的，心率为 60bpm；若在“实时模式”下，则需要将心电线缆的一端连接到该系统的 ECG/RESP 接口，另一端连接到人体生理参数模拟器，这样才可以实时监测模拟器的心电信号。注意，不允许将心电线缆与人体连接。

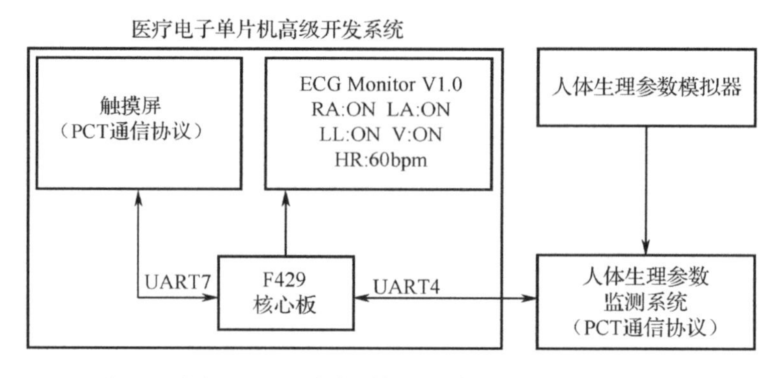

图 17-1　心电监测与显示实验原理框图

为了进行实验对照，还需要实现如下功能：（1）通过 UART4 接收人体生理参数监测系统的数据包，并将接收到的数据包通过 UART7 发送至触摸屏；（2）通过 UART7 接收触摸屏的命令包，并将接收到的命令包通过 UART4 发送至人体生理参数监测系统。这样，就可以通过对比触摸屏（“心电监测与显示实验”界面）上显示的数值与 OLED 显示屏上的数值，验证实验是否正确。

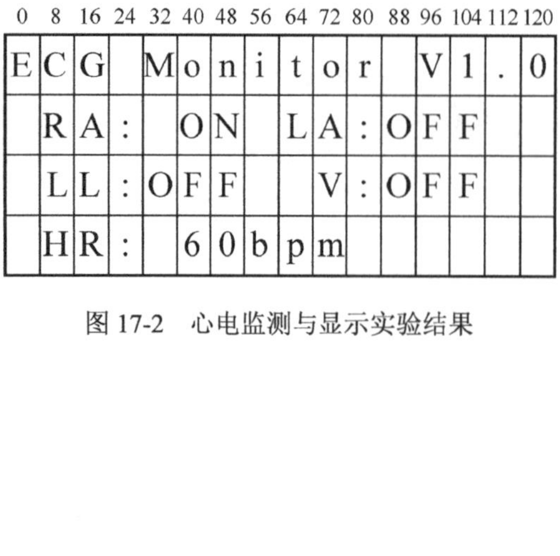

本实验需要将 UART4 接收到的心率和心电导联信息数据包进行解包处理，并将解包结果中的心率值和 RA 导联信息显示在 OLED 显示屏上，其他 3 个导联信息固定显示为 OFF，如图 17-2 所示。

0	8	16	24	32	40	48	56	64	72	80	88	96	104	112	120
E	C	G		M	o	n	i	t	o	r		V	1	.	0
	R	A	:		O	N		L	A	:	O	F	F		
	L	L	:	O	F	F			V	:	O	F	F		
	H	R	:		6	0	b	p	m						

图 17-2　心电监测与显示实验结果

17.2　实验原理

17.2.1　心电数据包的 PCT 通信协议

本实验中的心电数据包包括心电导联信息数据包和心率数据包。心电数据包中的其他数据包参见附录 B。

1. 心电导联信息数据包（DAT_ECG_LEAD）

心电导联信息数据包是指由从机向主机发送的心电导联信息，如图 17-3 所示。

模块ID	HEAD	二级ID	DAT1	DAT2	DAT3	DAT4	DAT5	DAT6	CHECK
10H	数据头	03H	导联信息	过载报警	保留	保留	保留	保留	校验和

图 17-3　心电导联信息数据包

导联信息的解释说明如表 17-1 所示。

表 17-1　导联信息的解释说明

位	解 释 说 明
7:4	保留
3	V 导联连接信息：1-导联脱落；0-连接正常
2	RA 导联连接信息：1-导联脱落；0-连接正常
1	LA 导联连接信息：1-导联脱落；0-连接正常
0	LL 导联连接信息：1-导联脱落；0-连接正常

需要注意的是，在 3 导联模式下，由于只有 RA、LA、LL 共 3 个导联，不能处理 V 导联的信息。在 5 导联模式下，RL 作为驱动导联，不检测 RL 的导联连接状态。

过载报警的解释说明如表 17-2 所示。过载信息表明 ECG 信号饱和，主机必须根据该信息进行报警。心电导联信息数据包每秒发送一次。

表 17-2　过载报警的解释说明

位	解 释 说 明
7:2	保留
1	ECG 通道 2 过载信息：0-正常；1-过载
0	ECG 通道 1 过载信息：0-正常；1-过载

2. 心率数据包（DAT_ECG_HR）

心率数据包是指由从机向主机发送的心率值，如图 17-4 所示。

模块ID	HEAD	二级ID	DAT1	DAT2	DAT3	DAT4	DAT5	DAT6	CHECK
10H	数据头	04H	心率 高字节	心率 低字节	保留	保留	保留	保留	校验和

图 17-4　心率数据包

心率是 16 位有符号数，有效数据范围为 0～350，单位为 bpm，-100 代表无效值。心率数据包每秒发送一次。

17.2.2 解包结果处理流程

本实验要求在图 15-4 所示的 UART4 至 UART7 数据包传输流程基础上，进一步对解包结果进行处理。将接收到的心电导联信息数据保存至 s_iLLOffSts、s_iLAOffSts、s_iRAOffSts、s_iVOffSts 变量；将接收到的心率数据保存至 s_iECGHR 变量，如图 17-5 所示。对解包结果进行处理的流程将在 ProcECG 模块的 UART4ToUART7 函数中实现。

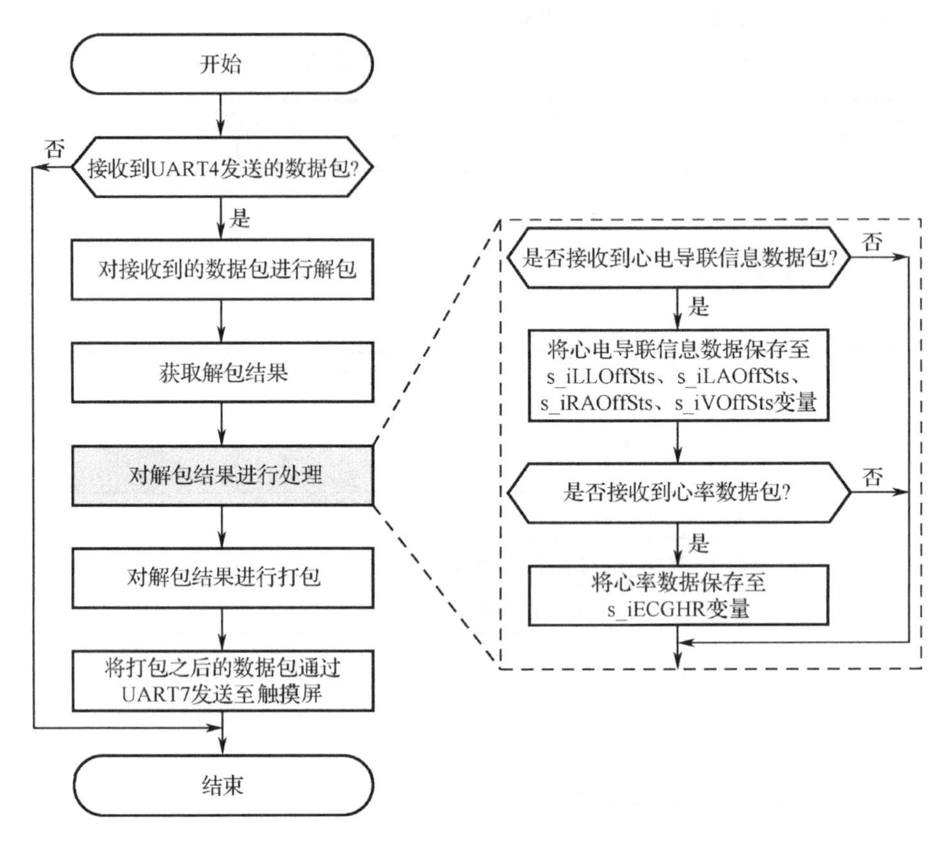

图 17-5　心电监测与显示实验对解包结果进行处理流程图

17.2.3 OLED 显示心电参数流程

无论是在 OLED 显示屏上显示心电导联信息，还是显示心率，均需要三步。第 1 步，获取心电参数，通过 GetECGLeadSts 函数获取心电导联信息（包含 RA 导联信息），通过 GetECGHR 函数获取心率值；第 2 步，通过调用 OLEDShowString 函数，将心电参数更新到 STM32 的 GRAM；第 3 步，通过调用 OLEDRefreshGRAM 函数，将 STM32 的 GRAM 更新到 SSD1306 芯片的 GRAM。

GetECGLeadSts、GetECGHR、OLEDShowString 和 OLEDRefreshGRAM 函数每秒执行一次，在 Main.c 文件的 Proc1SecTask 函数中调用这些函数，就可以实现每秒在 OLED 显示屏上更新一次心电参数。OLED 显示屏显示心电参数流程图如图 17-6 所示。

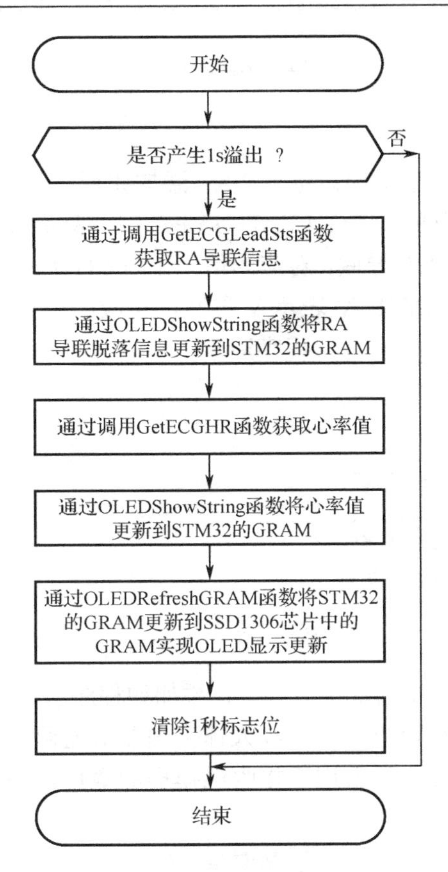

图 17-6　OLED 显示屏显示心电参数流程图

17.3　实验步骤

步骤 1：复制并编译原始工程

首先，将“D:\STM32KeilTest\Material\16.心电监测与显示实验”文件夹复制到“D:\STM32KeilTest\Product”文件夹中。然后，双击运行“D:\STM32KeilTest\Product\16.心电监测与显示实验\Project”文件夹中的 STM32KeilPrj.uvprojx，单击工具栏中的按钮。当 Build Output 栏中出现“FromELF: creating hex file...”时，表示已经成功生成.hex 文件，出现“0 Error(s), 0 Warnning(s)”，表示编译成功。最后，将.axf 文件下载到 STM32 的内部 Flash，观察 LD0 是否闪烁。如果 LD0 闪烁，串口正常输出字符串，则表示原始工程是正确的，可以进入下一步操作。

步骤 2：添加 ProcECG 文件对

首先，将“D:\STM32KeilTest\Product\16.心电监测与显示实验\App\ProcECG”文件夹中的 ProcECG.c 添加到 App 分组中。然后，将“D:\STM32KeilTest\Product\16.心电监测与显示实验\App\ProcECG”路径添加到 Include Paths 栏中。

步骤 3：完善 ProcECG.h 文件

单击按钮进行编译，编译结束后，在 Project 面板中，双击 ProcECG.c 下的 ProcECG.h 文件。在 ProcECG.h 文件的“包含头文件”区，添加如程序清单 17-1 所示的代码。

程序清单 17-1

```
#include "DataType.h"
#include "PackUnpack.h"
```

在 ProcECG.h 文件的“枚举结构体定义”区，添加如程序清单 17-2 所示的枚举定义代码。枚举 EnumECGLeadType 中的 ECG_LEAD_TYPE_LL 表示 LL 导联，对应的值为 0；ECG_LEAD_TYPE_LA 表示 LA 导联，对应的值为 1；ECG_LEAD_TYPE_RA 表示 RA 导联，对应的值为 2；ECG_LEAD_TYPE_V 表示 V 导联，对应的值为 3。

程序清单 17-2

```
//定义枚举
typedef enum
{
  ECG_LEAD_TYPE_LL = 0,      //LL 导联
  ECG_LEAD_TYPE_LA,          //LA 导联
  ECG_LEAD_TYPE_RA,          //RA 导联
  ECG_LEAD_TYPE_V,           //V 导联
  ECG_LEAD_TYPE_MAX
}EnumECGLeadType;
```

在 ProcECG.h 文件的“API 函数声明”区，添加如程序清单 17-3 所示的 API 函数声明代码。其中，UART4ToUART7 函数用于接收人体生理参数监测系统的数据，并将这些数据发送至触摸屏；UART7ToUART4 函数用于接收触摸屏的数据，并将这些数据发送至人体生理参数监测系统。

程序清单 17-3

```
void  InitProcECG(void);                      //初始化 ProcECG 模块
void  UART4ToUART7(void);                     //接收到下位机串口的数据，转发给触摸屏的串口
void  UART7ToUART4(void);                     //接收到触摸屏串口的数据转发到下位机串口
i16   GetECGLeadSts(EnumECGLeadType type);    //获取 ECG 导联信息
i16   GetECGHR(void);                         //获取心率值
```

步骤 4：完善 ProcECG.c 文件

在 ProcECG.c 文件“包含头文件”区的最后，添加如程序清单 17-4 所示的代码。

程序清单 17-4

```
#include "PackUnpack.h"
#include "UART.h"
```

在 ProcECG.c 文件的“内部变量”区，添加如程序清单 17-5 所示的内部变量定义代码。其中，s_iECGHR 用于保存心率值，s_iLLOffSts 用于保存 LL 导联脱落信息，s_iLAOffSts 用于保存 LA 导联脱落信息，s_iRAOffSts 用于保存 RA 导联脱落信息，s_iVOffSts 用于保存 V 导联脱落信息。对于所有导联，1 表示脱落，0 表示连接。

程序清单 17-5

```
static i16   s_iECGHR    = 0;             //心率
static u8    s_iLLOffSts = 1;             //LL 导联脱落信息，1-脱落，0-连接
static u8    s_iLAOffSts = 1;             //LA 导联脱落信息，1-脱落，0-连接
static u8    s_iRAOffSts = 1;             //RA 导联脱落信息，1-脱落，0-连接
static u8    s_iVOffSts  = 1;             //V 导联脱落信息， 1-脱落，0-连接
```

在 ProcECG.c 文件的“API 函数实现”区，添加 API 函数的实现代码，如程序清单 17-6

所示。ProcECG.c 文件的 API 函数有 5 个，下面依次解释说明这 5 个函数中的语句。

（1）在 InitProcECG 函数中，通过对 s_iECGHR 赋值 0，对 s_iLLOffSts、s_iLAOffSts、s_iRAOffSts、s_iVOffSts 赋值 1，初始化 ProcECG 模块。

（2）UART4ToUART7 函数首先通过 ReadUART 函数读取人体生理参数监测系统的数据，通过 UnPackData 函数对接收到的数据进行解包；然后通过 GetUnPackRslt 函数获取解包结果，如果解包结果是心率值数据，则将该数据保存于 s_iECGHR 变量，如果解包结果是导联信息，则将其保存于 s_iLLOffSts、s_iLAOffSts、s_iRAOffSts、s_iVOffSts 变量；最后通过 PackData 函数对解包数据进行打包，并将打包结果通过 WriteUART 函数发送至触摸屏。注意，在编写和调试代码过程中，可以通过 printf 打印心率值和导联信息。

（3）UART7ToUART4 函数通过 ReadUART 函数读取触摸屏的数据，再将这些数据通过 PackData 函数打包，发送至人体生理参数监测系统。

（4）GetECGLeadSts 函数用于获取 ECG 导联信息，可以通过参数 type 指定具体获取哪一个 ECG 导联信息。

（5）GetECGHR 函数用于获取心率数据。

程序清单 17-6

```
void  InitProcECG(void)
{
  s_iECGHR    = 0;              //心率
  s_iLLOffSts = 1;              //LL 导联脱落信息，1-脱落，0-连接
  s_iLAOffSts = 1;              //LA 导联脱落信息，1-脱落，0-连接
  s_iRAOffSts = 1;              //RA 导联脱落信息，1-脱落，0-连接
  s_iVOffSts  = 1;              //V 导联脱落信息， 1-脱落，0-连接
}

void  UART4ToUART7(void)
{
  u8 arrTemp[80];               //4ms 周期，在 115200 模式下最多有 40 字节，取双倍余量
  i32 len = 0;

  i32 i = 0;

  StructPackType pt;

  len = ReadUART(UART_PORT_COM4, arrTemp, 10);


  for(i = 0; i < len; i++)
  {
    if(UnPackData(arrTemp[i]))
    {
      pt = GetUnPackRslt();

      if(pt.packModuleId == MODULE_ECG && pt.packSecondId == DAT_ECG_LEAD)
      {
        s_iLLOffSts = (pt.arrData[0] >> 0) & 0x01;
        s_iLAOffSts = (pt.arrData[0] >> 1) & 0x01;
        s_iRAOffSts = (pt.arrData[0] >> 2) & 0x01;
```

```
        s_iVOffSts  = (pt.arrData[0] >> 3) & 0x01;

        //printf("LL-%d  LA-%d  RA-%d  V-%d\r\n", s_iLLOffSts, s_iLAOffSts, s_iRAOffSts,
s_iVOffSts);
      }
      else if(pt.packModuleId == MODULE_ECG && pt.packSecondId == DAT_ECG_HR)
      {
        s_iECGHR = MAKEHWORD(pt.arrData[0], pt.arrData[1]);
        //printf("HR-%d\r\n", s_iECGHR);
      }

      PackData(&pt);

      WriteUART(UART_PORT_COM7, (u8*)&pt, 10);
    }
  }
}

void  UART7ToUART4(void)
{
  u8 arrTemp[80];                //4ms 周期，在 115200 模式下最多有 40 字节，取双倍余量
  i32 len = 0;

  len = ReadUART(UART_PORT_COM7, arrTemp, 10);

  if(len > 0)
  {
    WriteUART(UART_PORT_COM4, arrTemp, len);
  }
}

i16  GetECGLeadSts(EnumECGLeadType type)
{
  short leadSts;                 //导联信息

  switch(type)
  {
    case ECG_LEAD_TYPE_LL:       //LL 导联脱落信息
      leadSts = s_iLLOffSts;
      break;
    case ECG_LEAD_TYPE_LA:       //LA 导联脱落信息
      leadSts = s_iLAOffSts;
      break;
    case ECG_LEAD_TYPE_RA:       //RA 导联脱落信息
      leadSts = s_iRAOffSts;
      break;
    case ECG_LEAD_TYPE_V:        //V 导联脱落信息
      leadSts = s_iVOffSts;
      break;
    default:
      break;
  }
```

```
  return(leadSts);
}

i16  GetECGHR(void)
{
  return(s_iECGHR);
}
```

步骤 5：完善 Timer.c 文件

在 Timer.c 文件“包含头文件”区的最后，添加如程序清单 17-7 所示的代码。

程序清单 17-7

```
#include "UART.h"
#include "ProcECG.h"
```

在 Timer.c 文件“内部函数实现”区的 TIM2_IRQHandler 函数实现代码中，添加 ProcUARTxTimerTask 函数的调用代码，可参见程序清单 15-9。

在 Timer.c 文件“内部函数实现”区的 TIM4_IRQHandler 函数实现代码中，添加调用 UART7ToUART4 和 UART4ToUART7 函数的代码，可参见程序清单 15-10。

步骤 6：完善心电监测与显示实验应用层

在 Project 面板中，双击打开 Main.c 文件，在 Main.c 文件“包含头文件”区的最后，添加代码#include "ProcECG.h"。

在 Main.c 文件的 InitSoftware 函数中，添加调用 InitProcECG 函数的代码，如程序清单 17-8 所示，这样就实现了对 ProcECG 模块的初始化。

程序清单 17-8

```
static  void  InitSoftware(void)
{
  InitPackUnpack();                                   //初始化 PackUnpack 模块
InitProcECG();                                        //初始化 ProcECG 模块
}
```

在 Main.c 文件的 main 函数中，注释掉 printf 语句，然后，添加调用 OLEDShowString 函数的代码，实现在 OLED 上显示心电提示信息、导联信息和心率值，如程序清单 17-9 所示。

程序清单 17-9

```
int main(void)
{
  InitSoftware();                                     //初始化软件相关函数
  InitHardware();                                     //初始化硬件相关函数

  //printf("Init System has been finished.\r\n" );    //打印系统状态

  OLEDShowString(0, 0, "ECG Monitor V1.0");
  OLEDShowString(8, 16, "RA:OFF LA:OFF");
  OLEDShowString(8, 32, "LL:OFF  V:OFF");
  OLEDShowString(8, 48, "HR:---bpm");

  while(1)
  {
    Proc2msTask();                                    //2ms 处理任务
```

```
    Proc1SecTask();                                         //1s 处理任务
  }
}
```

在 Main.c 文件的 Proc1SecTask 函数中，添加调用 GetECGLeadSts、GetECGHR、sprintf、OLEDShowString 和 OLEDRefreshGRAM 函数的代码，并注释掉 Proc1SecTask 函数中的 printf 语句，如程序清单 17-10 所示。

程序清单 17-10

```
static  void  Proc1SecTask(void)
{
  char arrECGHR[18];

  if(Get1SecFlag())                 //判断 1s 标志状态
  {
    if(GetECGLeadSts(ECG_LEAD_TYPE_RA))
    {
      OLEDShowString(32, 16, "OFF");
    }
    else
    {
      OLEDShowString(32, 16, " ON");
    }

    sprintf(arrECGHR, "HR:%3dbpm", GetECGHR());
    OLEDShowString(8, 48, arrECGHR);

    OLEDRefreshGRAM();

    //printf("This is the first STM32F429 Project, by Zhangsan\r\n");
    Clr1SecFlag();                  //清除 1s 标志
  }
}
```

说明：（1）GetECGLeadSts 函数用于获取 RA 导联脱落信息，然后通过 OLEDShowString 函数将 RA 导联脱落信息更新到 STM32 的 GRAM（对应 SSD1306 芯片中的 GRAM），脱落时为 OFF，连接时为 ON。

（2）GetECGHR 函数用于获取心率值，通过 sprintf 把格式化的心率值写入字符串，字符串的格式为 HR：80bpm；通过 OLEDShowString 函数将心率值信息更新到 STM32 的 GRAM；通过 OLEDRefreshGRAM 函数将 STM32 的 GRAM 更新到 SSD1306 芯片中的 GRAM，实现 OLED 显示更新。

步骤 7：编译及下载验证

代码编写完成后，单击按钮进行编译。编译结束后，Build Output 栏中出现“0 Error(s), 0 Warning(s)”，表示编译成功。然后，参见图 2-33，通过 Keil μVision5.20 软件将.axf 文件下载到医疗电子单片机高级开发系统。

下载完成后，将人体生理参数监测系统通过 USB 连接线连接到医疗电子单片机高级开发系统右侧的 USB 接口，确保 J42 的 PC10 与 PARX 相连接，PC11 与 PATX 相连接。另外，将人体生理参数监测系统的“数据模式”设置为“演示模式”，将“通信模式”设置为“UART”，将“参数模式”设置为“五参”或“心电”。

可以观察到，OLED 显示屏上显示 ECG 的 RA 导联脱落信息（ON 表示连接、OFF 表示脱落）和心率值，如图 17-7 所示，同时，将触摸屏切换到“心电监测与显示实验”界面，可以观察到触摸屏上的 RA 导联脱落信息和心率值与 OLED 显示屏上的一致，表示实验成功。读者也可以将人体生理参数监测系统的“数据模式”设置为“实时模式”，通过心电线缆测量模拟器的心率和导联脱落信息。

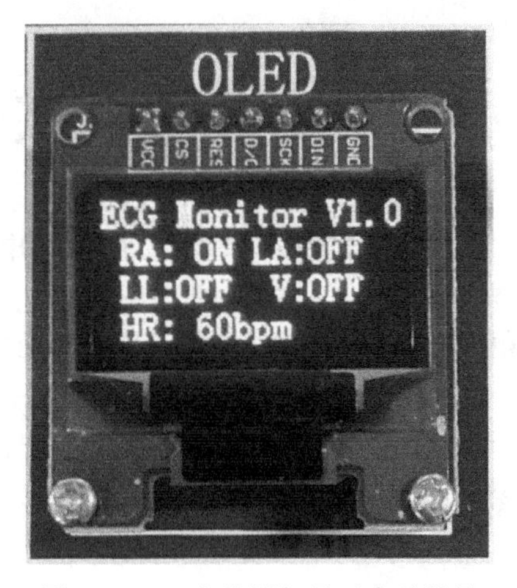

图 17-7　心电监测与显示实验结果

本 章 任 务

在本实验的基础上增加以下功能：（1）在 Proc1SecTask 函数中，通过 GetECGLeadSts 函数获取心电导联信息，并将除 RA 导联信息之外的 LA、LL 和 V 导联信息显示到 OLED 显示屏上；（2）当所有导联正常连接时，OLED 显示屏显示的心电参数格式如图 17-8 左图所示；（3）当所有导联脱落时，OLED 显示屏显示的心电参数格式如图 17-8 右图所示。注意，本章任务需要将人体生理参数监测系统的“数据模式”由“演示模式”切换到“实时模式”（切换方式参见附录 A），并通过心电线缆将人体生理参数监测系统连接到人体生理参数模拟器。

0	8	16	24	32	40	48	56	64	72	80	88	96	104	112	120
E	C	G		M	o	n	i	t	o	r		V	1	.	0
	R	A	:		O	N		L	A	:		O	N		
	L	L	:		O	N			V	:		O	N		
	H	R	:		6	0	b	p	m						

0	8	16	24	32	40	48	56	64	72	80	88	96	104	112	120
E	C	G		M	o	n	i	t	o	r		V	1	.	0
	R	A	:	O	F	F		L	A	:	O	F	F		
	L	L	:	O	F	F			V	:	O	F	F		
	H	R	:	-	-	-	b	p	m						

图 17-8　显示效果图

完成上述功能后，尝试继续增加以下功能：（1）在 ProcECG 模块的 UART4ToUART7 函数中，如果解包结果是心电波形（参见附录 B 的心电波形数据包），则将心电波形数据写入缓冲区；（2）增加 DAC 模块；（3）在 DAC 模块中，将缓冲区中的心电波形数据通过 PA4 引脚输出。完成以上功能后，将 PA4 引脚连接到示波器探头，查看是否能观察到心电波形。

本 章 习 题

1．简述 sprintf 函数的功能。

2．简述心电信号检测原理。

3．心电的 RA、LA、RL、LL 和 V 分别代表什么？

4．正常成人心率的取值范围是多少？正常新生儿心率的取值范围是多少？

5．如果心率为 80bpm，按照图 17-4 定义的心率数据包应该是什么？

第 18 章　实验 17——血氧监测与显示

本实验的基本原理是，由医疗电子单片机高级开发系统上的 F429 核心板将人体生理参数监测系统发送来的血氧波形数据包和血氧参数数据包解包，并在 OLED 显示屏上显示血氧饱和度值和探头脱落信息。血氧饱和度按照“SPO2：96%”的格式显示，如果血氧饱和度为无效值（-100 代表无效值），则显示为“SPO2：--%”的格式；探头脱落时显示为“SO：OFF”，探头连接时显示为“SO：ON”。本章任务是在 OLED 显示屏上显示出探头脱落信息和手指脱落信息，以及血氧饱和度值和脉率值。

18.1　实验内容

医疗电子单片机高级开发系统读取人体生理参数监测系统发送来的血氧波形数据包和血氧参数数据包，并将其解包，然后将解包之后的血氧饱和度和脉率值以及探头脱落信息和手指脱落信息显示在 OLED 显示屏上，如图 18-1 所示。本实验的数据源是人体生理参数监测系统，该系统在“演示模式”下，血氧饱和度为 96%，脉率为 75bpm；在“实时模式”下，需要将血氧探头的一端连接到系统背面的 SPO2 接口，另一端连接到人体生理参数模拟器或人体手指，这样就可以实时监测模拟器或人体的血氧信号。人体生理参数监测系统的使用说明可以参见附录 A。本实验的结果如图 18-2 所示，其中，手指脱落信息显示为“FO: OFF”。

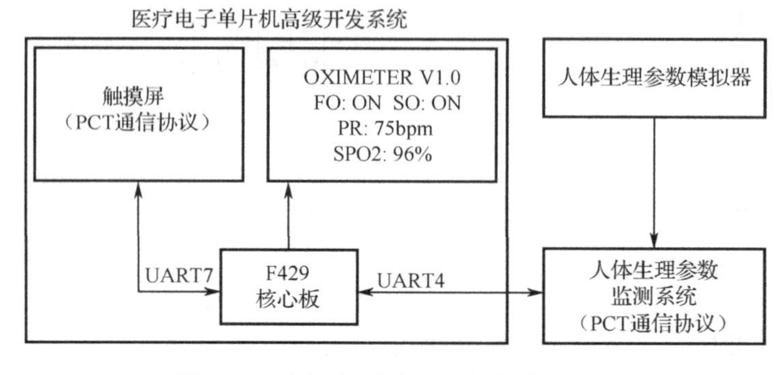

图 18-1　血氧监测与显示实验原理框图

0	8	16	24	32	40	48	56	64	72	80	88	96	104	112	120
		O	X	I	M	E	T	E	R		V	1	.	0	
	F	O	:	O	F	F		S	O	:		O	N		
	P	R	:	-	-	-	b	p	m						
	S	P	O	2	:		9	6	%						

图 18-2　血氧监测与显示实验结果

为了进行实验对照，还需要实现如下功能：（1）通过 UART4 接收人体生理参数监测系统的数据包，并将其通过 UART7 发送至触摸屏；（2）通过 UART7 接收触摸屏的命令包，并将通过 UART4 发送至人体生理参数监测系统。这样，就可以通过对比触摸屏（“血氧监测与显示实验”界面）上显示的数值与 OLED 显示屏上的数值，验证实验是否正确。

18.2　实验原理

18.2.1　血氧数据包的 PCT 通信协议

本实验用到的血氧数据包包括血氧波形数据包和血氧参数数据包。其他血氧数据包可参见附录 B。

1．血氧波形数据包（DAT_SPO2_WAVE）

血氧波形数据包由从机发送给主机，如图 18-3 所示。

模块ID	HEAD	二级ID	DAT1	DAT2	DAT3	DAT4	DAT5	DAT6	CHECK
13H	数据头	02H	血氧波形数据1	血氧波形数据2	血氧波形数据3	血氧波形数据4	血氧波形数据5	血氧测量状态	校验和

图 18-3　血氧波形数据包

血氧测量状态位的定义如表 18-1 所示。血氧波形为 8 位无符号数，数据范围为 0～255，探头脱落时血氧波形为 0。血氧波形数据包每 40ms 发送一次。

表 18-1　血氧测量状态位的定义

位	说　明
7	SPO2 探头手指脱落标志：1-探头手指脱落
6	保留
5	保留
4	SPO2 探头脱落标志：1-探头脱落
3:0	保留

2．血氧参数数据包（DAT_SPO2_DATA）

血氧参数数据包由从机发送给主机，血氧参数数据包括脉率、氧饱和度等，如图 18-4 所示。

模块ID	HEAD	二级ID	DAT1	DAT2	DAT3	DAT4	DAT5	DAT6	CHECK
13H	数据头	03H	氧饱和度信息	脉率高字节	脉率低字节	氧饱和度数据	保留	保留	校验和

图 18-4　血氧参数数据包

氧饱和度信息位的定义如表 18-2 所示。氧饱和度为 8 位有符号数，有效数据范围为 0～100，-100 代表无效值。脉率为 16 位有符号数，有效数据范围为 0～255，-100 代表无效值。血氧参数数据包每秒发送 1 次。

表 18-2　氧饱和度信息位的定义

位	说　明
7:6	保留
5	氧饱和度下降标志：1-氧饱和度下降
4	搜索时间太长标志：1-搜索脉搏的时间大于 15s
3:0	信号强度（0～8，15 代表无效值），表示脉搏搏动的强度

18.2.2 解包结果处理流程

本实验要求在图 15-4 所示的 UART4 至 UART7 数据包传输流程基础上，进一步对解包结果进行处理。接收到血氧波形数据包后，将手指脱落信息和探头脱落信息分别保存至变量 s_iFingerOffSts、s_iSensorOffSts；接收到血氧参数数据包后，将脉率和血氧饱和度数据分别保存至变量 s_iPR、s_iSPO2，如图 18-5 所示。对解包结果进行处理的流程将在 ProcSPO2 模块的 UART4ToUART7 函数中实现。

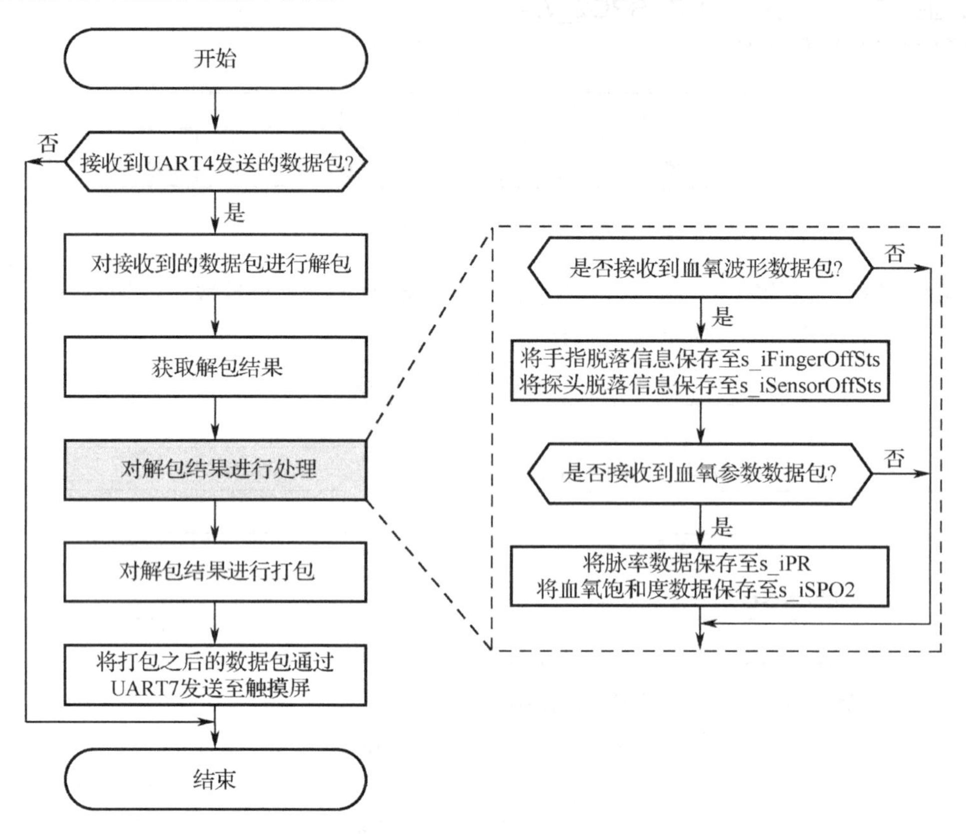

图 18-5　血氧监测与显示实验对解包结果进行处理流程图

18.2.3 OLED 显示血氧参数流程

在 OLED 显示屏上显示波形和数据需要 3 步。第 1 步，获取血氧参数，通过 GetSPO2Data 函数获取手指脱落信息和探头脱落信息以及脉率和血氧饱和度值；第 2 步，通过调用 OLEDShowString 函数将血氧参数更新到 STM32 的 GRAM；第 3 步，通过调用 OLEDRefreshGRAM 函数将 STM32 的 GRAM 更新到 SSD1306 芯片的 GRAM。

GetSPO2Data、OLEDShowString 和 OLEDRefreshGRAM 函数每秒执行一次，在 Main.c 文件的 Proc1SecTask 函数中调用这些函数，即可实现每秒更新一次血氧参数显示。OLED 显示屏显示血氧参数的流程图如图 18-6 所示。

图 18-6　OLED 显示屏显示血氧参数流程图

18.3　实验步骤

步骤 1：复制并编译原始工程

首先，将“D:\STM32KeilTest\Material\17.血氧监测与显示实验”文件夹复制到“D:\STM32KeilTest\Product”文件夹中。然后，双击运行“D:\STM32KeilTest\Product\17.血氧监测与显示实验\Project”文件夹中的 STM32KeilPrj.uvprojx，单击工具栏中的按钮。当 Build Output 栏出现“FromELF: creating hex file...”时，表示已经成功生成 .hex 文件，出现“0 Error(s), 0 Warnning(s)”，表示编译成功。最后，将.axf 文件下载到 STM32 的内部 Flash，观察 LD0 是否闪烁。如果 LD0 闪烁，串口正常输出字符串，表示原始工程是正确的，可以进入下一步操作。

步骤 2：添加 ProcSPO2 文件对

首先，将“D:\STM32KeilTest\Product\17.血氧监测与显示实验\App\ProcSPO2”文件夹中的 ProcSPO2.c 添加到 App 分组中。然后，将“D:\STM32KeilTest\Product\17.血氧监测与显示实验\App\ProcSPO2”路径添加到 Include Paths 栏中。

步骤 3：完善 ProcSPO2.h 文件

单击按钮进行编译，编译结束后，在 Project 面板中，双击 ProcSPO2.c 下的 ProcSPO2.h 文件。在 ProcSPO2.h 文件的“包含头文件”区，添加如程序清单 18-1 所示的代码。

程序清单 18-1

```
#include "DataType.h"
#include "PackUnpack.h"
```

在 ProcSPO2.h 文件的“枚举结构体定义”区，添加如程序清单 18-2 所示的枚举定义代码。枚举 EnumSPO2DataType 中的 SPO2_DATA_TYPE_FINGER_OFF 表示探头手指脱落，对应的值为 0；SPO2_DATA_TYPE_SENSOR_OFF 表示探头脱落，对应的值为 1；SPO2_DATA_TYPE_PR 表示脉率，对应的值为 2；SPO2_DATA_TYPE_SPO2 表示血氧饱和度，对应的值为 3。

程序清单 18-2

```
//定义枚举
typedef enum
{
  SPO2_DATA_TYPE_FINGER_OFF = 0,                //探头手指脱落
  SPO2_DATA_TYPE_SENSOR_OFF,                    //探头脱落
  SPO2_DATA_TYPE_PR,                            //脉率
  SPO2_DATA_TYPE_SPO2,                          //血氧饱和度
  SPO2_DATA_TYPE_MAX
}EnumSPO2DataType;
```

在 ProcSPO2.h 文件的“API 函数声明”区，添加如程序清单 18-3 所示的 API 函数声明代码。其中，UART4ToUART7 函数用于接收人体生理参数监测系统的数据，并将这些数据发送至医疗电子单片机高级开发系统的触摸屏；UART7ToUART4 函数用于接收触摸屏的数据，并将这些数据发送至人体生理参数监测系统。

程序清单 18-3

```
void  InitProcSPO2(void);                       //初始化 ProcSPO2 模块
void  UART4ToUART7(void);                       //接收到下位机串口的数据，转发给触摸屏的串口
void  UART7ToUART4(void);                       //接收到触摸屏串口的数据转发到下位机串口
i16   GetSPO2Data(EnumSPO2DataType type);       //获取 SPO2 数据
```

步骤 4：完善 ProcSPO2.c 文件

在 ProcSPO2.c 文件“包含头文件”区的最后，添加如程序清单 18-4 所示的代码。

程序清单 18-4

```
#include "PackUnpack.h"
#include "UART.h"
```

在 ProcSPO2.c 文件的“内部变量”区，添加如程序清单 18-5 所示的内部变量定义代码。其中，s_iFingerOffSts 保存手指脱落信息，s_iSensorOffSts 保存探头脱落信息，对于所有脱落信息，1 表示脱落，0 表示连接；s_iPR 保存脉率值，s_iSPO2 保存血氧饱和度值。

程序清单 18-5

```
static u8   s_iFingerOffSts = 1;                //手指脱落信息，1-脱落，0-连接
static u8   s_iSensorOffSts = 1;                //探头脱落信息，1-脱落，0-连接
static i16  s_iPR     = 0;                      //脉率
static i16  s_iSPO2   = 0;                      //血氧饱和度
```

在 ProcSPO2.c 文件的“API 函数实现”区，添加 API 函数的实现代码，如程序清单 18-6 所示。ProcSPO2.c 文件的 API 函数有以下 4 个。

（1）InitProcSPO2 函数通过对变量 s_iFingerOffSts 和 s_iSensorOffSts 赋值 1，对 s_iPR 和

s_iSPO2 赋值 0，初始化 ProcSPO2 模块。

（2）UART4ToUART7 函数通过 ReadUART 函数读取人体生理参数监测系统的数据；通过 UnPackData 函数对接收到的数据进行解包；通过 GetUnPackRslt 函数获取解包结果，如果解包结果是脉率和血氧饱和度数据，则将这两个数据分别保存于变量 s_iPR 和 s_iSPO2，如果解包结果是导联信息，则保存于变量 s_iFingerOffSts 和 s_iSensorOffSts；最后通过 PackData 函数对解包数据进行打包，并通过 WriteUART 函数发送至医疗电子单片机高级开发系统的触摸屏。在编写和调试代码过程中，可以通过 printf 语句打印心率值和导联信息。

（3）UART7ToUART4 函数通过 ReadUART 函数读取触摸屏的数据，然后由 PackData 函数将数据打包，并发送至人体生理参数监测系统。

（4）GetSPO2Data 函数用于获取 SPO2 数据，通过参数 type 指定具体获取哪一个血氧数据。

程序清单 18-6

```
void  InitProcSPO2(void)
{
  s_iFingerOffSts = 1;              //手指脱落信息，1-脱落，0-连接
  s_iSensorOffSts = 1;              //探头脱落信息，1-脱落，0-连接
  s_iPR     = 0;                    //脉率
  s_iSPO2   = 0;                    //血氧饱和度
}

void  UART4ToUART7(void)
{
  u8 arrTemp[80];                   //4ms 周期，在 115200 模式下最多有 40 字节，取双倍余量
  i32 len = 0;

  i32 i = 0;

  StructPackType pt;

  len = ReadUART(UART_PORT_COM4, arrTemp, 10);


  for(i = 0; i < len; i++)
  {
    if(UnPackData(arrTemp[i]))
    {
      pt = GetUnPackRslt();

      if(pt.packModuleId == MODULE_SPO2 && pt.packSecondId == DAT_SPO2_WAVE)
      {
        s_iFingerOffSts = (pt.arrData[5] >> 7) & 0x01;
        s_iSensorOffSts = (pt.arrData[5] >> 4) & 0x01;
        //printf("FO-%d SO-%d\r\n", s_iFingerOffSts, s_iSensorOffSts);
      }
      else if(pt.packModuleId == MODULE_SPO2 && pt.packSecondId == DAT_SPO2_DATA)
      {
        s_iPR = MAKEHWORD(pt.arrData[1], pt.arrData[2]);
        s_iSPO2 = pt.arrData[3];
        //printf("PR-%d\r\n", s_iPR);
        //printf("SPO2-%d\r\n", s_iSPO2);
```

```
      }

      PackData(&pt);

      WriteUART(UART_PORT_COM7, (u8*)&pt, 10);
    }
  }
}

void  UART7ToUART4(void)
{
  u8 arrTemp[80];                  //4ms 周期，在 115200 的模式下最多会有 40 字节，取双倍余量
  i32 len = 0;

  len = ReadUART(UART_PORT_COM7, arrTemp, 10);

  if(len > 0)
  {
    WriteUART(UART_PORT_COM4, arrTemp, len);
  }
}

i16   GetSPO2Data(EnumSPO2DataType type)
{
  short spo2Data;                           //SPO2 数据

  switch(type)
  {
    case SPO2_DATA_TYPE_FINGER_OFF:         //探头手指脱落
      spo2Data = s_iFingerOffSts;
      break;
    case SPO2_DATA_TYPE_SENSOR_OFF:         //探头脱落
      spo2Data = s_iSensorOffSts;
      break;
    case SPO2_DATA_TYPE_PR:                 //脉率
      spo2Data = s_iPR;
      break;
    case SPO2_DATA_TYPE_SPO2:               //血氧饱和度
      spo2Data = s_iSPO2;
      break;
    default:
      break;
  }

  return(spo2Data);
}
```

步骤 5：完善 Timer.c 文件

在 Timer.c 文件“包含头文件”区的最后，添加如程序清单 18-7 所示的代码。

程序清单 18-7

```
#include "UART.h"
#include "ProcSPO2.h"
```

在 Timer.c 文件“内部函数实现”区的 TIM2_IRQHandler 函数实现代码中，添加 ProcUARTxTimerTask 函数的调用代码，可参见程序清单 15-9。

在 Timer.c 文件“内部函数实现”区的 TIM4_IRQHandler 函数实现代码中，添加 UART7ToUART4 和 UART4ToUART7 函数的调用代码，可参见程序清单 15-10。

步骤 6：完善血氧监测与显示实验应用层

在 Project 面板中，双击打开 Main.c 文件，在 Main.c 文件“包含头文件”区的最后，添加代码#include "ProcSPO2.h"。

在 Main.c 文件的 InitSoftware 函数中，添加调用 InitProcSPO2 函数的代码，如程序清单 18-8 所示，这样就实现了对 ProcSPO2 模块的初始化。

程序清单 18-8

```
static  void  InitSoftware(void)
{
  InitPackUnpack();                                         //初始化 PackUnpack 模块
  InitProcSPO2();                                           //初始化 ProcSPO2 模块
}
```

在 Main.c 文件的 main 函数中，注释掉 printf 语句，然后添加调用 OLEDShowString 函数的代码，实现在 OLED 显示屏上显示血氧提示信息、导联信息、脉率值和血氧饱和度值，如程序清单 18-9 所示。

程序清单 18-9

```
int main(void)
{
  InitSoftware();                                           //初始化软件相关函数
  InitHardware();                                           //初始化硬件相关函数

  //printf("Init System has been finished.\r\n" );          //打印系统状态

  OLEDShowString(16, 0, "OXIMETER V1.0");
  OLEDShowString(8, 16, "FO:OFF SO:OFF");
  OLEDShowString(8, 32, "PR:---bpm");
  OLEDShowString(8, 48, "SPO2: --%");

  while(1)
  {
    Proc2msTask();                                          //2ms 处理任务
    Proc1SecTask();                                         //1s 处理任务
  }
}
```

在 Main.c 文件的 Proc1SecTask 函数中，添加调用 GetSPO2Data、sprintf、OLEDShowString 和 OLEDRefreshGRAM 函数的代码，并注释掉 Proc1SecTask 函数中的 printf 语句，如程序清单 18-10 所示。

程序清单 18-10

```
static  void  Proc1SecTask(void)
{
  char arrSPO2Data[18];
```

```
short spo2;

if(Get1SecFlag())                                    //判断 1s 标志状态
{
  if(GetSPO2Data(SPO2_DATA_TYPE_SENSOR_OFF))
  {
    OLEDShowString(88, 16, "OFF");
  }
  else
  {
    OLEDShowString(88, 16, " ON");
  }

  spo2 = GetSPO2Data(SPO2_DATA_TYPE_SPO2);

  if(156 == spo2)
  {
    OLEDShowString(8, 48, "SPO2: --%");
  }
  else
  {
    sprintf(arrSPO2Data, "SPO2:%3d%", spo2);
    OLEDShowString(8, 48, (u8*)arrSPO2Data);
  }

  OLEDRefreshGRAM();

  //printf("This is the first STM32F429 Project, by Zhangsan\r\n");
  Clr1SecFlag();                                     //清除 1s 标志
}
}
```

步骤 7：编译及下载验证

代码编写完成后，单击按钮进行编译。编译结束后，Build Output 栏中出现“0 Error(s), 0 Warning(s)”，表示编译成功。参见图 2-33，通过 Keil μVision5.20 软件将.axf 文件下载到医疗电子单片机高级开发系统。

下载完成后，将人体生理参数监测系统通过 USB 连接线连接到医疗电子单片机高级开发系统，确保 J42 的 PC10 与 PARX 相连接，PC11 与 PATX 相连接。另外，将人体生理参数监测系统的“数据模式”设置为“演示模式”，将“通信模式”设置为“UART”，将“参数模式”设置为“五参”或“血氧”。

图 18-7　血氧监测与显示实验结果

可以看到 OLED 显示屏上显示探头脱落信息（SO 为 Sensor Off 的缩写，ON 表示连接，OFF 表示脱落）以及血氧饱和度值（96%），如图 18-7 所示。同时，将医疗电子单片机高级开发系统的触摸屏切换到“血氧监测与显示实验”界面，可以观察到触摸屏上的探头脱落信息和血氧饱和度值与 OLED 显示屏上的一致，表示实验成功。读者也可以将人体生理参数监测系统的“数据模式”设置为“实时模式”，通过血氧探头测量模拟器的血氧饱和度和探头脱落信息。

本 章 任 务

在本实验的基础上增加以下功能：（1）在 Proc1SecTask 函数中通过 GetSPO2Data 函数获取手指脱落信息和脉率值，并将其显示在 OLED 显示屏上；（2）当探头和手指正常连接时，OLED 显示屏显示的血氧参数格式如图 18-8（a）所示；（3）当探头和手指脱落时，OLED 显示屏显示的血氧参数格式如图 18-8（b）所示。注意，需要将人体生理参数监测系统的“数据模式”由“演示模式”切换到“实时模式”（切换方式参见附录 A），并通过血氧探头将人体生理参数监测系统连接到人体生理参数模拟器或人体手指。

0	8	16	24	32	40	48	56	64	72	80	88	96	104	112	120
		O	X	I	M	E	T	E	R		V	1	.	0	
	F	O	:		O	N		S	O	:		O	N		
	P	R	:		7	5	b	p	m						
	S	P	O	2	:		9	6	%						

（a）

0	8	16	24	32	40	48	56	64	72	80	88	96	104	112	120
		O	X	I	M	E	T	E	R		V	1	.	0	
	F	O	:	O	F	F		S	O	:	O	F	F		
	P	R	:	-	-	-	b	p	m						
	S	P	O	2	:		-	-	%						

（b）

图 18-8　本章任务结果效果图

实现上述功能之后，尝试继续增加以下功能：（1）在 ProcSPO2 模块的 UART4ToUART7 函数中，如果解包结果是血氧波形，则将血氧波形数据写入缓冲区；（2）增加 DAC 模块；（3）在 DAC 模块中，将缓冲区中的血氧波形数据通过 PA4 引脚输出；（4）用杜邦线将 PA4、PA5 引脚相连接；（5）增加 ADC 模块；（6）在 ADC 模块中，将 PA5 引脚检测到的模拟信号转换为数字信号；（7）将转换后的数字量按照 PCT 通信协议（参见 13.2.5 节的 wave 模块波形数据包）打包；（8）通过医疗电子单片机高级开发系统的 UART1 将打包后的数据实时发送至计算机；（9）通过计算机上的信号采集工具动态显示接收到的血氧波形。

本 章 习 题

1. 简述血氧信号检测原理。

2. 脉率和心率有何区别？

3. 正常成人血氧饱和度的取值范围是多少？正常新生儿血氧饱和度的取值范围是多少？

4. 如果血氧波形数据 1～5 均为 128，血氧探头和手指均为脱落状态，参照图 18-3，血氧波形数据包应如何定义？

第19章　实验18——血压测量与显示

本实验的基本原理是，通过医疗电子单片机高级开发系统上的按键控制无创血压测量的启动和中止，由F429核心板对人体生理参数监测系统发送过来的无创血压实时数据包、无创血压测量结果数据包、无创血压测量结束数据包进行解包，并在OLED显示屏上实时显示袖带压、收缩压、舒张压和脉率。本章任务要求当F429核心板接收到的实时袖带压、收缩压、舒张压和脉率为无效值时，显示为“---”。另外，按下按键Key1启动无创血压测量，人体生理参数监测系统开始，每200ms显示一次实时袖带压；当接收到测量结束标志时，显示收缩压、舒张压和脉率；按下按键Key3，无创血压测量停止。

19.1　实验内容

医疗电子单片机高级开发系统读取并解包人体生理参数监测系统发送过来的无创血压实时数据包、无创血压测量结果数据包、无创血压测量结束数据包，然后将实时袖带压、收缩压、舒张压和脉率值显示在OLED显示屏上，如图19-1所示。启动测量和停止测量由按键Key1和Key3控制。数据源是人体生理参数监测系统，该系统在“演示模式”下，收缩压、舒张压和脉率分别为120mmHg、80mmHg和60bpm；在“实时模式”下，需要将袖带连接线（黑色）的一端连接到系统背面的NBP接口，另一端连接到血压袖带，这样就可以实时监测人体生理参数模拟器或人体的血压信号。本实验的结果如图19-2所示。

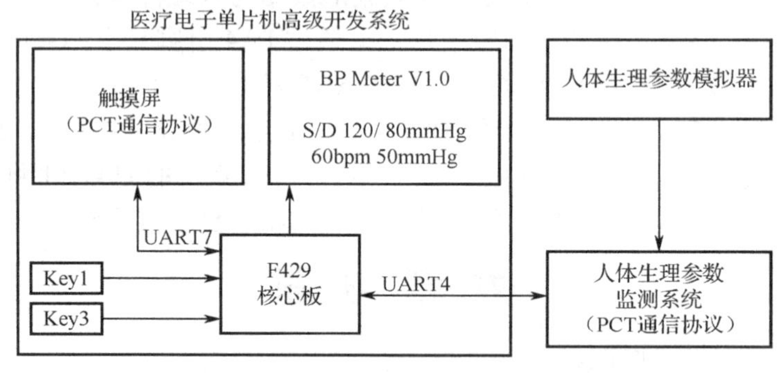

图19-1　血压测量与显示实验原理框图

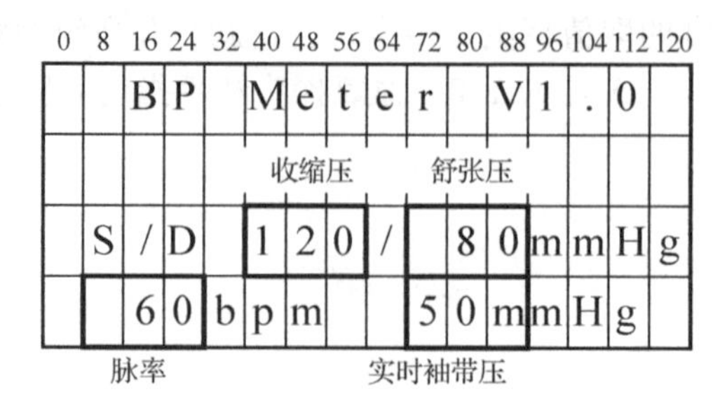

图19-2　血压测量与显示实验结果

为了进行实验对照，还需要实现如下功能：（1）通过UART4接收人体生理参数监测系统的数据包，并将其通过 UART7 发送至触摸屏；（2）通过 UART7 接收触摸屏的命令包，并将其通过 UART4 发送至人体生理参数监测系统。这样，就可以通过对比触摸屏（“血压测量与显示实验”界面）上显示的数值与 OLED 显示屏上的数值，验证实验是否正确。

19.2　实验原理

19.2.1　血压数据包的 PCT 通信协议

本实验涉及的血压数据包包括无创血压实时数据包、无创血压测量结束数据包、无创血压测量结果 1 数据包、无创血压测量结果 2 数据包；血压命令包包括无创血压启动测量命令包、无创血压中止测量命令包。

1．无创血压实时数据（DAT_NBP_CUFPRE）

无创血压实时数据包由从机发送给主机，包含袖带压等数据，如图 19-3 所示。

模块ID	HEAD	二级ID	DAT1	DAT2	DAT3	DAT4	DAT5	DAT6	CHECK
14H	数据头	02H	袖带压力高字节	袖带压力低字节	袖带类型错误标志	测量类型	保留	保留	校验和

图 19-3　无创血压实时数据包

袖带类型错误标志如表 19-1 所示，测量类型定义如表 19-2 所示。注意，袖带压力为 16 位有符号数，数据范围为 0～300，单位为 mmHg，-100 代表无效值。无创血压实时数据包每秒发送 5 次。

表 19-1　袖带类型错误标志

位	说　明
7:0	袖带类型错误标志： 0-表示袖带使用正常；1-表示在成人/儿童模式下，检测到新生儿袖带。 上位机在该标志为 1 时应该立即发送停止命令停止测量

表 19-2　测量类型

位	说　明
7:0	测量类型： 1-在手动测量方式下；2-在自动测量方式下；3-在 STAT 测量方式下；4-在校准方式下；5-在漏气检测中

2．无创血压测量结束（DAT_NBP_END）

无创血压测量结束数据包由从机发送给主机，包含无创血压测量结束信息，如图 19-4 所示。

模块ID	HEAD	二级ID	DAT1	DAT2	DAT3	DAT4	DAT5	DAT6	CHECK
14H	数据头	03H	测量类型	保留	保留	保留	保留	保留	校验和

图 19-4　无创血压测量结束数据包

测量类型定义如表 19-3 所示，无创血压测量结束数据包在测量结束后发送。

表 19-3　测量类型

位	说　明
7:0	测量类型： 1-手动测量方式下测量结束；　2-自动测量方式下测量结束； 3-STAT 测量结束；　4-在校准方式下测量结束； 5-在漏气检测中测量结束；　6-STAT 测量方式中单次测量结束； 10-系统错误，具体错误信息见 NBP 状态包

3．无创血压测量结果 1（DAT_NBP_RSLT1）

无创血压测量结果 1 数据包由从机发送给主机，包含无创血压收缩压、舒张压和平均压等数据，如图 19-5 所示。

模块ID	HEAD	二级ID	DAT1	DAT2	DAT3	DAT4	DAT5	DAT6	CHECK
14H	数据头	04H	收缩压高字节	收缩压低字节	舒张压高字节	舒张压低字节	平均压高字节	平均压低字节	校验和

图 19-5　无创血压测量结果 1 数据包

收缩压、舒张压、平均压均为 16 位有符号数，有效数据范围为 0～300，-100 代表无效值。无创血压测量结果 1 数据包在测量结束后和接收到查询测量结果命令后发送。

4．无创血压测量结果 2（DAT_NBP_RSLT2）

无创血压测量结果 2 数据包由从机发送给主机，包含无创血压脉率值，如图 19-6 所示。

模块ID	HEAD	二级ID	DAT1	DAT2	DAT3	DAT4	DAT5	DAT6	CHECK
14H	数据头	05H	脉率高字节	脉率高字节	保留	保留	保留	保留	校验和

图 19-6　无创血压测量结果 2 数据包

脉率为 16 位有符号数，-100 代表无效值，无创血压测量结果 2 数据包在测量结束和接收到查询测量结果命令后发送。

5．无创血压启动测量（CMD_NBP_START）

无创血压启动测量命令包是主机向从机发送的命令，用于启动一次无创血压测量，如图 19-7 所示。

模块ID	HEAD	二级ID	DAT1	DAT2	DAT3	DAT4	DAT5	DAT6	CHECK
14H	数据头	80H	保留	保留	保留	保留	保留	保留	校验和

图 19-7　无创血压启动测量命令包

6．无创血压中止测量（CMD_NBP_END）

无创血压中止测量命令包是主机向从机发送的命令，用于中止无创血压测量，如图 19-8 所示。

模块ID	HEAD	二级ID	DAT1	DAT2	DAT3	DAT4	DAT5	DAT6	CHECK
14H	数据头	81H	保留	保留	保留	保留	保留	保留	校验和

图 19-8　无创血压中止测量命令包

19.2.2　血压命令发送

UART7ToUART4 函数实现了触摸屏到人体生理参数监测系统命令的转发，如图 15-5 所示。本实验要求，通过按键 Key1 启动无创血压测量，通过按键 Key3 中止无创血压测量。具体实现方法是由按键 Key1 按下的响应函数 ProcKeyDownKey1（通过 SendNBPCmd 模块的 SendNBPStartCmd 函数）发送无创血压启动测量命令包，由按键 Key3 按下的响应函数 ProcKeyDownKey3（通过 SendNBPCmd 模块的 SendNBPStopCmd 函数）发送无创血压中止测量命令包。

19.2.3　解包结果处理流程

本实验要求在图 15-4 所示的 UART4 至 UART7 数据包传输流程基础上，进一步对解包结果进行处理。接收到无创血压实时数据包后，将实时袖带压数据保存至变量 s_iNBPCufPre；接收到无创血压测量结果 1 数据包后，将收缩压、舒张压、平均压数据分别保存至变量 s_iNBPSys、s_iNBPDia、s_iNBPMap；接收到无创血压测量结果 2 数据包后，将脉率值保存至变量 s_iNBPPR；接收到无创血压测量结束数据包后，SetNBPEndMeasureFlag 函数将变量 s_iNBPEndMeasureFlag 置为 1，如图 19-9 所示。对解包结果进行处理的流程将在 ProcNBP 模块的 UART4ToUART7 函数中实现。

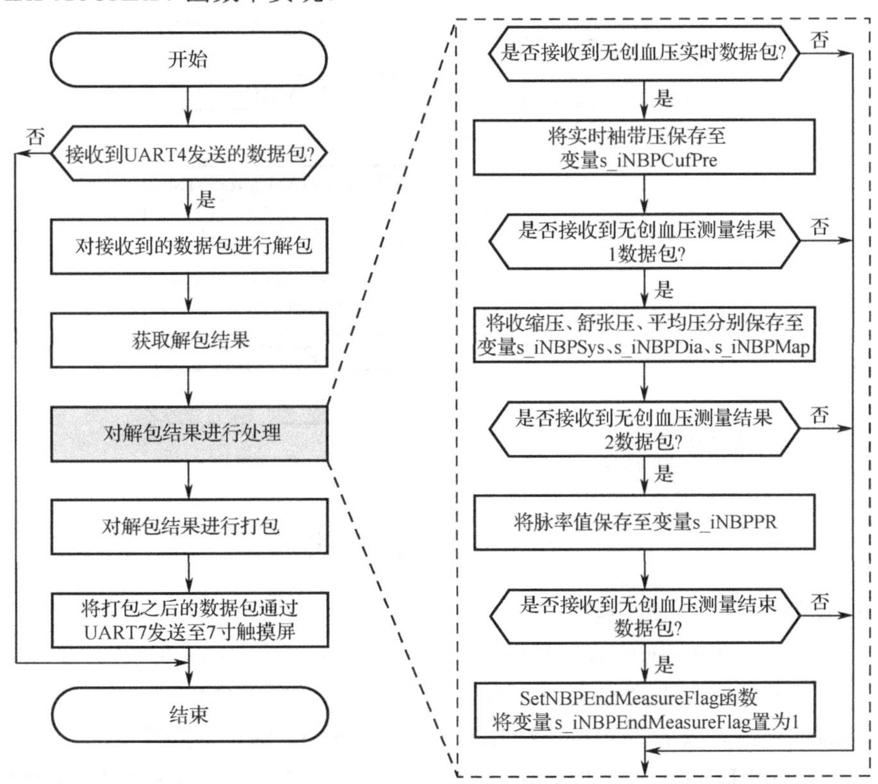

图 19-9　血压测量与显示实验对解包结果进行处理流程图

19.2.4　OLED 显示血压参数流程

在 OLED 显示屏上显示实时袖带压、收缩压、舒张压和脉率需要 3 步。第 1 步，通过

GetNBPData 函数获取血压参数。第 2 步，调用 OLEDShowString 函数将血压参数更新到 STM32 的 GRAM，如果测量结束，需要更新实时袖带压、收缩压、舒张压和脉率；如果测量未结束，只需要更新实时袖带压。第 3 步，调用 OLEDRefreshGRAM 函数将 STM32 的 GRAM 更新到 SSD1306 芯片的 GRAM。

实时袖带压每 200ms 更新一次，因此，函数 GetNBPData、OLEDShowString 和 OLEDRefreshGRAM 也需要每 200ms 执行一次。在 Main.c 文件的 Proc2msTask 函数中，设计一个计数器（s_iCnt100），Proc2msTask 函数执行 100 次，GetNBPData、OLEDShowString 和 OLEDRefreshGRAM 函数执行一次，这样，就可以实现每秒更新一次血压参数显示。OLED 显示屏显示血压参数流程图如图 19-10 所示。

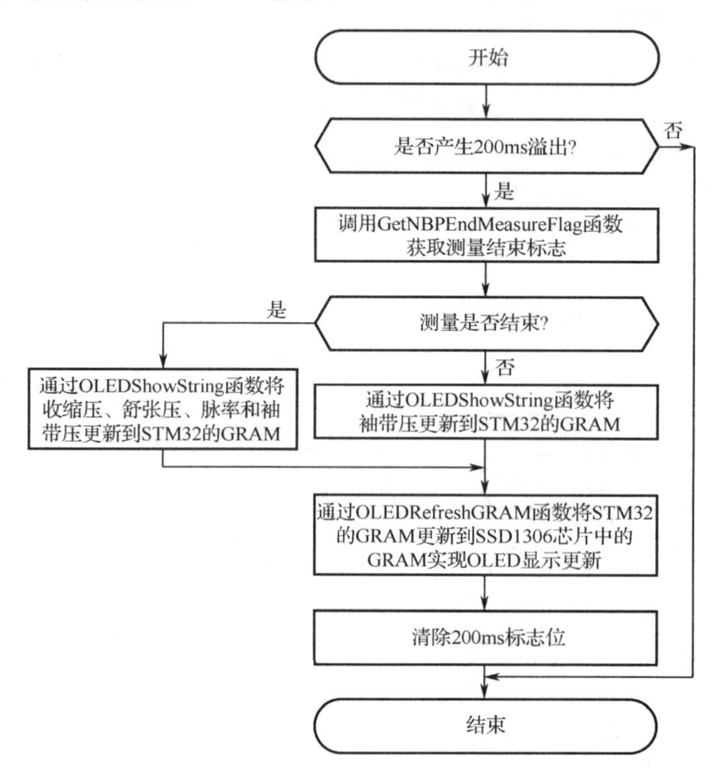

图 19-10　OLED 显示屏显示血压参数流程图

19.3　实验步骤

步骤 1：复制并编译原始工程

首先，将“D:\STM32KeilTest\Material\18.血压监测与显示实验”文件夹复制到“D:\STM32KeilTest\Product”文件夹中。然后，双击运行“D:\STM32KeilTest\Product\18.血压监测与显示实验\Project”文件夹中的 STM32KeilPrj.uvprojx，单击工具栏中的按钮。当 Build Output 栏出现“FromELF: creating hex file...”时，表示已经成功生成.hex 文件，出现“0 Error(s), 0 Warnning(s)”，表示编译成功。最后，将.axf 文件下载到 STM32 的内部 Flash，观察 LD0 是否闪烁。如果 LD0 闪烁，串口正常输出字符串，表示原始工程是正确的，可以进入下一步操作。

步骤 2：添加 ProcNBP 和 SendNBPCmd 文件对

首先，将“D:\STM32KeilTest\Product\18.血压监测与显示实验\App\ProcNBP”文件夹中的 ProcNBP.c 和“D:\STM32KeilTest\Product\18.血压监测与显示实验\App\SendNBPCmd”文件夹中的 SendNBPCmd.c 添加到 App 分组中。然后，将“D:\STM32KeilTest\ Product\18.血压监测与显示实验\App\ProcNBP”和“D:\STM32KeilTest\Product\18.血压监测与显示实验\App\SendNBPCmd”路径添加到 Include Paths 栏中。

步骤 3：完善 ProcNBP.h 文件

单击按钮进行编译，编译结束后，在 Project 面板中，双击 ProcNBP.c 下的 ProcNBP.h 文件。在 ProcNBP.h 文件的“包含头文件”区，添加如程序清单 19-1 所示的代码。

程序清单 19-1

```
#include "DataType.h"
#include "PackUnpack.h"
```

在 ProcNBP.h 文件的“枚举结构体定义”区，添加如程序清单 19-2 所示的枚举定义代码。枚举 EnumNBPDataType 中的 NBP_DATA_TYPE_CUFPRE 表示袖带压，对应的值为 0；NBP_DATA_TYPE_SYS 表示收缩压，对应的值为 1；NBP_DATA_TYPE_DIA 表示舒张压，对应的值为 2；NBP_DATA_TYPE_MAP 表示平均压，对应的值为 3；NBP_DATA_TYPE_PR 表示脉率，对应的值为 4。

程序清单 19-2

```
//定义枚举
typedef enum
{
  NBP_DATA_TYPE_CUFPRE = 0,                 //袖带压
  NBP_DATA_TYPE_SYS,                        //收缩压
  NBP_DATA_TYPE_DIA,                        //舒张压
  NBP_DATA_TYPE_MAP,                        //平均压
  NBP_DATA_TYPE_PR,                         //脉率
  NBP_DATA_TYPE_MAX
}EnumNBPDataType;
```

在 ProcNBP.h 文件的“API 函数声明”区，添加如程序清单 19-3 所示的 API 函数声明代码。其中，UART4ToUART7 函数用于接收人体生理参数监测系统的数据，并将这些数据发送至医疗电子单片机高级开发系统的触摸屏；UART7ToUART4 函数用于接收触摸屏的数据，并将这些数据发送至人体生理参数监测系统；GetNBPData 函数用于获取 NBP 数据。

程序清单 19-3

```
void  InitProcNBP(void);                    //初始化 ProcNBP 模块
void  UART4ToUART7(void);                   //接收到下位机串口的数据，转发给触摸屏的串口
void  UART7ToUART4(void);                   //接收到触摸屏串口的数据转发到下位机串口
i16   GetNBPData(EnumNBPDataType type);     //获取 NBP 数据

void  SetNBPEndMeasureFlag(u8 flag);        //设置 NBP 测量完成标志，1-已完成，0-未完成
u8    GetNBPEndMeasureFlag(void);           //获取 NBP 测量完成标志，1-已完成，0-未完成
```

步骤 4：完善 ProcNBP.c 文件

在 ProcNBP.c 文件“包含头文件”区的最后，添加如程序清单 19-4 所示的代码。

程序清单 19-4

```
#include "PackUnpack.h"
#include "UART.h"
```

在 ProcNBP.c 文件的“内部变量”区，添加如程序清单 19-5 所示的内部变量定义代码。

程序清单 19-5

```
static i16 s_iNBPCufPre;                   //袖带压
static i16 s_iNBPSys;                      //收缩压
static i16 s_iNBPDia;                      //舒张压
static i16 s_iNBPMap;                      //平均压
static i16 s_iNBPPR;                       //脉率

static u8  s_iNBPEndMeasureFlag = 0;       //血压测量完成标志，0-未测完，1-测量完成
```

在 ProcNBP.c 文件的“API 函数实现”区，添加 API 函数的实现代码，如程序清单 19-6 所示。

说明：（1）在 InitProcNBP 函数中，通过对变量 s_iNBPCufPre、s_iNBPSys、s_iNBPDia、s_iNBPMap、s_iNBPPR、s_iNBPEndMeasureFlag 赋值 0，初始化 ProcNBP 模块。

（2）UART4ToUART7 函数通过 ReadUART 函数读取人体生理参数监测系统的数据，并利用 UnPackData 函数对接收到的数据进行解包，然后通过 GetUnPackRslt 函数获取解包结果，最后 PackData 函数对解包数据进行打包，并将打包结果通过 WriteUART 函数发送至医疗电子单片机高级开发系统的触摸屏。在编写和调试代码过程中，可以通过 printf 语句打印心率值和导联信息。

（3）UART7ToUART4 函数通过 ReadUART 函数读取触摸屏的数据，再由 PackData 函数打包，最后将打包结果发送至人体生理参数监测系统。

（4）GetNBPData 函数用于获取 NBP 数据，通过参数 type 指定具体获取哪一个 NBP 数据。

程序清单 19-6

```
void  InitProcNBP(void)
{
  s_iNBPCufPre = 0;              //袖带压
  s_iNBPSys    = 0;              //收缩压
  s_iNBPDia    = 0;              //舒张压
  s_iNBPMap    = 0;              //平均压
  s_iNBPPR     = 0;              //脉率

  s_iNBPEndMeasureFlag = 0;      //血压测量完成标志，0-未测完，1-测量完成
}

void  UART4ToUART7(void)
{
  u8 arrTemp[80];                //4ms 周期，在 115200 的模式下最多会有 40 字节，取双倍余量
  i32 len = 0;

  i32 i = 0;

  StructPackType pt;

  len = ReadUART(UART_PORT_COM4, arrTemp, 10);
```

```
  for(i = 0; i < len; i++)
  {
    if(UnPackData(arrTemp[i]))
    {
      pt = GetUnPackRslt();

      if(pt.packModuleId == MODULE_NBP && pt.packSecondId == DAT_NBP_CUFPRE)
      {
        s_iNBPCufPre = MAKEHWORD(pt.arrData[0], pt.arrData[1]);  //袖带压
      }
      else if(pt.packModuleId == MODULE_NBP && pt.packSecondId == DAT_NBP_RSLT1)
      {
        s_iNBPSys = MAKEHWORD(pt.arrData[0], pt.arrData[1]);     //收缩压
        s_iNBPDia = MAKEHWORD(pt.arrData[2], pt.arrData[3]);     //舒张压
        s_iNBPMap = MAKEHWORD(pt.arrData[4], pt.arrData[5]);     //平均压
      }
      else if(pt.packModuleId == MODULE_NBP && pt.packSecondId == DAT_NBP_RSLT2)
      {
        s_iNBPPR = MAKEHWORD(pt.arrData[0], pt.arrData[1]);      //脉率
      }
      else if(pt.packModuleId == MODULE_NBP && pt.packSecondId == DAT_NBP_END)
      {
        SetNBPEndMeasureFlag(1);                                 //收到测量结束标志
      }

      PackData(&pt);

      WriteUART(UART_PORT_COM7, (u8*)&pt, 10);
    }
  }
}

void  UART7ToUART4(void)
{
  u8 arrTemp[80];                //4ms 周期，在 115200 的模式下最多会有 40 字节，取双倍余量
  i32 len = 0;

  len = ReadUART(UART_PORT_COM7, arrTemp, 10);

  if(len > 0)
  {
    WriteUART(UART_PORT_COM4, arrTemp, len);
  }
}

i16  GetNBPData(EnumNBPDataType type)
{
  short nbpData;                 //NBP 数据

  switch(type)
```

```
  {
    case NBP_DATA_TYPE_CUFPRE:   //袖带压
      nbpData = s_iNBPCufPre;
      break;
    case NBP_DATA_TYPE_SYS:      //收缩压
      nbpData = s_iNBPSys;
      break;
    case NBP_DATA_TYPE_DIA:      //舒张压
      nbpData = s_iNBPDia;
      break;
    case NBP_DATA_TYPE_MAP:      //平均压
      nbpData = s_iNBPMap;
      break;
    case NBP_DATA_TYPE_PR:       //脉率
      nbpData = s_iNBPPR;
      break;
    default:
      break;
  }

  return(nbpData);
}

void  SetNBPEndMeasureFlag(u8 flag)
{
  s_iNBPEndMeasureFlag = flag;
}

u8    GetNBPEndMeasureFlag(void)
{
  return(s_iNBPEndMeasureFlag);
}
```

步骤 5：完善 SendNBPCmd.h 文件

单击按钮进行编译，编译结束后，在 Project 面板中，双击 SendNBPCmd.c 下的 SendNBPCmd.h 文件。在 SendNBPCmd.h 文件的“包含头文件”区，添加代码#include "DataType.h"。

在 SendNBPCmd.h 文件的“API 函数声明”区，添加如程序清单 19-7 所示的 API 函数声明代码。

程序清单 19-7

```
void  InitSendNBPCmd(void);       //初始化 SendNBPCmd 模块

void  SendNBPStartCmd(void);      //发送 NBP 启动测量命令
void  SendNBPStopCmd(void);       //发送 NBP 停止测量命令
```

步骤 6：完善 SendNBPCmd.c 文件

在 SendNBPCmd.c 文件“包含头文件”区的最后，添加如程序清单 19-8 所示的代码。

程序清单 19-8

```
#include "PackUnpack.h"
#include "UART.h"
```

在 SendNBPCmd.c 文件的“内部函数声明”区，添加内部函数的声明代码，如程序清单 19-9 所示。SendPackToSlave 函数负责打包，并将结果发送到人体生理参数监测系统。

程序清单 19-9

```
static  void  SendPackToSlave(StructPackType* pPackSent);     //发送包到从机
```

在 SendNBPCmd.c 文件的“内部函数实现”区，添加 SendPackToSlave 函数的实现代码，如程序清单 19-10 所示。SendPackToSlave 函数通过调用 PackData 函数打包，如果返回值为 1 表示打包成功，再调用 WriteUART 函数将打包后的结果发送到人体生理参数监测系统。

程序清单 19-10

```
static  void  SendPackToSlave(StructPackType* pPackSent)
{
  u8  valid;

  valid = PackData(pPackSent);   //调用打包函数来打包命令

  if(1 == valid)
  {
    WriteUART(UART_PORT_COM4, (u8*)pPackSent, 10);
  }
}
```

在 SendNBPCmd.c 文件的“API 函数实现”区，添加 API 函数的实现代码，如程序清单 19-11 所示。SendNBPCmd.c 文件的 API 函数有 3 个，其中，InitSendNBPCmd 函数用于初始化 SendNBPCmd 模块；SendNBPStartCmd 函数通过调用 SendPackToSlave 函数，向人体生理参数监测系统发送 NBP 启动测量命令包；SendNBPStopCmd 函数通过调用 SendPackToSlave 函数，向人体生理参数监测系统发送 NBP 中止测量命令包。

程序清单 19-11

```
void  InitSendNBPCmd(void)
{
}

void  SendNBPStartCmd(void)
{
  StructPackType  pt;

  pt.packModuleId = MODULE_NBP;        //模块 ID
  pt.packSecondId = CMD_NBP_START;     //二级 ID
  pt.arrData[0] = 0;                   //保留
  pt.arrData[1] = 0;                   //保留
  pt.arrData[2] = 0;                   //保留
  pt.arrData[3] = 0;                   //保留
  pt.arrData[4] = 0;                   //保留
  pt.arrData[5] = 0;                   //保留

  SendPackToSlave(&pt);                //调用打包函数来打包命令，将打包之后的命令包发送到从机
}

void  SendNBPStopCmd(void)
{
```

```
  StructPackType  pt;

  pt.packModuleId = MODULE_NBP;        //模块 ID
  pt.packSecondId = CMD_NBP_END;       //二级 ID
  pt.arrData[0] = 0;                   //保留
  pt.arrData[1] = 0;                   //保留
  pt.arrData[2] = 0;                   //保留
  pt.arrData[3] = 0;                   //保留
  pt.arrData[4] = 0;                   //保留
  pt.arrData[5] = 0;                   //保留

  SendPackToSlave(&pt);                //调用打包函数来打包命令，将打包之后的命令包发送到从机
}
```

步骤 7：完善 Timer.c 文件

在 Timer.c 文件“包含头文件”区的最后，添加如程序清单 19-12 所示的代码。

程序清单 19-12

```
#include "UART.h"
#include "ProcNBP.h"
```

在 Timer.c 文件“内部函数实现”区的 TIM2_IRQHandler 函数实现代码中，添加 ProcUARTxTimerTask 函数的调用代码，可参见程序清单 15-9。

在 Timer.c 文件“内部函数实现”区的 TIM4_IRQHandler 函数实现代码中，添加 UART7ToUART4 和 UART4ToUART7 函数的调用代码，可参见程序清单 15-10。

步骤 8：完善 ProcKeyOne.c 文件

在 Project 面板中，双击打开 ProcKeyOne.c 文件，在 ProcKeyOne.c“包含头文件”区的最后，添加代码#include "SendNBPCmd.h "。

注释掉 ProcKeyOne.c 文件中所有的 printf 语句，在函数 ProcKeyDownKey1 和 ProcKeyDownKey3 中增加相应的处理程序，如程序清单 19-13 所示。

程序清单 19-13

```
void  ProcKeyDownKey1(void)
{
  SendNBPStartCmd();
  //printf("Key1 PUSH DOWN\r\n");     //打印按键状态
}

void  ProcKeyDownKey3(void)
{
  SendNBPStopCmd();
  //printf("Key3 PUSH DOWN\r\n");     //打印按键状态
}
```

说明：（1）ProcKeyDownKey1 函数用于处理按键 Key1 按下事件，该函数调用 SendNBPStartCmd 函数，向人体生理参数监测系统发送 NBP 启动测量命令包。

（2）ProcKeyDownKey3 函数用于处理按键 Key3 按下事件，该函数调用 SendNBPStopCmd 函数，向人体生理参数监测系统发送 NBP 中止测量命令包。

步骤 9：血压测量与显示实验应用层实现

在 Project 面板中，双击打开 Main.c 文件，在 Main.c 文件“包含头文件”区的最后，添

加如程序清单 19-14 所示的代码。

程序清单 19-14

```
#include "ProcNBP.h"
#include "SendNBPCmd.h"
```

在 Main.c 文件的 InitSoftware 函数中，添加调用 InitProcNBP 和 InitSendNBPCmd 函数的代码，如程序清单 19-15 所示，这样就实现了对 ProcNBP 和 SendNBPCmd 模块的初始化。

程序清单 19-15

```
static  void  InitSoftware(void)
{
  InitPackUnpack();                  //初始化 PackUnpack 模块
  InitProcNBP();                     //初始化 ProcNBP 模块
  InitSendNBPCmd();                  //初始化 SendNBPCmd 模块
}
```

在 Main.c 文件的 main 函数中，注释掉 printf 语句，并添加调用 OLEDShowString 函数的代码，实现在 OLED 上显示血压提示信息、收缩压、舒张压、脉率和实时袖带压数据，如程序清单 19-16 所示。

程序清单 19-16

```
int main(void)
{
  InitSoftware();                                   //初始化软件相关函数
  InitHardware();                                   //初始化硬件相关函数

  //printf("Init System has been finished.\r\n" ); //打印系统状态

  OLEDShowString(16, 0, "BP Meter V1.0");
  OLEDShowString(8, 16, "");
  OLEDShowString(8, 32, "S/D ---/---mmHg");
  OLEDShowString(8, 48, "---bpm ---mmHg");

  while(1)
  {
    Proc2msTask();                                  //2ms 处理任务
    Proc1SecTask();                                 //1s 处理任务
  }
}
```

注释掉 Proc1SecTask 函数中的 printf 语句，如程序清单 19-17 所示。

程序清单 19-17

```
static  void  Proc1SecTask(void)
{
  if(Get1SecFlag())                                 //判断 1s 标志状态
  {
    //printf("This is the first STM32F429 Project, by Zhangsan\r\n");
    Clr1SecFlag();                                  //清除 1s 标志
  }
}
```

在 Proc2msTask 函数中，添加调用函数 GetNBPEndMeasureFlag、GetNBPData、sprintf、

OLEDShowString 和 OLEDRefreshGRAM 的代码，如程序清单 19-18 所示。

说明：(1) ScanKeyOne 函数需要每 10ms 调用一次，而 Proc2msTask 函数的 if 语句每 2ms 执行一次，因此，需要设计一个计数器（变量 s_iCnt5），从 0 计数到 4 时（即经过 5 个 2ms），执行一次 ScanKeyOne 函数，从而实现每 10ms 进行一次按键扫描。

(2) PCT 通信协议规定，人体生理参数监测系统每 200ms 发送一次无创血压实时数据包，也就是 OLED 显示屏每 200ms 更新一次显示。与变量 s_iCnt5 类似，再设计一个计数器（变量 s_iCnt100），从 0 计数到 99 时（即经过 100 个 2ms），调用 OLEDShowString 函数更新一次 STM32 的 GRAM，接着，调用 OLEDRefreshGRAM 函数将 STM32 的 GRAM 更新到 SSD1306 芯片中的 GRAM，从而实现 OLED 显示更新。

(3) 实时袖带压数据需要每 200ms 更新一次显示，而收缩压、舒张压和脉率值只有在测量结束后才需要更新一次显示，因此，需要通过 GetNBPEndMeasureFlag 函数判断测量是否结束，如果测量结束，由 OLEDShowString 函数将收缩压、舒张压和脉率值更新到 STM32 的 GRAM；如果测量未结束，由 OLEDShowString 函数将实时袖带压值更新到 STM32 的 GRAM。

程序清单 19-18

```
static  void  Proc2msTask(void)
{
  static short s_iCnt5   = 0;
  static short s_iCnt100 = 0;

  char arrPRCufPre[18] = {" %3dbpm %3dmmHg"};
  char arrSysDia[18];

  if(Get2msFlag())          //判断 2ms 标志状态
  {
    if(s_iCnt5 >= 4)
    {
      ScanKeyOne(KEY_NAME_KEY1, ProcKeyUpKey1, ProcKeyDownKey1);
      ScanKeyOne(KEY_NAME_KEY3, ProcKeyUpKey3, ProcKeyDownKey3);

      s_iCnt5 = 0;
    }
    else
    {
      s_iCnt5++;
    }

    if(s_iCnt100 >= 99)
    {
      if(GetNBPEndMeasureFlag())
      {
        sprintf(arrSysDia,  "S/D  %3d/%3dmmHg",  GetNBPData(NBP_DATA_TYPE_SYS),  GetNBPData
(NBP_DATA_TYPE_DIA));
        sprintf(arrPRCufPre,"%3dbpm  %3dmmHg",GetNBPData(NBP_DATA_TYPE_PR),  GetNBPData(NBP_
DATA_TYPE_CUFPRE));
        OLEDShowString(8, 32, arrSysDia);
        OLEDShowString(8, 48, arrPRCufPre);
      }
      else
```

```
      {
        sprintf(arrPRCufPre, "---bpm %3dmmHg", GetNBPData(NBP_DATA_TYPE_CUFPRE));
        OLEDShowString(8, 32, "S/D ---/---mmHg");
        OLEDShowString(8, 48, arrPRCufPre);
      }

      OLEDRefreshGRAM();

      s_iCnt100 = 0;
    }
    else
    {
      s_iCnt100++;
    }

    LEDFlicker(250);            //调用闪烁函数
    Clr2msFlag();               //清除 2ms 标志
  }
}
```

步骤 10：编译及下载验证

代码编写完成后，单击按钮进行编译。编译结束后，Build Output 栏中出现“0 Error(s), 0 Warning(s)”，表示编译成功。然后，参见图 2-33，通过 Keil μVision5.20 软件将.axf 文件下载到医疗电子单片机高级开发系统。

下载完成后，将人体生理参数监测系统通过 USB 连接线连接到医疗电子单片机高级开发系统，确保 J42 的 PC10 与 PARX 相连接，PC11 与 PATX 相连接。另外，将人体生理参数监测系统的“数据模式”设置为“演示模式”，将“通信模式”设置为“UART”，将“参数模式”设置为“五参”或“血压”。

按下按键 Key1，启动血压测量。测量过程中，OLED 显示屏右下方实时显示袖带压；测量结束后，OLED 显示屏显示收缩压（120mmHg）、舒张压（80mmHg）及脉率（60bpm），如图 19-11 所示。然后，将医疗电子单片机高级开发系统的触摸屏切换到“血压测量与显示实验”界面，可以观察到触摸屏上的收缩压、舒张压和脉率值与 OLED 显示屏上的一致，表示实验成功。读者也可以将人体生理参数监测系统的“数据模式”设置为“实时模式”，通过袖带测量模拟器的血压。

图 19-11 血压测量与显示实验结果

本 章 任 务

在本实验的基础上增加以下功能：（1）人体生理参数监测系统在“实时模式”下，F429 核心板接收到的实时袖带压、收缩压、舒张压和脉率为无效值（-100 代表无效值）时，OLED 显示屏上以“---”格式显示；（2）按下按键 Key1 启动无创血压测量，OLED 显示屏上的实时袖带压、收缩压、舒张压和脉率以“---”格式显示；（3）随着人体生理参数监测系统开始测量，每 200ms 显示一次实时袖带压；（4）接收到测量结束标志时，显示收缩压、舒张压、脉率以及最终的实时袖带压值；（5）任何情况下，按下按键 Key3 将中止无创血压测量，OLED 显示屏上的实时袖带压、收缩压、舒张压和脉率均以“---”格式显示。

完成以上功能之后，尝试继续增加以下功能：（1）将每次测量得到的血压数据（收缩压、舒张压和脉率）保存至内部 Flash；（2）最多可以保存 10 组血压数据；（3）按下按键 Key2，通过计算机上的串口助手打印出这 10 组血压数据。

本章习题

1．血压测量有哪几种方法？简述示波法测量血压的原理。

2．正常成人收缩压和舒张压的取值范围是多少？正常新生儿收缩压和舒张压的取值范围是多少？

3．完整的无创血压启动测量命令包和无创血压中止测量命令包分别是什么？

4．如何通过计算机的串口助手将完整的无创血压启动测量命令包和无创血压中止测量命令包发送到 F429 核心板？实现启动和中止测量血压的目的是什么？

附录 A　人体生理参数监测系统使用说明

人体生理参数监测系统（型号：LY-M501）用于采集人体五大生理参数（体温、血氧、呼吸、心电、血压）信号，并对这些信号进行处理，最终将处理后的数字信号通过 USB 连接线、蓝牙或 Wi-Fi 发送到不同的主机平台，如医疗电子单片机开发系统、医疗电子 FGPA 开发系统、医疗电子 DSP 开发系统、医疗电子嵌入式开发系统、emWin 软件平台、MFC 软件平台、WinForm 软件平台、Matlab 软件平台和 Android 移动平台等，实现人体生理参数监测系统与各主机平台之间的交互。

图 A-1 是人体生理参数监测系统正面视图，其中，左键为“功能”按键，右键为“模式”按键，中间的显示屏用于显示一些简单的参数信息。

图 A-1　人体生理参数监测正面视图

图 A-2 是人体生理参数监测系统的按键和显示界面，通过“功能”按键可以控制人体生理参数监测系统按照“背光模式”→“数据模式”→“通信模式”→“参数模式”的顺序在不同模式之间循环切换。

图 A-2　人体生理参数监测系统按键和显示界面

“背光模式”包括“背光开”和“背光关”，系统默认为“背光开”；“数据模式”包括“实时模式”和“演示模式”，系统默认为“演示模式”；“通信模式”包括 USB、UART、BT 和 Wi-Fi，系统默认为 USB；“参数模式”包括“五参”“体温”“血氧”“血压”“呼吸”和“心电”，系统默认为“五参”。

通过“功能”按键，切换到“背光模式”，然后通过“模式”按键切换人体生理参数监测系统显示屏背光的开启和关闭，如图 A-3 所示。

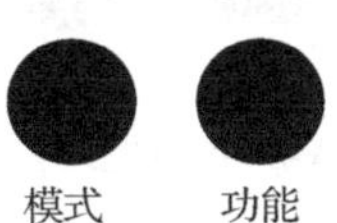

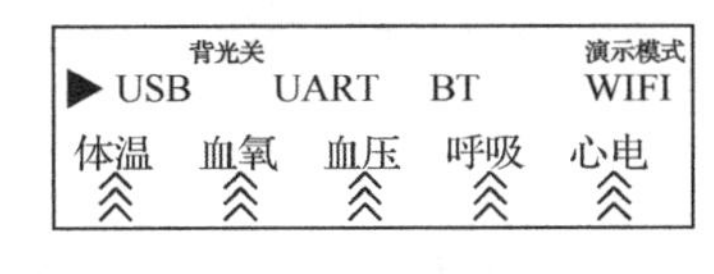

图 A-3　背光开启和关闭模式

通过“功能”按键，切换到“数据模式”，然后通过“模式”按键在“演示模式”和“实时模式”之间切换，如图 A-4 所示。在“演示模式”，人体生理参数监测系统不连接模拟器，也可以向主机发送人体生理参数模拟数据；在“实时模式”，人体生理参数监测系统需要连接模拟器，向主机发送模拟器的实时数据。

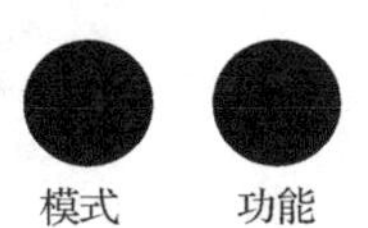

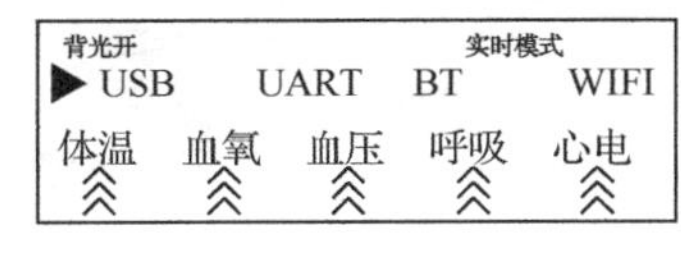

图 A-4　演示模式和实时模式

通过“功能”按键，切换到“通信模式”，然后通过“模式”按键在 USB、UART、BT 和 Wi-Fi 之间切换，如图 A-5 所示。在 USB 通信模式，人体生理参数监测系统通过 USB 连接线与主机平台进行通信，USB 连接线上的信号是 USB 信号；在 UART 通信模式，人体生理参数监测系统通过 USB 连接线与主机平台进行通信，USB 连接线上的信号是 UART 信号；在 BT 通信模式，人体生理参数监测系统通过蓝牙与主机平台进行通信；在 Wi-Fi 通信模式，人体生理参数监测系统通过 Wi-Fi 与主机平台进行通信。

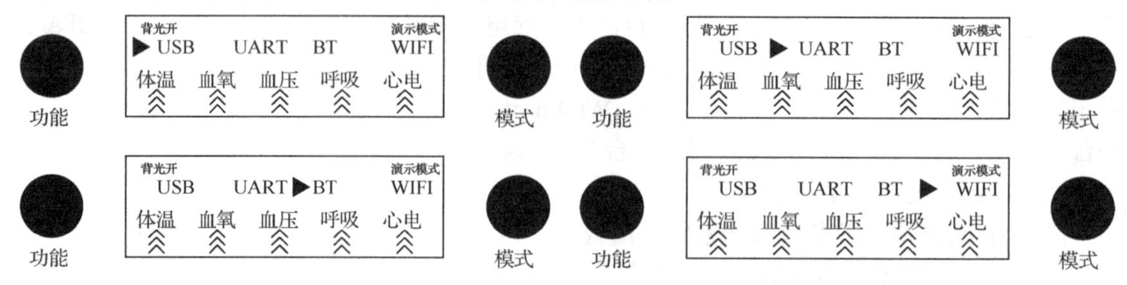

图 A-5　四种通信模式

通过“功能”按键，切换到“参数模式”，然后通过“模式”按键在“五参”“体温”“血氧”“血压”“呼吸”和“心电”之间切换，如图 A-6 所示。系统默认为“五参”模式，在这种模式，人体生理参数监测系统会将五个参数数据全部发送至主机平台；在“体温”模式，只发送体温数据；在“血氧”模式，只发送血氧数据；在“血压”模式，只发送血压数据；在“呼吸”模式，只发送呼吸数据；在“心电”模式，只发送心电数据。

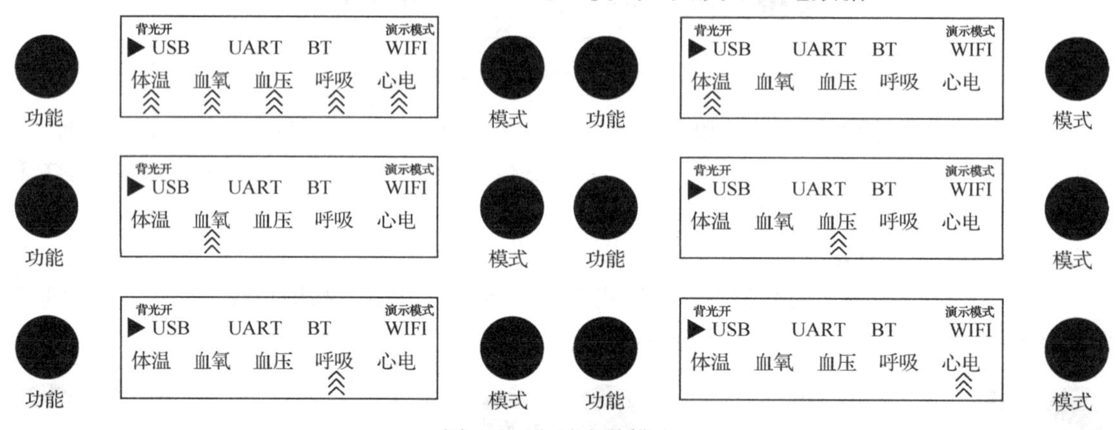

图 A-6　六种参数模式

图 A-7 是人体生理参数监测系统背面视图。NBP 接口用于连接血压袖带；SPO2 接口用于连接血氧探头；TMP1 和 TMP2 接口用于连接两路体温探头；ECG/RESP 接口用于连接心电线缆；USB/UART 接口用于连接 USB 连接线；12V 接口用于连接 12V 电源适配器；拨动开关用于控制人体生理参数监测系统的电源开关。

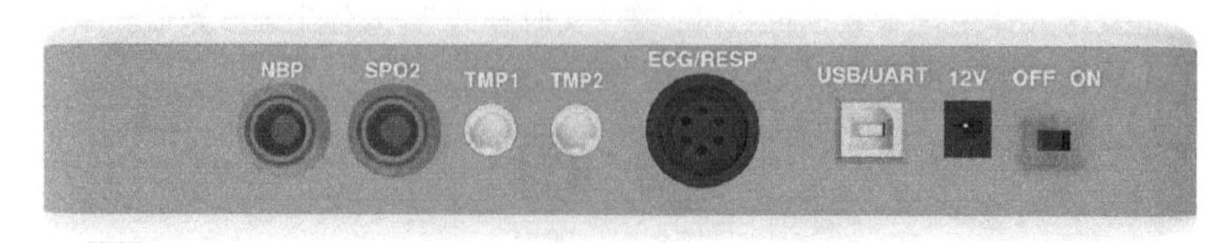

图 A-7　人体生理参数监测系统背面视图

附录 B PCT 通信协议应用在人体生理参数监测系统说明

该说明由深圳市乐育科技有限公司于 2019 年发布，版本为 LY-STD008-2019。该说明详细介绍了 PCT 通信协议在 LY-M501 型人体生理参数监测系统上的应用。

B.1 模块 ID 定义

LY-M501 型人体生理参数监测系统包括 6 个模块，分别是系统模块、心电模块、呼吸模块、体温模块、血氧模块和无创血压模块，因此模块 ID 也有 6 个。LY-M501 型人体生理参数监测系统的模块 ID 定义如表 B-1 所示。

表 B-1 模块 ID 定义

序 号	模 块 名 称	ID 号	模块宏定义
1	系统模块	0x01	MODULE_SYS
2	心电模块	0x10	MODULE_ECG
3	呼吸模块	0x11	MODULE_RESP
4	体温模块	0x12	MODULE_TEMP
5	血氧模块	0x13	MODULE_SPO2
6	无创血压模块	0x14	MODULE_NBP

二级 ID 又分为从机发送给主机的数据包类型 ID 和主机发送给从机的命令包 ID。下面分别按照从机发送给主机的数据包类型 ID 和主机发送给从机的命令包 ID 进行讲解。

B.2 从机发送给主机数据包类型 ID

从机发送给主机数据包的模块 ID、二级 ID 定义和说明如表 B-2 所示。

表 B-2 从机发送给主机数据包的模块 ID、二级 ID 定义和说明

序 号	模块 ID	二级 ID 宏定义	二级 ID	发 送 帧 率	说 明
1	0x01	DAT_RST	0x01	从机复位后发送，若主机无应答，则每秒重发一次	系统复位信息
2		DAT_SYS_STS	0x02	1 次/秒	系统状态
3		DAT_SELF_CHECK	0x03	按请求发送	系统自检结果
4		DAT_CMD_ACK	0x04	接收到命令后发送	命令应答
5	0x10	DAT_ECG_WAVE	0x02	125 次/秒	心电波形数据
6		DAT_ECG_LEAD	0x03	1 次/秒	心电导联信息
7		DAT_ECG_HR	0x04	1 次/秒	心率
8		DAT_ST	0x05	1 次/秒	ST 值

续表

序　号	模块 ID	二级 ID 宏定义	二级 ID	发 送 帧 率	说　明
9		DAT_ST_PAT	0x06	当模板更新时每 30ms 发送 1 次（整个模板共 50 个包，每 10s 更新 1 次）	ST 模板波形
10	0x11	DAT_RESP_WAVE	0x02	25 次/秒	呼吸波形数据
11		DAT_RESP_RR	0x03	1 次/秒	呼吸率
12		DAT_RESP_APNEA	0x04	1 次/秒	窒息报警
13		DAT_RESP_CVA	0x05	1 次/秒	呼吸 CVA 报警信息
14	0x12	DAT_TEMP_DATA	0x02	1 次/秒	体温数据
15	0x13	DAT_SPO2_WAVE	0x02	25 次/秒	血氧波形
16		DAT_SPO2_DATA	0x03	1 次/秒	血氧数据
17	0x14	DAT_NBP_CUFPRE	0x02	5 次/秒	无创血压实时数据
18		DAT_NBP_END	0x03	测量结束发送	无创血压测量结束
19		DAT_NBP_RSLT1	0x04	接收到查询命令或测量结束发送	无创血压测量结果 1
20		DAT_NBP_RSLT2	0x05	接收到查询命令或测量结束发送	无创血压测量结果 2
21		DAT_NBP_STS	0x06	接收到查询命令发送	无创血压状态

下面按照顺序对从机发送给主机的数据包进行详细讲解。

1．系统复位信息（DAT_RST）

系统复位信息数据包由从机向主机发送，以达到从机和主机同步的目的。因此，从机复位后，从机会主动向主机发送此数据包，如果主机无应答，则每秒重发一次，直到主机应答。图 B-1 即为系统复位信息数据包的定义。

模块ID	HEAD	二级ID	DAT1	DAT2	DAT3	DAT4	DAT5	DAT6	CHECK
01H	数据头	01H	保留	保留	保留	保留	保留	保留	校验和

图 B-1　系统复位信息数据包

人体生理参数监测系统的默认设置参数如表 B-3 所示。

表 B-3　人体生理参数监测系统的默认设置参数

序　号	选　项	默 认 参 数
1	病人信息设置	成人
2	3/5 导联设置	5 导联
3	导联方式选择	通道 1-II 导联；通道 2-I 导联
4	滤波方式选择	诊断方式
5	心电增益选择	×1
6	1mV 校准信号设置	关
7	工频抑制设置	关
8	起搏分析开关	关
9	ST 测量的 ISO 和 ST 点	ISO-80ms；ST-108ms

续表

序　号	选　项	默认参数
10	呼吸增益选择	×1
11	窒息报警时间选择	20s
12	体温探头类型设置	YSI
13	SPO2 灵敏度设置	中
14	NBP 手动/自动设置	手动
15	NBP 设置初次充气压力	160mmHg

2. 系统状态（DAT_SYS_STS）

系统状态数据包是由从机向主机发送的数据包，图B-2即为系统状态数据包的定义。

模块ID	HEAD	二级ID	DAT1	DAT2	DAT3	DAT4	DAT5	DAT6	CHECK
01H	数据头	02H	电压监测	保留	保留	保留	保留	保留	校验和

图B-2　系统状态数据包

电压监测为8位无符号数，其定义如表B-4所示。系统状态数据包每秒发送一次。

表B-4　电压监测的解释说明

位	解释说明
7:4	保留
3:2	3.3V电压状态：00–3.3V电压正常；01–3.3V电压太高；10–3.3V电压太低；11–保留
1:0	5V电压状态：00–5V电压正常；01–V电压太高；10–5V电压太低；11–保留

3. 系统的自检结果（DAT_SELF_CHECK）

系统自检结果数据包是由从机向主机发送的数据包，图B-3即为系统自检结果数据包的定义。

模块ID	HEAD	二级ID	DAT1	DAT2	DAT3	DAT4	DAT5	DAT6	CHECK
01H	数据头	03H	自检结果1	自检结果2	版本号	模块标识1	模块标识2	模块标识3	校验和

图B-3　系统自检结果数据包

自检结果1定义如表B-5所示，自检结果2定义如表B-6所示。系统自检结果数据包按请求发送。

表B-5　自检结果1的解释说明

位	解释说明
7:5	保留
4	Watchdog自检结果：0–自检正确；1–自检错
3	A/D自检结果：0–自检正确；1–自检错
2	RAM自检结果：0–自检正确；1–自检错

续表

位	解 释 说 明
1	ROM 自检结果：0-自检正确；1-自检错
0	CPU 自检结果：0-自检正确；1-自检错

表 B-6　自检结果 2 的解释说明

位	解 释 说 明
7:5	保留
4	NBP 自检结果：0-自检正确；1-自检错
3	SPO2 自检结果：0-自检正确；1-自检错
2	TEMP 自检结果：0-自检正确；1-自检错
1	RESP 自检结果：0-自检正确；1-自检错
0	ECG 自检结果：0-自检正确；1-自检错

4．命令应答数据包（DAT_CMD_ACK）

命令应答数据包是从机在接收到主机发送的命令后，向主机发送的命令应答数据包，主机在向从机发送命令的时候，如果没收到命令应答数据包，应再发送两次命令，如果第三次发送命令后还未收到从机的命令应答数据包，则放弃命令发送，图 B-4 即为命令应答数据包的定义。

模块ID	HEAD	二级ID	DAT1	DAT2	DAT3	DAT4	DAT5	DAT6	CHECK
01H	数据头	04H	模块ID	二级ID	应答消息	保留	保留	保留	校验和

图 B-4　命令应答数据包

应答消息定义如表 B-7 所示。

表 B-7　应答消息的解释说明

位	解 释 说 明
7:0	应答消息：0-命令成功；1-校验和错误；2-命令包长度错误；3-无效命令；4-命令参数数据错误；5-命令不接受

5．心电波形数据包（DAT_ECG_WAVE）

心电波形数据包是由从机向主机发送的两通道心电波形数据，如图 B-5 所示。

模块ID	HEAD	二级ID	DAT1	DAT2	DAT3	DAT4	DAT5	DAT6	CHECK
10H	数据头	02H	ECG1 波形数据 高字节	ECG1 波形数据 低字节	ECG2 波形数据 高字节	ECG2 波形数据 低字节	ECG 状态	保留	校验和

图 B-5　心电波形数据包

ECG1、ECG2 心电波形数据是 16 位无符号数，波形数据以 2048 为基线，数据范围为 0～4095，心电导联脱落时发送的数据为 2048。心电数据包每 2ms 发送一次。

6．心电 ST 值数据包（DAT_ST）

心电 ST 值数据包是由从机向主机发送的心电 ST 值，如图 B-6 所示。

模块ID	HEAD	二级ID	DAT1	DAT2	DAT3	DAT4	DAT5	DAT6	CHECK
10H	数据头	05H	ST1偏移高字节	ST1偏移低字节	ST2偏移高字节	ST2偏移低字节	保留	保留	校验和

图 B-6　心电 ST 值数据包

ST 偏移值为 16 位的有符号数，所有的值都扩大 100 倍。例如，125 代表 1.25mV，-125 代表-1.25mV。-10000 代表无效值。心电 ST 值数据包每秒发送 1 次。

7. 心电 ST 模板波形数据包（DAT_ST_PAT）

心电 ST 模板波形数据包是由从机向主机发送的心电 ST 模板波形，图 B-9 即为心电 ST 模板波形数据包的定义。

模块ID	HEAD	二级ID	DAT1	DAT2	DAT3	DAT4	DAT5	DAT6	CHECK
10H	数据头	06H	顺序号	ST模板数据1	ST模板数据2	ST模板数据3	ST模板数据4	ST模板数据5	校验和

图 B-7　心电 ST 模板波形数据包

顺序号定义如表 B-8 所示。

表 B-8　顺序号的解释说明

位	解释说明
7	通道号：0-通道 1；1-通道 2
6:0	顺序号：0～49，每个 ST 模板波形分 50 次传送，每次 5 字节，共计 250 字节

ST 模板数据 1～5 均为 8 位无符号数，250 字节的 ST 模板波形数据组成长度为 1s 的心电波形，波形基线为 128，第 125 个数据为 R 波位置，上位机可以根据模板波形进行 ISO 和 ST 设置。心电 ST 模板波形数据包在 ST 模板更新完成后每 30ms 发送 1 次，整个模板共 50 个包，ST 模板波形每 10s 更新一次。

8. 呼吸波形数据包（DAT_RESP_WAVE）

呼吸波形数据包是由从机向主机发送的呼吸波形，如图 B-8 即为呼吸波形数据包的定义。

模块ID	HEAD	二级ID	DAT1	DAT2	DAT3	DAT4	DAT5	DAT6	CHECK
11H	数据头	02H	呼吸波形数据1	呼吸波形数据2	呼吸波形数据3	呼吸波形数据4	呼吸波形数据5	保留	校验和

图 B-8　呼吸波形数据包

需要注意的是，呼吸波形数据为 8 位无符号数，有效数据范围为 0～255，当 RA/LL 导联脱落时的波形数据为 128。呼吸波形数据包每 40ms 发送一次。

9. 窒息报警数据包（DAT_RESP_APNEA）

窒息报警数据包是由从机向主机发送的呼吸窒息报警信息，如图 B-9 所示。

模块ID	HEAD	二级ID	DAT1	DAT2	DAT3	DAT4	DAT5	DAT6	CHECK
11H	数据头	04H	报警信息	保留	保留	保留	保留	保留	校验和

图 B-9　窒息报警数据包

报警信息：0-无报警，1-有报警，窒息时呼吸率为 0。窒息报警数据包每秒发送 1 次。

10．呼吸 CVA 报警信息数据包（DAT_RESP_CVA）

呼吸 CVA 报警信息数据包是由从机向主机发送的 CVA 报警信息，如图 B-10 所示。

模块ID	HEAD	二级ID	DAT1	DAT2	DAT3	DAT4	DAT5	DAT6	CHECK
11H	数据头	05H	CVA检测	保留	保留	保留	保留	保留	校验和

图 B-10　呼吸 CVA 报警信息数据包

CVA 报警信息：0-没有 CVA 报警信息，1-有 CVA 报警信息。CVA（cardiovascular artifact）为心动干扰，是心电信号叠加在呼吸波形上的干扰，如果模块检测到该干扰存在，则发送该报警信息。CVA 报警时呼吸率为无效值（-100）。呼吸 CVA 报警信息数据包每秒发送 1 次。

11．无创血压实时数据包（DAT_NBP_CUFPRE）

无创血压实时数据包是由从机向主机发送的袖带压力等数据，如图 B-11 所示。

模块ID	HEAD	二级ID	DAT1	DAT2	DAT3	DAT4	DAT5	DAT6	CHECK
14H	数据头	02H	袖带压力高字节	袖带压力低字节	袖带类型错误标志	测量类型	保留	保留	校验和

图 B-11　无创血压实时数据包

袖带类型错误标志如表 B-9 所示，测量类型定义如表 B-10 所示。袖带压力为 16 位有符号数，数据范围为 0～300，单位为 mmHg，-100 代表无效值。无创血压实时数据包每秒发送 5 次。

表 B-9　袖带类型错误标志的解释说明

位	解 释 说 明
7:0	袖带类型错误标志： 0-表示袖带使用正常；1-表示在成人/儿童模式下，检测到新生儿袖带。 上位机在该标志为 1 时应该立即发送停止命令停止测量

表 B-10　测量类型的解释说明

位	解 释 说 明
7:0	测量类型： 1-在手动测量方式下；　2-在自动测量方式下； 3-在 STAT 测量方式下；　4-在校准方式下； 5-在漏气检测中

12．无创血压测量结束数据包（DAT_NBP_END）

无创血压测量结束数据包是由从机向主机发送的无创血压测量结束信息，如图 B-12 所示。

模块ID	HEAD	二级ID	DAT1	DAT2	DAT3	DAT4	DAT5	DAT6	CHECK
14H	数据头	03H	测量类型	保留	保留	保留	保留	保留	校验和

图 B-12　无创血压测量结束数据包

测量类型定义如表 B-11 所示，无创血压测量结束数据包在测量结束后发送。

表 B-11　测量类型的解释说明

位	解释说明
7:0	测量类型： 1–手动测量方式下测量结束；　2–自动测量方式下测量结束； 3–STAT 测量结束；　4–在校准方式下测量结束； 5–在漏气检测中测量结束；　6–STAT 测量方式中单次测量结束； 10–系统错误，具体错误信息见 NBP 状态包

13. 无创血压测量结果 1 数据包（DAT_NBP_RSLT1）

无创血压测量结果 1 数据包是由从机向主机发送的无创血压收缩压、舒张压和平均压，如图 B-13 所示。

模块ID	HEAD	二级ID	DAT1	DAT2	DAT3	DAT4	DAT5	DAT6	CHECK
14H	数据头	04H	收缩压高字节	收缩压低字节	舒张压高字节	舒张压低字节	平均压高字节	平均压低字节	校验和

图 B-13　无创血压测量结果 1 数据包

收缩压、舒张压、平均压均为 16 位有符号数，数据范围为 0～300，单位为 mmHg，–100 代表无效值。无创血压测量结果 1 数据包在测量结束后和接收到查询测量结果命令后发送。

14. 无创血压测量结果 2 数据包（DAT_NBP_RSLT2）

无创血压测量结果 2 数据包是由从机向主机发送的无创血压脉率值，如图 B-14 所示。

模块ID	HEAD	二级ID	DAT1	DAT2	DAT3	DAT4	DAT5	DAT6	CHECK
14H	数据头	05H	脉率高字节	脉率低字节	保留	保留	保留	保留	校验和

图 B-14　无创血压测量结果 2 数据包

脉率为 16 位有符号数，–100 代表无效值，无创血压测量结果 2 数据包在测量结束和接收到查询测量结果命令后发送。

15. 无创血压状态数据包（DAT_NBP_STS）

无创血压测量状态数据包是由从机向主机发送的无创血压状态、测量周期、测量错误、剩余时间，如图 B-15 所示。

模块ID	HEAD	二级ID	DAT1	DAT2	DAT3	DAT4	DAT5	DAT6	CHECK
14H	数据头	06H	无创压力状态	测量周期	测量错误	剩余时间高字节	剩余时间低字节	保留	校验和

图 B-15　无创血压状态数据包

无创血压状态定义如表 B-12 所示，无创血压测量周期定义如表 B-13 所示，无创血压测量错误定义如表 B-14 所示。无创血压剩余时间为 16 位无符号数，单位为 s。无创血压状态数据包在接收到查询命令或复位后发送。

表 B-12　无创血压状态的解释说明

位	解释说明
7:6	保留
5:4	病人信息：00–成人模式；01–儿童模式；10–新生儿模式

续表

位	解 释 说 明	
3:0	无创血压状态：	
	0000-无创血压待命；	0001-手动测量中；
	0010-自动测量中；	0011-STAT 测量方式中；
	0100-校准中；	0101-漏气检测中；
	0110-无创血压复位；	1010-系统出错，具体错误信息见测量错误字节

表 B-13 测量周期的解释说明

位	解 释 说 明	
7:0	无创测量周期（8 位无符号数）：	
	0-在手动测量方式下；	1-在自动测量方式下，对应周期为 1min；
	2-在自动测量方式下，对应周期为 2min；	3-在自动测量方式下，对应周期为 3min；
	4-在自动测量方式下，对应周期为 4min；	5-在自动测量方式下，对应周期为 5min；
	6-在自动测量方式下，对应周期为 10min；	7-在自动测量方式下，对应周期为 15min；
	8-在自动测量方式下，对应周期为 30min；	9-在自动测量方式下，对应周期为 1h；
	10-在自动测量方式下，对应周期为 1.5h；	11-在自动测量方式下，对应周期为 2h；
	12-在自动测量方式下，对应周期为 3h；	13-在自动测量方式下，对应周期为 4h；
	14-在自动测量方式下，对应周期为 8h；	15-在 STAT 测量方式下

表 B-14 测量错误的解释说明

位	解 释 说 明	
7:0	无创测量错误（8 位无符号数）：	
	0-无错误；	1-袖带过松，可能是未接袖带或气路中漏气；
	2-漏气，可能是阀门或气路中漏气；	3-气压错误，可能是阀门无法正常打开；
	4-弱信号，可能是测量对象脉搏太弱或袖带过松；	5-超范围，可能是测量对象的血压值超过了测量范围；
	6-过分运动，可能是测量时信号中含有太多干扰；	
	7-过压，袖带压力超过范围，成人 300mmHg，儿童 240mmHg，新生儿 150mmHg；	
	8-信号饱和，由于运动或其他原因使信号幅度太大；	9-漏气检测失败，在漏气检测中，发现系统气路漏气；
	10-系统错误，充气泵、A/D 采样、压力传感器出错；	
	11-超时，某次测量超过规定时间，成人/儿童袖带压超过 200mmHg 时为 120s，未超过时为 90s，新生儿为 90s	

B.3 主机发送给从机命令包类型 ID

主机发送给从机的命令包的模块 ID、二级 ID 定义和说明如表 B-15 所示。

表 B-15 主机发送给从机的命令包的模块 ID、二级 ID 定义和说明

序号	模块 ID	ID 定义	ID 号	定 义	说 明
1	0x01	CMD_RST_ACK	0x80	格式同模块发送数据格式	模块复位信息应答
2		CMD_GET_POST_RSLT	0x81	查询下位机的自检结果	读取自检结果
3		CMD_PAT_TYPE	0x90	设置病人类型为成人、儿童或新生儿	病人类型设置
4	0x10	CMD_LEAD_SYS	0x80	设置 ECG 导联为 5 导联或 3 导联模式	3/5 导联设置
5		CMD_LEAD_TYPE	0x81	设置通道 1 或通道 2 的 ECG 导联：I、II、III、AVL、AVR、AVF、V	导联方式设置

续表

序号	模块ID	ID定义	ID号	定　义	说　明
6	0x10	CMD_FILTER_MODE	0x82	设置通道1或通道2的ECG滤波方式：诊断、监护、手术	心电滤波方式设置
7		CMD_ECG_GAIN	0x83	设置通道1或通道2的ECG增益：×0.25、×0.5、×1、×2	ECG增益设置
8		CMD_ECG_CAL	0x84	设置ECG波形为1Hz的校准信号	心电校准
9		CMD_ECG_TRA	0x85	设置50/60Hz工频干扰抑制的开关	工频干扰抑制开关
10		CMD_ECG_PACE	0x86	设置起搏分析的开关	起搏分析开关
11		CMD_ECG_ST_ISO	0x87	设置ST计算的ISO和ST点	ST测量ISO、ST点
12		CMD_ECG_CHANNEL	0x88	选择心率计算为通道1或通道2	心率计算通道
13		CMD_ECG_LEADRN	0x89	重新计算心率	心率重新计算
14	0x11	CMD_RESP_GAIN	0x80	设置呼吸增益为：×0.25、×0.5、×1、×2、×4	呼吸增益设置
15		CMD_RESP_APNEA	0x81	设置呼吸窒息的报警延时时间：10～40s	呼吸窒息报警时间设置
16	0x12	CMD_TEMP	0x80	设置体温探头的类型：YSI/CY-F1	Temp参数设置
17	0x13	CMD_SPO2	0x80	设置SPO2的测量灵敏度	SPO2参数设置
18	0x14	CMD_NBP_START	0x80	启动一次血压手动/自动测量	NBP启动测量
19		CMD_NBP_END	0x81	结束当前的测量	NBP中止测量
20	0x14	CMD_NBP_PERIOD	0x82	设置血压自动测量的周期	NBP测量周期设置
21		CMD_NBP_CALIB	0x83	血压进入校准状态	NBP校准
22		CMD_NBP_RST	0x84	软件复位血压模块	NBP模块复位
23		CMD_NBP_CHECK_LEAK	0x85	血压气路进行漏气检测	NBP漏气检测
24		CMD_NBP_QUERY_STS	0x86	查询血压模块的状态	NBP查询状态
25		CMD_NBP_FIRST_PRE	0x87	设置下次血压测量的首次充气压力	NBP首次充气压力设置
26		CMD_NBP_CONT	0x88	开始5分钟的STAT血压测量	开始5分钟的STAT血压测量
27		CMD_NBP_RSLT	0x89	查询上次血压的测量结果	NBP查询上次测量结果

下面按照顺序对主机发送给从机的命令包进行详细讲解。

1. 模块复位信息应答（CMD_RST_ACK）

模块复位信息应答命令包是通过主机向从机发送的命令，当从机给主机发送复位信息，主机收到复位信息后就会发送模块复位信息应答命令包给从机，如图B-16所示。

模块ID	HEAD	二级ID	DAT1	DAT2	DAT3	DAT4	DAT5	DAT6	CHECK
01H	数据头	80H	保留	保留	保留	保留	保留	保留	校验和

图B-16　模块复位信息应答命令包

2. 读取自检结果（CMD_GET_POST_RSLT）

读取自检结果命令包是通过主机向从机发送的命令，从机会返回系统的自检结果数据包，同时从机还应返回命令应答包，如图B-17所示。

模块ID	HEAD	二级ID	DAT1	DAT2	DAT3	DAT4	DAT5	DAT6	CHECK
01H	数据头	81H	保留	保留	保留	保留	保留	保留	校验和

图 B-17　读取自检结果命令包

3. 病人类型设置（CMD_PAT_TYPE）

病人类型设置命令包是通过主机向从机发送的命令，以达到对病人类型进行设置的目的，如图 B-18 所示。

模块ID	HEAD	二级ID	DAT1	DAT2	DAT3	DAT4	DAT5	DAT6	CHECK
01H	数据头	90H	病人类型	保留	保留	保留	保留	保留	校验和

图 B-18　病人类型设置命令包

病人类型定义如表 B-16 所示，需要注意的是，复位后，病人类型默认值为成人。

表 B-16　病人类型的解释说明

位	解 释 说 明
7:0	病人类型：0-成人；1-儿童；2-新生儿

4. 3/5 导联设置（CMD_LEAD_SYS）

3/5 导联设置命令包是通过主机向从机发送的命令，以达到对 3/5 导联设置的目的，如图 B-19 所示。

模块ID	HEAD	二级ID	DAT1	DAT2	DAT3	DAT4	DAT5	DAT6	CHECK
10H	数据头	80H	3/5导联设置	保留	保留	保留	保留	保留	校验和

图 B-19　3/5 导联设置命令包

3/5 导联设置定义如表 B-17 所示，需要注意的是，由 3 导联设置为 5 导联时通道 1 的导联设置为 I 导，通道 2 的导联设置为 II 导。由 5 导联设置为 3 导联时通道 1 的导联设置为 II 导。复位后的默认值为 5 导联。还需要注意的是，3 导联状态下 ECG 只有通道 1 有波形，通道 2 的波形为默认值 2048。导联设置只能设置通道 1 且只有 I、II、III 等 3 种选择，心率计算通道固定为通道 1。

表 B-17　3/5 导联设置的解释说明

位	解 释 说 明
7:0	导联设置：0-3 导联；1-5 导联

5. 导联方式设置（CMD_LEADTYPE）

导联方式设置命令包是通过主机向从机发送的命令，以达到对导联方式设置的目的，如图 B-20 所示。

模块ID	HEAD	二级ID	DAT1	DAT2	DAT3	DAT4	DAT5	DAT6	CHECK
10H	数据头	81H	导联方式	保留	保留	保留	保留	保留	校验和

图 B-20　导联方式设置命令包

导联方式设置定义如表 B-18 所示。复位后默认设置为通道 1 为 II 导联，通道 2 为 I 导联。需要注意的是，3 导联状态下 ECG 只有通道 1 有波形，不能发送通道 2 的导联设置，通道 1 的导联设置只有 I、II、III 等 3 种选择。否则下位机会返回命令错误信息。

表 B-18　导联方式的解释说明

位	解释说明
7:4	通道选择：0–通道 1；1–通道 2
3:0	导联选择：0–保留；1–I 导联；2–II 导联；3–III 导联； 4–AVR 导联；5–AVL 导联；6–AVF 导联；7–V 导联

6. 心电滤波方式设置（CMD_FILTER_MODE）

心电滤波方式设置命令包是通过主机向从机发送的命令，以达到对滤波方式进行选择的目的，如图 B-21 所示。

模块ID	HEAD	二级ID	DAT1	DAT2	DAT3	DAT4	DAT5	DAT6	CHECK
10H	数据头	82H	心电滤波方式	保留	保留	保留	保留	保留	校验和

图 B-21　心电滤波方式设置命令包

心电滤波方式定义如表 B-19 所示。复位后默认设置为诊断方式。

表 B-19　心电滤波方式的解释说明

位	解释说明
7:4	保留
3:0	滤波方式：0–诊断；1–监护；2–手术；3–保留

7. 心电增益设置（CMD_ECG_GAIN）

心电增益设置命令包是通过主机向从机发送的命令，以达到对心电波形进行幅值调节的目的，如图 B-22 所示。

模块ID	HEAD	二级ID	DAT1	DAT2	DAT3	DAT4	DAT5	DAT6	CHECK
10H	数据头	83H	心电增益	保留	保留	保留	保留	保留	校验和

图 B-22　心电增益设置命令包

心电增益定义如表 B-20 所示，需要注意的是，复位时，主机向从机发送命令，将通道 1 和通道 2 的增益设置为×1。

表 B-20　心电增益的解释说明

位	解释说明
7:4	通道设置：0–通道 1；1–通道 2
3:0	增益设置：0–×0.25；1–×0.5；2–×1；3–×2；4–×4

8. 心电校准（CMD_ECG_CAL）

心电校准命令包是通过主机向从机发送的命令，以达到对心电波形进行校准的目的，如图 B-23 所示。

模块ID	HEAD	二级ID	DAT1	DAT2	DAT3	DAT4	DAT5	DAT6	CHECK
10H	数据头	84H	心电校准	保留	保留	保留	保留	保留	校验和

图 B-23　心电校准命令包

心电校准设置定义如表 B-21 所示。复位后默认设置为关。从机在收到心电校准命令后会设置心电信号为频率为 1Hz、幅度为 1mV 大小的方波校准信号。

表 B-21　心电校准的解释说明

位	解 释 说 明
7:0	导联设置：1-开；0-关

9. 工频干扰抑制开关（CMD_ECG_TRA）

工频干扰抑制开关命令包是通过主机向从机发送的命令，以达到对心电进行校准的目的，如图 B-24 所示。

模块ID	HEAD	二级ID	DAT1	DAT2	DAT3	DAT4	DAT5	DAT6	CHECK
10H	数据头	85H	限波开关	保留	保留	保留	保留	保留	校验和

图 B-24　工频干扰抑制开关命令包

陷波开关定义如表 B-22 所示，复位后默认设置为关。

表 B-22　陷波开关的解释说明

位	解 释 说 明
7:0	陷波开关：1-开；0-关

10. 起搏分析开关（CMD_ECG_PACE）

起搏分析开关设置命令包是通过主机向从机发送的命令，以达到对心电进行起搏分析设置的目的，如图 B-25 所示。

模块ID	HEAD	二级ID	DAT1	DAT2	DAT3	DAT4	DAT5	DAT6	CHECK
10H	数据头	86H	分析开关	保留	保留	保留	保留	保留	校验和

图 B-25　起搏分析开关设置命令包

起搏分析开关设置定义如表 B-23 所示，复位后默认值为关。

表 B-23　分析开关的解释说明

位	解 释 说 明
7:0	导联设置：1-起搏分析开；0-起搏分析关

11. ST 测量的 ISO、ST 点（CMD_ECG_ST_ISO）

ST 测量的 ISO、ST 点设置命令包是通过主机向从机发送命令，改变等电位点和 ST 测量点相对于 R 波顶点的位置，如图 B-26 所示。

模块ID	HEAD	二级ID	DAT1	DAT2	DAT3	DAT4	DAT5	DAT6	CHECK
10H	数据头	87H	ISO点 高字节	ISO点 低字节	ST点 高字节	ST点 低字节	保留	保留	校验和

图 B-26　ST 测量的 ISO、ST 点命令包

ISO 点偏移量即为等电位点相对于 R 波顶点的位置，单位为 4ms，ST 点偏移量即为 ST

测量点相对于R波顶点的位置，单位为4ms。复位后，ISO点偏移量默认设置为20×4=80ms，ST点偏移量默认设置为27×4=108ms。

12．心率计算通道（CMD_ECG_CHANNEL）

心率计算通道设置命令包是通过主机向从机发送的命令，以达到选择心率计算通道的目的，如图B-27所示。

模块ID	HEAD	二级ID	DAT1	DAT2	DAT3	DAT4	DAT5	DAT6	CHECK
10H	数据头	88H	心率计算通道	保留	保留	保留	保留	保留	校验和

图B-27　心率计算通道命令包

心率计算通道定义如表B-24所示，复位后默认值为通道1。

表B-24　心率计算通道的解释说明

位	解释说明
7:0	导联设置：0-通道1；1-通道2；2-自动选择

13．心率重新计算（CMD_ECG_LEARN）

心率重新计算命令包是通过主机向从机发送的命令，以达到心率重新计算的目的，图B-28即为心率重新计算命令包的定义。

模块ID	HEAD	二级ID	DAT1	DAT2	DAT3	DAT4	DAT5	DAT6	CHECK
10H	数据头	89H	保留	保留	保留	保留	保留	保留	校验和

图B-28　心率重新计算命令包

14．呼吸增益设置（CMD_RESP_GAIN）

呼吸增益设置命令包是通过主机向从机发送的命令，以达到对呼吸波形进行幅值调节的目的，图B-29即为呼吸增益设置命令包的定义。

模块ID	HEAD	二级ID	DAT1	DAT2	DAT3	DAT4	DAT5	DAT6	CHECK
11H	数据头	80H	呼吸增益	保留	保留	保留	保留	保留	校验和

图B-29　呼吸增益设置命令包

呼吸增益具体设置如表B-25所示，需要注意的是，复位时，主机向从机发送命令，将呼吸增益设置为×1。

表B-25　呼吸增益的解释说明

位	解释说明
7:0	增益设置：0-×0.25；1-×0.5；2-×1；3-×2；4-×4

15．窒息报警时间设置（CMD_RESP_APNEA）

窒息报警时间设置命令包是通过主机向从机发送的命令，以达到对窒息报警时间进行设置的目的，图B-30即为呼吸增益设置命令包的定义。

模块ID	HEAD	二级ID	DAT1	DAT2	DAT3	DAT4	DAT5	DAT6	CHECK
11H	数据头	81H	窒息报警时间	保留	保留	保留	保留	保留	校验和

图 B-30　窒息报警时间设置命令包

窒息报警延时时间设置如表 B-26 所示，复位后窒息报警时间默认设置为 20s。

表 B-26　窒息报警时间的解释说明

位	解释说明
7:0	窒息报警延时时间设置： 0–不报警；1–10s；2–15s；3–20s；4–25s；5–30s；6–35s；7–40s

16. 体温参数设置（CMD_TEMP）

体温参数设置命令包是通过主机向从机发送的命令，以达到对体温模块进行参数设置的目的，图 B-31 即为体温参数设置命令包的定义。

模块ID	HEAD	二级ID	DAT1	DAT2	DAT3	DAT4	DAT5	DAT6	CHECK
12H	数据头	80H	探头类型	保留	保留	保留	保留	保留	校验和

图 B-31　体温参数设置命令包

探头类型如表 B-27 所示，需要注意的是，复位时，主机向从机发送命令，将体温探头类型设置为 YSI 探头类型。

表 B-27　探头类型的解释说明

位	解释说明
7:0	探头类型：0–YSI 探头；1–CY 探头

17. 血氧参数设置（CMD_SPO2）

血氧参数设置命令包是通过主机向从机发送的命令，以达到对血氧模块进行参数设置的目的，图 B-32 即为血氧参数设置命令包的定义。

模块ID	HEAD	二级ID	DAT1	DAT2	DAT3	DAT4	DAT5	DAT6	CHECK
13H	数据头	80H	计算灵敏度	保留	保留	保留	保留	保留	校验和

图 B-32　血氧参数设置命令包

计算灵敏度定义如表 B-28 所示，需要注意的是，复位时，主机向从机发送命令，将计算灵敏度设置为中灵敏度。

表 B-28　计算灵敏度的解释说明

位	解释说明
7:0	计算灵敏度：1–高；2–中；3–低

18. 无创血压启动测量（CMD_NBP_START）

无创血压启动测量命令包是通过主机向从机发送的命令，以达到启动一次无创血压测量的目的，图 B-33 即为无创血压启动测量命令包的定义。

模块ID	HEAD	二级ID	DAT1	DAT2	DAT3	DAT4	DAT5	DAT6	CHECK
14H	数据头	80H	保留	保留	保留	保留	保留	保留	校验和

图B-33　无创血压启动测量命令包

19. 无创血压中止测量（CMD_NBP_END）

无创血压中止测量命令包是通过主机向从机发送的命令，以达到中止无创血压测量的目的，图B-34即为无创血压中止测量命令包的定义。

模块ID	HEAD	二级ID	DAT1	DAT2	DAT3	DAT4	DAT5	DAT6	CHECK
14H	数据头	81H	保留	保留	保留	保留	保留	保留	校验和

图B-34　无创血压中止测量命令包

20. 无创血压测量周期设置（CMD_NBP_PERIOD）

无创血压测量周期设置命令包是通过主机向从机发送的命令，以达到设置自动测量周期的目的，图B-35即为无创血压测量周期设置命令包的定义。

模块ID	HEAD	二级ID	DAT1	DAT2	DAT3	DAT4	DAT5	DAT6	CHECK
14H	数据头	82H	测量周期	保留	保留	保留	保留	保留	校验和

图B-35　无创血压测量周期设置命令包

测量周期定义如表B-29所示，需要注意的是，复位后，默认值为手动方式。

表B-29　测量周期的解释说明

位	解释说明	
7:0	0-设置为手动方式；	
	1-设置自动测量周期为1min；	2-设置自动测量周期为2min；
	3-设置自动测量周期为3min；	4-设置自动测量周期为4min；
	5-设置自动测量周期为5min；	6-设置自动测量周期为10min；
	7-设置自动测量周期为15min；	8-设置自动测量周期为30min；
	9-设置自动测量周期为60min；	10-设置自动测量周期为90min；
	11-设置自动测量周期为120min；	12-设置自动测量周期为180min；
	13-设置自动测量周期为240min；	14-设置自动测量周期为480min

21. 无创血压校准（CMD_NBP_CALIB）

无创血压校准命令包是通过主机向从机发送的命令，以达到启动一次校准的目的，图B-36即为无创血压校准命令包的定义。

模块ID	HEAD	二级ID	DAT1	DAT2	DAT3	DAT4	DAT5	DAT6	CHECK
14H	数据头	83H	保留	保留	保留	保留	保留	保留	校验和

图B-36　无创血压校准命令包

22. 无创血压模块复位（CMD_NBP_RST）

无创血压模块复位命令包是通过主机向从机发送的命令，以达到模块复位的目的。无创血压模块复位主要用于执行打开阀门、停止充气、回到手动测量方式等操作，图B-37即为无创血压模块复位命令包的定义。

模块ID	HEAD	二级ID	DAT1	DAT2	DAT3	DAT4	DAT5	DAT6	CHECK
14H	数据头	84H	保留	保留	保留	保留	保留	保留	校验和

图 B-37　无创血压模块复位命令包

23. 无创血压漏气检测（CMD_NBP_CHECK_LEAK）

无创血压漏气检测命令包是通过主机向从机发送的命令，以达到启动漏气检测的目的，图 B-38 即为无创血压漏气检测命令包的定义。

模块ID	HEAD	二级ID	DAT1	DAT2	DAT3	DAT4	DAT5	DAT6	CHECK
14H	数据头	85H	保留	保留	保留	保留	保留	保留	校验和

图 B-38　无创血压漏气检测命令包

24. 无创血压查询状态（CMD_NBP_QUERY）

无创血压查询状态命令包是通过主机向从机发送的命令，以达到查询无创血压状态的目的，图 B-39 即为无创血压查询状态命令包的定义。

模块ID	HEAD	二级ID	DAT1	DAT2	DAT3	DAT4	DAT5	DAT6	CHECK
14H	数据头	86H	保留	保留	保留	保留	保留	保留	校验和

图 B-39　无创血压查询状态命令包

25. 无创血压首次充气压力设置（CMD_NBP_FIRST_PRE）

无创血压首次充气压力设置命令包是通过主机向从机发送的命令，以达到设置首次充气压力的目的，图 B-40 即为无创血压首次充气压力设置命令包的定义。

模块ID	HEAD	二级ID	DAT1	DAT2	DAT3	DAT4	DAT5	DAT6	CHECK
14H	数据头	87H	病人类型	压力值	保留	保留	保留	保留	校验和

图 B-40　无创血压首次充气压力设置命令包

病人类型定义如表 B-30 所示，初次充气压力定义如表 B-31 所示。需要注意的是，成人模式的压力范围为 80～250mmHg，儿童模式的压力范围为 80～200mmHg，新生儿模式的压力范围为 60～120mmHg，该命令包只有在相应的测量对象模式时才有效。当切换病人模式时，初次充气压力会设为各模式的默认值，即成人模式初次充气的压力的默认值为 160mmHg，儿童模式初次充气的压力的默认值为 120mmHg，新生儿模式初次充气的压力的默认值为 70mmHg 。另外，系统复位后的默认设置为成人模式，初次充气压力为 160mmHg。

表 B-30　病人类型的解释说明

位	解 释 说 明
7:0	病人类型：0-成人；1-儿童；2-新生儿

表 B-31　初次充气压力定义

位	解 释 说 明	
7:0	新生儿模式下，压力范围：60～120mmHg； 成人模式下，压力范围：80～240mmHg；	儿童模式下，压力范围：80～200mmHg
	60-设置初次充气压力为 60mmHg；	70-设置初次充气压力为 70mmHg；
	80-设置初次充气压力为 80mmHg；	100-设置初次充气压力为 100mmHg；
	120-设置初次充气压力为 120mmHg；	140-设置初次充气压力为 140mmHg；
	150-设置初次充气压力为 150mmHg；	160-设置初次充气压力为 160mmHg；
	180-设置初次充气压力为 180mmHg；	200-设置初次充气压力为 200mmHg；
	220-设置初次充气压力为 220mmHg；	240-设置初次充气压力为 240mmHg

26. 无创血压启动 STAT 测量（CMD_NBP_CONT）

无创血压启动 STAT 测量命令包是通过主机向从机发送的命令，以达到启动 STAT 测量的目的，图 B-41 即为启动 STAT 测量命令包的定义。

模块ID	HEAD	二级ID	DAT1	DAT2	DAT3	DAT4	DAT5	DAT6	CHECK
14H	数据头	88H	保留	保留	保留	保留	保留	保留	校验和

图 B-41　无创血压启动 STAT 测量命令包

27. 无创血压查询测量结果（CMD_NBP_RSLT）

无创血压查询测量结果命令包是通过主机向从机发送的命令，以达到查询测量结果的目的，图 B-42 即为无创血压查询测量结果命令包的定义。

模块ID	HEAD	二级ID	DAT1	DAT2	DAT3	DAT4	DAT5	DAT6	CHECK
14H	数据头	89H	保留	保留	保留	保留	保留	保留	校验和

图 B-42　无创血压查询测量结果命令包

附录 C　ASCII 码表

ASCII 值	控制字符	ASCII 值	控制字符	ASCII 值	控制字符	ASCII 值	控制字符
0	NUL	32	(space)	64	@	96	`
1	SOH	33	!	65	A	97	a
2	STX	34	"	66	B	98	b
3	ETX	35	#	67	C	99	c
4	EOT	36	$	68	D	100	d
5	ENQ	37	%	69	E	101	e
6	ACK	38	&	70	F	102	f
7	BEL	39	'	71	G	103	g
8	BS	40	(	72	H	104	h
9	HT	41	)	73	I	105	i
10	LF	42	*	74	J	106	j
11	VT	43	+	75	K	107	k
12	FF	44	,	76	L	108	l
13	CR	45	-	77	M	109	m
14	SO	46	.	78	N	110	n
15	SI	47	/	79	O	111	o
16	DLE	48	0	80	P	112	p
17	DC1	49	1	81	Q	113	q
18	DC2	50	2	82	R	114	r
19	DC3	51	3	83	S	115	s
20	DC4	52	4	84	T	116	t
21	NAK	53	5	85	U	117	u
22	SYN	54	6	86	V	118	v
23	ETB	55	7	87	W	119	w
24	CAN	56	8	88	X	120	x
25	EM	57	9	89	Y	121	y
26	SUB	58	:	90	Z	122	z
27	ESC	59	;	91	[	123	{
28	FS	60	<	92	\	124	|
29	GS	61	=	93	]	125	}
30	RS	62	>	94	^	126	～
31	US	63	?	95	_	127	DEL

参 考 文 献

[1] Joseph Yiu. ARM Cortex-M3 权威指南. 宋岩，译. 北京：北京航空航天大学出版社，2009.

[2] Joseph Yiu. ARM Cortex-M3 与 Cortex-M4 权威指南（第 3 版）. 吴常玉，曹孟娟，王丽红，译. 北京：北京航空航天大学出版社，2018.

[3] 刘火良，杨森. STM32 库开发实战指南——基于 STM32F4. 北京：机械工业出版社，2017.

[4] 张洋，刘军，严汉宇. 原子教你玩 STM32（库函数版）. 北京：北京航空航天大学出版社，2013.

[5] 刘军，张洋，严汉宇，等. 精通 STM32F4（寄存器版）（第 2 版）. 北京：北京航空航天大学出版社，2019.

[6] 廖义奎. ARM Cortex-M4 嵌入式实战开发精解——基于 STM32F4. 北京：北京航空航天大学出版社，2013.

[7] 杨百军，王学春，黄雅琴. 轻松玩转 STM32F1 微控制器. 北京：电子工业出版社，2016.

[8] 蒙博宇. STM32 自学笔记. 北京：北京航空航天大学出版社，2012.

[9] 王益涵，孙宪坤，史志才. 嵌入式系统原理及应用——基于 ARMCortex-M3 内核的 STM32F1 系列微控制器. 北京：清华大学出版社，2016.

[10] 喻金钱，喻斌. STM32F 系列 ARM Cortex-M3 核微控制器开发与应用. 北京：清华大学出版社，2011.

[11] 刘军. 例说 STM32. 北京：北京航空航天大学出版社，2011.

[12] 刘火良，杨森. STM32 库开发实战指南. 北京：机械工业出版社，2013.

[13] 肖广兵. ARM 嵌入式开发实例——基于 STM32 的系统设计. 北京：电子工业出版社，2013.

[14] 陈启军，余有灵，张伟，等. 嵌入式系统及其应用. 北京：同济大学出版社，2011.